高等院校理工类公共基础课“十三五”规划教材

UNIVERSITY PHYSICS

大学物理（下）

（第二版）

主　编　陈义万

副主编　胡　妮　裴　玲　朱进容

参　编　周挽平　邓　罡　徐国旺

闵　锐　龚姣丽　成纯富

张金业　陈之宜　李文兵

华中科技大学出版社

http://www.hustp.com

中国·武汉

图书在版编目(CIP)数据

大学物理/陈义万主编.—2版.—武汉:华中科技大学出版社,2019.1 (2023.1重印)
ISBN 978-7-5680-3288-9

Ⅰ.①大…　Ⅱ.①陈…　Ⅲ.①物理学-高等学校-教材　Ⅳ.①O4

中国版本图书馆 CIP 数据核字(2017)第 198118 号

大学物理(第二版)　　陈义万　主编
Daxue Wuli(Di-er Ban)

策划编辑:彭中军
责任编辑:史永霞
封面设计:孢　子
责任监印:朱　玢
出版发行:华中科技大学出版社(中国·武汉)　　电话:(027)81321913
武汉市东湖新技术开发区华工科技园　　邮编:430223
录　　排:华中科技大学惠友文印中心
印　　刷:武汉洪林印务有限公司
开　　本:787mm×1092mm　1/16
印　　张:34.75
字　　数:900 千字
版　　次:2023 年 1 月第 2 版第 3 次印刷
定　　价:68.00 元(含上、下册)

序　言

1. 物理学的研究对象

物理学的研究对象是物质的结构和规律。物质的结构，从微观到宏观，再到天体和宇宙，尺度之大，范围之广，涵盖了所有的物质形态。微观范畴，如原子的结构、原子核的结构、粒子如何构成原子核；宏观范畴，如凝聚态的结构、材料的性质；天体范畴，如银河系的构成、河外星系的结构等，都属于物理学研究的对象。除了研究各个层次的物质的结构，还要弄清物质的运动规律。就目前的科学水平，在微观，主要的物理理论是量子力学；在宏观，起支配作用的是经典物理学，也就是力学和电磁学；在宇宙的尺度，主要的理论是广义相对论。这些理论，在人类不断加深对自然界认识的基础上不断发展。

2. 三次工业革命与物理学的关系

第一次工业革命　发生于1760—1840年，主要的标志是蒸汽机的发明和使用。由于有了蒸汽机代替人力和畜力，生产效率得到极大提高。火车代替了小马车，蒸汽机驱动的纺织机械代替了手工纺织，社会的产品极大丰富，出现了主要用于交换的商品，人类进入一个大发展时期。而蒸汽机的原理就是物理学中热学的内容。

第二次工业革命　发生于1840—1950年，主要的标志是电的发明和使用。电作为动力，在火车、汽车、电梯等方面得到广泛使用，成为最广泛使用的动力；电作为信息传输载体，在有线和无线通信，如电话、电报、传真、互联网等方面，得到非常广泛的使用。物理学电磁场的理论就是电的理论基础。

第三次工业革命　也叫作信息革命、知识经济时代（1950年至今），是指以电子技术、集成电路、计算机为核心的信息技术时代。这个时代，改变了资本和有形的物质作为工业主体的格局，信息和知识作为工业的主体，计算机在许多方面代替了人的脑力劳动，知识的地位大大提升。这个时代的核心是计算机，而计算机的核心部件是CPU。CPU的基本元件是PN结和三极管，它们都是在硅（锗）的基片上形成的。固体物理是CPU的理论基础。

不仅与三次工业革命有紧密的联系，即使在当代，物理学与新技术也密不可分。比如2007年的诺贝尔物理学奖巨磁阻效应，2009年的诺贝尔物理学奖光纤、CCD电荷耦合技术，2010年的石墨烯，这些物理学的成果，已经或者即将形成技术突破，极大地改变人类的生活。作为理工科的大学生，学习物理，了解物理学的新进展，是十分必要的。

3. 学习大学物理的作用

首先，大学物理作为公共基础课，与各个专业的后续课程都有关系。比如，机械类和土木类专业的同学，在后续要学习理论力学、材料力学、机械原理，都需要物理的力学作为基础；而检测类的专业，有不少课程与光学有关；电气信息类的同学，后续课程与电磁理论有关，都需要把大学物理作为基础；轻化类的同学，后续课程与热力学、量子力学有关。

其次，大学物理作为科学素养，是理工科同学必备的。人们在生活和工作中，不仅用到专业知识，更多的时候要与非专业的问题打交道，需要有物理的知识背景。比如，普遍使用的复印机，与电学有关；夏天雨后的彩虹，就是光的折射现象；检查身体的X光机、核磁共振仪与原子物理有关。对我们在日常生活中遇到的仪器设备,即使我们只要对它们稍作了解,就需要有大学物理知识。更不用说理工科的学生,在以后的工作中,要结合自己的专业,把物理的最新知识应用到专业中去。如前面提到的巨磁阻效应、石墨烯等等,可以预见在不久的将来会在技术上突破,只有及时地把这些物理上的进展,与自己的专业结合,才可能取得突出的成绩。

最后,也是就业的需要。学生进校后,学习的专业是确定的,而就业则带有偶然性。由于社会需求的变化,可能很多同学要跨专业就业,在另外一个专业领域,学生以前学习的非常专业化的知识这时候起不到多少作用。我们都知道,很多问题,最后都归为物理模型和数学方程,所以,大学物理为同学们提供了一个普遍的可以长期起作用的基础。

4. 学习大学物理的要求

第一,做好预习。预习对于集中注意力听课,做到当堂理解,培养自己的自学能力都有好处。

第二,适当地做笔记。把教师在课堂上讲的与教材不同的地方记下来,供课后复习参考。

第三,独立完成作业。作业不在多,在精练,要独立完成,真正培养自己独立解决问题的能力。

第四,适当阅读其他参考书。中外有很多优秀的大学物理教材和参考书,同学们要善于利用,在教师指导下,有选择性地阅读,扩大自己的知识面。

前　言

本套教材按照教育部高等学校大学物理课程教学指导委员会制定的基本要求编写，包括了所有规定的 A 部分的内容，也有选择性地包含了 B 部分的内容，可以供理工类本科和专科各类学生学习大学物理使用。

本书的编写有以下几个特点。

(1)注重书的历史厚重感。在讲解物理的重要知识时，简要地讲述它的背景和来龙去脉，让学生更好地把握科学的发展历程，而不至于感到物理知识是断裂的、片段的知识。

(2)穿插介绍近 20 多年来与人类生活密切相关的诺贝尔物理学奖，让学生及时接触、了解物理学的前沿领域的发展。

(3)考虑到一些对力学要求比较高的专业的需要，增加了分析力学基础一章。

在最后的 3 章，专门介绍了物理学与新技术：激光及其应用，纳米技术，非线性科学：混沌、分形、孤立子。这些内容虽然不在传统的大学物理教学范围内，但是，可以作为选讲内容或学生课外阅读材料。

(4)每一章和节的标题，以及每章中的重要定理都附有英语翻译。主要是考虑到目前大多数学生还没有机会学习物理的双语课程，通过此种形式，让学生尽早地接触英语中重要的物理名词。

本书还按照内容，分为几大篇，便于不同专业按照模块安排教学。

这些改进或者说特色，是我们对物理教学的一点尝试，效果如何，还要看实践的检验。也希望使用本书的教师和学生及时反馈修改意见。

本书的参编人员大多数为湖北工业大学教师，周挽平为湖北工业大学工程技术学院教师。

本书编写过程中，参考了国内外多种优秀教材及网络资料，在此对原作者一并致谢。

本书主编为陈义万，上册副主编为闵锐、邓罡、周挽平，下册副主编为胡妮、裴玲、朱进容。本书编写人员如下：周挽平(第 1 章、第 3 章、第 10 章、第 11 章、物理学诺贝尔奖介绍 1)，邓罡(第 2 章、第 4 章、第 18 章、物理学诺贝尔奖介绍 4)，陈义万(第 5 章，第 6 章，第 23 章，第 25 章，第 29 章，第 30 章，物理学诺贝尔奖介绍 3、7)，徐国旺(第 7 章)，闵锐(第 8 章，第 13 章，第 14 章，物理学诺贝尔奖介绍 6、8)，裴玲(第 9 章、第 15 章、第 27 章、物理学诺贝尔奖介绍 2)，龚姣丽(第 12 章)，朱进容(第 16 章、第 17 章)，胡妮(第 19 章、第 24 章、第 26 章、物理学诺贝尔奖介绍 5)，成纯富(第 20 章)，张金业(第 21 章)，陈之宜(第 22 章)，李文兵(第 28 章)。

目　　录

C篇　热　　学

D篇　机械振动与机械波

E篇 波动光学

F 篇　狭义相对论

G 篇　量子物理基础

H 篇　物理前沿讲座

C篇　热　　学

人们在长期的生产实践中,积累了许多有关热学的知识,特别是蒸汽机等热力机械的发明,促使人们对热现象进行更为深入的研究。科学家从两个方向对热现象做了研究,并进而建立了统计物理学与热力学两门学科。

统计物理学的基本出发点是物质是由大量相互作用的分子构成的,而分子又在不停地做热运动,于是必须用统计的方法及一些理想的模型来研究宏观现象与微观图像之间的关系。统计物理学是研究热现象的微观理论。

热力学在历史上曾是研究热的现象和力的现象之间关系的理论。但是随着研究的深入,热力学研究的范围就超出了力学的研究范围,因为几乎所有的运动形式(例如电磁运动、化学运动等)都伴随有热现象的发生。热力学是通过观察和实验对某个"热力学系统"与外界的能量交换及其状态变化做的研究,从而得到一些规律,并确认一些可能或不可能发生的变化。热力学是研究热现象的宏观理论。

历史上,许多科学家对热现象的研究做出了贡献,其中著名的科学家有焦耳(J. P. Joule)、卡诺(Carnot)、克劳修斯(R. J. E. Clausius)、麦克斯韦(James Clerk Maxwall)、吉布斯(Josiah Gibbs)、玻耳兹曼(Ludwig Eduard Boltzmann)、昂纳斯(H. Kamerlingh Onnes)等。

本篇介绍统计物理学中的气体动理论以及热力学中的一些基本内容。

第 15 章　气体动理论
Chapter 15　The kinetic theory of gases

15.1　热力学与统计物理研究方法　平衡态
The thermodynamics and statistical physics research methods, Equilibrium state

15.1.1　热力学与统计物理研究方法

热学是物理学的一个组成部分，它是研究物质热现象，或者说是研究物质热运动所遵循规律的科学。

热学的研究方法通常有两种形式：一种是热力学方法，它是从宏观的角度出发，通过实验分析、归纳总结、逻辑推理等手段去研究物质状态发生变化时相应宏观量的变化以及热与功的转换规律；另一种是统计方法，它从物质的微观结构出发，通过合理的假设，采用统计法去建立宏观量（反映物质整体属性的物理量）与微观量（反映组成物质的单个微观粒子属性的物理量）的联系，揭示宏观现象的微观本质。因此，热力学方法可用统计方法来解释，统计方法可用热力学方法来验证，两种方法相辅相成。

15.1.2　平衡态

热学所研究的对象主要是一些由大量的微观粒子（如分子、原子等）所组成的物体或物体系。这些物体或物体系通常称为热力学系统，简称系统；一个热力学系统所处的外部环境则称为系统的外界，简称外界。

一般来讲，气体的状态是随气体内外条件的变化而变化的。如果能用一容器控制一定的气体，使之与外界孤立（既不交换物质，也不交换能量），则不管气体内部各部分原来的宏观特性（如冷热）如何不同，只要经过一定时间，便总会达到一致。此后，若无外界影响，则其宏观性质不再随时间变化，这种状态称为热力学平衡态，简称平衡态；反之就称为非平衡态。实验表明，任何系统，只要没有外界影响，便总可以达到平衡态。而这种平衡态一旦达到，则系统的宏观性质便不再改变，除非它又受到了外界的影响。

事实上，并不存在完全不受外界影响，从而使得宏观性质绝对保持不变的系统，所以说，平衡态只是一种理想的概念，它是在一定条件下对实际情况的抽象和近似。以后，只要实际状态与上述要求偏离不是太大，就可以将其作为平衡态来处理，这样既可简化处理的过程，又有实际的指导意义。此外，系统达到平衡态后，虽然宏观表现上系统状态的性质不会随时间变化，但从微观上看，各粒子仍在永不停息地做无规则的热运动，其微观量和系统的微观态都会不断地发生变化。因此，确切地说，平衡态应该是一种热动平衡的状态，它与机械运动中所说的静态平衡是有区别的。

平衡态是热学中一个十分重要的概念,几乎所有的热力学参量都是在平衡态下定义的。

15.2 热力学第零定律 温标

The zeroth law of thermodynamics, Temperature scale

15.2.1 状态参量

描述系统平衡状态宏观性质的物理量称为状态参量,简称态参量。状态参量有多种,对于气体而言,主要用体积 V、压强 p 和温度 T 三个物理量来描述气体的平衡态。

1. 体积

由于分子热运动的结果使容器内的气体可以充满容器整个空间,所以气体体积是指气体分子所能达到的几何空间,而不是指气体分子本身体积的总和,用符号 V 表示。在国际单位制中,体积的单位是立方米(m^3),常用单位还有升(L),两者的关系为

$$1\ \mathrm{L}=10^{-3}\ \mathrm{m}^3$$

2. 压强

气体的压强,是大量气体分子频繁碰撞容器壁产生的平均效果的宏观表现,这种碰撞的宏观表现是气体对单位器壁面积上的正压力,用符号 p 表示,显然与分子无规则热运动的频繁程度和剧烈程度有关。在国际单位制中,压强的单位是帕斯卡,简称帕(Pa),1 Pa 的大小表示 1 m^2 上受到 1 N 的正压力。

在工程技术上,常用的压强单位还有毫米汞高(mmHg)、标准大气压(atm)等,它们与帕斯卡的关系是

$$1\ \mathrm{atm}=760\ \mathrm{mmHg}=1.013\times 10^5\ \mathrm{Pa}$$

3. 温度

体积 V 和压强 p 都不是热学所特有的,体积属于几何参量,压强属于力学参量,而且它们都不能直接表征系统的冷热程度。因此,在热学中还必须引进一个新的物理量——温度(T)来描述系统宏观状态的热学性质。

在生活中,往往认为热的物体温度高,冷的物体温度低。简单地说,温度是物体冷热程度的表征。但是,这种凭主观感觉对温度的定性了解,在要求严格的热学理论和实践中,显然是不科学的。例如,冬天当我们分别用手去触摸放在一起的木块和铁块时,便会觉得铁块较冷,若按照上面的说法,应该是铁块的温度较低,事实上,用温度计去测量会发现两者的温度是一样的。因此,我们必须对温度建立起严格的科学的定义。

15.2.2 热力学第零定律 温标

假设有两个热力学系统 A 和系统 B,原先处在各自的平衡态,现在使系统 A 和系统 B 互相接触,使它们之间能发生热传递,这种接触称为热接触。一般来说,热接触后系统 A 和系统 B 的状态都将发生变化,但经过充分长的一段时间后,系统 A 和系统 B 将达到一个共同的平衡态。这种共同的平衡态是在有传热的条件下实现的,因此称为热平衡。如果有 A、B、C 三

个热力学系统，当系统 A 和系统 B 都分别与系统 C 处于热平衡，那么系统 A 和系统 B 此时也必然处于热平衡。这种同时与第三个系统达到热平衡的两个系统也必然热平衡的结论称为热力学第零定律(If objects A and B are separately in thermal equilibrium with a third object C, then A and B are in thermal equilibrium with each other)。它反映了热平衡的传递性，因此，热力学第零定律也叫热平衡传递定律。

这个定律为温度概念的建立提供了可靠的实验基础。根据这个定律，我们有理由相信，处于同一热平衡状态的所有热力学系统都具有某种共同的宏观性质，描述这个宏观性质的物理量就是温度。换言之，一切互为热平衡的系统都具有相同的温度。

从上面的分析可知，热力学第零定律不仅给出了温度的科学概念，也为我们用温度计测量物体或系统的温度提供了依据。我们可以事先选择好一个物体做标准，然后将它与待测物体进行比较，当它与待测物体达到热平衡时，标准物体所表示的温度就是待测物体的温度。

温度的数值表示法称为温标，目前国际上通用的是热力学温标 T，其单位是开尔文，用符号 K 表示。此外还有摄氏温标 t，单位是摄氏度，用符号℃表示。1℃的大小与 1K 的大小相同，1960 年国际计量大会通过决议，规定摄氏温标与热力学温标的关系是

$$\frac{t}{℃} = \frac{T}{\mathrm{K}} - 273.15 \tag{15-1}$$

这就是说，热力学温标与摄氏温标仅有零点的差异，并无实质的不同。

15.3　理想气体状态方程

The state equation of an ideal gas

15.3.1　理想气体状态方程

理想气体是一个抽象的物理模型。从宏观上讲，实际气体在密度不太高、温度不太低、压强不太大的时候，严格地遵守气体的三个实验定律，即玻意耳定律、盖-吕萨克定律和查理定律。所以，凡严格遵守以上三个实验定律的气体均可视为理想气体，可以认为常温常压下稀薄的气体是理想气体。

理想气体物态方程是理想气体在平衡态时状态参量所满足的方程，可以由气体的三个实验定律推出，表示为

$$pV = \nu RT \tag{15-2(a)}$$

式中：$\nu=\dfrac{m'}{M}$，称为气体物质的量，m' 为气体质量，M 为摩尔质量；

R 为摩尔气体常量，在国际单位制中，$R=8.31\ \mathrm{J\cdot mol^{-1}\cdot K^{-1}}$。

于是可得

$$pV = \nu RT = \frac{m'}{M}RT \tag{15-2(b)}$$

式(15-2(b))即理想气体的状态方程，它是理想气体各状态参量相互关联的表征。由式(15-2(b))可以看出，理想气体的三个态参量仅有两个是独立的，只要其中的两个态参量(如 p、V)被确定，第三个态参量(如 T)便自然而然地随之确定了。因此，描述理想气体的平衡态，只要两个态参量就足够了。

根据理想气体的微观模型所指出的，同种气体的分子质量都相同，设单个分子的质量为m，气体总分子数为N，则气体总质量$m'=Nm$，$M=N_{A}m$($N_{A}=6.02\times10^{23}\ \mathrm{mol}^{-1}$，是阿伏伽德罗常数)，将其代入式(15-2(b))，得

$$p=\frac{m'}{MV}RT=\frac{Nm}{N_{A}mV}RT=\frac{N}{V}\frac{R}{N_{A}}T=nkT \tag{15-2(c)}$$

式中：$n=\frac{N}{V}$为分子数密度，即单位体积内的分子数；

$k=\frac{R}{N_{A}}=\frac{8.31}{6.02\times10^{23}}\ \mathrm{J\cdot K^{-1}}=1.38\times10^{-23}\mathrm{J\cdot K^{-1}}$，为玻耳兹曼常数。

式(15-2(c))是理想气体的状态方程的另一种形式，它说明气体的压强与气体的热力学温度及气体分子数密度成正比。

例 15.1　(1)求在标准状态下 1 cm^3气体中的分子数。

(2)如果获得真空度1.33×10^{-10} Pa，求此真空度下 1 cm^3空气内有多少个分子？已知温度为 27 ℃。

解　(1)根据$p=nkT$，$n=\frac{p}{kT}$，标准状态下，$p=1.013\times10^{5}$ Pa，$T=273.15$ K。

分子数密度$n=2.69\times10^{25}\ \mathrm{m}^{-3}$，1 cm^3气体中的分子数$n=2.69\times10^{19}\ \mathrm{cm}^{-3}$。

(2)如果$p=1.33\times10^{-10}$ Pa，$T=300.15$ K，则 1 cm^3空气中的分子数

$$n=\frac{p}{kT}=\frac{1.33\times10^{-10}}{1.38\times10^{-23}\times300.15\times10^{6}},\quad n=3.21\times10^{4}\ \mathrm{cm}^{-3}$$

15.3.2　准静态过程

当气体受到外界影响时，其平衡态将发生变化，状态随时间的变化称为过程。这种变化破坏了气体原有的平衡态，使气体处于非平衡态；经过一段时间后才能达到新的平衡态。气体由非平衡态达到新的平衡态的过程称为弛豫，所需时间称为弛豫时间。当过程进行得非常缓慢，而且其中的每一步所经历的时间均比弛豫时间长得多时，每一步都有充分的时间建立新的平衡态，使过程的各中间状态均可近似地视为平衡态，这样的过程称为准静态过程；反之，则称为非准静态过程。

以p为纵坐标轴、V为横坐标轴所作的图称为p-V图，如图 15-1 所示。

由于理想气体的平衡态只需两个态参量便可确定，因此，p-V图上的每一个点均代表着一个平衡态。反过来，每一个平衡态，均可在p-V图中找到一个相应的代表点。

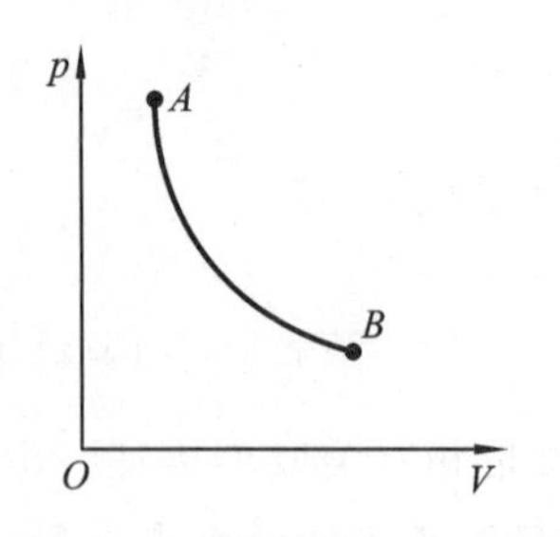

图 15-1　理想气体的 p-V 图

而准静态过程中的每一个中间状态都有确定的状态参量值，因此均可用p-V图中的一个对应点来表示。若将这些代表各平衡态的点连成一条曲线，则此曲线便可表示该准静态过程，即该过程的过程曲线。

图 15-1 中的AB曲线就是气体从A态经准静态过程变化到B态的过程曲线。由此可见，每一准静态过程都可用p-V图中的一条曲线来表示，而p-V图中的每一条曲线均代表一个相应的准静态过程。

15.4　分子运动论的基本概念
The basic concept of molecular kinetic theory

1. 宏观物体是由大量分子（分子泛指原子、分子等）组成的，分子间有一定距离

组成物质的分子或原子的数目是十分巨大的。例如，1 mol 的任何物质均含有 6.022×10^{23} 个分子或原子，这一常量称为阿伏伽德罗常数，用 N_A 表示，$N_A=6.022\times10^{23}\ \text{mol}^{-1}$。组成物质的分子不是连续分布的，彼此间有一定距离，分子的质量和体积都很小。例如，氧的摩尔质量是 0.032 kg/mol，所以一个氧分子的质量为 $m=0.032/N_A$ kg。氧分子本身的体积大约只有 3.393×10^{-27} L，但在标准状态下，每个氧分子平均占有的体积约为 3.721×10^{-23} L。可见气体分子间的距离是相当大的。如果将分子看成是球体，它的平均有效直径大约是 10^{-10} m 的数量级，而气体分子间的距离则是分子直径的十几倍。物体的可压缩性也说明分子间有一定距离。气体比液体和固体的可压缩性大得多，也说明气体分子间的距离比液体和固体的大许多。

2. 分子永不停息地做无规则热运动

分子太小，很难直接观察到它们的运动，但有一些间接的实验足以说明分子的运动特点。扩散现象是重要的实验之一。每个分子运动的方向和速度大小都在不断地变化。在物体内部，分子是以各种不同的速度，沿各种可能的方向运动的。从这个意义上说，分子的运动是“无规则”的。实验证明，热现象是物体内大量分子无规则运动的集体表现，而且这种运动的剧烈程度与物体的温度有关。所以，通常将分子的这种运动称为热运动。

3. 分子间存在相互作用力

根据分子运动论的观点，分子的热运动和分子间的相互作用力是决定物质各种性质的两个基本因素。分子间的作用力称为分子力。分子是一个复杂的带电系统，分子力的性质主要是电磁相互作用力。分子力的规律比较复杂，很难用简单的数学公式表示出来。但在分子运动论中，一般是在实验基础上采用一些简化模型，最常用的模型是假定两分子间的作用力只是和它们之间的距离 r 有关。分子力 f 随分子间距离 r 的变化关系如图 15-2 所示，图中 r 轴以上和以下的虚线分别表示斥力和引力，实曲线表示分子间总的作用力 f。由图中看到，当 $r<r_0$（约 10^{-10} m，称为平衡位置）时，分子力为斥力，而且斥力的大小随 r 的减小急剧地增大；当 $r=r_0$ 时，斥力和引力相等，分子力为零；当 $r>r_0$ 时，分子力为引力；当 $r>10^{-9}$ m 时，引力较小可以忽略不计。由于气体分子间的距离很大，而分子力的有效作用直径（$d\approx10^{-9}$ m，图中 R_0 称为分子作用半径）又很小，所以除了分子间及分子与器壁间碰撞的瞬间外，气体分子的分子力是极其微小的，可以忽略不计。同时由于分子质量小，所受重力也小，所以气体分子的重力一般也可忽略不计。因此，气体分子在相邻两次碰撞之间的运动，实际上可视为在惯性支配下的自由运动。

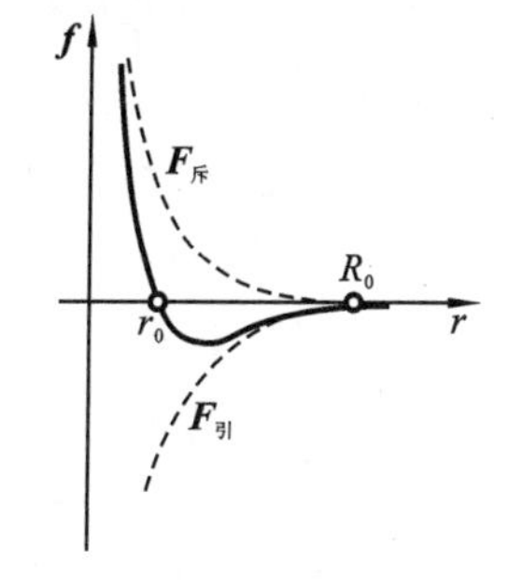

图 15-2　分子力随分子间距的变化关系

15.5 统计规律的特征
Characteristics of statistic laws

15.5.1 概率

在所有可能发生的事件(或变量)中,某种事件(或变量)发生可能性(或出现相对机会)的大小称为该事件发生的概率。如果在 N 次(N 很大)试验中,某事件 X 出现了 N_i 次,则比值 $\frac{N_i}{N}$ 就叫作 X 事件出现的概率,用

$$p_i(x)=\frac{N_i}{N}$$

表示。例如,我们做掷硬币的试验,共掷了10 000次,其中出现正面的次数接近5 000次,则出现正面的概率 $p_{正}=\frac{5\ 000}{10\ 000}=\frac{1}{2}$。由于各种可能发生事件的总数 $\sum N_i=N$,所以所有可能发生事件的总概率为

$$p=\frac{\sum N_i}{N}=\frac{N_1}{N}+\frac{N_2}{N}+\cdots+\frac{N_n}{N}=p_1+p_2+\cdots+p_n=1$$

即各种可能发生事件的概率之和等于1。这一结论称为概率的归一化条件。

如果某些变量 x 是连续变化的(例如在某些随机因素影响下,多次测量某电机的转速可能在某一范围内变化),这时,x 出现在某一间隔 Δx 内的概率 $\Delta p(x)$ 应与这一间隔的位置 x 及大小 Δx 有关。变量在 x 附近单位间隔内出现的概率称为概率密度,用 $f(x)$ 表示,于是便有 $\Delta p(x)=f(x)\Delta x$,当 $\Delta x\to 0$ 时,$\Delta p(x)$ 应写成微分式

$$\mathrm{d}p(x)=f(x)\mathrm{d}x$$

概率密度 $f(x)$ 反映了事件概率随 x 变化而分布的规律,所以又叫概率分布函数。

15.5.2 统计规律与统计平均值

我们知道,一切宏观物体或系统都是由大量微观粒子(分子或原子,以后称分子)组成的。一方面,这些分子进行着永不停息的无规则热运动,使得分子在容器内呈现无序分布,布朗运动就是这种热运动存在的典型例子之一。同时,在分子之间又存在着相互作用力(既包括引力也包括斥力),这种相互作用力又倾向于使分子在系统内呈现有序排列。因此,分子在系统内究竟呈现什么样的排列,将完全取决于它所处环境的温度和压强,从而导致物质形成气态、液态、固态以及等离子态等不同的集合形式。由于系统内分子数目巨大,分子在无规则热运动时,不断碰撞,不断掺和,导致气体各部分分子速率的统计平均值趋于相同,从而各部分的温度、压强也趋于相等,整个系统达到平衡状态。分子热运动的无序性是平衡态的一个基本特征。从经典力学的观点来看,每个气体分子的运动可视为质点运动,遵从牛顿运动定律。只是由于分子热运动的无序性,使得气体分子在某一时刻处于容器中哪一位置,具有什么速度都有一定的偶然性或随机性;但是对于大量分子的整体而言,在一定的条件下,却表现出是有确定规律的。例如系统处于平衡态时,容器中各处的温度、压强、密度都是均匀分布的,这说明在大量的偶然无序的分子热运动中,包含着一种规律性,它来自大量偶然或随机事件的集合,故称

为统计规律。显然这种规律不适用于少数或个别的分子。我们后面将要讨论的理想气体压强公式和温度公式、经典的能量均分定理、麦克斯韦速率分布律等都是大量气体分子统计规律性的具体表现。统计规律广泛存在于宏观领域和微观世界中，有关这方面的例子比比皆是。例如在娱乐游戏中的掷骰子，每次掷出的数字都是随机的，但大量投掷时，就会发现各种数值出现的概率会随投掷次数的增加而逐渐趋于一个稳定的分布。又如在电子单缝衍射实验中，让一束经电场加速的电子，垂直射向一开有一条细缝的挡板，再到达前方的照相底板上。实验发现：如果能够控制电子束的强度，使得电子一个一个不连续地通过单缝到达底板上，当散落在底板上的电子数目很少时，显示电子位置的感光点将是分散的和毫无规则的；随着到达底板电子数目的增多，感光点的分布会逐渐显现一定的规律性；当电子数目非常多时，大量感光点的分布就会显现出电子衍射条纹。在上述两个例子中，掷骰子时各种数字重复次数的分布规律和电子在底板上位置的分布规律，都是存在于大量偶然事件中的整体规律，也就是统计规律。按照统计规律，一切宏观物质的特性都是相应的大量微观粒子运动的集体表现，一切宏观量都是相应微观量的统计平均值。而统计平均值的计算又离不开概率。因此，概率和统计平均值的概念对探讨系统的统计规律有着重要的意义。我们经常需要计算一些物理量的平均值，下面给出两个最常用的平均值计算公式。

如果在某一变量 x 的测量过程中，x_1 出现了 N_1 次，…，x_n 出现了 N_n 次，则各次测得 x 值之总和除以总的测量次数 N 所得的商称为 x 的统计平均值，以 $\overline{x}$ 表示，即

$$\begin{aligned}\overline{x}&=\frac{\sum x_iN_i}{N}=x_1\frac{N_1}{N}+\cdots+x_n\frac{N_n}{N}\\&=x_1p_1+\cdots+x_np_n=\sum x_ip_i\end{aligned}$$

也就是说，离散性变量的平均值等于这个量的各种可能出现的值与其相应概率乘积的代数和。若 x 的值是连续变化的，则求和应用积分来代替，即

$$\overline{x}=\int x\mathrm{d}p(x)=\int xf(x)\mathrm{d}x$$

也就是说，连续变量的平均值等于该量与概率密度乘积的积分。

15.6　理想气体的压强与温度
The pressure and temperature of an ideal gas

15.6.1　理想气体的微观模型

为了更好地导出理想气体的压强和温度公式，我们将建立一个理想气体的微观模型，由于理想气体分子的运动是看不见的，所以理想气体的微观模型在提出的时候只能是一个假设。

由气体动理论的基本概念可知，真实气体的分子都有大小，其直径的数量级约为 10^{-10} m；分子间均有相互作用力，其大小与分子间的距离有关；当分子间的距离远大于分子的有效作用直径（较稀薄的气体）时，分子本身的大小及分子间的相互作用力（分子间的碰撞除外）便可忽略。于是，我们可以这样假设理想气体分子的微观结构，其特点如下。

(1)分子本身的体积在气体中可以忽略不计，分子可以看作质点，且同种分子具有相同的质量。

(2)除碰撞的瞬间外，分子之间以及分子与容器壁的相互作用力可以忽略不计，在两次碰

撞之间,分子的运动可当作匀速直线运动。此外,分子之间的作用势能同分子的动能相比,可以忽略不计。

(3)分子之间以及分子与容器壁的碰撞均可视为牛顿力学中的完全弹性碰撞。

根据这个模型,理想气体分子像一个个线度极小的、无相互作用的(除碰撞瞬间外)和无规则运动着的弹性小球质点。虽然这是一个过于简化的气体模型,但是利用它却能说明气体的一些基本性质,因而在热学中获得了较为广泛的应用。

15.6.2 统计假设

一个气体系统里面所含的分子数是巨大的,并且气体分子间不断频繁地碰撞着,虽然各个分子的热运动是杂乱无章的,但是大量分子的热运动遵从一定的统计规律。对于大量分子组成的理想气体系统处于平衡态时,人们提出以下统计性假设:首先,在忽略重力场影响时,平衡态下气体的分子数密度总是处处相同的,即气体分子在容器中任何空间位置分布的机会均等;其次,平衡态下向各个方向运动的气体的分子数是相同的,即气体分子向各个方向运动的概率是一样的。统计性假设的正确性将由应用该假设的理论结果与实验结果进行比对而得到验证。根据上述假设还可以进一步推断:分子沿各个方向运动的速度分量的各种统计平均值应该相等。例如,沿 x、y、z 三个方向速度分量平方的平均值应该相等(这个概念后面马上要用到)。某方向的速度分量平方的平均值就是把所有分子在该方向上的速度分量平方后加起来再除以分子总数,即

$$\overline{v_x^2}=\frac{\sum N_i v_{ix}^2}{N},\quad \overline{v_y^2}=\frac{\sum N_i v_{iy}^2}{N},\quad \overline{v_z^2}=\frac{\sum N_i v_{iz}^2}{N}$$

按照统计性假设,分子在 x、y、z 三个方向的运动应该是各向同性的,所以应该有

$$\overline{v_x^2}=\overline{v_y^2}=\overline{v_z^2} \tag{15-3}$$

而分子速度的平方的平均值为

$$\overline{v^2}=\overline{v_x^2}+\overline{v_y^2}+\overline{v_z^2}$$

所以

$$\overline{v_x^2}=\overline{v_y^2}=\overline{v_z^2}=\frac{1}{3}\overline{v^2} \tag{15-4}$$

即速度分量平方的平均值等于速度平方的平均值的三分之一,这个结论在后面证明压强公式时要用到。式(15-3)和式(15-4)是对大量分子统计平均值的结果,只适用于大量分子组成的气体系统,分子数越多越准确。

15.6.3 理想气体的压强

克劳修斯指出:“气体对容器的压强是大量分子对器壁碰撞的平均效果。”对于单个分子而言,它何时在何处与器壁碰撞,碰撞中给器壁以多大的作用力等,都是偶然的,而且是不连续的。气体分子系统由大量分子组成,每一时刻都有许多分子与器壁相碰撞,这样就表现出对器壁有一个恒定持续的作用力。这正如雨点落在伞上是一样的情况,当少数雨点落在伞上时,打伞者感受到的是一次次间断力的作用,但当雨下得很大时,密集的雨点落在伞上,打伞者感受到的是一种持续稳定的作用力。所以,理想气体的压强,在数值上等于单位时间内与器壁碰撞的所有分子作用于器壁单位面积上的总冲量。下面我们从碰撞的角度来讨论理想气体的压强公式。

为了简化讨论，假设有同种理想气体盛于一个立方体容器中，如图 15-3 所示。设气体共有 N 个分子，每个分子的质量均为 m。由于气体处于平衡态，气体分子数密度 n 及容器内压强 p 处处相等，因此我们只需讨论其中任意一个面上所受到的压强就可以了。

取坐标系 $Oxyz$，在垂直于 x 轴的器壁上任取一面积 ΔS，如图 15-3 所示。设序号为 i 的分子以速度 $v_i(v_{ix},v_{iy},v_{iz})$ 与 ΔS 作完全弹性碰撞。碰撞前后，v_{iy}、v_{iz} 两个分量没有变化，只有 v_{ix} 变为 $-v_{ix}$。在这一次碰撞过程中，分子动量的增量为 $-mv_{ix}-mv_{ix}=-2mv_{ix}$。根据质点动量定理，器壁施予分子的冲量等于分子动量的增量 $-2mv_{ix}$。由牛顿第三定律可知，该分子施予器壁的冲量为 $2mv_{ix}$。

现在考虑，在 Δt 时间内，容器内所有速度为 v_i 的分子与 ΔS 碰撞的情况。如图 15-4 所示，我们以 ΔS 为底，以 v_i 为轴线、$v_{ix}\Delta t$ 为高作一斜柱体。该斜柱体的体积为 $\Delta V_i=v_{ix}\Delta t\Delta S$。在 Δt 时间内，斜柱体内所有速度为 v_i 的分子都将与 ΔS 发生一次碰撞。设容器内单位体积内速度为 v_i 的分子数为 n_i，则在 Δt 时间内，与 ΔS 碰撞的分子个数为

$$\Delta N_i=n_i\Delta V_i=n_iv_{ix}\Delta t\Delta S$$

这些分子对 ΔS 碰撞的冲量为

$$\Delta I_{ix}=(n_iv_{ix}\Delta t\Delta S)(2mv_{ix})=2mn_iv_{ix}^2\Delta t\Delta S$$

除了速度为 v_i 的分子外，具有其他速度的分子也会与 ΔS 发生碰撞，所以应把 ΔI_{ix} 对所有可能与 ΔS 碰撞的分子的速度求和。但是只有 $v_{ix}>0$ 的分子与 ΔS 碰撞。因此，求和必须限制在 $v_{ix}>0$ 的范围内。注意到分子沿各个方向运动的概率相同，所以 $v_{ix}>0$ 与 $v_{ix}<0$ 的分子数相等，而 $v_{ix}<0$ 的分子是不能与 ΔS 相碰撞的。因此，求和值应该减半，即修正后的总冲量为

$$\Delta I_x=\frac{1}{2}\sum_i\Delta I_{ix}=m\sum_i n_iv_{ix}^2\Delta t\Delta S$$

所有分子对 ΔS 的作用力（正压力）为

$$F_x=\frac{\Delta I_x}{\Delta t}=m\sum_i n_iv_{ix}^2\Delta S$$

气体对器壁的压强为

$$p=\frac{F_x}{\Delta S}=m\sum_i n_iv_{ix}^2$$

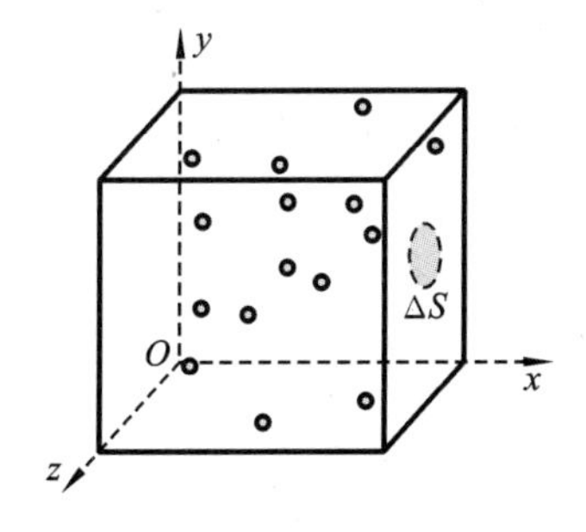

图 15-3　同种理想气体盛于一个立方体容器中

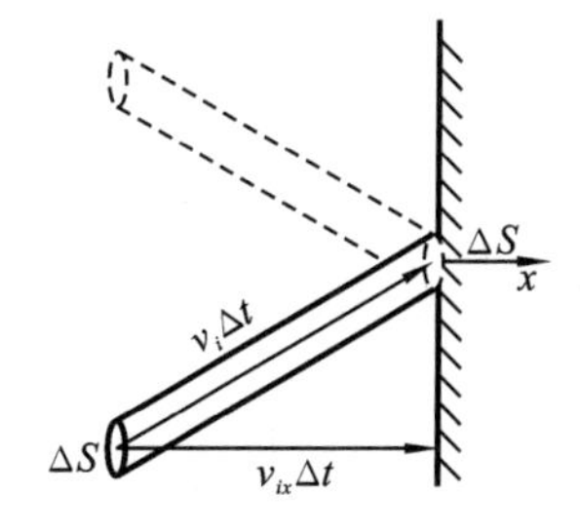

图 15-4　所有速度为 v_i 的分子与 ΔS 碰撞的情况

根据统计平均值的定义，x 方向上速度分量的平方的平均值为

$$\overline{v_x^2}=\frac{\sum_i N_iv_{ix}^2}{N}=\frac{\sum_i n_iVv_{ix}^2}{N}=\frac{\sum_i n_iv_{ix}^2}{N/V}=\frac{\sum_i n_iv_{ix}^2}{n}$$

所以有

$$\overline{v_x^2}n = \sum_i n_i v_{ix}^2$$

代入得

$$p = m\sum_i n_i v_{ix}^2 = mn\,\overline{v_x^2}$$

根据统计性假设，有$\overline{v_x^2}=\frac{1}{3}\overline{v^2}$,所以

$$p = \frac{1}{3}mn\,\overline{v^2} \tag{15-5}$$

上式还可写为

$$p = \frac{2}{3}n\left(\frac{1}{2}m\,\overline{v^2}\right) = \frac{2}{3}n\,\overline{E}_k \tag{15-6}$$

式中:$\overline{E}_k=\frac{1}{2}m\,\overline{v^2}$称为气体分子的平均平动动能。

式(15-6)称为在平衡态时理想气体的压强公式。它表明,理想气体的压强正比于分子数密度 n 和分子的平均平动动能$\overline{E}_k$。实际上,分子对器壁的碰撞是连续的,只有气体分子数足够大时,器壁受到的冲量才有确定的统计平均值。因此,气体压强是具有统计平均意义的,是大量分子对器壁碰撞的平均效果,对少量分子是无压强可言的。

理想气体压强公式是气体动理论的基本公式之一,它将宏观量 p 与微观量的统计平均值 n 和$\overline{E}_k$ 联系起来,从而揭示了压强的微观本质和统计意义。当分子数密度 n 增大时,气体单位时间内对单位面积器壁的碰撞次数增大;当分子的平均平动动能$\overline{E}_k$ 增加时,分子热运动加剧,不但分子单位时间内对单位面积器壁的碰撞次数增大,而且每次碰撞给予器壁的冲量也增大,因此气体的压强增大。

例 15.2 体积为 $V=1.0\times10^{-3}\ \mathrm{m^3}$ 的容器内,贮有某种理想气体,分子总数 $N=1.0\times10^{23}$个,分子质量 $m=5\times10^{-26}\ \mathrm{kg}$,分子速率平方的平均值$\overline{v^2}=1.6\times10^5\ \mathrm{m^2\cdot s^{-2}}$。试求:

(1)气体的压强和温度;

(2)气体分子的总平均平动动能。

解 (1)根据理想气体的压强公式,气体的压强为

$$\begin{aligned}p &=\frac{2}{3}n\,\overline{E}_k=\frac{2}{3}\frac{N}{V}\left(\frac{1}{2}m\,\overline{v^2}\right)\\ &=\frac{2}{3}\times\frac{1.0\times10^{23}}{1.0\times10^{-3}}\times\frac{1}{2}\times5\times10^{-26}\times1.6\times10^5\ \mathrm{Pa}\\ &=2.67\times10^5\ \mathrm{Pa}\end{aligned}$$

由理想气体的状态方程 $p=nkT=\frac{N}{V}kT$,得气体的温度

$$T=\frac{pV}{Nk}=\frac{2.67\times10^5\times1.0\times10^{-3}}{1.0\times10^{23}\times1.38\times10^{-23}}\ \mathrm{K}=193.5\ \mathrm{K}$$

(2)气体分子的总平均平动动能为

$$N\,\overline{E}_k=N\times\frac{1}{2}m\,\overline{v^2}=1.0\times10^{23}\times\frac{1}{2}\times5\times10^{-26}\times1.6\times10^5\ \mathrm{J}=400\ \mathrm{J}$$

15.6.4 理想气体的温度

根据理想气体的状态方程 $p=nkT$ 和压强公式 $p=\frac{2}{3}n\,\overline{E}_k$,可以导出理想气体的温度与分

子的平均平动动能之间的关系。两式中消去压强 p，可得

$$\overline{E}_k = \frac{3}{2}kT = \frac{1}{2}m\overline{v^2} \tag{15-7}$$

这就是平衡态下理想气体的温度公式。上式说明理想气体的温度取决于气体分子的平均平动动能，而与气体的性质无关。

由于分子的平均平动动能是反映分子热运动剧烈程度的物理量，因此，可以将温度看成分子热运动剧烈程度的表征，这就是温度的微观本质。我们可将式(15-7)作为温度的定义式。需要指出的是，气体分子的平均平动动能是一个统计平均值，所以气体的温度也具有统计意义，它是大量分子热运动的集体表现，对于单个或少量分子来讲，温度是没有意义的。

温度公式(15-7)表明，在相同的温度下，气体分子的平均平动动能相同，而与气体的种类无关。也就是说，如果有由不同种类的气体混合而成的气体系统处于热平衡状态，不同的气体分子的运动情况可能很不相同，但它们的平均平动动能却是相同的。

例 15.3　如果某理想气体分子的平均平动动能要达到 1 eV，问气体温度将会有多高？

解　eV(电子伏特)是一种非 SI 能量单位，在原子物理和高能物理中经常使用，1 eV＝1.602×10^{-19} J。

设气体的温度为 T 时，其分子的平均平动动能等于 1 eV，由理想气体的温度公式，可得

$$T=\frac{2\overline{E}_k}{3k}=\frac{2\times1.602\times10^{-19}\ \text{J}}{3\times1.38\times10^{-23}\ \text{J}\cdot\text{K}^{-1}}=7.74\times10^{3}\ \text{K}$$

由此可见，1 eV 的能量相当于温度为 7.74×10^{3} K 时气体分子的平均平动动能。而我们知道太阳表面温度约为 5 763 K，可以判断此结果难以实现。

例 15.4　在一定温度下，某种气体由几种不同种类的理想气体混合而成，各种气体单独存在于混合气体空间时的压强分别为 $p_1, p_2, p_3, \cdots$，试求处在平衡态的混合气体的压强。

解　设混合气体处在温度为 T 的平衡态。由温度公式可知，不同种类分子的平均平动动能相同，与分子种类无关，即

$$\overline{E}_{k1}=\overline{E}_{k2}=\overline{E}_{k3}=\cdots=\overline{E}_k$$

若各种气体分子的分子数密度分别为 $n_1, n_2, n_3, \cdots$，则混合气体的分子数密度 $n=n_1+n_2+n_3+\cdots$，根据理想气体压强公式，混合气体的压强为

$$\begin{aligned} p &= \frac{2}{3}n\overline{E}_k=\frac{2}{3}(n_1+n_2+n_3+\cdots)\overline{E}_k \\ &=\frac{2}{3}n_1\overline{E}_k+\frac{2}{3}n_2\overline{E}_k+\frac{2}{3}n_3\overline{E}_k+\cdots \\ &=p_1+p_2+p_3+\cdots \end{aligned}$$

可见，在一定温度下，混合气体的压强等于组成混合气体的各种气体的分压强之和，这就是道尔顿分压定律。

15.7　麦克斯韦速率分布律
The Maxwell speed distribution law

15.7.1　速率分布函数

处于平衡态的气体，其分子沿各个方向运动的机会均等，这并非意味着每个分子的运动速率完全相同，而是大量不同运动速度的分子，在一定条件下所形成的一种热动平衡状态。每个

气体分子热运动速度的变化是随机的,如果在某一时刻去观察某个分子,它具有什么样的速度是无法预测的,完全是偶然的。但大量分子整体的速率却遵从一定的统计分布规律。

为了描述气体分子按速率的分布,将分子所具有的各种可能的速率($0\sim\infty$)分成许多相等的区间。设一定量的气体处于平衡态,总分子数为 N,其中速率在 $v\sim v+\Delta v$ 区间内的分子数为 ΔN,则$\frac{\Delta N}{N}$表示分布在这一区间内的分子数占总分子数的百分比,也就是分子速率处于该区间内的概率。显然,$\frac{\Delta N}{N}$不仅与 ΔN 有关,而且与这个速率区间 Δv 在哪个速率 v 附近有关。在给定的速率 v 附近,所取的区间 Δv 越大,分布在这个区间内的分子数 ΔN 就越大,分子在这一区间内的分子数占总分子数的百分比$\frac{\Delta N}{N}$也就越大。通常,为了消掉速率区间 Δv 的大小对$\frac{\Delta N}{N}$大小的影响,我们将$\frac{\Delta N}{N}$除以 Δv,用这一比值来反映气体分子的速率分布。当 Δv 取足够小时,速率分布在 $v\sim v+\mathrm{d}v$ 区间内的分子数占总分子数的百分比与 $\mathrm{d}v$ 的比值为$\frac{\mathrm{d}N}{N\mathrm{d}v}$,该比值与所取区间 $\mathrm{d}v$ 的大小无关,而仅与速率 v 有关,我们把这个比值定义为平衡态下的速率分布函数 $f(v)$,即

$$f(v)=\frac{\mathrm{d}N}{N\mathrm{d}v} \tag{15-8}$$

速率分布函数 $f(v)$的物理意义是:在速率 v 附近,单位速率区间内的分子数占总分子数的百分比;或者说,对于任意一个分子而言,它的速率分布在 v 附近单位速率区间内的概率。故 $f(v)$也称为分子速率分布的概率密度。对于任意一个分子来说,它的速率是多少完全是偶然的,但整体上讲却具有一定的概率分布规律。只要给出了速率分布函数,系统内所有分子的速率分布就完全确定了。

15.7.2 麦克斯韦速率分布律

1859 年,麦克斯韦把统计方法引入了气体动理论,经过严格推导证明,当理想气体分子处于平衡态时,分布于区间 $v\sim v+\mathrm{d}v$ 的分子数 $\mathrm{d}N$ 占总分子数 N 的百分比为

$$\frac{\mathrm{d}N}{N}=4\pi\left(\frac{m}{2\pi kT}\right)^{\frac{3}{2}}\mathrm{e}^{-\frac{mv^2}{2kT}}v^2\mathrm{d}v \tag{15-9}$$

式中:m 为气体分子的质量;k 为玻耳兹曼常数;T 为气体的热力学温度。这就是麦克斯韦速率分布律,最先由麦克斯韦证明的公式。

式(15-9)表明,当气体处于某一平衡态时,不管其分子运动多么复杂,它们分布在某一速率 v 附近的分子数占总分子数的百分比,亦即气体分子出现在 $v\sim(v+\mathrm{d}v)$速率区间的概率是确定的。由此可见,麦克斯韦分布律是一种概率分布。

将式(15-9)代入式(15-8),可得

$$f(v)=4\pi\left(\frac{m}{2\pi kT}\right)^{\frac{3}{2}}\mathrm{e}^{-\frac{mv^2}{2kT}}v^2 \tag{15-10}$$

从式(15-10)中可以看出,函数 $f(v)$代表着分布在速率 v 附近单位速率区间内的分子数占总分子数的百分比,亦即气体分子按速率的分布情况,故速率分布函数又称概率密度。

若以 $f(v)$为纵坐标、v 为横坐标作图,则 $f(v)$与 v 的关系将如图 15-5 的曲线所示,此曲线称为麦克斯韦速率分布曲线。该曲线形象、直观地描述出平衡态下理想气体分子按速率分

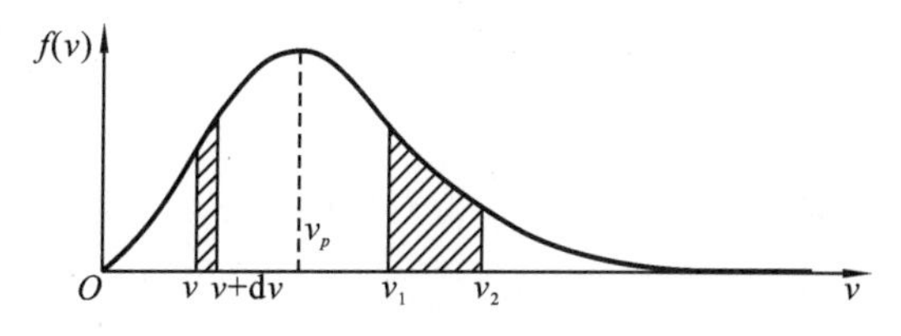

图 15-5　气体分子按速率的分布

布的情况。主要规律如下。

(1)曲线从原点出发,随着速率的增大而上升,经过一个极大值后,又随着速率的增大而下降,并逐渐趋于零。这表明气体分子的速率可以取大于零的一切可能的有限值,但速率很大或很小的分子数都比较少。

(2)曲线下方速率 v 附近宽度为 $\mathrm{d}v$ 的小窄条面积

$$f(v)\mathrm{d}v=\frac{\mathrm{d}N}{N}$$

代表着速率分布在 $v\sim v+\mathrm{d}v$ 区间内的分子数 $\mathrm{d}N$ 占总分子数 N 的百分比,也代表着分子速率出现在 $v\sim v+\mathrm{d}v$ 区间内的概率。

曲线下方在速率 $v_1\sim v_2$ 区间的面积

$$\int_{v_1}^{v_2}f(v)\mathrm{d}v=\int_{v_1}^{v_2}\frac{\mathrm{d}N}{N}=\frac{1}{N}\int_{v_1}^{v_2}\mathrm{d}N=\frac{\Delta N}{N}$$

代表着速率在 $v_1\sim v_2$ 区间内分子数 ΔN 占总分子数 N 的百分比。

曲线下方的总面积

$$\int_0^{\infty}f(v)\mathrm{d}v=\int_0^{\infty}\frac{\mathrm{d}N}{N}=\frac{1}{N}\int_0^{\infty}\mathrm{d}N=\frac{N}{N}=1$$

即

$$\int_0^{\infty}f(v)\mathrm{d}v=1 \tag{15-11}$$

上式代表分布于整个速率区间的分子数(亦即总分子数)占总分子数的百分比,其值为 1。这是由速率分布函数的物理意义所决定的,是速率分布函数必须满足的条件,称为速率分布函数的归一化条件。

(3)由于麦克斯韦速率分布律是一个统计规律,实际上任何速率区间内的分子数都在不断变化,因此,$\mathrm{d}N$ 和 ΔN 只是表示相应速率区间内分子数的统计平均值。所以我们只能讨论某速率区间内的分子数,而讨论速率恰好为某一确定值的分子数是无意义的。

(4)从图 15-5 中可以看出,麦克斯韦速率分布函数存在极大值,此值对应的速率称为最概然速率,用 v_p 表示。它的物理意义是:在 v_p 附近单位速率区间内的分子数占总分子数的百分比最大;或者说,对于一个分子而言,它的速率刚好处于 v_p 附近单位速率区间内的概率最大。

应该指出,麦克斯韦速率分布律只适用于平衡态下大量分子组成的气体系统,对少量分子来说是无意义的。一般来讲,比较稀薄的实际气体分子速率分布也是可以用麦克斯韦速率分布律来描述的。但是,对于密度很大的情况下,经典统计理论的基本假设已不能成立,只有更加严格的量子统计理论才能说明气体分子的统计分布规律。

15.7.3　分子热运动速率的三种统计平均值

麦克斯韦速率分布律在统计物理学中起着极大的作用。应用它可以求出分子热运动速率具有代表性的三种统计速率。

1. 最概然速率

如前所述,最概然速率是分布函数的极大值对应的速率,亦即使分布曲线斜率为零所对应的速率。因此,有

$$\frac{\mathrm{d}f(v)}{\mathrm{d}v}\bigg|_{v=v_p}=0$$

将式(15-10)代入,求得

$$v_p=\sqrt{\frac{2kT}{m}}=\sqrt{\frac{2RT}{M}}=1.41\sqrt{\frac{RT}{M}} \qquad (15\text{-}12)$$

式(15-12)表明,最概然速率 v_p 与$\sqrt{T}$成正比,与$\sqrt{M}$成反比。若气体种类一定,即气体摩尔质量 M 相同,温度越高,则分子的最概然速率 v_p 就越大。根据归一化条件,曲线下方的总面积恒等于 1,所以 T 升高时 v_p 增大,即曲线向速率大的方向偏移而变扁平,如图 15-6(a)所示。而对于非同种类气体,在温度 T 相同的情况下,摩尔质量 M 越大,则其最概然速率 v_p 就越小,即曲线向速率小的方向偏移而变陡峭,如图 15-6(b)所示。

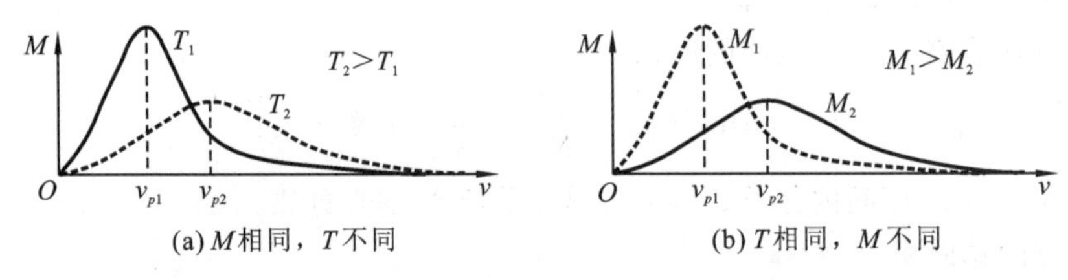

图 15-6 分布曲线与温度和质量的关系

2. 平均速率

大量气体分子速率的统计平均值称为气体分子的平均速率,用 $\overline{v}$ 表示。由于气体分子的速率是连续分布的,所以应用积分来计算,即

$$\overline{v}=\frac{\int_0^\infty v\mathrm{d}N}{N}=\int_0^\infty vf(v)\mathrm{d}v$$

将式(15-10)代入上式,并注意到积分公式

$$\int_0^\infty x^3\mathrm{e}^{-x^2}\mathrm{d}x=\frac{1}{2}$$

可得平均速率为

$$\overline{v}=\sqrt{\frac{8kT}{\pi m}}=\sqrt{\frac{8RT}{\pi M}}=1.60\sqrt{\frac{RT}{M}} \qquad (15\text{-}13)$$

此式说明,气体的平均速率 $\overline{v}$ 与$\sqrt{T}$成正比,与$\sqrt{M}$成反比,它在计算分子运动的平均自由程中有着重要的作用。

3. 方均根速率

大量气体分子速率平方平均值的平方根称为气体分子的方均根速率,用$\sqrt{\overline{v^2}}$表示。根据统计平均值的定义,方均速率为

$$\overline{v^2}=\int_0^\infty v^2f(v)\mathrm{d}v$$

将式(15-10)代入上式，并注意到积分公式

$$\int_0^{\infty} x^4 e^{-x^2} dx = \frac{3}{8}\sqrt{\pi}$$

则得到

$$\overline{v^2} = \frac{3kT}{m}$$

所以

$$\sqrt{\overline{v^2}} = \sqrt{\frac{3kT}{m}} = \sqrt{\frac{3RT}{M}} = 1.73\sqrt{\frac{RT}{M}} \tag{15-14}$$

可见，气体的方均根速率$\sqrt{\overline{v^2}}$也与$\sqrt{T}$成正比，与$\sqrt{M}$成反比，它在讨论气体分子运动能量的统计规律中有着重要的作用。例如，当温度相同时，各种分子的平均平动动能相等，但是它们的方均根速率并不相等，质量大的分子其方均根速率小。

例 15.5　试求温度为 27 ℃时的氧气分子的三种统计速率(已知氧气的摩尔质量为 $3.20\times10^{-2}\ \text{kg}\cdot\text{mol}^{-1}$)。

解　已知气体的温度和摩尔质量，$T=(273+27)\ \text{K}=300\ \text{K}$。由于三种速率都具有一个共同的因子$\sqrt{\frac{RT}{M}}$，可先求得

$$\sqrt{\frac{RT}{M}}=\sqrt{\frac{8.31\times300}{3.2\times10^{-2}}}\ \text{m}\cdot\text{s}^{-1}=2.79\times10^{2}\ \text{m}\cdot\text{s}^{-1}$$

将其代入式(15-12)、式(15-13)和式(15-14)，分别可得

最概然速率

$$v_p=1.41\sqrt{\frac{RT}{M}}=1.41\times2.79\times10^{2}\ \text{m}\cdot\text{s}^{-1}=3.94\times10^{2}\ \text{m}\cdot\text{s}^{-1}$$

平均速率

$$\bar{v}=1.60\sqrt{\frac{RT}{M}}=1.60\times2.79\times10^{2}\ \text{m}\cdot\text{s}^{-1}=4.47\times10^{2}\ \text{m}\cdot\text{s}^{-1}$$

方均根速率

$$\sqrt{\overline{v^2}}=1.73\sqrt{\frac{RT}{M}}=1.73\times2.79\times10^{2}\ \text{m}\cdot\text{s}^{-1}=4.83\times10^{2}\ \text{m}\cdot\text{s}^{-1}$$

可见在室温下，气体分子的三个特征速率的数量级一般为每秒几百米，与同温度下空气中声速的数量级相同。

例 15.6　有 N 个粒子，其速率分布函数为：

$$\begin{cases} f(v)=C & (0\leqslant v\leqslant v_0) \\ f(v)=0 & (v>v_0) \end{cases}$$

试求其速率分布函数中的常数 C 和粒子的平均速率(均用 v_0 表示)。

解　(1)求常数 C：

由$\int_0^{\infty} f(v)\mathrm{d}v = 1$得

$$\int_0^{v_0} C\mathrm{d}v+\int_{v_0}^{\infty} 0\cdot \mathrm{d}v = 1$$

所以

$$Cv_0=1$$

可得
$$C=\frac{1}{v_0}$$

(2)求平均速率：

$$\bar{v}=\int_0^{\infty} vf(v)\mathrm{d}v=\int_0^{v_0} vC\mathrm{d}v+\int_{v_0}^{\infty} v_0\cdot 0\cdot \mathrm{d}v$$
$$=\int_0^{v_0} v\frac{1}{v_0}\mathrm{d}v=\frac{1}{v_0}\int_0^{v_0} v\mathrm{d}v=\frac{1}{2}v_0$$

所以
$$\bar{v}=\frac{1}{2}v_0$$

15.8　玻耳兹曼分布律
The Boltzmann distribution function

前面介绍的麦克斯韦分子速率分布是理想气体处于平衡态时的情况，如果没有力场(如重力场)对气体分子的影响，气体分子将均匀地分布在容器的整个空间内，这时气体的分子数密度 n、压强 p 和温度 T 处处均匀，但各个分子可以具有不同的速度和动能。当气体系统处在外力场中时，由于外力场对气体分子的作用，容器中不同位置处的气体分子具有不同的势能，气体的分子数密度 n 以及压强 p 将不再是均匀分布了。

奥地利物理学家玻耳兹曼在麦克斯韦速率分布的基础上，考虑了外力场对气体分子分布的影响，建立了气体分子按能量分布的规律。先将麦克斯韦速率分布律改写为

$$\mathrm{d}N=N4\pi\left(\frac{m}{2\pi kT}\right)^{\frac{3}{2}}\mathrm{e}^{-\frac{E_k}{kT}}v^2\mathrm{d}v \tag{15-15}$$

式中：$E_k=\frac{1}{2}mv^2=\frac{1}{2}m(v_x^2+v_y^2+v_z^2)$，为分子的动能。如果把气体放在保守力场中，那么气体分子不仅有动能，而且还有势能。一般来说，动能是速率的函数，即 $E_k=E_k(v)$，而势能则是分子在空间位置坐标的函数，即 $E_p=E_p(x,y,z)$。例如，在重力场中，分子的势能为 $E_p=mgz$(设 $z=0$ 处，$E_p=mgz$ 为零)。因此，在有力场的情况下，如果我们既要考虑分子按速率的分布(即按动能分布)，也要考虑分子按空间的分布(即按势能分布)，那么一个合理的考虑是，在式(15-15)中，因子 $\mathrm{e}^{-\frac{E_k}{kT}}$ 中的 E_k 应当用粒子的总的能量 $E=E_k+E_p$ 来代替。玻耳兹曼从这个观点出发，进一步运用统计物理学基本原理，得出分子速度处于 $v_x\sim v_x+\mathrm{d}v_x$，$v_y\sim v_y+\mathrm{d}v_y$，$v_z\sim v_z+\mathrm{d}v_z$ 区间内，位置处于 $x\sim x+\mathrm{d}x$，$y\sim y+\mathrm{d}y$，$z\sim z+\mathrm{d}z$ 的空间体积元 $\mathrm{d}V=\mathrm{d}x\mathrm{d}y\mathrm{d}z$ 内的分子数为

$$\mathrm{d}N=n_0\left(\frac{m}{2\pi kT}\right)^{\frac{3}{2}}\mathrm{e}^{-\frac{E}{kT}}\mathrm{d}v_x\mathrm{d}v_y\mathrm{d}v_z\mathrm{d}x\mathrm{d}y\mathrm{d}z \tag{15-16}$$

式中：n_0 表示在势能 $E_p=0$ 处单位体积内所含各种速度的分子数，即分子数密度；$E=E_k+E_p$ 为分子的总能量。

式(15-16)表示在平衡态下，气体分子按能量(动能和势能)的分布规律，称为麦克斯韦-玻耳兹曼能量分布律，简称玻耳兹曼能量分布律。把式(15-16)对位置积分，就可以回到麦克斯韦速率分布式(15-9)，可见麦克斯韦速率分布是玻耳兹曼能量分布律的一个直接结果。

从式(15-16)可以很容易看出，在平衡态下，确定的空间区域和速度区间内，分子数只取决于因子 $\mathrm{e}^{-\frac{E}{kT}}$(称为玻耳兹曼因子)。分子的能量 $E=E_k+E_p$ 越大，因子 $\mathrm{e}^{-\frac{E}{kT}}$ 越小，分子数就越

少。从统计意义上看，这说明气体分子总是优先处于低能态，或者说处于能量较低状态的概率比处于能量较高状态的概率大。

根据归一化条件，式(15-16)在整个速度区间积分，得到

$$\iiint \left(\frac{m}{2\pi kT}\right)^{\frac{3}{2}} e^{-\frac{E_k}{kT}} dv_x dv_y dv_z = 1$$

因此，位置在空间区域 $x \sim x+\mathrm{d}x, y \sim y+\mathrm{d}y, z \sim z+\mathrm{d}z$ 内，具有各种速度的分子数为

$$\mathrm{d}N = n_0 e^{-\frac{E_p}{kT}} \mathrm{d}x\mathrm{d}y\mathrm{d}z$$

上式表示在平衡态下，气体分子按势能分布的规律，它说明，具有各种速率的分子，在外力场中总是优先处于势能较低的状态。

根据上式可以推出气体分子在重力场中按高度分布的规律。在重力场中，大气分子的势能 $E_p = mgz$。在高度为 z 处的体积元 $\mathrm{d}x\mathrm{d}y\mathrm{d}z$ 中，大气分子数为

$$\mathrm{d}N = n_0 e^{-\frac{mgz}{kT}} \mathrm{d}x\mathrm{d}y\mathrm{d}z$$

于是，该处大气的分子数密度为

$$n = \frac{\mathrm{d}N}{\mathrm{d}V} = \frac{\mathrm{d}N}{\mathrm{d}x\mathrm{d}y\mathrm{d}z} = n_0 e^{-\frac{mgz}{kT}}$$

即重力场中的大气分子按高度的分布规律为

$$n = n_0 e^{-\frac{mgz}{kT}} \tag{15-17}$$

可见，当温度保持一定时，在重力场中大气的分子数密度随高度的增加按指数规律衰减，即海拔越高处空气就越稀薄。

若设大气的温度处处相同，则由理想气体的状态方程 $p = nkT$ 容易导出大气中的压强与高度的关系为

$$p = p_0 e^{-\frac{mgz}{kT}} \tag{15-18}$$

式中：$p_0 = n_0 kT$ 是 $z=0$ 处大气的压强。上式表明，在重力场中大气的压强随高度的增加按指数规律减小，即高度越高，压强越低。根据该式，气象学中经常通过测量压强来计算高度。应该注意，实际的大气层由于温度不均匀，且不处于平衡态，式(15-18)只是近似成立，不能作为精确测量高度的依据。

15.9　理想气体的内能
The internal energy of an ideal gas

15.9.1　气体分子的自由度

前面我们在讨论理想气体分子的热运动时，都把分子视为质点，因而只考虑了分子的平动。事实上，实际气体分子都有一定的内部结构，都不是质点，而且分子除平动外，还存在着转动以及分子内部各原子的振动，每一种运动形式也都具有相应的能量。因此，在讨论实际气体分子的热运动能量时，必须考虑分子的内部结构，对理想气体分子的质点模型做一定的修改。作为一种近似，可以将分子看成是由原子质点刚性连接的质点系，而不考虑原子质点之间的相对振动，这样的分子称为刚性分子。本书仅讨论刚性分子的问题。对于初学者来说，应用这样的分子模型，只需考虑平动和转动两种形式的热运动能量。根据这一模型，能够得到与常

温下实验大体一致的结果。下面,先介绍一个讨论中需要用到的力学概念——自由度。

决定一个物体的空间位置所需要的独立坐标数称为该物体的自由度。每一个独立坐标的变化,都对应于一种独立的分运动。因此,自由度就是物体独立分运动的数目。按照上述气体分子的刚性质点系模型,单原子分子作为一个质点,有 x、y、z 三个独立的描述平动运动的空间坐标,自由度为 3;双原子分子除用 x、y、z 确定其质心位置外,还要用两个独立的方位角才能确定其双质点连线的方位,因而有 3 个平动自由度和 2 个转动自由度,共 5 个自由度;三原子分子则在确定质心位置和任一过质心的轴线的方位后,还需要一个用以确定绕该轴转动的角坐标(类似于前面所遇到过的刚体绕定轴转动的角坐标),因而有 3 个平动自由度和 3 个转动自由度,共 6 个自由度,如图 15-7 所示。

三个以上原子组成的分子称为多原子分子,其自由度与三原子分子的自由度相同。因为其中三个原子的位置确定后,其他原子的位置也就随之被确定(否则就不是刚性分子了)。故多原子分子的自由度与三原子分子的自由度相同。

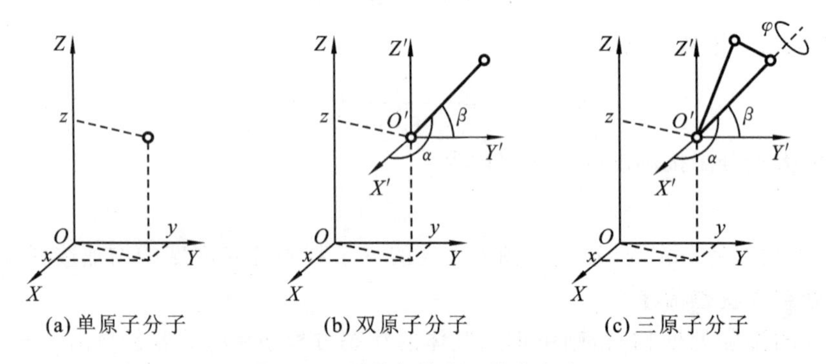

图 15-7　刚性气体分子的自由度

15.9.2　能量均分定理

我们知道,处于平衡态下的理想气体,其分子的平均平动动能为

$$\overline{E}_k=\frac{1}{2}m\,\overline{v^2}=\frac{3}{2}kT$$

其中气体的平均平动动能可表示为

$$\frac{1}{2}m\,\overline{v^2}=\frac{1}{2}m\,\overline{v_x^2}+\frac{1}{2}m\,\overline{v_y^2}+\frac{1}{2}m\,\overline{v_z^2}$$

气体处于平衡态时,有

$$\overline{v_x^2}=\overline{v_y^2}=\overline{v_z^2}=\frac{\overline{v^2}}{3}$$

故

$$\frac{1}{2}m\,\overline{v_x^2}=\frac{1}{2}m\,\overline{v_y^2}=\frac{1}{2}m\,\overline{v_z^2}=\frac{1}{3}\times\frac{1}{2}m\,\overline{v^2}=\frac{1}{2}kT \tag{15-19}$$

上式表明,分子沿三个坐标轴运动的平均平动动能相等。由于三个坐标对应着三个平动自由度,因此,气体分子的平均平动动能 $\frac{3}{2}kT$ 被平均地分配在每一个平动自由度上,每个自由度上的平均平动动能均为 $\frac{1}{2}kT$。

按照等概率假设,当气体处于平衡态时,其分子在任一自由度上运动的概率均相等,没有哪个自由度的运动更占优势。转动和反映分子内部原子间的相对振动也都有相应的能量，因此将上述平动的结果推广到分子运动的转动和振动自由度，就会得到：在温度为 T 的平衡态下，气体分子的每一个自由度（包括平动、转动和振动）都平均地分配有 $\frac{1}{2}kT$ 的动能（The equipartition theorem states that, at equilibrium, each degree of freedom contributes $\frac{1}{2}kT$ of energy per molecule）。这个结果可以由经典统计物理学理论得到严格的证明，称为能量按自由度均分定理，简称能量均分定理（ the principle of equipartition of energy ）。根据能量均分定理，总自由度为 i 的分子，其平均总动能为

$$\overline{E}_k = \frac{i}{2}kT \tag{15-20}$$

式中：$i=t+r$，t 为平动自由度数目，r 为转动自由度数目。因此，单原子分子、双原子分子和多原子分子的平均总动能分别为 $\frac{3}{2}kT$、$\frac{5}{2}kT$ 和 $\frac{6}{2}kT$。

能量均分定理是经典统计物理的一个重要结论，适用于达到平衡态的气体、液体、固体和其他由大量运动粒子组成的系统，对于少数或个别粒子其平均动能可以远远偏离 $\frac{i}{2}kT$，而且各自由度分配的动能也可能差别很大。对大量粒子组成的系统来说，动能之所以会按自由度均分是依靠分子间频繁的无规则碰撞来实现的。在碰撞过程中，一个分子的动能可以传递给另一个分子，一种形式的动能可以转化为另一种形式的动能，而且动能还可以从一个自由度转移到另一个自由度。但只要达到了平衡态，那么任意一个自由度上的平均动能就应该相等。

应该指出，能量均分定理是以经典概念（能量的连续变化）为基础的。事实上，原子、分子等微观粒子的运动遵循的是量子力学规律，因此能量均分定理只有在一定的范围内才能成立。

15.9.3　理想气体的内能

对于实际气体来说，它的内能通常包括所有分子的平动动能、转动动能、振动动能及振动势能。由于分子间存在着相互作用的保守力，所以还具有分子之间的势能，所有分子的各种形式的动能和势能的总和称为气体的内能。对于刚性质点系模型的理想气体，分子间的相互作用可以忽略，又无分子内部原子间的振动，因此其内能只是所有分子平动动能和转动动能之和，即

$$E = N \cdot \overline{E}_k = N \cdot \frac{i}{2}kT \tag{15-21}$$

式中：N 为系统的总分子数；

$\overline{E}_k$ 为分子的平均动能；

$i=t+r$ 为分子的平动自由度和转动自由度。

由于 $N=\nu N_A$，ν 为气体的物质的量，此式进一步可写为

$$E=\nu N_A \cdot \frac{i}{2}kT$$

若理想气体的质量为 m'，摩尔质量为 M，又由 $N_A k=R$，我们得到理想气体的内能公式

$$E = \frac{m'}{M} \cdot \frac{i}{2}RT = \nu \cdot \frac{i}{2}RT \tag{15-22}$$

这说明对于给定的系统来说（m'、M、i 都是确定的），理想气体的内能唯一地由温度来确

定,也就是说理想气体的内能是温度的单值函数。系统内能是一种态函数,只要状态确定了,那么相应的内能也就确定了。如果状态发生变化,则系统的内能也将发生变化。对于理想气体系统来说,内能的变化为

$$\Delta E = \nu \cdot \frac{i}{2} R \Delta T \tag{15-23}$$

应该注意,式(15-22)是在不计振动的情况下得到的内能公式,事实上,当气体温度较高时,分子的振动是不能忽略的。这说明,该内能公式具有一定的局限性。

顺便指出,气体系统的内能与机械能不同:机械能是指气体作为整体所具有的动能和势能之和,其值可以为零;而气体的内能则是指气体分子热运动所具有的动能和势能之和,其值不能为零。

例 15.7　一容器内贮有理想气体氧气,压强 $p=1.00$ atm,温度 $t=27.0$ ℃,体积 $V=2.00\ \mathrm{m}^3$。求:

(1)氧分子的平均平动动能$\overline{E}_t$;

(2)氧分子的平均转动动能$\overline{E}_r$;

(3)氧气的内能。

解　氧分子为双原子分子,自由度 $i=5$,其中,平动自由度 $t=3$,转动自由度 $r=2$。由能量均分定理和理想气体的内能公式,可得

(1)　$$\overline{E}_t=\frac{3}{2}kT=\frac{3}{2}\times 1.38\times 10^{-23}\times(273+27)\ \mathrm{J}=6.21\times 10^{-21}\ \mathrm{J}$$

(2)　$$\overline{E}_r=\frac{2}{2}kT=\frac{2}{2}\times 1.38\times 10^{-23}\times(273+27)\ \mathrm{J}=4.14\times 10^{-21}\ \mathrm{J}$$

(3)　$$E=\nu\cdot\frac{i}{2}RT=\frac{i}{2}pV=\frac{5}{2}\times 1.013\times 10^5\times 2\ \mathrm{J}=5.07\times 10^5\ \mathrm{J}$$

可见,只要知道气体的种类,就知道气体的自由度,就可以计算气体的平均动能,而不必追究每一个分子的动能是多少。这对研究分子运动来说是很重要的。因为分子数目如此巨大,要追究每一个分子的动能是不可能的。

例 15.8　水蒸气分解为同温度 T 的氢气和氧气时,当不计振动自由度时,求此过程中内能的增量($H_2O \rightarrow H_2+\frac{1}{2}O_2$)。

解　设水蒸气为 1 mol,则:

$$H_2O \rightarrow H_2+\frac{1}{2}O_2$$

$$E(H_2O)=\frac{i}{2}RT=\frac{6}{2}RT=3RT$$

$$E(H_2)=\frac{i}{2}RT=\frac{5}{2}RT$$

$$E(O_2)=\frac{1}{2}\times\frac{i}{2}RT=\frac{1}{2}\times\frac{5}{2}RT=\frac{5}{4}RT$$

所以

$$\begin{aligned}\Delta E &= E(H_2)+E(O_2)-E(H_2O)\\ &=\frac{5}{2}RT+\frac{5}{4}RT-3RT\\ &=\frac{3}{4}RT\end{aligned}$$

15.10　气体分子的碰撞
The gas molecular collision

15.10.1　分子碰撞的意义和基本模型

分子都有一定的大小，相互之间还有分子力作用，再加上作无规则热运动的分子数目巨大，分子之间的碰撞是十分频繁的。分子之间频繁的无规则碰撞，对气体平衡态的性质来说具有十分重要的意义。例如，当两种温度不同的气体接触后，能够迅速达到温度相同即具有相同的平均平动动能的热平衡状态，就是通过这种频繁的无规则碰撞交换能量得以实现的。事实上，气体能够由非平衡态自发地迅速向平衡态过渡，以及达到平衡态的气体能具有确定的速度分布和稳定的宏观性质，靠的也是这种分子的频繁无规则碰撞。

根据平均速率公式，气体分子在常温下将以每秒几百米的平均速率作热运动。由此看来，气体中的一切过程，似乎都应在一瞬间完成，但事实并非如此。经验告诉我们，在离我们几米远的地方，打开香水瓶后，香气并不能立刻被嗅到，而是要经过几秒钟甚至更长的时间才能被嗅到。为了解释这种现象，克劳修斯首先提出分子碰撞的概念。他指出：虽然气体分子的速率很大，但分子运动的过程中，它要不断地与其他分子碰撞，每碰一次，运动方向就改变一次，使得分子沿着迂回的折线前进，如图15-8所示，致使它从一处移动到另一处所需的时间就变得较长。

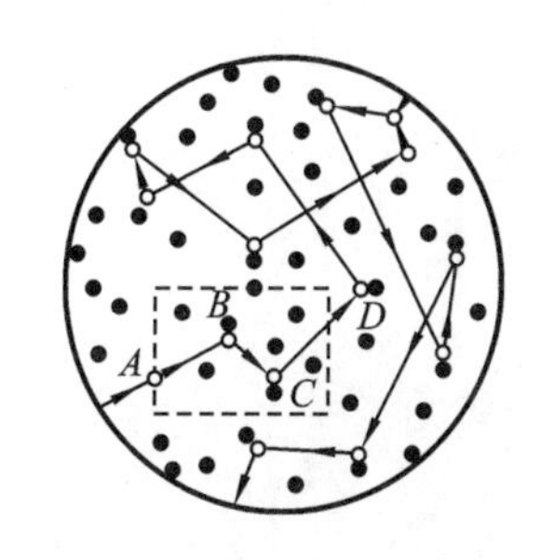

图15-8　分子热运动的图像

顺便指出，气体分子的碰撞与力学中质点的碰撞不同，它不是分子间的直接接触，而是两个分子相互接近到极限（很小）距离后由于相互间强大的斥力阻止两个分子的进一步靠近。因此，在讨论气体分子碰撞问题时，对原有的理想气体分子的质点模型有必要进行某种修正，可以将气体分子视为有一定大小的刚性球体，碰撞时，两个分子质心距离的平均值称为分子的有效直径，用 d 表示。实验表明，分子有效直径的数量级约为 10^{-10} m。

15.10.2　气体分子的平均碰撞频率和平均自由程

由于大量分子热运动的无序性，对于一个分子来说，单位时间内与其他分子碰撞次数的多少，以及相邻两次碰撞之间自由路程的长短都是随机的。但是对于处在平衡态的由大量分子组成的系统而言，这种碰撞次数的多少，以及自由路程的长短又都存在着确定的统计分布规律。我们把一个分子在单位时间内与其他分子碰撞的平均次数称为平均碰撞频率，用 $\overline{f}$ 表示；而把一个分子在相邻两次碰撞间所通过的自由路程的平均值称为平均自由程，用 $\overline{\lambda}$ 表示。

由运动学规律可知，若气体分子运动的平均速率为 $\overline{v}$，在 Δt 时间内，一个分子所走的平均路程为 $\overline{v}\Delta t$，与其他分子的平均碰撞次数为 $\overline{f}\Delta t$，由于每一次碰撞都将结束一段自由程，因此 $\overline{\lambda}$ 和 $\overline{f}$ 的关系可写为

$$\overline{\lambda}=\frac{\overline{v}\Delta t}{\overline{f}\Delta t}=\frac{\overline{v}}{\overline{f}} \tag{15-24}$$

上式表明，分子间的碰撞越频繁，即 $\overline{f}$ 越大，平均自由程 $\overline{\lambda}$ 就越小。

下面我们来探讨究竟有哪些因素影响着 $\overline{\lambda}$ 和 $\overline{f}$。为了简化问题，假设每个分子都可以看

成是直径为 d 的弹性小球，分子间的碰撞为完全弹性碰撞。大量分子中，只有被“跟踪”的气体分子 a 以平均速率 $\overline{v}$ 相对其他分子运动，其他分子都看作静止不动，如图 15-9 所示。可以看出，在被“跟踪”的那个 a 分子运动过程中，只有与 a 分子中心的距离小于 d 的那些分子才有可能与 a 分子碰撞。它们的中心必定分布在以 a 分子中心运动轨迹为轴线，以 d 为半径的曲折圆柱体内，圆柱横截面积为 $S=\pi d^2$，称为碰撞截面。在 Δt 时间内，a 分子运动的路程为 $l=\overline{v}\Delta t$，能够与它发生碰撞的那些分子的中心，分布在长度为 $l=\overline{v}\Delta t$，横截面积为 $\sigma=\pi d^2$ 的圆柱体内，圆柱体的体积 $V=\pi d^2\overline{v}\Delta t$。设气体的分子数密度为 n，则该圆柱体内的分子数为 $nV=n\pi d^2\overline{v}\Delta t$。在 Δt 时间内，分子 a 与其他分子的碰撞次数就等于落入上述圆柱体内的分子数。所以，单位时间内分子 a 与其他分子碰撞的次数为

$$\overline{f}=\frac{n\pi d^2\overline{v}\Delta t}{\Delta t}=n\pi d^2\overline{v}=n\sigma\overline{v}$$

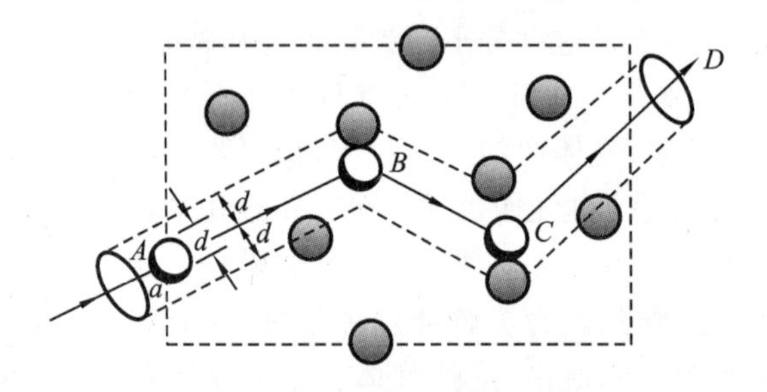

图 15-9 沿分子路径的曲折圆柱体

这个结论，是假定分子 a 以平均速率 $\overline{v}$ 运动，而其他分子都静止不动的条件下得到的。实际上所有的分子都在作无规则热运动，而且各个分子的运动速率并不相同，因此，式中的平均速率 $\overline{v}$ 应为平均相对速率 $\overline{u}$。可以证明：$\overline{u}=\sqrt{2}\ \overline{v}$。于是，上式应修正为

$$\overline{f}=\sqrt{2}n\pi d^2\overline{v}=\sqrt{2}n\sigma\overline{v} \tag{15-25}$$

将式(15-25)代入式(15-24)，得

$$\overline{\lambda}=\frac{\overline{v}}{\overline{f}}=\frac{1}{\sqrt{2}n\pi d^2}=\frac{1}{\sqrt{2}n\sigma} \tag{15-26}$$

上式表明，分子的平均自由程与分子数密度成反比，而与分子的平均速率无关。

根据理想气体状态方程 $p=nkT$，式(15-26)还可以表示为

$$\overline{\lambda}=\frac{kT}{\sqrt{2}\pi d^2 p}=\frac{kT}{\sqrt{2}\sigma p} \tag{15-27}$$

从上式可以看出，当温度一定时，气体的压强越低，分子的平均自由程就越大，此时分子的平均碰撞频率就越小；反之亦然。在生产技术和科学研究中，有时为了减少外界因素的影响(如减少与外界的能量交换)，需将容器抽成真空，以减少分子数密度及平均碰撞频率，增加分子的平均自由程。例如，工业生产中为了使保温瓶保温，常将瓶胆做成极薄的夹壁状，并将夹壁抽成真空，使壁内压强降到 1 Pa 左右。这时，壁内分子的平均自由程理论上可达 0.4 cm 左右(实则为壁间距 0.2 cm)，平均碰撞频率约为标准状态下的十万分之一(分子通过与瓶胆内壁碰撞吸收热量，再通过与瓶胆外壁碰撞放出热量)，从而可极大地降低保温瓶中的热量损失，达到保温目的。

例 15.9 氧分子的有效直径 $d=2.9\times10^{-10}$ m、摩尔质量 $M=3.2\times10^{-2}$ kg·mol^{-1}。试求在标准状态下，氧分子的平均自由程和平均碰撞频率。

解　根据题意，标准状态下 $T=273\ \mathrm{K}$，$p=1.013\times10^5\ \mathrm{Pa}$，故平均自由程

$$\bar{\lambda}=\frac{kT}{\sqrt{2}\pi d^2 p}=\frac{1.38\times10^{-23}\times273}{\sqrt{2}\times3.14\times(2.9\times10^{-10})^2\times1.013\times10^5}\ \mathrm{m}=9.95\times10^{-8}\ \mathrm{m}$$

平均速率为

$$\bar{v}=1.60\sqrt{\frac{RT}{M}}=1.60\sqrt{\frac{8.31\times273}{3.2\times10^{-2}}}\ \mathrm{m\cdot s^{-1}}=426\ \mathrm{m\cdot s^{-1}}$$

根据式(15-24)，平均碰撞频率为

$$\bar{f}=\frac{\bar{v}}{\bar{\lambda}}=\frac{426}{9.95\times10^{-8}}\ \mathrm{s^{-1}}=4.28\times10^9\ \mathrm{s^{-1}}$$

15.11　非平衡态　输运过程
Non-equilibrium state, Transport process

如果气体内部各部分的流速、温度或密度不相等，这时，气体将处于非平衡态。但通过气体内部分子的不断碰撞、掺和，发生动量、能量或质量的交换，又会使气体自发地过渡到平衡态。这样的现象称为气体内部的输运现象，又称气体内部的迁移。

气体内部的输运现象主要有三种形式：一是扩散；二是热传导；三是黏性现象。在实际进行的过程中，三种形式的现象往往是同时发生的。但为了研究的方便，下面将分别对它们进行讨论。

15.11.1　扩散现象

如果气体各部分的密度不相等，则会出现气体分子自动地从密度较高的部分向密度较低的部分迁移，这样的现象称为扩散现象。例如，打开置于房间的香水瓶盖后，整个房间均会闻到香水的气味，这就是一种扩散现象。本书只讨论单纯扩散，即这种扩散仅仅是由于气体密度不同而引起的。

如图 15-10 所示，设气体密度 ρ 沿 x 轴正向减小，在 $\mathrm{d}x$ 的距离上，密度的减少量为 $\mathrm{d}\rho$，则单位距离上的密度减小量 $\frac{\mathrm{d}\rho}{\mathrm{d}x}$ 称为密度梯度。实验表明，在 $\mathrm{d}t$ 时间内，气体从密度较大的一侧通过分界面向密度较小的一侧迁移的质量为 $\mathrm{d}m$，则单位时间内通过分界面 ΔS 的质量 $\frac{\mathrm{d}m}{\mathrm{d}t}$ 与 $\frac{\mathrm{d}\rho}{\mathrm{d}x}$ 及 ΔS 的乘积成正比，即

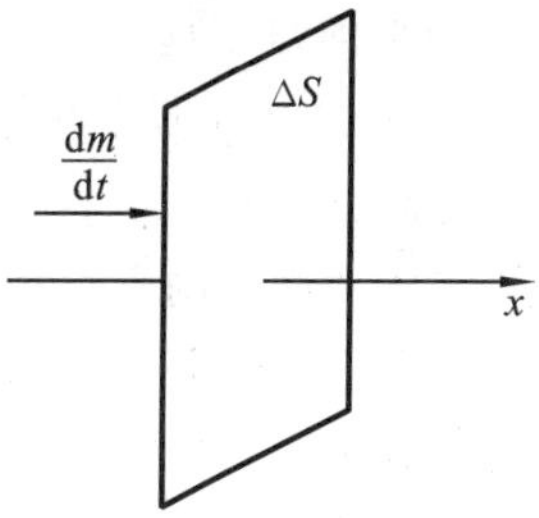

$$\frac{\mathrm{d}m}{\mathrm{d}t}=-D\frac{\mathrm{d}\rho}{\mathrm{d}x}\Delta S \tag{15-28}$$

图 15-10　扩散现象示意图

式中：比例系数 D 称为扩散系数。

应用气体动理论可以导出，扩散系数

$$D=\frac{1}{3}\bar{v}\bar{\lambda} \tag{15-29}$$

其单位为 $\mathrm{m^2\cdot s^{-1}}$。式中：$\bar{v}$ 为平均速率；$\bar{\lambda}$ 为平均自由程。

式(15-28)又称菲克扩散定律，式中，负号表示质量的迁移方向与密度梯度方向相反，即总

是从密度大的地方向密度小的地方进行。

从气体动理论的观点来看,分界面 ΔS 两侧的气体分子由于热运动都会通过 ΔS 向对方运动。但是,在相同时间内,密度较高一侧的气体穿过 ΔS 的分子数,要比密度较低一侧气体穿过 ΔS 的分子数多。结果使密度较大的一侧的分子数减少,密度较小的一侧的分子数增多,进而便形成了气体质量的定向迁移,产生了气体的扩散现象。

15.11.2　热传导现象

气体内部各部分之间因温度不均匀而发生的热量自动从高温部分向低温部分传递的现象称为热传导(又称热传递)。让温度不同的两部分同种气体,中间通过导热板相接触,其后便会使两部分气体的温度达到相同。这中间所发生的现象就是热传导。

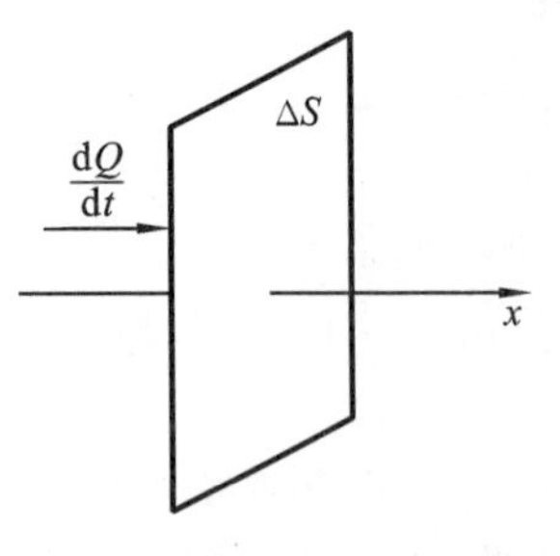

图 15-11　热传导现象示意图

如图 15-11 所示,设气体温度沿 x 轴正向逐步升高,相差 dx 远处两层气体的温差为 dT,我们将 x 轴方向上单位距离的温差 $\frac{dT}{dx}$ 称为温度梯度。实验表明,单位时间内通过两层温度不同的气体分界面的热量 $\frac{dQ}{dt}$ 与温度梯度 $\frac{dT}{dx}$ 及分界面的面积 ΔS 乘积成正比,即

$$\frac{dQ}{dt}=-k\frac{dT}{dx}\Delta S \tag{15-30}$$

式中:比例系数 k 称为导热系数,也称热导率。

从气体动理论可以导出

$$k=\frac{1}{3}\frac{C_{V,m}}{M}\rho\bar{v}\bar{\lambda} \tag{15-31}$$

式中:$C_{V,m}$ 为摩尔等体热容(具体情况参见第十六章);

ρ 为质量密度;

$\bar{v}$ 为平均速率;

$\bar{\lambda}$ 为平均自由程。

式(15-30)称为傅立叶热传导定律,式中,负号表示热流方向与温度梯度方向相反:从高温部分流向低温部分。

从气体动理论的观点来看,由于气体内部各部分温度不同,因此,各部分分子热运动的能量也不相同,这样,分子热运动的结果就会导致热运动的能量自动地从温度较高的部分向温度较低的部分传递,导致了热传导现象的发生。换言之,分子热运动能量的定向输运迁移是热传导的微观本质。

15.11.3　黏性现象

如果气体中各层的流速不等,即当一层气体相对于另一层气体有相对运动时,则相邻两层气体的接触面上便会出现等值反向的相互作用力(这种力称为黏力,又称为内摩擦力,用 $\boldsymbol{F}_f$ 表示),使得流动速度较快的气层变慢,流动速度较慢的气层变快,这样的特性称为气体的黏性,这样的现象称为气体的黏性现象,又称气体的内摩擦现象。煤气管道中煤气的运动就会发生这样的现象。

如图 15-12 所示,设气体沿着 x 轴正向流动,由于黏力的存在,平行于 x 轴方向的各层气体的流速并不相同，它们将随着离开 x 轴的距离 y 的增加而增加。设经过 $\mathrm{d}y$ 的距离时，速度的增量为 $\mathrm{d}u$。我们将单位距离的速度增量$\frac{\mathrm{d}u}{\mathrm{d}y}$称为速度梯度。实验指出，相邻两层气体之间的黏力 $\boldsymbol{F}_{\mathrm{f}}$ 的大小，与两层气体分界面处的速度梯度$\frac{\mathrm{d}u}{\mathrm{d}y}$和分界面的面积 ΔS 的乘积成正比，即

$$F_{\mathrm{f}}=-\eta\frac{\mathrm{d}u}{\mathrm{d}y}\Delta S \tag{15-32}$$

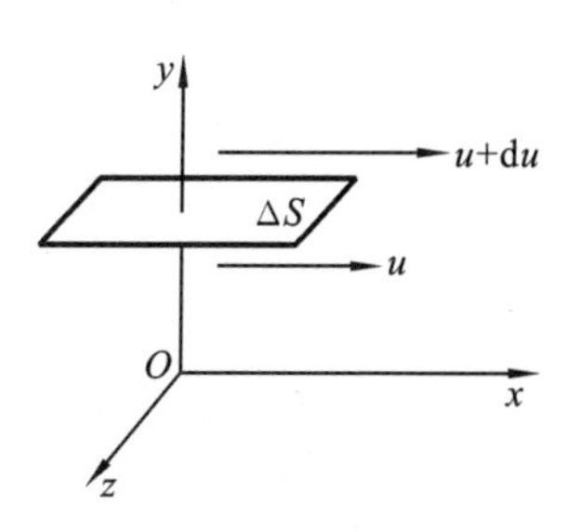

图 15-12　黏性现象示意图

式中：比例系数 η 称为黏性系数，也称为黏度。

从气体动理论可以导出

$$\eta=\frac{1}{3}\rho\bar{v}\bar{\lambda} \tag{15-33}$$

其单位为 Pa · s，其大小既可以用公式中的气体质量密度 ρ、平均速率 $\bar{v}$ 及平均自由程 $\bar{\lambda}$ 来计算，也可以用实验来测量，在误差允许范围内，两者大小一致。这就间接地从实验上证明了气体动理论的正确性。

式(15-32)又称为牛顿黏性定律。式中，负号表示速度大的流层界面的黏力的方向与流速相反，速度小的流层界面的黏力方向与流速相同。

从气体动理论的观点来看，各流层的流速不同，则分子的定向运动的动量也不相同。这样，分子热运动的结果便会使得相邻两流层发生定向动量的输运，导致流速较大的流层失去动量，流速较小的流层获得动量，进而便导致了气体黏力及黏性的产生。

【思考题与习题】

1. 思考题

15-1　一容器盛有一定量的某种理想气体。若：

(1)各部分的压强相等，这种状态是否为平衡态？

(2)各部分的温度相等，这种状态是否为平衡态？

(3)各部分的压强相等，密度相同，这种状态是否为平衡态？

15-2　解释下列现象：

(1)自行车内胎会晒爆；

(2)热水瓶的塞子有时会自动跳出来。

15-3　统计规律与力学规律有什么不同？统计规律存在的前提条件是什么？

15-4　当气体处于非平衡态或考虑重力影响时，$\overline{v_x^2}=\overline{v_y^2}=\overline{v_z^2}=\frac{\overline{v^2}}{3}$是否仍成立？为什么？

15-5　两瓶不同种类的气体，它们的体积不同，但它们的温度和压强相同。试问：

(1)它们单位体积内的分子数是否相同？

(2)它们单位体积内气体的质量是否相同？

(3)它们单位体积内气体分子的内能是否相同？

15-6　在描述理想气体的内能时，下列各量的物理意义做何解释？

(1)$\frac{1}{2}kT$;(2)$\frac{i}{2}kT$;(3)$\frac{3}{2}kT$;(4)$\frac{i}{2}RT$;(5)$\frac{M}{M_{\text{mol}}}\frac{i}{2}RT$。

15-7　已知 $f(v)$是速率分布函数,说明以下各式的物理意义:

(1)$f(v)\mathrm{d}v$;(2)$nf(v)\mathrm{d}v$;(3)$\int_0^{v_p} f(v)\mathrm{d}v$;(4)$\int_0^{\infty} v^2 f(v)\mathrm{d}v$。

2. 选择题

15-8　理想气体中仅由温度决定其大小的物理量是(　　)。

(A)气体的压强　　(B)气体的内能

(C)气体分子的平均平动动能　　(D)气体分子的平均速率

15-9　一氧气瓶的容积为 V,充了气未使用时的压强为 p_1,温度为 T_1,使用后瓶内氧气的质量减少为原来的一半,其压强降为 p_2,则此时瓶内氧气的温度 T_2 为(　　)。

(A)$\frac{2T_1p_2}{p_1}$　　(B)$\frac{2T_1p_1}{p_2}$　　(C)$\frac{T_1p_2}{p_1}$　　(D)$\frac{2T_1}{p_1p_2}$

15-10　容积为 V 的容器中,贮有 N_1 个氧分子、N_2 个氮分子和 m 重的氩气的混合气体,则混合气体在温度为 T 时的压强为(　　)(其中 N_A 为阿伏伽德罗常数,M 为氩分子的摩尔质量)。

(A)$\frac{N_1}{V}kT$　　(B)$\frac{N_2}{V}kT$

(C)$\frac{mN_A}{MV}kT$　　(D)$\frac{1}{V}(N_1+N_2+\frac{m}{M}N_A)kT$

15-11　三个容器 A、B、C 中装有同种理想气体,其分子数密度 n 相同,方均根速率之比为 $\sqrt{\overline{v_A^2}}:\sqrt{\overline{v_B^2}}:\sqrt{\overline{v_C^2}}=1:2:4$,则其压强之比 $p_A:p_B:p_C$ 为(　　)。

(A)4∶2∶1　　(B)1∶2∶4　　(C)1∶4∶8　　(D)1∶4∶16

15-12　当压强不变时,气体分子的平均碰撞频率 $\overline{f}$ 与气体的热力学温度 T 的关系是(　　)。

(A)$\overline{f}$ 与 T 无关　　(B)$\overline{f}$ 与$\sqrt{T}$成正比　　(C)$\overline{f}$ 与$\sqrt{T}$成反比　　(D)$\overline{f}$ 与 T 成正比

3. 填空题

15-13　若盛气体的容器固定,则当理想气体分子速率提高到原来的 2 倍时,气体的温度将是原来的________倍,压强将提高到原来的________倍。

15-14　图 15-13 所示曲线为处于同一温度 T 时氦气(原子量为 4)、氖气(原子量为 20)和氩气(原子量为 40)三种气体分子的速率分布曲线。曲线(a)是________分子的速率分布曲线;曲线(c)是________分子的速率分布曲线。

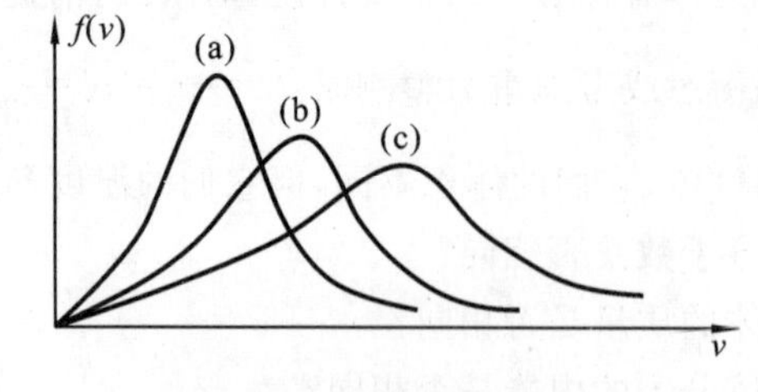

图 15-13　题 15-14 图

15.3 习题

15-15　标准状态条件（$p_0=1.013\times10^5$ Pa，$T_0=273.15$ K）下的气体分子数密度 n_0 称为洛施密特常量，求其值。

15-16　一氧气瓶容积为 32 L，其中氧气的压强是 130 atm。规定瓶内氧气压强降到 10 atm时就得充气，以免混入其他气体而需洗瓶。今有一玻璃室，每天需用 1.0 atm 氧气 400 L，问一瓶氧气能用几天？

15-17　设一刚性容器储存的氧气质量为 0.1 kg，压强为 1.013×10^5 Pa，温度为 47 ℃。问：

(1)此时容器的容积是多少？

(2)若将氧气的温度降至 27℃，这时气体的压强又是多少？

15.6 习题

15-18　氢分子的质量为 3.32×10^{-24} kg，如果每秒内有 1.0×10^{23} 个氢分子，以与墙面成 45°角的方向、1.0×10^3 $\mathrm{m\cdot s^{-1}}$ 的速率撞击在面积为 2.0×10^{-4} $\mathrm{m^2}$ 的墙面上，如图 15-14 所示。试求氢气作用在墙面上的压强。

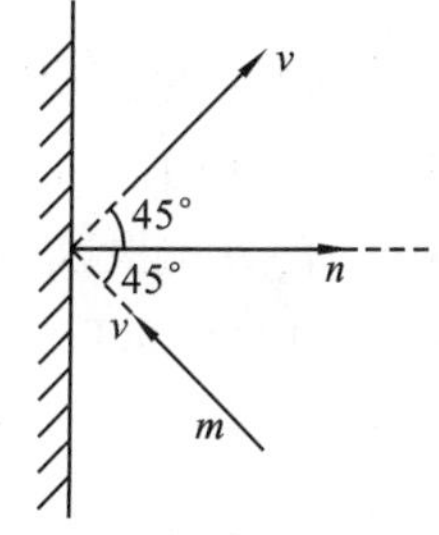

图 15-14　题 15-18 图

15-19　一瓶氢气和一瓶氧气温度相同，若氢气分子的平均平动动能为 6.21×10^{-21} J，试求：

(1)氧气分子的平均平动动能和方均根速率；

(2)氧气的温度。

15-20　试由理想气体压强公式和理想气体状态方程推导出理想气体分子的平均平动动能与温度的关系式，再由此推导出方均根速率与温度的关系式。

15.7 习题

15-21　质量为 6.2×10^{-14} g 的粒子悬浮于 27 ℃的液体中，观察到它的方均根速率为 1.40 cm/s，则：

(1)计算阿伏伽德罗常数；

(2)设粒子遵守麦克斯韦速率分布，求粒子的平均速率。

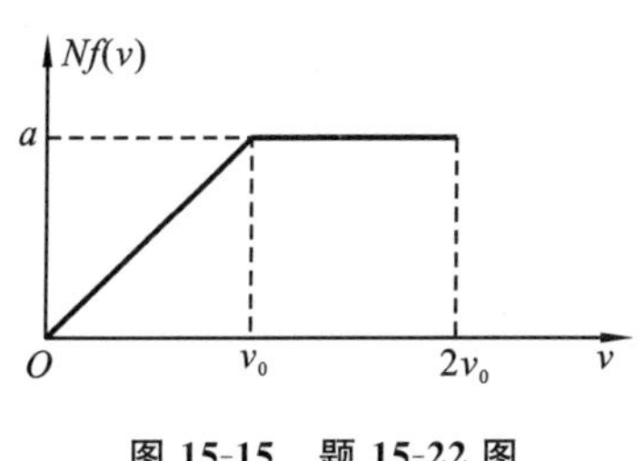

图 15-15　题 15-22 图

15-22　设有 N 个假想的分子，其速率分布如图 15-15 所示，当 $v>2v_0$ 时，分子数为零，求：

(1)说明曲线与横坐标所包围面积的含义；

(2)a 的大小；

(3)速率在 $1.5v_0\sim2.0v_0$ 之间的分子数；

(4)分子的平均速率（N、v_0 为已知）。

15-23　氧气在某一温度下的最概然速率为 500 $\mathrm{m\cdot s^{-1}}$。求同温度下氢气的最概然速率以及氧气在同温度下的方均根速率和平均速率。

15.8 习题

15-24　假定大气层各处温度相同均为 T，空气的摩尔质量为 M，试根据玻耳兹曼分布律

$n=n_0 e^{-\frac{E_p}{kT}}$,证明大气压强 p 与高度 h(从海平面算起)的关系是 $h=\frac{RT}{Mg}\ln\frac{p_0}{p}$。

15.9 习题

15-25　储有氧气的容器以速度 $v=100\ \mathrm{m\cdot s^{-1}}$ 运动,假设该容器突然停止,全部定向运动的动能都变为气体分子热运动的动能,容器中氧气的温度将会上升多少? 如果 $v=1000\ \mathrm{m\cdot s^{-1}}$,情况如何?

15-26　容器内某双原子理想气体的温度 $T=273$ K,压强 $p=101.3$ Pa,密度为 $\rho=1.25\times10^{-3}\ \mathrm{kg\cdot m^{-3}}$,求:(1)气体的摩尔质量;(2)气体分子运动的方均根速率;(3)气体分子的平均平动动能和转动动能;(4)单位体积内气体分子的总平动动能;(5)0.3 mol 该气体的内能。

15-27　有一个具有活塞的容器中盛有一定量的气体,如果压缩气体并对它加热,使它的温度从 27 ℃升到 177 ℃,体积减小一半。

(1)求气体压强变化的百分比是多少?

(2)这时气体分子的平均平动动能变化百分比是多少? 分子的方均根速率变化百分比是多少?

15-28　一密封房间的体积为 $(5\times3\times3)\ \mathrm{m^3}$,求:(1)室温为 20 ℃,室内空气分子热运动的平均平动动能的总和;(2)如果气体的温度升高 1.0 K,而体积不变,则气体的内能变化多少? 气体分子的方均根速率增加多少?(已知空气的密度 $\rho=1.29\ \mathrm{kg\cdot m^{-3}}$,空气的摩尔质量 $M=29\times10^{-3}\ \mathrm{kg\cdot mol^{-1}}$,且空气分子可以认为是刚性双原子分子,摩尔气体常数 $R=8.31\ \mathrm{J\cdot mol^{-1}\cdot K^{-1}}$)

15.10 习题

15-29　当容器中的氧气温度为 17.0 ℃时,其分子的平均自由程 $\bar{\lambda}=9.46\times10^{-8}$ m。若在温度不变的情况下对该容器抽气,使压强降到原来的 $\frac{1}{1000}$。问此时氧气分子的平均自由程 $\bar{\lambda}$ 及平均碰撞频率 $\bar{f}$ 将如何变化? 其值为多少?

15.11 习题

15-30　氮气在标准状态下的扩散系数为 $1.9\times10^{-5}\ \mathrm{m^2\cdot s^{-1}}$,求氮气分子的平均自由程和分子的有效直径。

第16章　热力学第一定律
Chapter 16　First law of thermodynamics

热力学第一定律是能量守恒与转换定律的一种表述形式，广泛地应用于各个学科领域。它是热力学的重要基础，不涉及物质的微观结构和微观粒子的相互作用，仅以观察和实验事实为依据去分析、探讨热力学过程中能量的转换规律，其结论具有高度的可靠性与普遍性。本章主要讨论热力学第一定律中涉及的功、热量和内能三个概念以及热力学第一定律在几种典型热力学过程中的应用和循环过程。

16.1　功　热量　内能　热力学第一定律
Work, Heat, Internal energy, First law of thermodynamics

16.1.1　热力学第一定律发展历史

19世纪初，由于蒸汽机的进一步发展，迫切需要研究热量和做功的关系，对蒸汽机做功做出理论上的分析，所以热与机械功的相互转化得到了广泛的研究。卡诺(Carnot，1796—1832)从理论的高度对蒸汽机的工作原理进行研究，提出了作为热力学重要理论基础的卡诺循环和卡诺定理。但是由于受到热质说的束缚，他当时未能完全探究到问题的本质。随着热功当量、热力学第一定律、能量守恒与转化定律以及热力学第二定律的相继发现，卡诺的学术地位慢慢形成。以后英国物理学家焦耳(Joule，1818—1889)、德国物理学家赫姆霍兹(Helmholtz，1821—1894)等人又各自独立发现了能量守恒定律。焦耳用了近40年时间不懈地钻研，先后用不同的方法做了400多次测定热功当量的实验，得到热功当量是一个与做功方式无关的普适常量的结论。热功当量值无疑成了能量守恒与转换定律最显著的证据，热力学第一定律就是能量守恒定律在热力学上的应用。在19世纪早期，不少人沉迷于一种神秘机械——第一类永动机。在这种设想中，机械只要在给定的初始力量下运转起来，其后无需任何动力和燃料也能自动不断地做功。19世纪中后期，在长期生产实践和大量科学实验的基础上，热力学第一定律才以科学定律的形式被确立起来，第一类永动机被否定。

16.1.2　准静态过程

任何过程进行都要破坏原来的平衡而使系统处于非平衡态，需经过一定的时间后才能达到新的平衡态。如果过程进行得很快，系统在尚未达到新的平衡前又开始下一步的变化，则系统所经过的中间状态总是非平衡态，这种过程即是非准静态过程。如果过程进行得无限缓慢，系统中间每一状态都无限接近平衡态，这种过程即是准静态过程。

准静态过程是指系统从一个平衡状态向另一个平衡状态变化时经历的全部状态的总和，若系统从一个平衡状态连续经过无数个中间的平衡状态过渡到另一个平衡状态，即过程中系统偏离平衡状态的个数无限小并且随时恢复平衡状态，过程均匀缓慢且无任何突变，这样的过程称为准静态过程。显然，准静态过程是一种理想过程。但许多实际过程可以近似看作准静态过程。以气缸中气体的膨胀为例，如图 16-1 所示，如果外界压力突然减小，气体突然膨胀而使活塞迅速从位置 1 移到位置 2，当活塞到达位置 2 时，由于分子来不及扩散，活塞附近的分子密度和压强均比内部的小，系统所处的状态是非平衡态。如果外界压力缓慢减小，则活塞将缓慢地从位置 1 移动到位置 2，活塞移动到每一位置分子都来得及扩散而使系统达到平衡态，此过程为准静态过程。在热力学中，我们主要研究准静态过程。

在 p-V 图上，若用一个点表示平衡态，则准静态过程可用一条曲线来表示。图 16-2 所示的曲线表示系统由平衡态 $1(p_1,V_1,T_1)$ 变化到平衡态 $2(p_2,V_2,T_2)$ 的准静态过程。

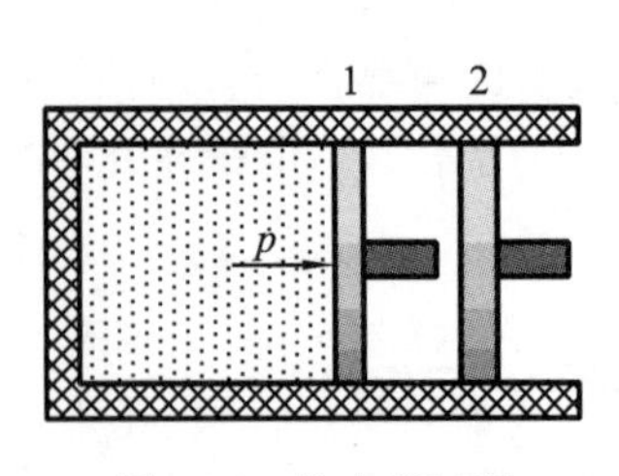

图 16-1　热力学过程

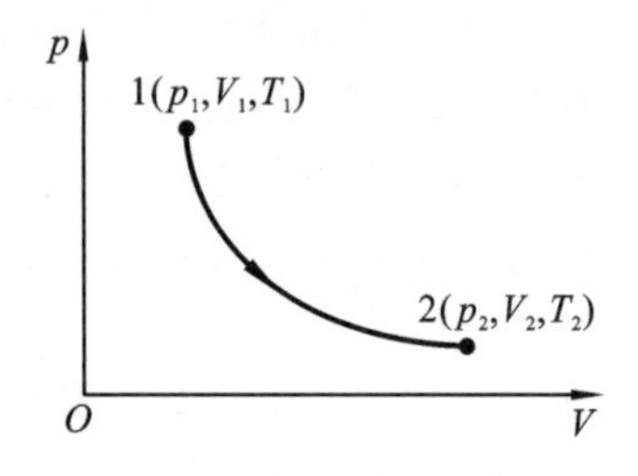

图 16-2　p-V 曲线

16.1.3　功(work)

外界对系统做功或系统对外界做功是系统状态发生变化的原因之一。在做功过程中，外界与系统之间进行能量交换，从而改变了系统的机械能。在热力学中，通常不考虑系统整体的机械运动，只研究系统内分子热运动的宏观规律。功是系统能量变化的量度。通过做功改变系统的能量，从而达到使系统的状态发生变化的效果。

做功有各种不同的形式。以图 16-3 所示气缸中的气体膨胀为例，设一活塞面积为 S 的气缸，内有理想气体压强为 p。当气体膨胀时，气体作用在活塞上的力为 $F=pS$，在推动活塞移动一微小距离 $\mathrm{d}l$ 过程中，气体对外所做的元功为

$$\mathrm{d}W = F \cdot \mathrm{d}l = pS\,\mathrm{d}l = p\,\mathrm{d}V \tag{16-1}$$

式中：$\mathrm{d}V$ 为气体体积的微小增量。

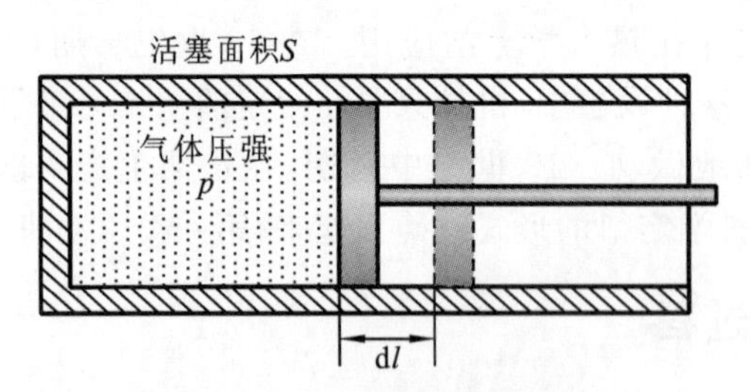

图 16-3　气体膨胀所做元功

在气体体积由 V_1 变化到 V_2 的过程中，气体对外界所做的功为

$$W = \int \mathrm{d}W = \int_{V_1}^{V_2} p\,\mathrm{d}V \tag{16-2}$$

式中：W 表示气体对外界所做的功。当气体膨胀时，$W>0$，气体对外界做正功；当气体被压缩

时，$W<0$，外界对气体做正功。

在 p-V 图中，功的几何意义十分明显。如图 16-4 所示，由定积分定义可知，由状态 a 变化到状态 b 过程中功的大小等于 p-V 曲线下所包围的面积。若系统分别沿过程曲线 adb 和 acb 由体积 V_a 变化到体积 V_b，由于曲线下所包围的面积不一样，则气体对外所做功 W 也不一样。这说明功的大小与 p-V 曲线的具体形状有关，所以功与过程有关，是一个过程量，过程不同，系统做的功也不相同。

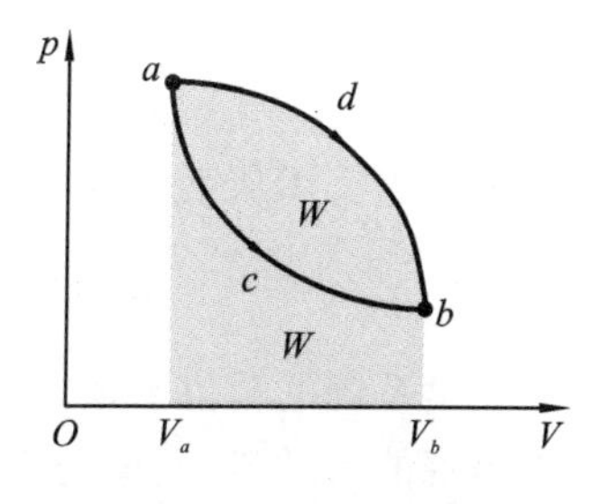

图 16-4　功的几何意义

16.1.4　热量(heat)

热量是指由于温差的存在而导致的能量转化，与做功一样，向系统传递一定的热量是系统状态发生变化的另一原因。热量是热学中最重要的概念之一，是度量系统内能变化的物理量。热量不是任何形式的能量，只是系统之间因温度不同而交换的能量的量度。热传递的过程实质上是能量转移的过程。热传递的条件是系统间必须有温度差。如两个温度不相等的物体相互接触，热量由高温物体向低温物体传递，经过一定时间后，两物体达到相同温度 T，即达到热平衡。在此过程中，有一定的热量从高温物体传递到低温物体，从而两物体的状态都发生了变化。

热学发展初期，热量的本质曾被错误地认为是物质内部所包含“热质”的量。热质说认为物体温度的高低由所含热量(热质)的多少决定，而且传递的过程是热质移动的过程。我们说到热量由一个物体转移到另一物体时，意思是说能量以热传递的方式，从一个物体转移到了另一个物体，其能量转移的数量(不是代表每个物体内能的多少)就用热量来表示。可见，热量只是用来衡量热传递过程中物体内能增减的多少，并不是用来表示物体内能的多少。说某系统或某物体包含了多少热量，是没有意义的。在国际单位制中，热量的单位是焦耳。

作为某种物质的物理性质之一，比热容是指当单位质量该物质吸收或放出热量引起温度升高或降低时，温度每升高或降低 1 K 所吸收或放出的热量，一般以符号 c 表示，单位为 J/(kg·K)，即

$$\mathrm{d}Q = cm\,\mathrm{d}T \tag{16-3}$$

系统在某一过程中温度从 T_1 变化到 T_2，它所吸收或放出的热量为

$$Q = \int \mathrm{d}Q = \int_{T_1}^{T_2} cm\,\mathrm{d}T \tag{16-4}$$

由于比热容 c 与过程有关，所以热量是一个过程量，其值与具体的过程有关。

16.1.5　内能(internal energy)

由前两节可知，做功和传递热量是改变系统状态的两种方式。当系统状态发生变化时，常伴随着系统内能的变化。系统的内能是指一定状态下系统内各种能量的总和，如分子的平动动能和转动动能以及分子间相互作用的势能等。由第 15 章可知对于理想气体，其内能是温度的单值函数。

$$U = U(T) = \frac{m}{M}\,\frac{i}{2}RT \tag{16-5}$$

对于一个微小的温度变化 $\mathrm{d}T$，m 千克理想气体内能的变化为

$$dU = dU(T) = \frac{m}{M}\frac{i}{2}RdT \tag{16-6}$$

对于理想气体从某个温度 T_1 变化到 T_2 的过程,其内能变化为

$$\Delta U = \frac{m}{M}\frac{i}{2}R\int_{T_1}^{T_2} dT = \frac{m}{M}\frac{i}{2}R(T_2 - T_1) \tag{16-7}$$

内能是系统的单值函数,是一个状态量。功与热量不属于任何系统,而是在系统状态变化过程中出现的物理量,其值均与过程有关,都不是状态量。尽管做功与传递热量都是能量交换的方式,在改变系统状态上等效,但两者的本质并不相同。用机械方式对系统做功而使其内能改变是通过物体的宏观位移来实现的,是把有规则的宏观机械运动能量转化为系统内分子无规则热运动能量的过程。传递热量是由于系统之间存在温度差而引起分子热运动能量的传递过程。对某系统传递热量,就是把高温物体的分子热运动能量传递给该系统,并转化为该系统分子热运动的能量,从而增加内能。

物体处于某一状态时不能说它含有多少热量,热量是热传递过程中传递内能的多少。内能是物质的一种属性,任何物质都具有内能。

16.1.6 热力学第一定律

一般情况下,在系统状态变化过程中,做功与传递热量往往同时存在。人们从大量实验及事实中发现,如果系统从内能 U_1 的状态变化到内能为 U_2 的状态,外界对系统传递的热量为 Q,同时系统对外界做功为 W,根据能量守恒与转换定律有:

$$Q = \Delta U + W = (U_2 - U_1) + W \tag{16-8}$$

式(16-8)即为热力学第一定律的数学表达式,表明系统从外界吸收的热量一部分用来增加内能,一部分用来对外做功。

The heat added to a closed system, Q, will be equal to the sum of the change in internal energy and the work done by the system.

应用上式时要注意 Q、ΔU、W 三个量的正负。规定如下:$Q>0$,系统从外界吸热;$Q<0$,系统向外界放热。$\Delta U>0$,系统内能增加,对于理想气体即温度增加;$\Delta U<0$,系统内能减少,对于理想气体即温度减少。$W>0$,系统体积膨胀即对外做功;$W<0$,系统体积压缩即外界对系统做功。

对于系统的微小变化过程,热力学第一定律可写成:

$$dQ = dU + dW \tag{16-9}$$

联立式(16-1)和式(16-9)可写成:

$$dQ = dU + pdV \tag{16-10}$$

联立式(16-8)和式(16-2),有:

$$Q = \Delta U + \int_{V_1}^{V_2} pdV \tag{16-11}$$

热力学第一定律指出,做功必须消耗能量,不消耗能量而使系统对外做功是不可能实现的。历史上曾有人研究怎样消耗最少的燃料而获得尽可能多的机械功,或者研究制造一种机器使其不断对外做功而不消耗任何形式的能量,即所谓的第一类永动机。大量的实践表明,第一类永动机由于违反了能量守恒定律所以是不存在的。热力学第一定律也可表示为:第一类永动机是不可能制成的。

例 16.1 1 mol 单原子分子理想气体初始温度为 300 K,等体加热至 350 K。问:(1)气体

吸收热量为多少？(2)内能增加多少？(3)系统对外做功多少？

解　整个过程是等体过程，所以系统对外做功 $W=0$。

由热力学第一定律 $Q=\Delta U+W$ 可知，气体吸收热量 $Q_V=$ 内能增量 ΔU，根据内能增量公式有：

$$Q_V=\Delta U=\frac{m}{M}\frac{i}{2}R\Delta T=1\times\frac{3}{2}\times 8.31\times(350-300)\ \mathrm{J}=623.25\ \mathrm{J}$$

例 16.2　如图 16-5 所示，某一定量的气体由状态 a 沿路径 1 变化到状态 b，吸收热量 500 J，对外做功 400 J，问：(1)气体的内能改变了多少？(2)若气体由状态 b 沿路径 2 回到状态 a，外界对气体做了 300 J 的功，气体放出了多少热量？

解　一般涉及功、热量和内能关系的问题，通常用热力学第一定律解决。在应用热力学第一定律时要特别注意功、热量和内能三个量的符号约定。

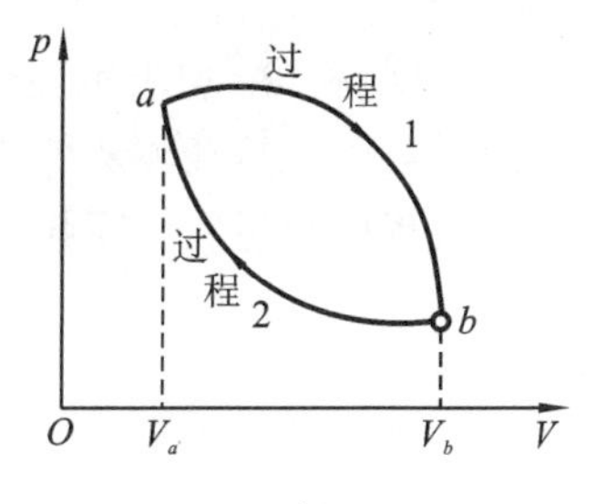

图 16-5　例 16.2 图

(1)对于过程 1，由热力学第一定律可得气体的内能改变

$$\Delta U_1=U_b-U_a=Q_1-W_1=500\ \mathrm{J}-400\ \mathrm{J}=100\ \mathrm{J}$$

(2)对于过程 2，由于理想气体内能是温度的单值函数，所以气体的内能改变

$$\Delta U_2=-\Delta U_1=U_a-U_b=-100\ \mathrm{J}$$

由热力学第一定律可得气体吸收的热量

$Q_2=\Delta U_2+W_2=(-100\ \mathrm{J})+(-300\ \mathrm{J})=-400\ \mathrm{J}$，也就放出 400 J 热量。

16.2　几种典型的热力学过程
Several typical thermodynamics processes

对于理想气体的一些典型热力学过程，如等体过程、等压过程和等温过程，可以利用热力学第一定律以及状态方程来计算各过程中的功、热量和内能。

16.2.1　等体过程(isochoric processes)

理想气体体积保持不变的过程称为等体过程，即 $V=$ 常量或 $\mathrm{d}V=0$。实现理想气体等体过程的方法如图 16-6(a)所示。将气缸活塞固定，气缸内理想气体体积保持不变。对气缸内理想气体加热，使气体温度逐渐升高，压强也随之增大。理想气体等体过程在 p-V 图上可表示为一条平行于 p 轴的直线，如图 16-6(b)所示。由理想气体状态方程可知在等体过程中，

$$\frac{p}{T}=\text{常量}$$

在等体过程中，由于 $\mathrm{d}V=0$，所以 $\mathrm{d}W=p\mathrm{d}V=0$，即气体对外界不做功。根据热力学第一定律有：

$$\mathrm{d}Q_V=\mathrm{d}U=\frac{m}{M}\frac{i}{2}R\mathrm{d}T \tag{16-12}$$

对于有限过程，则有：

$$Q_V=\Delta U=\frac{m}{M}\frac{i}{2}R(T_2-T_1) \tag{16-13}$$

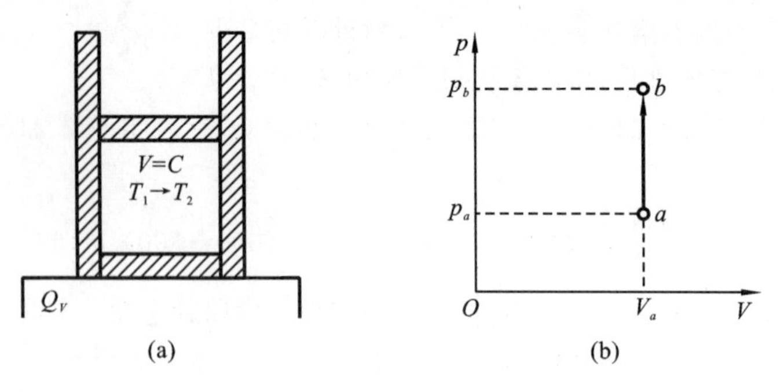

图 16-6　等体过程

其中，dQ_V 和 Q_V 均表示理想气体在等体过程中所吸收的热量。由式(16-12)和式(16-13)可知，在等体过程中，气体从外界吸收的热量，全部用来增加系统内能而不对外做功。

等体过程中理想气体吸收的热量也可表示为

$$dQ_V = dU = \frac{m}{M}C_{V,m}dT \tag{16-14}$$

或

$$Q_V = \Delta U = \frac{m}{M}C_{V,m}(T_2 - T_1) \tag{16-15}$$

式中，$C_{V,m}$ 为理想气体的摩尔定容热容，即

$$C_{V,m} = \frac{i}{2}R \tag{16-16}$$

理想气体摩尔定容热容在数值上等于 1 mol 理想气体在等体过程中温度升高 1 K 所吸收的热量。

16.2.2　等压过程(isobaric processes)

理想气体压强保持不变的过程称为等压过程，即 $p=$常量或 $dp=0$。实现理想气体等压过程的方法可如图 16-7(a)所示。在气缸活塞上放一质量固定的物体，使气缸内理想气体压强保持不变。对气缸内理想气体缓慢加热，使气体温度逐渐升高，体积也随之增大，即活塞向上移动。理想气体等压过程在 p-V 图上可表示为一条平行于 V 轴的直线，如图 16-7(b)所示。由理想气体状态方程可知在等压过程中：

$$\frac{V}{T}=\text{常量}$$

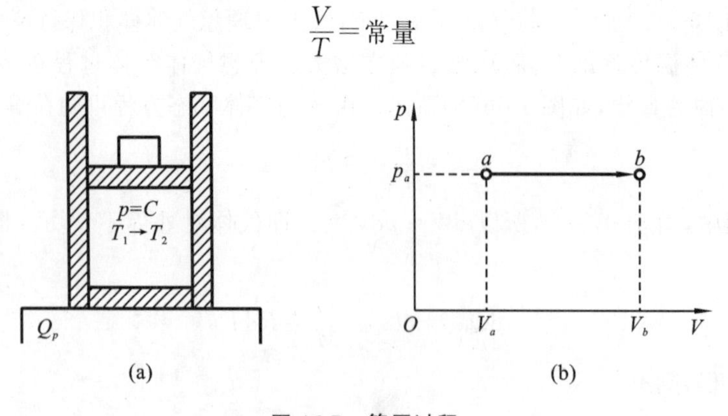

图 16-7　等压过程

在等压过程中，p=常量。理想气体由 1 到 2 过程中对外所做功为

$$W_p = \int_{V_1}^{V_2} p\mathrm{d}V = p(V_2 - V_1) = \frac{m}{M}R(T_2 - T_1) \tag{16-17}$$

根据热力学第一定律有：

$$Q_p = \Delta U + W_p = \Delta U + \frac{m}{M}R(T_2 - T_1) \tag{16-18}$$

式(16-18)表示在等压过程中，气体从外界吸收的热量，一部分用来增加系统内能，一部分用来对外做功。将内能增量代入上式，得到理想气体在等压过程中所吸收的热量为

$$\begin{aligned} Q_p &= \frac{m}{M}\frac{i}{2}R(T_2 - T_1) + \frac{m}{M}R(T_2 - T_1) \\ &= \frac{m}{M}(C_{V,\mathrm{m}} + R)(T_2 - T_1) \\ &= \frac{m}{M}C_{p,\mathrm{m}}(T_2 - T_1) \end{aligned} \tag{16-19}$$

式中，$C_{p,\mathrm{m}}$为理想气体的摩尔定压热容，理想气体摩尔定压热容在数值上等于 1 mol 理想气体在等压过程中温度升高 1 K 所吸收的热量，即

$$C_{p,\mathrm{m}} = C_{V,\mathrm{m}} + R \tag{16-20}$$

上式称为迈耶公式，它表明理想气体的摩尔定压热容比摩尔定容热容大 R。原因是当气体温度升高相同值时，等体过程中气体不对外做功，气体吸收的热量全部用来增加内能，而等压过程中，气体吸收的热量除增加相同内能外，还要用来对外做功。

理想气体的摩尔定压热容与摩尔定容热容之比称为气体的比热容比，用 γ 表示，即

$$\gamma = \frac{C_{p,\mathrm{m}}}{C_{V,\mathrm{m}}} = \frac{\frac{i+2}{2}R}{\frac{i}{2}R} = \frac{i+2}{i} \tag{16-21}$$

比热容比是一个量纲为“1”的物理量，其值随自由度 i 的变化而变化。实验表明，在一般问题所涉及的温度范围内，气体的摩尔定压热容、摩尔定容热容和比热容比都近似为常量。

16.2.3　等温过程(isothermal processes)

理想气体温度保持不变的过程称为等温过程，即 T=常量或 $\mathrm{d}T=0$。实现理想气体等温过程的方法可如图 16-8(a)所示。逐渐减少活塞上的重物质量，使气缸内理想气体压强逐渐减小。让气缸与温度恒定为 T 的热源接触，气缸内气体随之缓慢膨胀，此时气体温度保持不变。理想气体等温过程在 p-V 图上可表示为如图 16-8(b)所示双曲线。由理想气体状态方程可知在等温过程中：

$$pV=\text{常量}$$

在等温过程中，T=常量。理想气体由 1 到 2 过程中对外所做功为

$$\begin{aligned} W_T &= \int p\mathrm{d}V = \int_{V_1}^{V_2} \frac{m}{M}RT\frac{\mathrm{d}V}{V} = \frac{m}{M}RT\ln\frac{V_2}{V_1} \\ &= \frac{m}{M}RT\ln\frac{p_1}{p_2} \end{aligned} \tag{16-22}$$

根据热力学第一定律有：

$$Q_T = \Delta U + W_T = W_T \tag{16-23}$$

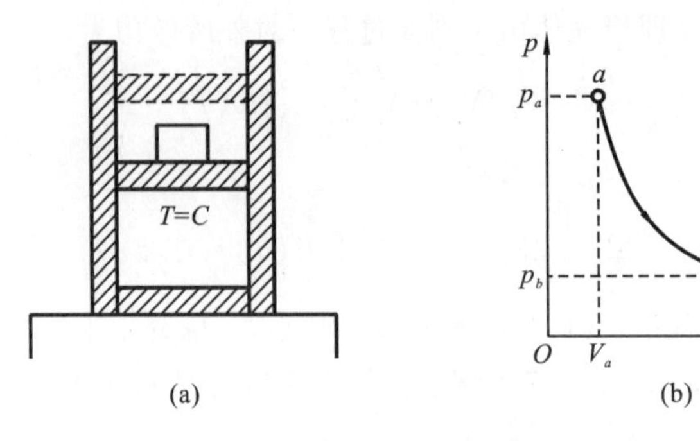

图 16-8 等温过程

在等温过程中,气体内能保持不变,气体可能有吸热或放热。等温膨胀时,气体吸收的热量全部用来对外做功;等温压缩时,外界对气体做的功全部以热量的形式传给外界,即 $Q_T=W_T$。等温过程是热力学中的重要过程,如物质的固、液、气三态的可逆转变都是在等温条件下进行的。

16.3 绝热过程 多方过程

Adiabatic processes, Polytropic processes

16.3.1 绝热过程(adiabatic processes)

系统与外界不发生任何热交换的过程称为绝热过程,即 $dQ=0$。严格的绝热过程是不存在的,但若在系统进行过程中,系统与外界来不及交换热量就可将该过程看成绝热过程。如内燃机、蒸汽机气缸中工作物质的膨胀过程,压气机气缸中的压缩过程,汽轮机喷管中的膨胀过程以及声波在空气中的传播等,都可当作绝热过程处理。

下面推导理想气体绝热过程方程。由理想气体状态方程 $pV=\frac{m}{M}RT$ 可得:

$$p\mathrm{d}V+V\mathrm{d}p=\frac{m}{M}R\mathrm{d}T$$

根据热力学第一定律,理想气体在绝热过程中对外做的元功为

$$\mathrm{d}W_Q=-\mathrm{d}U$$

即

$$p\mathrm{d}V=-\frac{m}{M}C_{V,\mathrm{m}}\mathrm{d}T$$

联立上两式,消去 $\mathrm{d}T$ 并整理则有

$$\frac{C_{V,\mathrm{m}}+R}{C_{V,\mathrm{m}}}p\mathrm{d}V+V\mathrm{d}p=0$$

注意到比热容比 $\gamma=\frac{C_{V,\mathrm{m}}+R}{C_{V,\mathrm{m}}}$,用 pV 同时除上式两边得

$$\frac{\mathrm{d}p}{p}+\gamma\frac{\mathrm{d}V}{V}=0$$

积分上式得:

$$\ln p+\gamma\ln V=C$$

即

$$pV^{\gamma}=C \tag{16-24}$$

式(16-24)即为绝热过程过程方程,也称为泊松(Poisson)方程。结合理想气体状态方程,上式还可写为

$$V^{\gamma-1}T=C$$
$$p^{\gamma-1}T^{-\gamma}=C \tag{16-25}$$

将热力学第一定律应用于绝热过程可得到

$$W_Q=-\Delta U=-\frac{m}{M}C_{V,\mathrm{m}}(T_2-T_1) \tag{16-26}$$

联立式(16-24)和式(16-26),绝热过程中气体做功还可以表示成

$$W_Q=\frac{1}{\gamma-1}(p_1V_1-p_2V_2) \tag{16-27}$$

在绝热过程中,气体与外界没有热量交换。当系统对外界做正功时,系统内能减少;当系统对外界做负功时,系统内能增加。绝热过程在工业技术中有着广泛的应用。由于理想气体绝热膨胀后内能减少,温度降低,所以可以利用气体绝热膨胀来制冷;而当气体绝热压缩后内能增加,温度升高,所以可以利用气体绝热压缩在内燃机中实现"点火"。

16.3.2 绝热线与等温线的比较

在 p-V 图中画出理想气体的绝热过程曲线和等温过程曲线,如图 16-9 所示,交于点 a。对绝热过程过程方程 $pV^{\gamma}=C$ 求导,可以得到绝热线在 a 点的斜率为

$$k_Q=\left(\frac{\mathrm{d}p}{\mathrm{d}V}\right)_Q=-\gamma\frac{p}{V}$$

对等温过程 $pV=C$ 求导,可以得到等温线在 a 点的斜率为

$$k_T=\frac{p}{V}$$

由于 $\gamma=\dfrac{C_{V,\mathrm{m}}+R}{C_{V,\mathrm{m}}}>1$,所以 $|k_Q|>|k_T|$,即绝热线比等温线陡。如图 16-9 所示,AB 代表绝热线,CD 代表等温线。

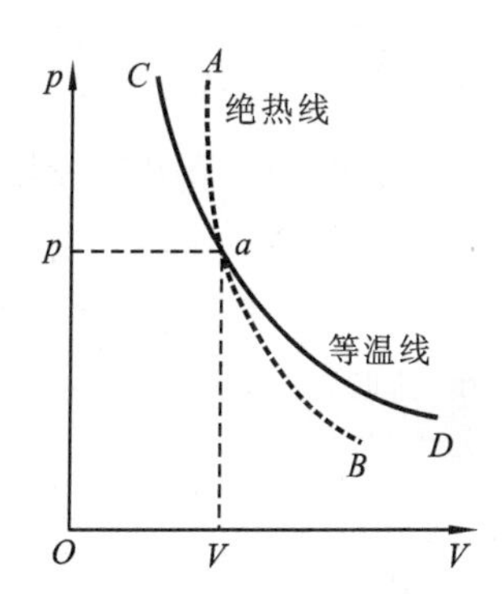

图 16-9 绝热线与等温线的比较

绝热线比等温线陡的原因也可以从物理意义上去理解。根据气体动理论,一定质量的理想气体的压强变化取决于两个因素:一是气体的分子数密度(由气体体积决定);二是气体的温度。在等温过程中气体温度保持不变,只有体积变化引起压强变化。在绝热过程中不仅有体积变化,而且还有温度变化,这两种因素均会引起压强变化。所以在体积变化相同的情况下,绝热过程中的压强变化要比等温过程中的大,即绝热线比等温线陡。

16.3.3 多方过程

等体、等压、等温和绝热四种过程均是理想的典型过程,实际中难以真正实现。多方过程包含了理想气体的各种等值过程,在热工学中有重要的实际意义。多方过程的过程方程为

$$pV^{n}=C \tag{16-28}$$

通常讨论的多方过程是指 n 值在 1 和比热容比 γ 之间的过程。n 值不同,所代表的过程也不

同。$n=0$,代表等压过程;$n=1$,代表等温过程;$n=\gamma$,代表绝热过程;$n=\infty$,代表等体过程。所以前面所述等体、等压、等温及绝热过程均可看作多方过程的特例。

当气体由状态1经多方过程变化到状态2时,其对外所做功为

$$W=\int_{V_1}^{V_2} p\mathrm{d}V=\int_{V_1}^{V_2}\frac{p_1V_1^n}{V^n}\mathrm{d}V=\frac{p_1V_1-p_2V_2}{n-1} \tag{16-29}$$

内能变化

$$\Delta U=\frac{m}{M}C_{V,\mathrm{m}}(T_2-T_1)=\frac{m}{M}\frac{i}{2}(p_2V_2-p_1V_1) \tag{16-30}$$

吸收热量

$$Q=\Delta U+W=\frac{m}{M}\frac{i}{2}(p_2V_2-p_1V_1)+\frac{p_1V_1-p_2V_2}{n-1} \tag{16-31}$$

16.4　循环效率　卡诺循环
Cycle efficiency, Carnot cycle

在实际工业过程中,往往需要不断地将热量转化为功,或需要不断地将功转化为热量。能将热量不断转化为功的装置称为热机,能将功不断转化为热量的装置称为制冷机。以蒸汽机为例,水在锅炉里被加热变成高温高压蒸汽,蒸汽经管道进入气缸内,推动活塞对外做功,做完功后的蒸汽进入冷凝器中凝结为水。不管是在热机还是制冷机中,工作物质(简称工质)所进行的过程都是循环过程,因此研究循环过程有重要的理论与实际意义。

16.4.1　循环效率

工质从某一状态开始经过一系列状态变化又回到原来状态的过程称为循环过程。由于理想气体内能是状态函数,所以工质经过一循环后内能变化为零,即 $\Delta U=0$。若循环沿循环曲线的顺时针方向进行,这样的循环称为正循环或热机循环;否则就叫逆循环或制冷机循环。

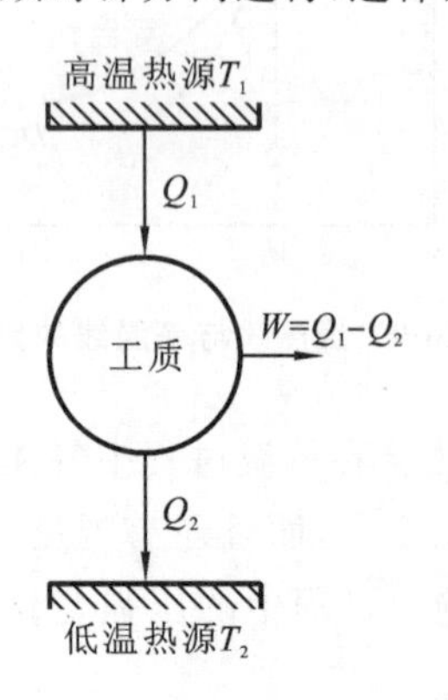

图 16-10　热机中的能量转化

图16-10表示热机中的能量转化情形:工质从高温热源 T_1 吸收热量 Q_1,对外做功 W,同时向低温热源放热 Q_2。根据热力学第一定律有

$$Q_1=W+Q_2$$

评价热机性能的重要指标之一是热机效率,即吸收的热量 Q_1 中有多少能量能够转化为有用功 W,Q_2 是不能转化为有用功的热量损失。所以在一次循环中,工质对外所做功与工质从高温热源吸收热量之比称为热机效率。

$$\eta=\frac{W}{Q_1}=\frac{Q_1-Q_2}{Q_1}=1-\frac{Q_2}{Q_1} \tag{16-32}$$

从式(16-32)可看出,若工质吸收相同热量时,其对外做功越多,热机效率越高。假如热机只从高温热源吸热而不向低温热源放热,即从高温热源吸收的热量全部用来对外做功,其效率可达到100%。但理论和实践表明,这种从单一热源吸热做功的热机是不存在的。

图16-11表示制冷机中的能量转化情形:外界对工质做功 W,使工质从低温热源 T_2 吸收热量 Q_2,同时向高温热源放热 Q_1。根据热力学第一定律有

$$W+Q_2=Q_1$$

制冷机的性能可由制冷系数 e 来表示。对于制冷机循环，我们关心的是在一个循环中外界对工质做功的结果是可以从冷库中吸收多少热量，吸收热量越多意味着制冷效果越好，所以把工质从低温热源吸收的热量 Q_2 与外界对工质做功 W 之比称为制冷系数。

$$e=\frac{Q_2}{W}=\frac{Q_2}{Q_1-Q_2} \tag{16-33}$$

从式(16-33)可看出，在外界对工质做功相同情况下，从低温热源吸收热量越多，制冷系数越高，制冷效果越好。日常用的电冰箱即为制冷机，其中低温热源是冰箱冷冻室，高温热源为冰箱外部环境。

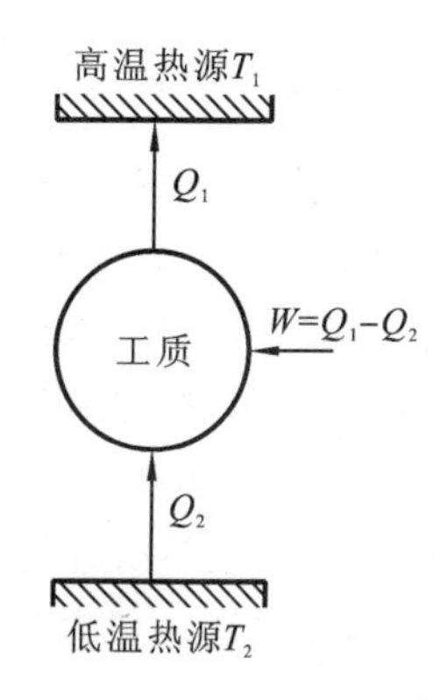

图 16-11　制冷机中的能量转化

例 16.3　如图 16-12 所示，m 千克的单原子分子理想气体从状态 A 出发，经过一个循环又回到状态 A。设气体为单原子气体。求：

(1)经过一次循环后气体对外所做的功；

(2)该循环的效率。

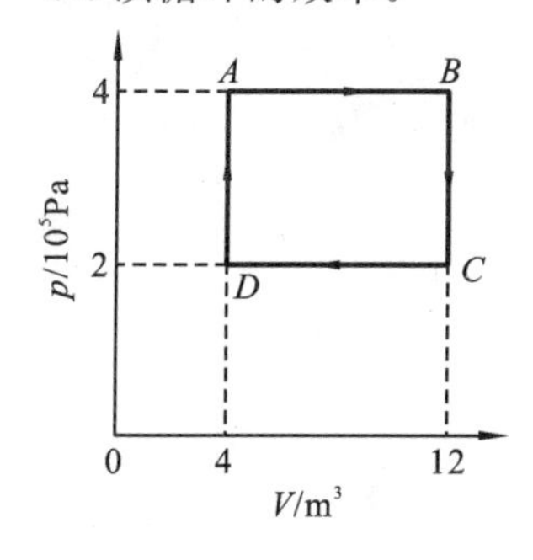

图 16-12　例 16.3 图

解　(1)此循环是由 AB、CD 两个等压过程和 BC、DA 两个等体过程组成的。AB 是等压膨胀过程，气体对外做功；CD 是等压压缩过程，外界对气体做功。BC、DA 两个等体过程气体不对外做功，所以经过一次循环后气体对外所做的功为

$$\begin{aligned}W&=W_{AB}+W_{CD}\\&=p_A(V_B-V_A)+p_C(V_D-V_C)\\&=4\times10^5\times(12-4)+2\times10^5\times(4-12)\\&=1.6\times10^6\ \mathrm{J}\end{aligned}$$

(2)根据循环效率公式，需要由理想气体状态方程和热力学第一定律判断气体在哪些过程中吸收热量。AB 是等压膨胀过程，温度升高，气体内能增加，并对外做功，所以气体吸热；BC 是等体过程，气体不对外做功，压强减小，温度降低，气体内能减少，所以气体放热；同理可判断 CD 过程气体放热，DA 过程气体吸热，所以气体在 AB、DA 两个过程中吸收的总热量为

$$\begin{aligned}Q_1&=Q_{AB}+Q_{DA}\\&=\frac{m}{M}C_{p,\mathrm{m}}(T_B-T_A)+\frac{m}{M}C_{V,\mathrm{m}}(T_A-T_D)\\&=\frac{5}{2}(p_BV_B-p_AV_A)+\frac{3}{2}(p_AV_A-p_DV_D)\\&=\frac{5}{2}(4\times12-4\times4)\times10^5+\frac{3}{2}(4\times4-2\times4)\times10^5\\&=9.2\times10^6\ \mathrm{J}\end{aligned}$$

所以此循环效率

$$\eta=\frac{W}{Q_1}=\frac{1.6\times10^6}{9.2\times10^6}=17.4\%$$

16.4.2 卡诺循环

18 世纪第一台蒸汽机问世后,经过许多人的改进,特别是纽科门和瓦特的工作,使蒸汽机成为普遍适用于工业的万能原动机,但其效率只有 3%～5%。人们一直在为提高热机的效率而努力,在摸索中对蒸汽机等热机的结构不断进行各种尝试和改进,尽量减少漏气、散热和摩擦等因素的影响,但热机效率的提高依旧很微弱。这就不由得让人们产生疑问:提高热机效率的关键是什么?热机效率的提高有没有一个限度?1824 年法国青年工程师卡诺(N. L. Carnot)通过大量的研究后提出了一种理想的循环——卡诺循环,它不仅为提高热机的效率指明了方向,而且还为热力学的发展做出了重大的贡献。

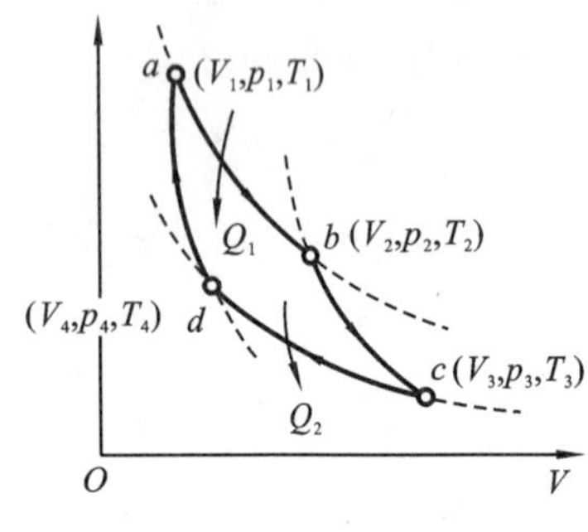

图 16-13 卡诺循环

由两个等温过程和两个绝热过程组成的循环称为卡诺循环,如图 16-13 所示。其中曲线 ab、cd 代表两个等温过程,曲线 bc、da 代表两个绝热过程。ab 为等温膨胀过程,工质从高温热源 T_1 吸收热量

$$Q_1 = \frac{m}{M}RT_1\ln\frac{V_2}{V_1} \tag{16-34}$$

bc 为绝热膨胀过程,其方程为

$$V_2^{\gamma-1}T_1 = V_3^{\gamma-1}T_2 \tag{16-35}$$

cd 为等温压缩过程,工质向低温热源 T_2 放出热量

$$Q_2 = -\frac{m}{M}RT_2\ln\frac{V_4}{V_3} \tag{16-36}$$

da 为绝热压缩过程,其方程为

$$V_4^{\gamma-1}T_2 = V_1^{\gamma-1}T_1 \tag{16-37}$$

联立式(16-35)和式(16-37)求解得

$$\frac{V_2}{V_1} = \frac{V_3}{V_4} \tag{16-38}$$

将式(16-38)代入式(16-36)得

$$Q_2 = \frac{m}{M}RT_2\ln\frac{V_2}{V_1} \tag{16-39}$$

式(16-39)除以式(16-34)得

$$\frac{Q_2}{Q_1} = \frac{T_2}{T_1} \tag{16-40}$$

所以卡诺循环的效率

$$\eta = 1 - \frac{Q_2}{Q_1} = 1 - \frac{T_2}{T_1} \tag{16-41}$$

式(16-41)说明卡诺热机的效率由两个热源的温度决定,且高温热源温度 T_1 越高,低温热源温度 T_2 越低,其效率就越大。因此从理论上说,提高高温热源温度或降低低温热源温度均可提高卡诺热机效率。但实践指出,提高高温热源温度比降低低温热源温度要经济得多,所以一般采用提高高温热源温度来提高卡诺热机效率。

按卡诺循环的逆循环工作的制冷机称为卡诺制冷机,将式(16-40)代入,可得卡诺逆循环的制冷系数为

$$e = \frac{Q_2}{Q_1 - Q_2} = \frac{T_2}{T_1 - T_2} \tag{16-42}$$

例 16.4　一卡诺热机工作于温度分别为 27 ℃和 127 ℃的两个热源之间。(1)若该热机从高温热源吸收热量 5840 J,则该热机向低温热源放出多少热量？对外做功为多少？(2)将该热机逆向运转作制冷机使用,若从低温热源吸热 5840 J,则该制冷机向高温热源放出多少热量？外界做功为多少？

解　(1)根据公式(16-41),卡诺热机的效率为

$$\eta=1-\frac{T_2}{T_1}=1-\frac{300}{400}=25\%$$

所以热机向低温热源放出的热量为

$$Q_2=Q_1(1-\eta)=5840\times(1-0.25)\ \text{J}=4380\ \text{J}$$

对外做功为

$$W=Q_1\eta=5840\times0.25\ \text{J}=1460\ \text{J}$$

(2)当作制冷机使用时,制冷系数为

$$e=\frac{Q_2}{W}=\frac{T_2}{T_1-T_2}=\frac{300}{400-300}=3$$

所以外界做功为

$$W=\frac{Q_2}{e}=\frac{5840}{3}\ \text{J}=1947\ \text{J}$$

向高温热源放出的热量为

$$Q_1=W+Q_2=(1947+5840)\ \text{J}=7787\ \text{J}$$

【思考题与习题】

1. 思考题

16-1　理想气体的绝热过程既遵守过程方程 $pV^{\gamma}=C$,又遵守理想气体状态方程 $pV=\frac{m}{M}RT$,这是否矛盾？为什么？

16-2　夏天,自行车轮胎充气过足,放在阳光下暴晒,车胎容易爆裂,车胎内气体温度如何变化？

16-3　一理想气体经绝热自由膨胀后,气体内能如何变化？

16-4　在等温膨胀过程中,气体吸收的热量全部用来对外做功,似乎效率最高。为什么在实践中不利用等温过程来实现高效率热机而要利用循环过程？

2. 选择题

16-5　根据热力学第一定律,下列说法正确的是(　　)。

(A)系统吸热后,其内能肯定增加

(B)不可能存在这样的循环过程:在该过程中,外界对系统做的功不等于系统传给外界的热量

(C)系统内能的增量等于它从外界吸收的热量

(D)系统对外做的功不可能大于它从外界吸收的热量

16-6　如图 16-14 所示,a、b 为 p-V 图中两平衡态的代表点,且 $p_a=p_b$,则(　　)。

(A)$U_a < U_b$　　(B)$W_{ab} < 0$　　(C)$Q_{ab} < 0$　　(D)以上结论都不对

16-7　如图 16-15 所示,一定量的理想气体从体积 V_1 膨胀到体积 V_2,其中 AB 是等压过程,AC 是等温过程,AD 是绝热过程,它们中吸热最多的过程是(　　)。

(A)AB　　(B)AC

(C)AD　　(D)AB 和 AC,两个过程吸热一样多

16-8　如图 16-16 所示,一定量的理想气体,其内能 U 随体积 V 的变化为一直线(延长线通过原点),则此过程为(　　)。

(A)等温过程　　(B)等体过程　　(C)等压过程　　(D)绝热过程

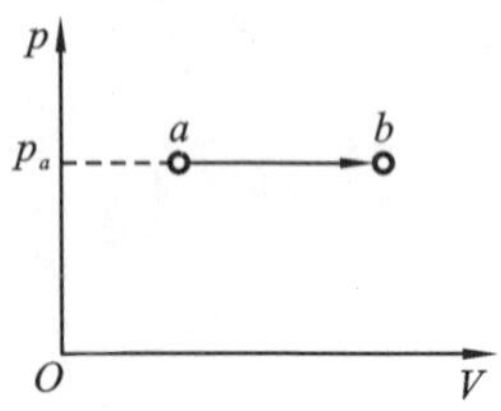

图 16-14　题 16-6 图

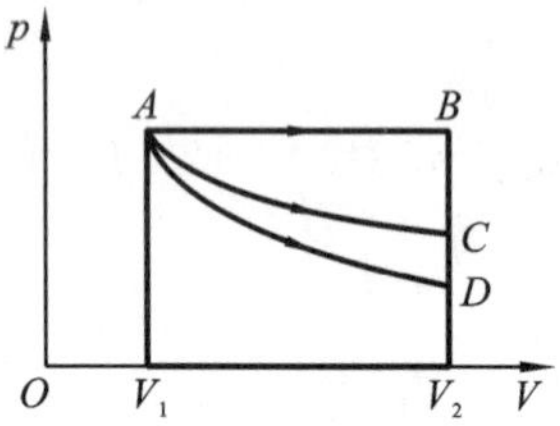

图 16-15　题 16-7 图

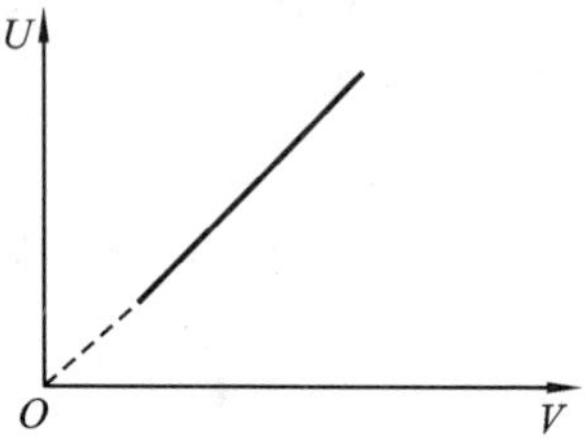

图 16-16　题 16-8 图

3. 填空题

16-9　在一绝热箱中放置绝热隔板,将绝热箱分成两部分,分别装有温度和压力都不同的两种气体,将隔板抽走让箱内气体混合,若以气体为系统,则此过程 Q ________ 0,W ________ 0,ΔU ________ 0。

16-10　一定质量理想气体从外界吸收热量 1713.8 J,压强为 1.013×10^5 Pa 保持不变,体积从 10 L 膨胀到 15 L,则气体对外做功________,内能增加________。

16-11　容器内贮有刚性多原子分子理想气体,经过绝热过程后,压强减为初始压强的一半,则始末两状态气体内能之比为________。

16-12　两卡诺循环在 p-V 图上的过程曲线 $ABCDA$ 及 $A'B'C'D'A'$ 所围面积相等,则它们的循环效率________,从高温热源吸收的热量________,对外做的功________(填相等或不相等)。

16.1 习题

16-13　如图 16-17 所示,当系统沿 ACB 路径从 A 变化到 B 时吸热 80.0 J,对外做功 30.0 J。

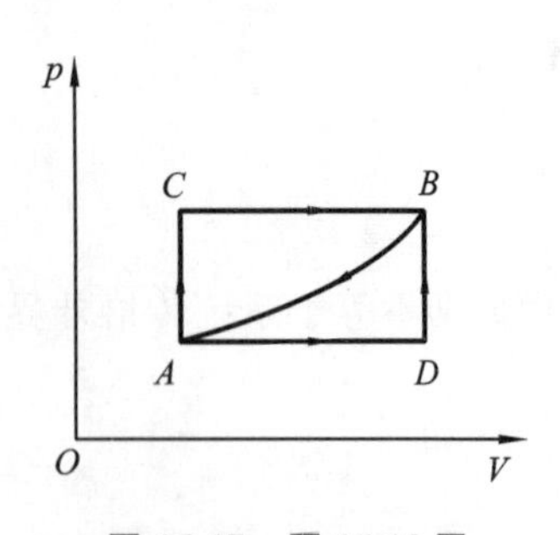

图 16-17　题 16-13 图

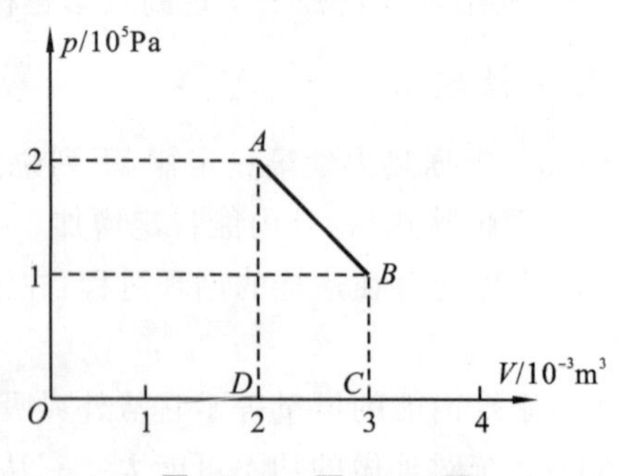

图 16-18　题 16-14 图

(1)当系统沿 ADB 路径从 A 变化到 B 时对外做功 10.0 J，则系统吸收了多少热量？

(2)当系统沿 BA 路径返回 A 时外界对系统做功 20.0 J，则系统吸收了多少热量？

16-14　如图 16-18 所示，有一定量的空气，开始时处在状态 A，其压强为 2.0×10^{5} Pa，体积为 2.0×10^{-3} m^3。沿直线 AB 变化到状态 B，其压强变为 1.0×10^{5} Pa，体积变为 3.0×10^{-3} m^3。求此过程中气体对外所做的功。

16-15　一打气机向容器内打气，每打一次可将压强为 $p_0=1.013\times10^{5}$ Pa，温度 $t=-3$ ℃，体积 $V=4.0\times10^{-3}$ m^3 的气体压至容器内，设容器容积 $V_0=1.5$ m^3，原来容器中气体的压强为 1.013×10^{5} Pa，温度为 -3 ℃。要使容器内气体温度升高为 45 ℃，压强为 2.026×10^{5} Pa，则打气机需向容器打多少次气？

16.2 习题

16-16　质量为 0.2 kg 的氦气，温度由 17 ℃上升为 37 ℃，若在升温过程中：

(1)体积保持不变；

(2)压强保持不变；

(3)与外界无热量交换。

试分别求各过程中气体吸收的热量。

16-17　质量为 2.8×10^{-3} kg 的氮气，温度为 300 K，压强为 1.013×10^{5} Pa，等压膨胀到原来体积的两倍，求此过程中氮气对外所做的功、内能的增量以及吸收的热量。

16-18　如图 16-19 所示，n mol 氦气由状态 $A(p_1,V_1)$ 沿图中直线变化到状态 $B(p_2,V_2)$，求：

(1)气体内能的变化；

(2)对外做的功；

(3)吸收的热量。

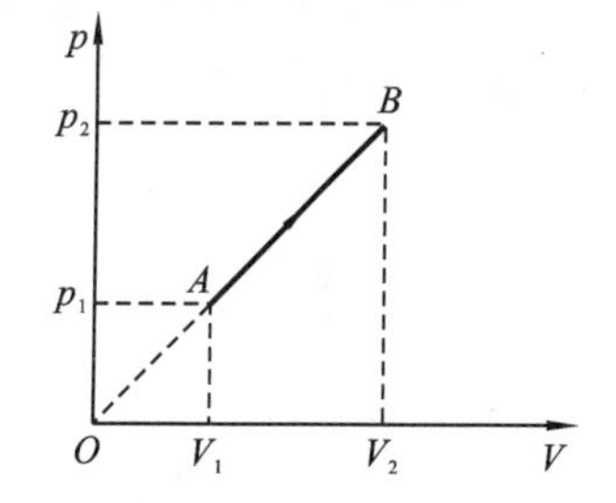

图 16-19　题 16-18 图

16-19　质量为 1 kg 的水，从 100 ℃冷却到 0 ℃过程中水的内能改变为多少？假设在水的冷却过程中其体积变化可忽略。水的比热为 4.19×10^{3} J/kg·K。

16.3 习题

16-20　将体积为 1.0×10^{-4} m^3、压强为 1.013×10^{5} Pa 的氢气绝热压缩，使其体积变为 2.0×10^{-5} m^3，求压缩过程中气体所做的功。

16-21　如图 16-20 所示，侧壁绝热的气缸内储存 2 mol 氧气，温度为 300 K，活塞外的大气压 $p_0=1.013\times10^{5}$ Pa，活塞质量为 100 kg，面积为 0.1 m^2。假定活塞绝热、不漏气且与气缸壁间的摩擦忽略不计。开始时由于气缸内活动插销的阻碍，活塞停在距气缸底部 $l_1=1.0$ m 处。后从气缸底部给气体缓慢加热，活塞上升了 $l_2=0.5$ m 的距离，问：

(1)气缸中气体经历的是什么过程？

(2)气缸中气体在整个过程中吸收了多少热量？

16-22　如图 16-21 所示，一定量的理想气体同一初态 A 开始，分别经历三个不同的过程到达不同的末状态 B、C、D，三个末状态的温度相同，其中 AC 是绝热过程，则：

(1)在 AB 过程中，气体是吸热还是放热？为什么？

(2)在 AD 过程中，气体是吸热还是放热？为什么？

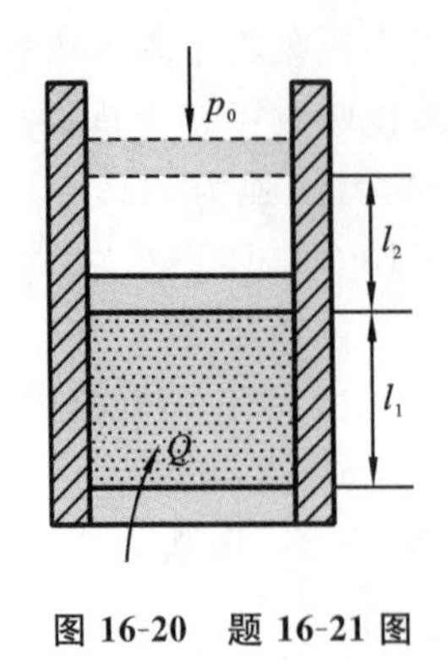

图 16-20　题 16-21 图

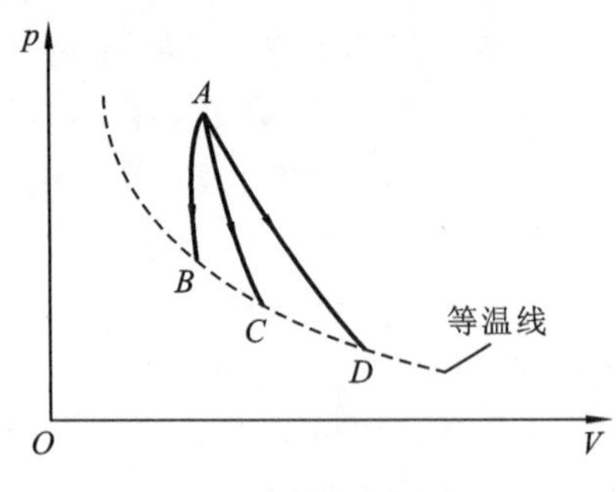

图 16-21　题 16-22 图

16.4 习题

16-23　如图 16-22 所示，AB、CD 为绝热过程，DEA 为等温过程，BEC 为任意过程，它们组成一个循环。若图中 $ECDE$ 包围的面积为 80 J，$EABE$ 包围的面积为 40 J，DEA 过程系统放热 120 J，问 BEC 过程系统吸热为多少？

16-24　一个可逆卡诺循环，当高温热源温度为 $T_1=400$ K，低温热源温度为 $T_2=300$ K 时，对外做净功 8000 J。现维持低温热源温度不变，使循环对外做功 10000 J，若两卡诺循环都在两个相同的绝热线间工作，求第二个循环的高温热源的温度。

16-25　0.32 kg 的氧气进行如图 16-23 所示的 $ABCDA$ 循环，$V_2=2V_1$，$T_1=300$ K，$T_2=200$ K，求循环效率。

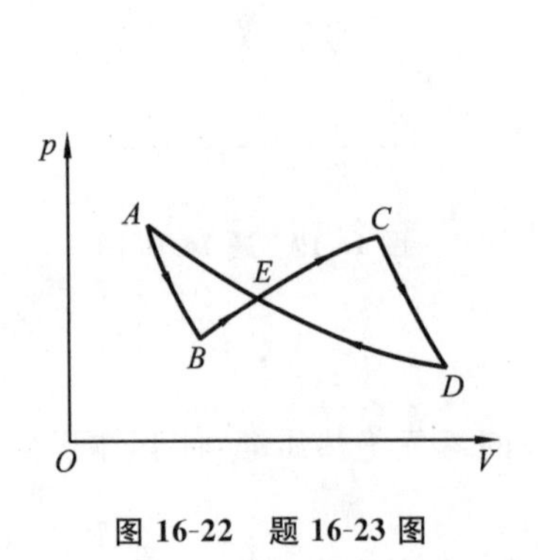

图 16-22　题 16-23 图

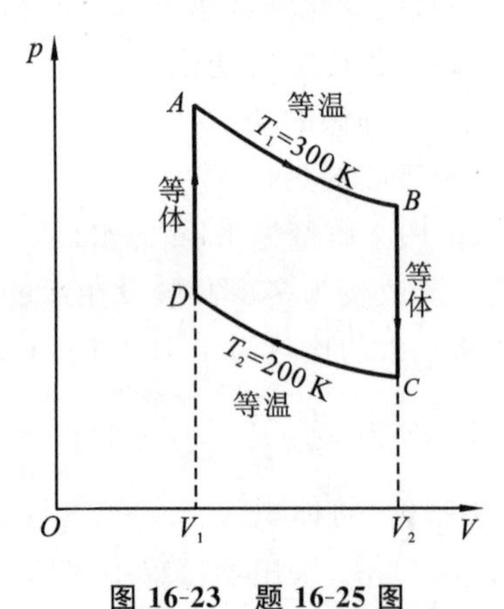

图 16-23　题 16-25 图

16-26　一卡诺热机的低温热源温度为 280 K，效率为 40%，若要将其效率提高到 50%，问高温热源的温度需提高多少？

16-27　汽油机进行的循环为奥托(Otto)循环，它可以看作是由两个等体过程 da、bc 和两个绝热过程 ab、cd 组成，如图 16-24 所示，证明该热机的效率为

$$\eta=1-\frac{T_a}{T_b}=1-\left(\frac{V_b}{V_a}\right)^{\gamma-1}$$

16-28　一卡诺制冷机，从温度为 280 K 的热源吸收 1000 J 热量传向温度为 300 K 的热源，需对制冷机做多少功？

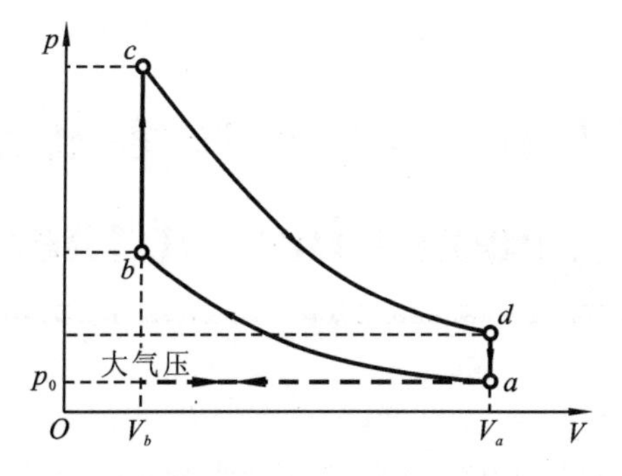

图 16-24　题 16-27 图

第 17 章　热力学第二定律
Chapter 17　Second law of thermodynamics

热力学第一定律指明了自然界发生的一切热力学过程必须满足能量守恒与转换定律。但是在自然界有很多符合热力学第一定律的过程并不能够自动发生。大量实验事实表明自然界中与热现象有关的一切实际过程都是沿一定方向进行的,这个方向性的要求就是热力学第二定律。热力学第二定律是人们在生活实践,生产实践和科学实验的经验总结,它们既不涉及物质的微观结构,也不能用数学加以推导和证明,但其正确性已被无数次的实验结果所证实。

17.1　可逆过程　宏观过程的方向
Reversible process, Direction of macro processes

一个热力学系统,从某一状态出发,经过某一过程达到另一状态。若存在另一过程,能使系统与外界完全复原,则原来的过程称为可逆过程。反之,如果用任何方法都不可能使系统和外界完全复原,则称之为不可逆过程。可逆过程实质是指热力学系统在状态变化时经历的一种理想过程,严格来讲现实中并不存在。大量实验事实表明,一切实际热力学过程都是不可逆的,即都具有方向性,损耗和摩擦是导致过程不可逆的主要原因。

下面来分析热传导、理想气体自由膨胀过程和功热转换等三个热力学过程的方向性。两个温度不同的物体相互接触,热量会自动地从高温物体传向低温物体。但是热量不能自动地从低温物体传向高温物体,这说明热传递过程具有方向性。一隔板将绝热容器分为 A、B 两部分,其中 A 部分充满理想气体,B 部分为真空,将隔板抽走,理想气体会迅速膨胀充满整个容器并均匀分布于 A、B 两部分,温度与原来温度相同,这样的过程称为自由膨胀过程。但是膨胀后的理想气体不能自动收缩至 A 室,使 B 室仍为真空,这说明理想气体的自由膨胀过程也具有方向性。物体从有摩擦的斜面上下滑,下滑过程中重力所做功一部分转化为物体动能,一部分转化为热量。但是下滑后的物体不能自动地从低处向高处运动,这说明功热转换过程也是不可逆的,即可以通过做功使机械能全部转变为热能,但是热能自动地转化为功的过程是不可能发生的。在自然界里,一切与热现象有关的过程都涉及热传递和功热转化等,因此可以说一切与热现象有关的过程都是不可逆的。

理想情况下,如果过程能无限缓慢进行,且能消除摩擦等耗散因素,这样的过程便可视为可逆过程。无限缓慢进行的过程是准静态过程,所以,所有无摩擦进行的准静态过程都是可逆过程。能在 p-V 图上用过程线表示的都是准静态过程,因此也是可逆过程。但是,严格满足无限缓慢及无摩擦的条件是不可能的。可逆过程只是一种理想的概念,其引入可使复杂问题简单化,有利于阐明实际过程的本质。

17.2　热力学第二定律
Second law of thermodynamics

17.2.1　热力学第二定律发展历史

1848 年，开尔文根据卡诺定理，建立了相当理想的热力学温标，因为它与测温物质属性无关，这些为热力学第二定律的建立准备了条件。1850 年，克劳修斯考虑到热传导总是自发地将热量从高温物体传给低温物体这一事实，得出了热力学第二定律的克劳修斯表述。与此同时，开尔文也从卡诺的工作中得出了热力学第二定律的另一种表述，后来演变为现行物理教科书中公认的“开尔文表述”。热力学第二定律在热力学范畴内是一条经验定律，无法得到解释，但是随着统计力学的发展，这一定律得到了解释。克劳修斯首先提出了熵的概念和熵增原理。熵增原理所预言的不可逆转的发展和演化，使宇宙万物发展的总趋势经历着从复杂到简单，从有序到无序，从非平衡到热平衡的过程。而当时达尔文进化论风行于世，他认为从生物进化角度来讲，万物都在经历从简单到复杂的过程。这一截然相反的结论，促使科学家们尽力去挑剔熵增原理的破绽，但最终都以失败告终。物理学家爱丁顿(A. S. Eddington, 1882—1944)称熵增原理为“宇宙中至高无上的哲学规律”，爱因斯坦(A. Einstein, 1879—1955)也称之为“一切科学的根本法则”。

17.2.2　热力学第二定律的开尔文表述(Kelvin-Planck statement of the second law of thermodynamics)

热力学第二定律有很多种表述，各种表述本质都是一样的，其中最具代表性的是开尔文表述和克劳修斯表述。由第 16 章可知，在热机循环中，工质从高温热源吸收的热量 Q_1，一部分用来对外做功 W，另一部分向低温热源放热 Q_2，热机效率 $\eta=1-Q_2/Q_1$。为了提高热机效率，可以尽可能降低向低温热源放热 Q_2，Q_2 越小，热机效率越高，其值越接近 100%。那么有没有一种理想热机，它在循环过程中，可以把从高温热源吸收的热量 Q_1 全部用来对外做功 W 而不向低温热源放出热量？如图 17-1 所示。如果可能的话，就可以只依靠地球、海洋及大气的冷却来获得机械功。据估计，若地球上的海水冷却 1 ℃，所获得的机械功相当于 10^{14} 吨煤燃烧后

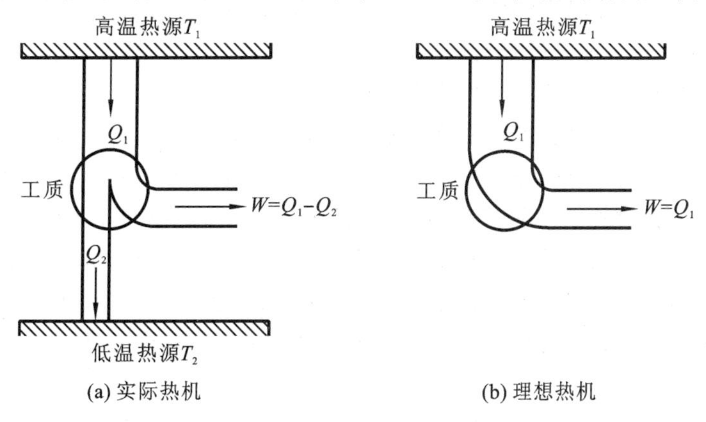

图 17-1　实际热机与理想热机

放出的热量,这相当于取之不尽、用之不竭的能源。但是在研究如何提高热机效率的过程中,大量事实说明这种理想热机是不可能存在的,人们把这种理想热机也称为第二类永动机。

1851 年,开尔文在总结了前人制造第二类永动机的大量实验事实基础上指出:

不可能制造从单一热源吸热使之完全转变为功而不引起其他变化的热机。

No device is possible whose sole effect is to transform a given amount of heat completely into work.

这是热力学第二定律的开尔文表述,实际上指明了热功转换过程也具有一定的方向性。热力学第二定律的开尔文表述又可表述为第二类永动机不可能制成。

17.2.3 热力学第二定律的克劳修斯表述(Clausius statement of the second law of thermodynamics)

1850 年,克劳修斯通过总结大量的热传导过程的方向后指出:

不可能将热量从低温物体传到高温物体而不引起其他的变化(即热量不会自动地从低温物体传到高温物体)。

No device is possible whose sole effect is to transfer heat from one system at one temperature into a second system at a higher temperature(Heat flows naturally from a hot object to a cold object;heat will not flow spontaneously from a cold object to a hot object).

这是热力学第二定律的克劳修斯表述,实际上指明了热传导过程也具有方向性。热力学第二定律的克劳修斯表述又可表述为理想制冷机是不可能制成的。

17.2.4 两种表述的等价性

热力学第二定律的开尔文表述说明了热功转换过程是不可逆的;克劳修斯表述说明了热传导过程也是不可逆的。两种表述里都提到不引起其他变化,我们要注意正确理解这一点。从单一热源吸收热量并全部用来对外做功不是不可能的。例如理想气体的等温膨胀过程,内能不变,根据热力学第一定律,理想气体吸收的热量全部用来对外做功,但是在做功过程中,理想气体体积增大了,也就是说在理想气体等温膨胀过程中所吸收热量全部用来对外做功,但是同时引起了其他变化,即气体的体积膨胀。可以借助于制冷机使热量从低温物体传到高温物体,所以热量不是不能从低温物体传到高温物体,但需要外界做功,即引起了其他变化。

热力学第二定律的两种表述是对同一客观规律的不同说法,开尔文表述是从功热转换角度出发,克劳修斯表述是从热传导角度出发,都指出过程进行的方向性,可以证明两者是完全等价的。我们用反证法来证明,若开尔文表述成立,则克劳修斯表述必然成立。如图 17-2(a)所示,按照开尔文表述,有一热机在高温热源 T_1 和低温热源 T_2 之间工作,其从高温热源 T_1 吸收热量 Q_1 部分用来对外做功 W,其余向低温热源 T_2 放出热量 Q_2,显热 $Q_1=W+Q_2$。若克劳修斯表述不成立,即热量可自发地从低温热源 T_2 传到高温热源 T_1,假设传热量为 Q_2。将上述两者结合起来总的效果等于一部热机,如图 17-2(b)所示,即它从单一热源 T_1 吸收热量 Q_1-Q_2,并对外做功 W,此外没有引起任何其他变化,所以理想热机是可以制成的,这显然是违背开尔文表述的。

反过来,若克劳修斯表述成立,则开尔文表述必然成立。如图 17-3(a)所示,按照克劳修斯表述,有一制冷机在高温热源 T_1 和低温热源 T_2 之间工作,其从低温热源 T_2 吸收热量 Q_2,外

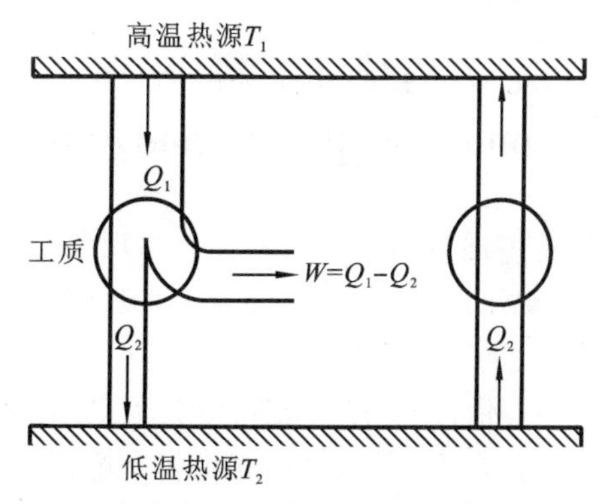

(a) 开尔文表述成立与克劳修斯表述不成立

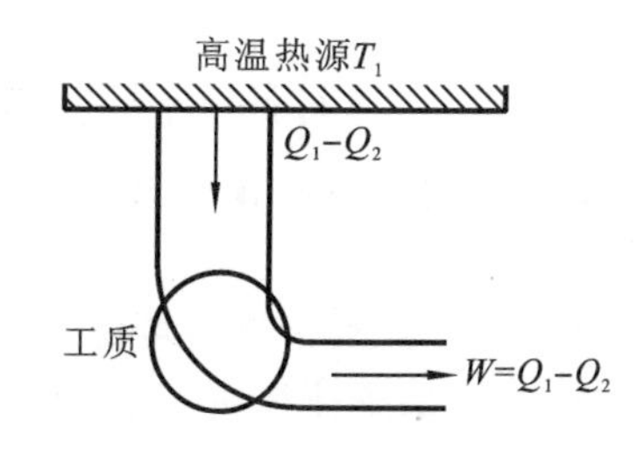

(b) 总效果

图 17-2　开尔文表述成立与克劳修斯表述不成立的效果

界对其做功 W，并向高温热源 T_1 放出热量 Q_1，显热 $Q_2+W=Q_1$。若开尔文表述不成立，即存在一理想热机，其从高温热源 T_1 吸收热量全用来对外做功 W，假设吸收热量为 Q_1-Q_2。将上述两者结合起来总的效果等于一部制冷机，如图 17-3(b)所示，即它从低温热源 T_2 吸收热量 Q_2，自发传到高温热源 T_1，此外没有引起任何其他变化，所以理想制冷机是可以制成的，这显然是违背克劳修斯表述的。

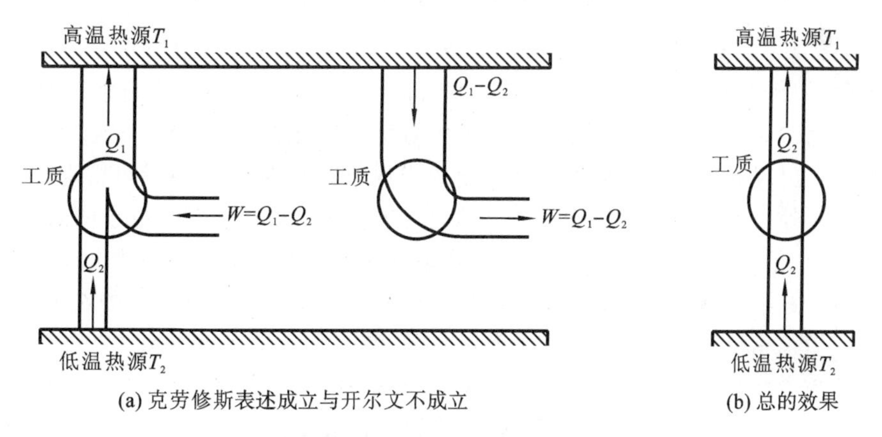

(a) 克劳修斯表述成立与开尔文不成立　　(b) 总的效果

图 17-3　克劳修斯表述成立与开尔文不成立的效果

以上利用反证法证明了开尔文表述和克劳修斯表述的等价性。两种表述实质是对同一个客观规律的不同说法，只是叙述的方法、角度不同而已。

例 17.1　利用热力学第二定律证明一条绝热线和一条等温线不可能相交于两点。

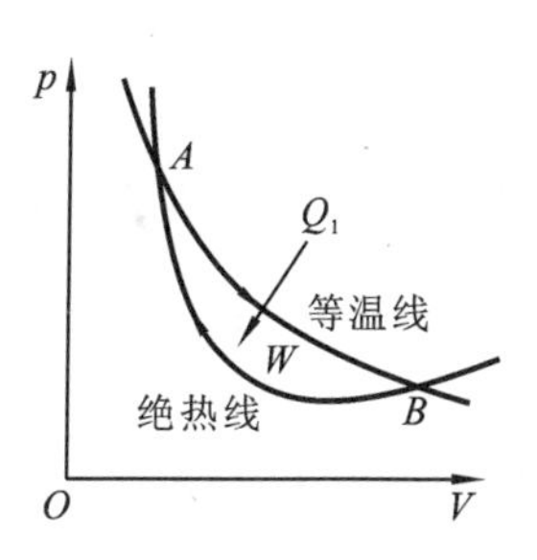

图 17-4　例 17.1 图

利用反证法。假如一条绝热线和一条等温线可以相交于 A、B 两点，如图 17-4 所示，则绝热线和等温线就构成了一个热机循环。完成一个循环后，工质内能变化为零。工质从单一热源所吸收的热量 Q_1 全部用来对外做功 W，而不引起其他变化，这与热力学第二定律的开尔文表述是相矛盾的，所以不成立，即一条绝热线和一条等温线不可能相交于两点。

17.3 热力学第二定律的统计解释

Statistical interpretation of second law of thermodynamics

热力学第二定律指出了热功转化方向和热量传递方向的不可逆性。热现象与大量分子无序热运动有关,并遵循统计规律。因此可以从微观角度出发,从统计意义来理解热力学第二定律,从而了解自然界的一切不可逆过程都具有相同的微观本质。

以理想气体的自由膨胀过程为例。如图 17-5 所示,设容器被隔板分为 A、B 两室。A 室充满某种气体,B 室为真空。抽走隔板后,A 室气体自由膨胀,最终充满整个容器,这是一个不可逆过程。现从统计物理学的观点来分析这一不可逆过程的微观本质。

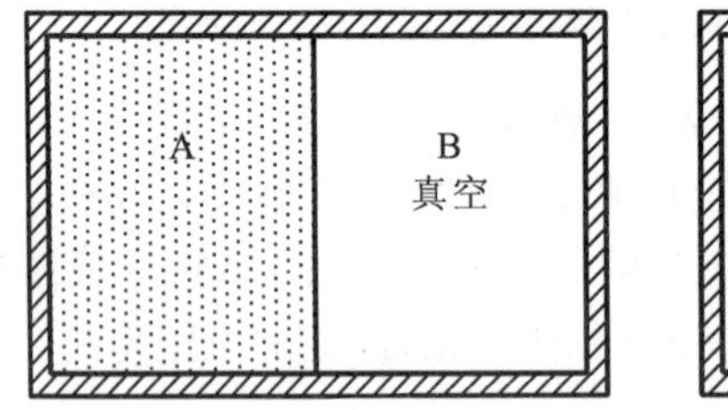

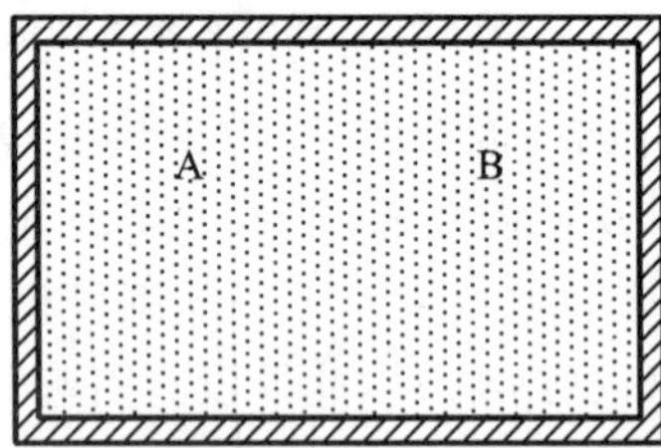

图 17-5 理想气体的自由膨胀

如图 17-6 所示,设 A 室中有四个分子 a、b、c、d。经过热运动后四个分子在容器中的分布方式有 16 种,如表 17-1 所示。在统计物理学中,常将微观粒子的每一种可能分布称为一种微观态,其数目用 Ω 表示,在宏观上能够加以区分的每一种分布方式称为宏观态。对于孤立系统,各个微观态出现的概率是相同的。在一定的宏观条件下,系统任一瞬间只能处于某一微观态,而不能同时处于另一不同的微观态。所以上述容器中每个理想气体分子的微观态数 $\Omega=2$(即单个气体分子只能在 A 室或 B 室),四个理想气体分子的总微观态数为 16,与各个分子微观态数的乘积相等,即 $2^4=16$。其中,对应于四个分子全部在 A 室或 B 室的宏观态,各有一个微观态;对应于三个分子在 A 部,一个分子在 B 部,或一个分子在 A 部,三个分子在 B 部的宏观态,各有四种微观态;对应于两个分子在 A 部,两个分子在 B 部的宏观态,有六种微观态,比其他分布不均匀的宏观态所包括的微观态数要多。由此可见有四个分子时,分子的微观态数为 2^4,宏观态数为 5,每一种微观态概率为 $1/2^4$。由表 17-1 可知气体自由膨胀后自动缩回 A 室的概率为 1/16。表 17-2 列出的是 20 个分子组成的系统的宏观态所包括的微观态数,A、B 两室分子数相等和近似相等的那些宏观态所包括的微观态数占微观态数的比例比其他情况明显要大。以此类推可知有 N 个分子时,分子的总微观态数为 2^N,总宏观态数为 $N+1$,每一种微观态概率为 $1/2^N$。所以当气体自由膨胀后,全部分子重新回到 A 室的微观态只有一种,其概率为 $1/2^N$。例如 1 mol 理想气体的分子自由膨胀后,所有分子退回到 A 室的概率为 $1/2^{6.023\times10^{23}}$,这意味着此事件是观察不到的,这就是气体自由膨胀不可逆性的统计解释。同时 N 越大,分子在 A、B 两室大致均匀分布宏观态所包含的微观态数占总微观态数的比例越大直至趋近于 100%,这种状态即为系统的平衡态。同理,功转化为热是有规律的宏观运动转变为分子的无序热运动,这种转变的概率极大,可以自

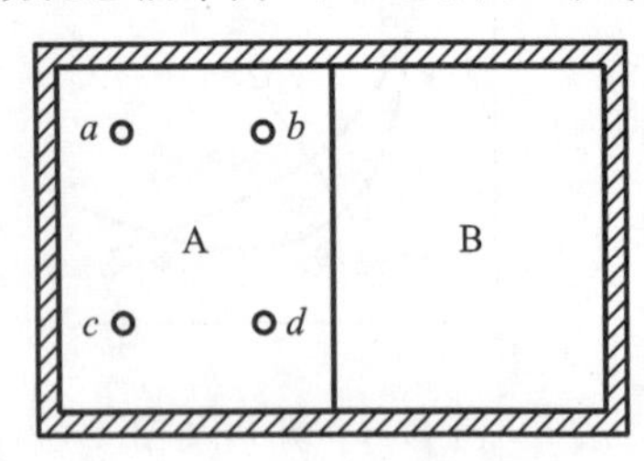

图 17-6 分子在容器中的分布

动发生。相反，热转化为功的概率极小，因而实际上不可能自动发生。

表 17-1　四个分子分布情况

微观态（分子的分布）		宏观态（分子数的分布）		一个宏观态包括的微观态数	宏观态概率
A 室	B 室	A 室	B 室		
abcd		4	0	1	1/16
abc *abd* *acd* *bcd*	*d* *c* *b* *a*	3	1	4	4/16
ab *cd* *ac* *ad* *bc* *bd*	*cd* *ab* *bd* *bc* *ad* *ac*	2	2	6	6/16
d *c* *b* *a*	*abc* *abd* *acd* *bcd*	1	3	4	4/16
	abcd	0	4	1	1/16

表 17-2　20 个分子的位置分布

宏　观　态		一种宏观态对应的微观态数 Ω
左 20	右 0	1
左 18	右 2	190
左 15	右 5	15504
左 11	右 9	167960
左 10	右 10	184756
左 9	右 11	167960
左 5	右 15	15504
左 2	右 18	190
左 0	右 20	1

综上所述，一个不受外界影响的孤立系统，其内部发生的一切实际过程都是由包含微观态数少的宏观态向包含微观态数多的宏观态进行。这就是热力学第二定律的统计解释。在一般情况下，宏观状态表现得越规则有序，其包含的微观态数目越少；而宏观态表现得越混乱无序，其包含的微观态数目越多。因此一切不可逆过程都是从有序状态向无序状态方向进行。

17.4 玻耳兹曼熵公式 熵增加原理

Boltzmann's entropic equation, The principle of the increase of entropy

热力学第二定律指明过程进行方向的一个规律,即一切与热现象有关的宏观过程都是不可逆的。为了说明宏观过程自发进行的方向,我们将引入熵这个新的物理量,用 S 表示。熵是与热力学第二定律紧密相关的状态参数。它用来判别实际过程的方向,在过程不可逆程度的量度、热力学第二定律的量化等方面起着至关重要的作用。

17.4.1 玻耳兹曼熵公式

1854 年德国科学家克劳修斯首先提出了熵的概念,这是表示封闭体系杂乱程度的一个量。1877 年,玻耳兹曼用统计物理的方法得到了与系统的热力学概率成正比的关系式 $S\propto\ln\Omega$,1900 年普朗克引入玻耳兹曼常量 k,将该式写为

$$S = k\ln\Omega \tag{17-1}$$

式(17-1)即为玻耳兹曼熵公式。其中,S 是宏观系统熵值,是系统内分子热运动无序性的一种量度。Ω 是可能的微观态数。Ω 由系统的宏观态决定,其值越大,系统就越混乱无序,则熵就越大。玻耳兹曼熵公式把热力学宏观量 S 和微观量概率 Ω 联系在一起,使热力学与统计热力学发生了关系,奠定了统计热力学的基础。

熵 S 是一个由系统的宏观态决定的量,即熵是态函数,其变化只与系统宏观态的变化有关,而与具体过程无关。用牛顿力学来解释物体内每一个分子的运动实际上是不可能的,玻耳兹曼运用统计的观念,只考察分子运动排列的概率,来对应到相关物理量的研究,从微观上说,熵是组成系统的大量微观粒子无序度的量度。系统越无序,越混乱,熵就越大。热力学过程不可逆性的微观本质和统计意义就是系统从有序趋于无序,从概率较小的状态趋于概率较大的状态。熵的概率对近代物理发展非常重要,而其应用也远远超出了物理学的领域,它在控制论、信息学、工业技术、生命科学及社会科学等领域都有重要应用。

17.4.2 熵增加原理

由上一节分析可知,系统总是力图自发地从包含微观态数少的宏观态向包含微观态数多的宏观态进行改变,即从熵值较小的状态向熵值较大(即从有序到无序)的状态改变,这就是系统"熵值增大原理"的微观物理意义。由于孤立系统中的不可逆过程(如热传导、理想气体自由膨胀和功热转换)总是向着使 Ω 增大的方向进行,所以孤立系统中不可逆过程的熵变总是增加的,即

$$\mathrm{d}S > 0 \tag{17-2}$$

假设一孤立系统经一不可逆过程(自发过程),从热力学概率为 Ω_1 的宏观态变到热力学概率为 Ω_2 的宏观态,由于 $\Omega_1<\Omega_2$,所以系统的熵增为

$$\Delta S = S_2 - S_1 = k\ln\frac{\Omega_2}{\Omega_1} > 0 \tag{17-3}$$

式(17-3)表明,孤立系统的一切自发过程,总是向熵增的方向进行,达到平衡态时,系统的熵最大。

如果孤立系统进行的是可逆过程,始末两个宏观态的热力学概率相等,即 $\Omega_1=\Omega_2$,所以

$$\Delta S = k\ln\frac{\Omega_2}{\Omega_1} = 0 \tag{17-4}$$

即孤立系统在可逆过程中系统熵是保持不变的。

综上所述，任一孤立系统的熵不减少，总是增大或不变。

The entropy of an isolated system never decreases. It either stays constant(reversible processes)or increases(irreversible processes).

这一结论称为熵增原理，其数学表述为

$$\Delta S \geqslant 0 \tag{17-5}$$

熵增原理表明，任意孤立系统只可能发生 $\Delta S \geqslant 0$ 的过程，其中 $\Delta S = 0$ 表示可逆过程；$\Delta S > 0$ 表示不可逆过程，$\Delta S < 0$ 的过程是不可能发生的。但可逆过程毕竟是一个理想过程，所以在孤立系统中一切可能发生的实际过程都是使系统的熵增大，直至达到平衡态。

熵增原理是一条与能量守恒定律有同等地位的物理学原理，它仅适用于孤立系统。若系统不是孤立的，与外界有物质或能量交换，则完全可以有系统熵减少的过程发生。熵增加原理是热力学第二定律的又一种表述，比开尔文表述和克劳修斯表述更为概括地指出了不可逆过程的进行方向；同时，更深刻地指出了热力学第二定律是大量分子无规则运动所具有的统计规律，因此只适用于大量分子构成的系统，不适用于单个分子或少量分子构成的系统。

17.5　卡诺定理

Carnot's theorem

17.5.1　卡诺定理的介绍

第 16 章已讨论了理想气体可逆卡诺循环的效率，但是实际热力学过程一般是不可逆的，所以对于卡诺循环效率的极限值问题还需要作进一步的探讨。卡诺通过对各类热机效率的研究，得出下面两个结论。

(1)在相同的高温热源和相同的低温热源间工作的一切可逆热机其效率都相等，而与工作物质及可逆循环的种类无关。

(2)在相同高温热源与相同低温热源间工作的一切不可逆热机，其效率都小于可逆热机的效率。

All reversible engines operating between the same two constant temperature T_1 and T_2 have the same efficiency. Any irreversible engine operating between the same two fixed temperatures will have an efficiency less than this.

上述两个结论即为卡诺定理，它考虑的是可逆热机与不可逆热机的效率，从原则上解决了热机效率的极限值问题。卡诺定理为我们指明了提高热机效率的途径。首先，要增大高低温热源的温度差值，一般热机总是以周围环境作为低温热源，而且大量事实说明提高高温热源的温度比降低低温热源的温度要经济得多，所以一般采用提高高温热源温度的方法来提高热机效率；其次，要尽可能减少热机循环过程中的不可逆性，即尽量减少摩擦、散热等耗散因素。

17.5.2　卡诺定理的证明

如图 17-7 所示，设任一热机 I 和可逆卡诺热机 R 同时在高温热源 T_1 和低温热源 T_2 之间工作,并假定 $\eta_I > \eta_R$。设作为热机运转,做出相同量的功 W 时热机 I 和可逆卡诺热机 R 分别自高温热源 T_1 吸取热量 Q'_1 和 Q_1,根据热机效率公式有:

$$\eta_I = \frac{W}{Q'_1}, \quad \eta_R = \frac{W}{Q_1}$$

由于 $\eta_I > \eta_R$,所以 $Q'_1 < Q_1$,$Q'_2 < Q_2$ 即热机 I 自高温热源吸收热量要小于可逆卡诺热机 R 吸收热量。卡诺热机 R 是可逆的,所以可以将它逆转过来当制冷机使用。如图 17-8 所示,设其工作时所需功 W 由热机 I 提供,将热机 I 和可逆制冷机联合操作时,热机 I 从高温热源 T_1 吸取热量 Q'_1,对外做功 W,向低温热源 T_2 放热 Q'_2($Q'_1 = Q'_2 + W$);可逆卡诺制冷机从低温热源 T_2 吸取热量 Q_2($Q_2 = Q_1 - W$),从热机接受功 W,向高温热源 T_1 放热 Q_1。两部机器联合结果为:从低温热源 T_2 吸取热量($Q_2 - Q'_2 = Q_1 - Q'_1$)传给了高温热源 T_1,此外并没有引起任何其他变化。这一结论违背了克劳修斯表述,不能成立。为了不违背热力学第二定律,就要求任何热机的效率只能小于、最大也只能等于可逆卡诺热机的热效率,即:

$$\eta_I \leqslant \eta_R$$

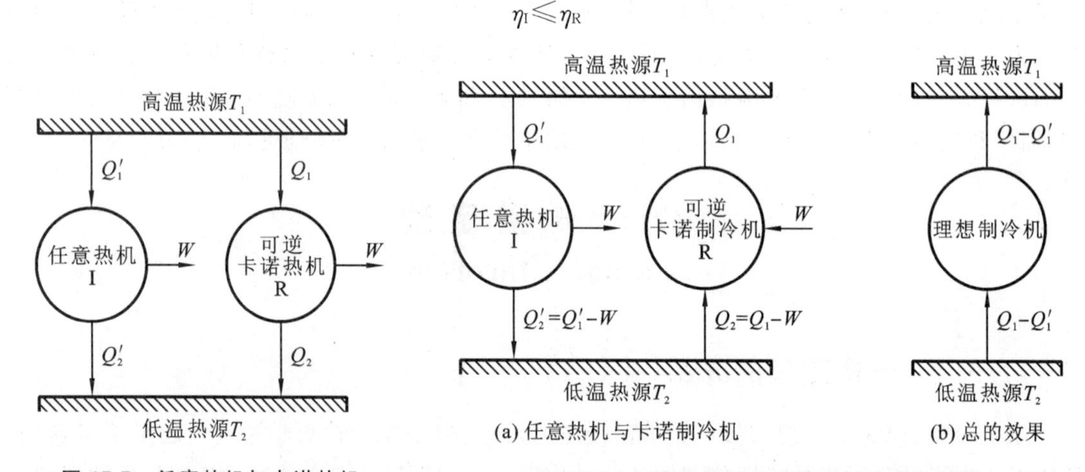

(a) 任意热机与卡诺制冷机　　(b) 总的效果

图 17-7　任意热机与卡诺热机

图 17-8　任意热机与卡诺制冷机及总的效果

同样,设有两台同时在高温热源 T_1 和低温热源 T_2 之间工作的可逆卡诺热机 R_1 和 R_2。由上面证明可以看出,若以 R_1 为热机,R_2 为制冷机,即以 R_1 带动 R_2 逆转,则要求:$\eta_{R_1} \leqslant \eta_{R_2}$;相反地,若以 R_2 作为热机,而以 R_1 作为制冷机,即以 R_2 带动 R_1 逆转,则要求:$\eta_{R_2} \leqslant \eta_{R_1}$。同时满足以上两个条件的唯一可能性是:

$$\eta_{R_1} = \eta_{R_2}$$

17.6　克劳修斯熵公式

Clausius's entropic equation

由一个过程的不可逆性可以推断到另一个过程的不可逆性,因而对所有的不可逆过程就可以找到一个共同的判别准则:克劳修斯熵公式。热力学第二定律有各种表述方式,状态参数熵的导出也有各种方法。本节从循环出发,利用卡诺循环和卡诺定理而导出的克劳修斯法来导出克劳修斯熵公式。

17.6.1　克劳修斯熵公式

在第 16 章的分析中指出,可逆卡诺热机的效率:

$$\eta = 1 - \frac{Q_2}{Q_1} = 1 - \frac{T_2}{T_1} \tag{17-6}$$

即

$$\frac{Q_1}{T_1} = \frac{Q_2}{T_2} \tag{17-7}$$

其中，Q_2 是系统在等温过程中向低温热源 T_1 放出的热量。根据热力学第一定律的符号规定，向外放热符号为负，所以放出的热量应写为 $-Q_2$，则

$$\frac{Q_1}{T_1} + \frac{Q_2}{T_2} = 0 \tag{17-8}$$

式(17-8)表示在两个等温过程中 Q/T 的代数和为零。卡诺热机是由两个等温过程和两个绝热过程组成的。在绝热过程中，工质吸收的热量为零。所以式(17-8)可以理解为对于卡诺热机，工质在整个循环过程中所吸收的热量与相应热源温度的比值代数和为零。

这一结论可以推广到任意可逆循环过程，如图 17-9 所示，任意循环过程可看成由 n 个微小卡诺循环组成，可以用一系列可逆绝热线将可逆循环分割成无穷多个微元循环，由于这些绝热线无限接近，所以可以认为微元过程接近等温过程，这样每个微元循环都可看作可逆卡诺循环。下面来分析任意工质进行的第 i 个可逆卡诺循环。设高低温热源温度分别为 T_{i1} 和 T_{i2}，工质吸收和放出的热量分别为 ΔQ_{i1} 和 ΔQ_{i2}，则

$$\frac{\Delta Q_{i1}}{T_{i1}} + \frac{\Delta Q_{i2}}{T_{i2}} = 0 \tag{17-9}$$

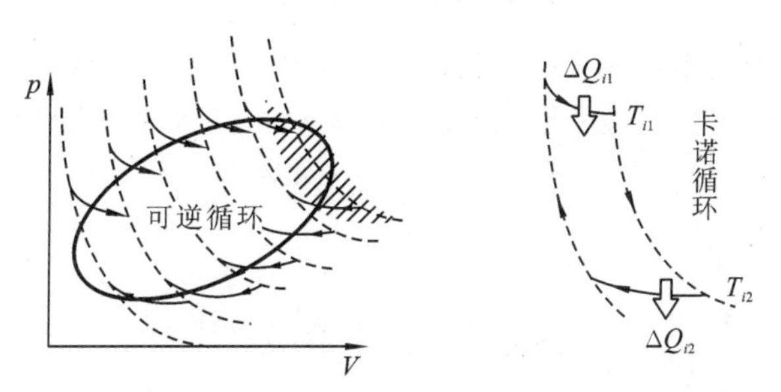

图 17-9　任意可逆循环过程

当 n 趋于无穷大时，即将每个微小卡诺循环都取得无限小，这时 ΔQ_i 可用 $\mathrm{d}Q$ 代替，于是式(17-9)便可写为

$$\oint \frac{\mathrm{d}Q}{T} = \lim_{n\to\infty}\sum_{i=1}^{n}\left(\frac{\Delta Q_{i1}}{T_{i1}} + \frac{\Delta Q_{i2}}{T_{i2}}\right) = 0 \tag{17-10}$$

用文字可以表述为：任意工质经过任一可逆循环，微小量 $\frac{\mathrm{d}Q}{T}$ 沿循环的积分为零。微小量 $\oint \frac{\mathrm{d}Q}{T}$ 由克劳修斯首先提出，所以称为克劳修斯积分。式(17-10)称为克劳修斯积分等式。

对于任一可逆循环，可以将其分为两个过程，如图 17-10 所示的过程 1-a-2 和 2-b-1。则式(17-10)可写为

$$\oint \frac{\mathrm{d}Q}{T} = \int_{1-a-2} \frac{\mathrm{d}Q}{T} + \int_{2-b-1} \frac{\mathrm{d}Q}{T} \tag{17-11}$$

因为组成可逆循环的每个过程都是可逆过程，所以都可以向相反的方向进行，则对过程 2-b-1 有：

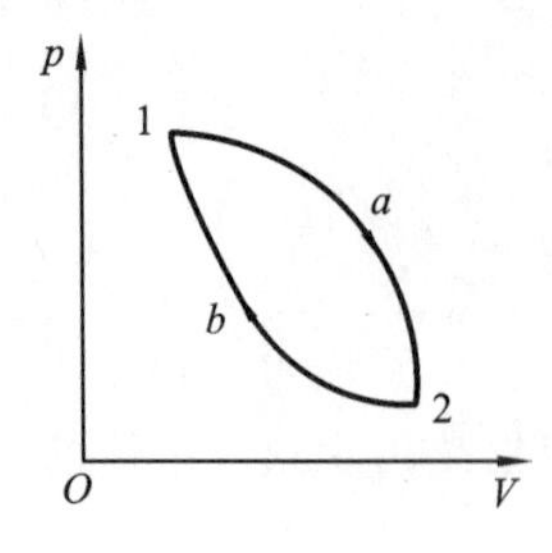

图 17-10 任一可逆循环

$$\int_{2-b-1}\frac{\mathrm{d}Q}{T}=-\int_{1-b-2}\frac{\mathrm{d}Q}{T} \tag{17-12}$$

联立式(17-11)和式(17-12)有：

$$\int_{1-a-2}\frac{\mathrm{d}Q}{T}-\int_{1-b-2}\frac{\mathrm{d}Q}{T}=0 \tag{17-13}$$

即：

$$\int_{1-a-2}\frac{\mathrm{d}Q}{T}=\int_{1-b-2}\frac{\mathrm{d}Q}{T} \tag{17-14}$$

式(17-14)说明$\frac{\mathrm{d}Q}{T}$沿路径 1-a-2 的积分和沿路径 1-b-2 的积分是相同的，说明$\frac{\mathrm{d}Q}{T}$的积分值与具体路径无关，只由初始状态 1 和末状态 2 决定。所以，从状态 1 到状态 2，无论沿哪条可逆路径，$\frac{\mathrm{d}Q}{T}$的积分值都相同，这正是状态参数熵 S 的特征，所以，式(17-14)可写为

$$\int_{1-a-2}\frac{\mathrm{d}Q}{T}=\int_{1-b-2}\frac{\mathrm{d}Q}{T}=\int_{1}^{2}\frac{\mathrm{d}Q}{T} \tag{17-15}$$

对于无限小的可逆过程，式(17-15)可写为

$$\mathrm{d}S=\frac{\mathrm{d}Q}{T} \tag{17-16}$$

当体系由平衡态 1 经任意过程变化到平衡态 2 时体系的熵增为

$$\Delta S=S_2-S_1=\int_{1}^{2}\frac{\mathrm{d}Q}{T} \tag{17-17}$$

其中 S_1 和 S_2 分别是系统在状态 1 和状态 2 的熵。式(17-17)即为克劳修斯熵公式。

注意到热力学第一定律的微分形式 $\mathrm{d}Q=\mathrm{d}U+p\mathrm{d}V$，代入式(17-17)有

$$\mathrm{d}S=\frac{\mathrm{d}U+p\mathrm{d}V}{T} \tag{17-18}$$

所以整个过程的熵变为

$$\Delta S=\int\mathrm{d}S=\int\frac{\mathrm{d}U+p\mathrm{d}V}{T} \tag{17-19}$$

式(17-19)是计算熵变的基本公式。玻耳兹曼熵和克劳修斯熵可以相互推导，统称为熵即可。由前面推导可知熵是状态函数，只要始末状态确定，熵变 ΔS 即可确定，与中间所经历的过程无关。式(17-19)是针对可逆过程的熵变计算，对于不可逆过程，只要先确定始末状态，然后设计由始态到末态的一系列可逆过程，再根据相关公式计算熵变即可。

例 17.2 求 ν mol 理想气体由状态 1(T_1, V_1)到状态 2(T_2, V_2)的熵增。

解 用热力学基本方程来求熵，即：

$$\mathrm{d}S=\frac{\mathrm{d}U+p\mathrm{d}V}{T}$$

所以

$$\mathrm{d}S=\frac{\mathrm{d}U+p\mathrm{d}V}{T}=\frac{\nu C_{V,m}\mathrm{d}T}{T}+\frac{\nu R}{V}\mathrm{d}V$$

则从状态 1 到状态 2 的熵变为

$$\Delta S=\int_{1}^{2}\mathrm{d}S=\nu C_{V,m}\int_{T_1}^{T_2}\frac{\mathrm{d}T}{T}+\nu R\int_{V_1}^{V_2}\frac{\mathrm{d}V}{V}$$

$$=\nu[C_{V,m}\ln(\frac{T_2}{T_1})+R\ln(\frac{V_2}{V_1})]$$

由上式可知，理想气体始末状态一经确定，熵与过程是否可逆以及进行的具体路径均无关。对于自由膨胀，温度保持不变，所以熵增为

$$\Delta S = \nu R\ln(\frac{V_2}{V_1})$$

17.6.2　克劳修斯不等式

式(17-17)给出了可逆过程的熵增 ΔS 与积分 $\int_1^2 \frac{dQ}{T}$ 之间的等式关系，由于一切实际热力学过程都是不可逆的，所以需要考虑不可逆的情况。下面考虑将克劳修斯等式推广到不可逆循环中。根据卡诺定理第二条结论，$\eta_I \leqslant \eta_R$，即

$$\eta_I = 1-\frac{Q_2}{Q_1} \leqslant \eta_R = 1-\frac{T_2}{T_1} \tag{17-20}$$

结合式(17-8)～式(17-10)的分析可知：

$$\oint \frac{dQ}{T} \leqslant 0 \tag{17-21}$$

式(17-21)称为克劳修斯不等式，其中等号是对可逆过程而言，小于号是对不可逆过程而言，这也是用于判断循环过程是否可逆的热力学第二定律的数学表达式。

如图17-11所示，设工质由平衡的初态1经不可逆过程1-a-2和可逆过程1-b-2到达平衡末态2。

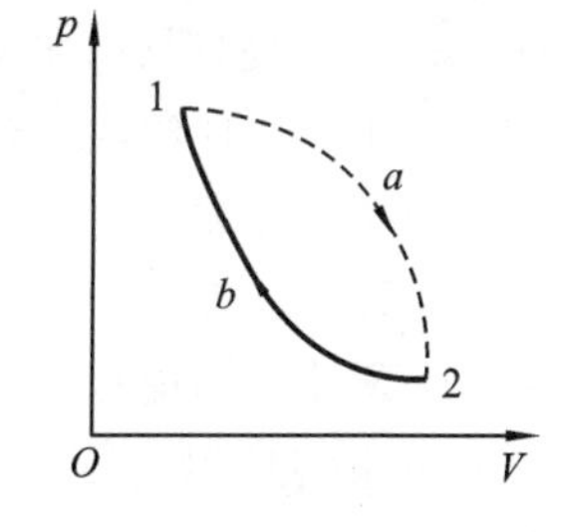

图17-11　工质由平衡的初态1经不可逆过程1-a-2和可逆过程1-b-2到达平衡末态2

由于过程1-b-2是可逆的，且熵 S 只与始末状态有关，所以

$$\Delta S = S_2 - S_1 = \int_1^2 \frac{dQ}{T} = \int_{1-b-2} \frac{dQ}{T} = -\int_{2-b-1} \frac{dQ}{T} \tag{17-22}$$

1-a-2-b-1为不可逆循环，应用克劳修斯不等式有

$$\oint \frac{dQ}{T} = \int_{1-a-2} \frac{dQ}{T} + \int_{2-b-1} \frac{dQ}{T} \leqslant 0 \tag{17-23}$$

联立式(17-22)和式(17-23)有

$$\Delta S \geqslant \int_{1-a-2} \frac{dQ}{T}$$

根据熵是状态函数的特征，上式即可写为

$$\Delta S \geqslant \int_1^2 \frac{dQ}{T} \tag{17-24}$$

该式即为用于判断热力学过程是否可逆的热力学第二定律数学表达式的积分形式。其中等号是对可逆过程而言，大于号是对不可逆过程而言。

【思考题与习题】

1. 思考题

17-1　两条绝热线和一条等温线能否构成一个循环？

17-2　既然电冰箱能制冷，那么在夏天使房间的门窗紧闭，把电冰箱的门打开，房间的温

度就会降低,你认为这有可能吗?

17-3 从理论上讲,提高卡诺热机的效率有哪些途径?在实际中采用什么办法?

17-4 甲说:“系统经过一个正的卡诺循环后,系统本身没有任何变化。”乙说:“系统经过一个正的卡诺循环后,不但系统本身没有任何变化,而且外界也没有任何变化。”甲和乙谁的说法正确?为什么?

2. 选择题

17-5 根据热力学第二定律( )。

(A)自然界中的一切自发过程都是不可逆的

(B)不可逆过程就是不能向相反方向进行的过程

(C)热量可以从高温物体传到低温物体,但不能从低温物体传到高温物体

(D)任何过程总是沿着熵增加的方向进行

17-6 一热机在高温热源 $T_1=400$ K 与低温热源 $T_2=300$ K 之间工作,一循环过程吸热 1800 J,放热 800 J,做功 1000 J,此循环可能实现吗?( )

(A)可能 (B)不可能 (C)无法判断

17-7 某校中学生参加电视台“异想天开”节目栏的活动,他们提出了下列四个设想方案,哪些从理论上讲是可行的?( )

(A)制作一个装置只从海水中吸收内能全部用来做功

(B)发明一种制冷设备,使温度降至绝对零度以下

(C)汽车尾气中各类有害气体排入大气后严重污染了空气,想办法使它们自发地分离,既清洁了空气,又变废为宝

(D)将房屋顶盖太阳能板,可直接用太阳能解决照明和热水问题

17-8 一定量的理想气体向真空作绝热自由膨胀,体积由 V 增加至 $2V$,在此过程中气体的( )。

(A)内能不变,熵减少 (B)内能不变,熵增加

(C)内能不变,熵不变 (D)内能增加,熵增加

3. 填空题

17-9 一设计者企图设计一热机,它能从温度为 400 K 的高温热源中吸收热量 1.06×10^7 J,向温度为 200 K 的低温热源放热 4.22×10^6 J,这样的热机能否制造成功?________,因为________。

17-10 设在某一过程 p 中,系统由状态 A 变为状态 B,如果____________,则过程 p 称为可逆过程;如果____________,则过程 p 称为不可逆过程。

17-11 用统计观点解释:不可逆过程实质上是________。一切实际过程都向着________方向进行。

4. 习题

17-12 判断下列说法是否正确并说明原因。

(1)夏天将室内电冰箱门打开,接通电源,紧闭门窗(设墙壁、门窗均绝热),可降低室温。

(2)可逆机的效率最高,用可逆机去拖动火车,可加快速度。

(3)在绝热封闭体系中发生一个不可逆过程从状态Ⅰ→Ⅱ,不论用什么方法体系再也回不

到原来状态Ⅰ。

(4)封闭绝热循环过程一定是个可逆循环过程。

17-13　物质的量为 ν 的理想气体，其定容摩尔热容 $C_{V,m}=3R/2$，从状态 $A(p_A, V_A, T_A)$ 分别经如图 17-12 所示的 ADB 过程和 ACB 过程，到达状态 $B(p_B, V_B, T_B)$。试问在这两个过程中气体的熵变各为多少？图中 AD 为等温线。

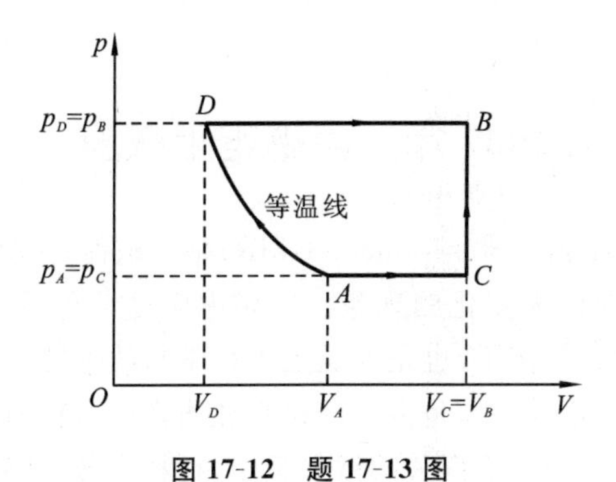

图 17-12　题 17-13 图

17-14　体积为 0.5 m^3、温度为 343 K 的水与体积为 0.1 m^3、温度为 303 K 的水混合，求熵变。

物理学诺贝尔奖介绍 5

2007 年　巨磁电阻效应

巨磁电阻效应(Giant Magnetoresistance, GMR)是指磁性材料的电阻率在有外磁场作用时较之无外磁场作用时存在巨大变化的现象。巨磁电阻是一种量子力学和凝聚态物理学现象,是磁电阻效应中最为著名的例子,也是人类史上科学与技术转换最成功的实例之一。它产生于层状的磁性薄膜结构。这种结构是由铁磁材料和非铁磁材料薄层交替叠合而成。当铁磁层的磁矩相互平行时,载流子与自旋有关的散射最小,材料有最小的电阻。当铁磁层的磁矩为反平行时,与自旋有关的散射最强,材料的电阻最大。这一特殊的效应被早已广泛应用于日常生活所用的电子存储产品之中,例如各种小型大容器的硬盘(笔记本电脑,U 盘,ipod 等)。虽然这一效应与我们是如此之近,但其广为人知确是在 2007 年诺贝尔物理学奖之后。因德国于利希研究中心(Forschungszentrum Jülich)的彼得·格林贝格(Peter Grünberg)和巴黎第十一大学(University of Paris XI)的艾尔伯·费尔(Albert Fert)分别于 1988 年独立发现巨磁电阻效应,共同获得 2007 年诺贝尔物理学奖(见图 1)。

图 1　这张拼版照片显示的是法国科学家艾尔伯·费尔(Albert Fert)(左)和德国科学家彼得·格林贝格(Peter Grünberg) 2007 年 4 月 16 日出席日本东京一次新闻发布会。瑞典皇家科学院 2007 年 10 月 9 日宣布,法国科学家费尔和德国科学家格林贝格尔因先后独立发现了"巨磁电阻"效应,分享 2007 年诺贝尔物理学奖(图片来自于 Google 图片库)

1. 发现

那么关于这一引起社会巨大变革的科学发现,我们就从 1988 年说起。Grünberg 的研究小组在最初的工作中只是研究了由铁、铬、铁三层材料组成的结构物质,实验结果显示电阻下降了 1.5%。而 Fert 的研究小组则研究了由铁和铬组成的多层材料,使得电阻下降了 50%。但 Grünberg 和 Jülich 研究中心享有巨磁电阻技术的一项专利,他最初提交论文的时间要比 Fert 略早一些(Grünberg 于 1988 年 5 月 31 日,Fert 于 1988 年 8 月 24 日),而 Fert 的文章发表得更早(Grünberg 于 1989 年 3 月,Fert 于 1988 年 11 月)。Fert 准确地描述了巨磁电阻现象背后的物理原理,而 Grünberg 则迅速看到了巨磁电阻效应在技术应用上的重要性[1,2,3]。

图 2 是 Fert 团队的原始文献(这张图已成为描述巨磁电阻的经典之作,几乎所有讲巨磁电阻的书或文章都不会漏掉这张图)[2],其中纵轴代表磁电阻(归一至未加磁场时的电阻值),而横轴代表外加磁场的大小。实验中,磁场沿着薄膜平面的方向施加,而正、负号表示相反的磁场施加方向。图中有三条曲线,分别代表三种不同厚度的铁、铬薄膜层的磁电阻反应。当磁场施加到一定程度之后,薄膜层的电阻即不再下降,而呈水平的走势。整个实验是在低温的环境下进行(4.2 K/约零下 269 摄氏度),最大的磁阻下降率约为 80%。如果将实验温度提升到室温,则磁阻下降率约为 20%左右。首先,实验结果告诉我们至少两件事:第一,这种由铁磁性物质及一般金属所组成的薄膜层,其电阻是外加磁场值的函数;换句话说,我们可以利用磁场来控制它的电阻大小。第二,这种多层薄膜材料,其磁电阻具有两种状态:一种是「高电阻」的状态(外加磁场等于 0 的时候);另一种则是「低电阻」状态(外加磁场增加到一定程度时)。就应用的层面来看,这类材料可用来侦测磁场,且由于其磁阻的变化相当明显,所以侦测的灵敏度相对提高。再者,如果一个材料或元件有两种状态存在,而且可以轻易操控,就有机会被拿来做相关的应用。[4]

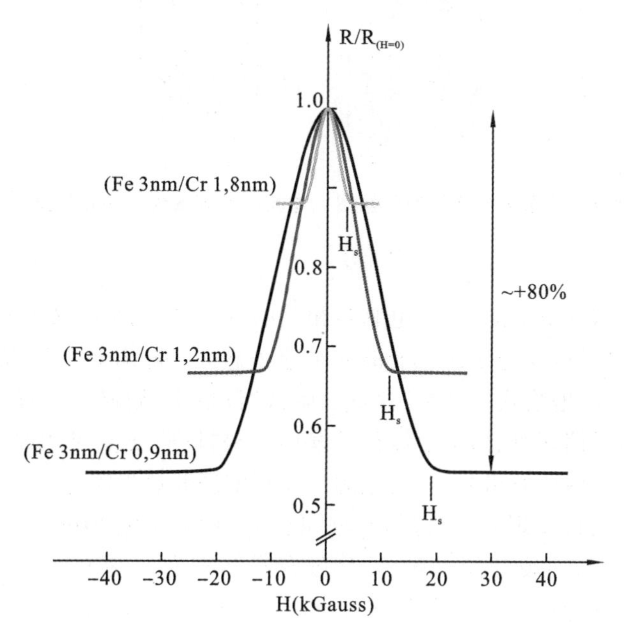

图 2　横坐标为磁化强度,纵坐标为磁化时电阻与无磁化时电阻的比值(在 4.2 K温度下);三条曲线分别显示了三种不同厚度结构的铁、铬薄膜层[2]

2. 原理

在薄膜层结构中,相邻的两铁磁性层的磁矩会发生交互作用。如果它们的距离恰当,其磁矩会呈现「反平行」排列。由于铁磁性物质的磁矩方向可借助外加磁场加以控制,我们如果沿样品的平面方向加一磁场,就能将相邻铁磁性层的磁矩排成「平行」。在零磁场的时候,薄膜层中的铁磁性层为「反平行」排列,而磁场大到某一程度之后,铁磁性层则为「平行」排列。就磁阻的大小而言,「反平行」状态对应高磁电阻,「平行」状态则对应低磁电阻。当电流通过铁磁性层的时候,「上自旋」与「下自旋」的电子会受到不同程度的散射,也就是说,两种电子的电阻并不相同。如图 3 所示。在这张图中,电子依自旋分为两个并排的通道。当超晶格中的铁磁性层呈「反平行」排列(图 3 下),两个并排通道的电子会分别遭遇「大、小、大、小…」与「小、大、小、大…」程度的散射。而当铁磁性层呈「平行」排列时(图 3 上),其中一个通道的电子会一直遇到「大、大、大、大…」,另一个通道的电子则相对畅行无阻(「小、小、小、小…」)。把这两个通道的电流并联起来,经过简单的电路运算,很容易可得到下列的结论:「反平行」态是一种相对「高电阻」的状态,而「平行」态则是一种「低电阻」的状态。这套简单的理论即所谓的双通道电流模型(Two-Current Model)[4,5]。

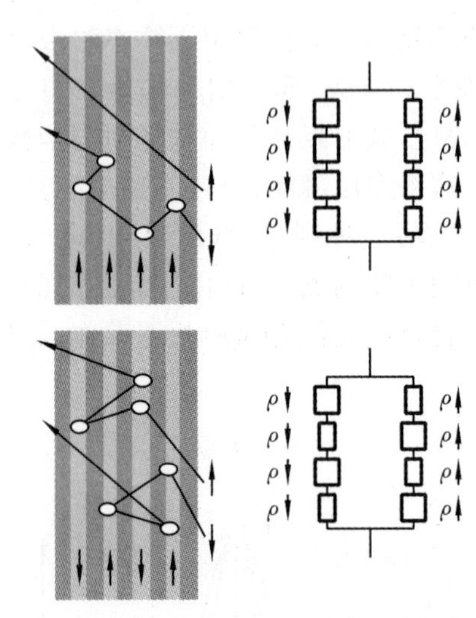

图 3　双通道电流模型示意图。左图红色区域代表铁磁性层[4]

3. 应用

在信息不断更新与日俱增的年代,电脑与相关的资讯、通讯系统必须能快速处理极大量的资料,因此对磁储存容量以及记忆体效能的要求愈来愈高。随着硬盘读取头由早期非巨磁电阻式读取头进化到"巨磁电阻式"、甚至"穿隧磁阻式"读取头,硬储存密度在近 20 年内有非常显著的提升。而新的磁储存概念,更由以往的横向式磁排列,演变成读取面积更小的纵向式。能够在如此微细的范围内读取讯号,巨磁电阻的发现实居开启先河之功。

在巨磁电阻效应仅仅发现 6 年之后,1994 年 IBM 的科学家 Stuart Parkin 根据这一物理原理,研制出灵敏度很高的硬盘读出磁头,将硬盘存储密度一下子提高了 17 倍[6]。3 年后,IBM 就推出了基于巨磁电阻效应的商业化硬盘产品。Stuart Parkin 从 1989 年开始就致力于巨磁电阻效应的新材料的开发与改良,虽然与诺贝尔奖失之交臂,但他在 2014 年获得千禧年科技大奖(每两年颁发一次,奖金为 100 万欧元),也算是对他工作的肯定。

目前采用 SPIN－VALVE 材料研制的新一代硬盘读出磁头,已经把存储密度提高到 560 亿位/平方英寸,该类型磁头已占领磁头市场的 90%～95%。随着低电阻高信号的 TMR 的获得,存储密度达到了 1000 亿位/平方英寸。2007 年 9 月 13 日,全球最大的硬盘厂商希捷科技(Seagate Technology)在北京宣布,其旗下被全球最多数字视频录像机(DVR)及家庭媒体中心采用的第四代 DB35 系列硬盘,现已达到 1TB(1000GB)容量,足以收录多达 200 小时的高清电视内容。正是依靠巨磁电阻材料,才使得存储密度在最近几年内每年的增长速度达到 3～4倍。由于磁头是由多层不同材料薄膜构成的结构,因而只要在巨磁电阻效应依然起作用的尺度范围内,未来将能够进一步缩小硬盘体积,提高硬盘容量。

除读出磁头外，巨磁电阻效应同样可应用于测量位移、角度等传感器中，可广泛地应用于数控机床、汽车导航、非接触开关和旋转编码器中，与光电等传感器相比，具有功耗小、可靠性高、体积小、能工作于恶劣的工作条件等优点。我国国内也已具备了巨磁电阻基础研究和器件研制的良好基础。中国科学院物理研究所及北京大学等高校在巨磁阻多层膜、巨磁阻颗粒膜及巨磁阻氧化物方面都有深入的研究。中国科学院计算技术研究所在磁膜随机存储器、薄膜磁头、MIG 磁头的研制方面成果显著。北京科技大学在原子和纳米尺度上对低维材料的微结构表征的研究及对大磁矩膜的研究均有较高水平。

巨磁电阻效应不仅为生产商业化的大容量信息存储器铺平了道路。同时它们也为进一步探索新物理——比如隧穿磁电阻效应（TMR：Tunneling Magnetoresistance）、自旋电子学（Spintronics）以及新的传感器技术——奠定了基础。[7]

参考资料

[1]《维基百科》关于巨磁阻效应的介绍.（http://zh. wikipedia. org/wiki/）

[2] M. N. Baibich, J. M. Broto, A. Fert, F. Nguyen van Dau, F. Petroff, P. Eitenne, G. Creuzet, A. Friederich, and J. Chazelas, Phys. Rev. Lett. 61, 2472 (1988).

[3] G. Binasch, P. Grünberg, F. Saurenbach, and W. Zinn, Phys. Rev. B 39, 4828 (1989).

[4] 江文中，李尚凡 物理双月刊，卷 2 期，2008 年 4 月.

[5] A. Fert and I. A. Campbell, Phys. Rev. Lett. 21, 1190 (1968).

[6] 吴镝，都有为“巨磁电阻效应的原理及其应用”Chinese Journal of Nature Vol. 29 No. 6.

[7]《百度百科》关于巨磁阻效应的介绍.（http://baike. baidu. com/view/637419. htm?fr=aladdin）

D 篇　机械振动与机械波

第 18 章　机械振动
Chapter 18　Mechanical oscillation

周期性运动是自然界最普遍的一种运动形式，振动就是一种典型的周期性运动。如图18-1所示的牛顿摆就是对振动的一种应用。从宏观的钟摆、连在弹簧上的物体、琴弦、风中的大厦，到微观的原子分子，可以说一切物体都在振动。振动会有很多用途，蜘蛛靠检验网的振动来判断周围的情况，汽车靠振动来缓解碰撞带来的冲击。同时，振动的知识不仅可以用在力学领域，还可以用于电磁学，例如交流电路上电流或电压的振荡、无线电波中电场和磁场的振动等。振动是如此普遍，如此用途广泛的现象，所以我们将对振动相关的知识进行学习。由于振动并不是什么“新”物理，所以我们本章仍然可以用牛顿定律和运动学的知识来处理振动的问题。

图 18-1　牛顿摆

18.1　简谐振动
Simple harmonic oscillation (SHO)

18.1.1　简谐振动

振动这一种运动表现为质点周期性的在某一平衡位置附近往复运动。通常来说，振动的质点的受力都是和物体的位置有关的。特别的，如果质点受力大小和相对于平衡位置的位移大小成正比，受力方向和相对于平衡位置的位移方向相反，我们就说该质点的运动是简谐振动。

If the particle's size of the force is proportional to the the relative displacement to the equilibrium position, the force direction is opposite the direction of displacement relative to the equilibrium position, we say that the particle motion is simple harmonic motion.

这也是判断物体运动是否是简谐振动的标准之一。

如图 18-2 所示，一质量为 m 的小球连接在弹簧上沿 x 轴运动，弹簧无形变时，物体位于 $x=0$的位置，忽略摩擦。根据胡克定律可得，弹簧受到的合外力为

$$F=-kx \tag{18-1}$$

其中，k 为常数。由此可见，小球受力和 x 成正比，方向和 x 相反，因此，小球的运动属于简谐振动。

有时候，物体的受力是以力矩的形式来表现的。如图 18-3 所示的单摆中，摆球相对于悬点 O 的力矩为

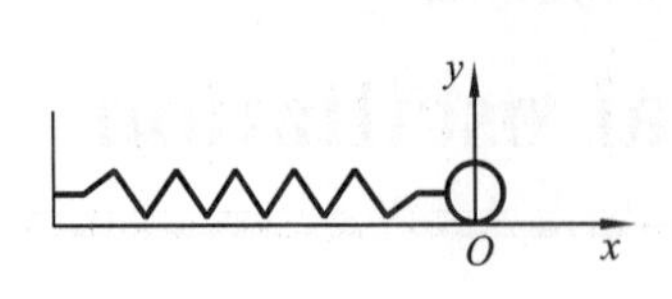

图 18-2　弹簧振子

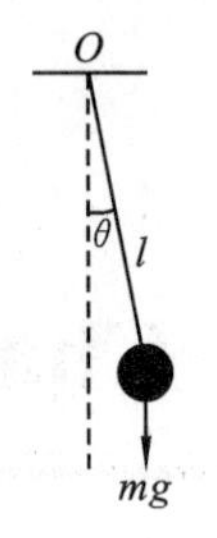

图 18-3　单摆

$$M = -mgl\sin\theta \tag{18-2}$$

当摆角 θ 很小的时候，上式可以近似化为

$$M = -mgl\theta \tag{18-3}$$

式(18-3)中 mgl 对于给的单摆是常数，所以，单摆的运动在摆角不大时可以看成简谐振动。

根据以上讨论可知，从受力角度来说，只要物体受到的合力可以写成 $F=-kx$ 或者合力矩可以写成 $M=-k\theta$，其中 k 为确定的常数，就可以认为物体的运动是简谐振动。

18.1.2　简谐振动的方程

下面我们以图 18-2 所示的弹簧振子为例，具体分析简谐振动的特点。根据牛顿第二定律，可得

$$F = -kx = m\frac{\mathrm{d}^2x}{\mathrm{d}t^2} \tag{18-4}$$

即

$$\frac{\mathrm{d}^2x}{\mathrm{d}t^2} + \frac{k}{m}x = 0 \tag{18-5(a)}$$

取 $k/m=\omega^2$，这对于系统来说是一个常数，其物理意义将在 18.1.3 节介绍。于是，可得

$$\frac{\mathrm{d}^2x}{\mathrm{d}t^2} + \omega^2x = 0 \tag{18-5(b)}$$

式(18-5(a))和式(18-5(b))就是弹簧振子的运动满足的微分方程。该方程的通解[①]为

$$x(t) = A\cos(\omega t + \varphi) \tag{18-6}$$

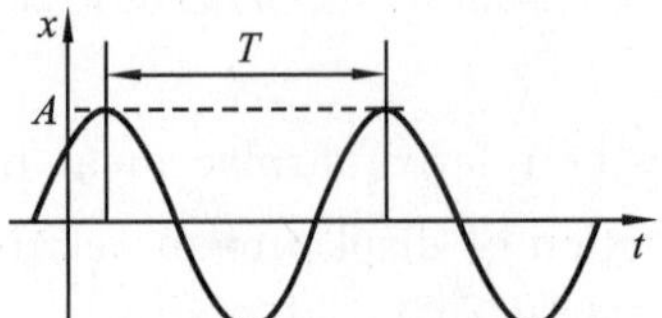

这就是简谐振动的运动学方程，其中 A 和 φ 是需要根据初始条件和边界条件确定的参数，其 x-t 图如图 18-4 所示。

图 18-4　简谐振动曲线

由此可见，简谐振动的坐标随时间的变化关系是正弦或余弦关系的。这也可以作为判断物体的运动是否是简谐振动的标志。

对式(18-6)两边求一阶导数，可以得到简谐振动的速度方程

$$v = \frac{\mathrm{d}x}{\mathrm{d}t} = -\omega A\sin(\omega t + \varphi) \tag{18-7}$$

① 该通解不需要像高等数学那样严格求解，用物理中常用的“猜解法”即可得到。观察方程形式就知道 x 求两次导数还能回到原来形式且刚好相差一个负号，因此在实数范围内的解应该取三角函数形式。

根据式(18-7)可知，速度大小的极大值为 ωA，极小值为 0。

对式(18-7)两边求一阶导数，可以得到简谐振动的加速度方程

$$a=\frac{\mathrm{d}v}{\mathrm{d}t}=-\omega^2 A\cos(\omega t+\varphi)=-\omega^2 x \tag{18-8}$$

根据式(18-8)可知，加速度大小的极大值为 $w^2 A$，极小值为 0。

18.1.3 描述简谐振动的物理量

1. 振幅

简谐振动中，质点偏离平衡位置的最大距离称为振幅。式(18-6)中有最大值 A，所以运动方程式(18-6)中的 A 表示的就是简谐振动的振幅。不同振幅的简谐振动的曲线对比如图18-5所示。

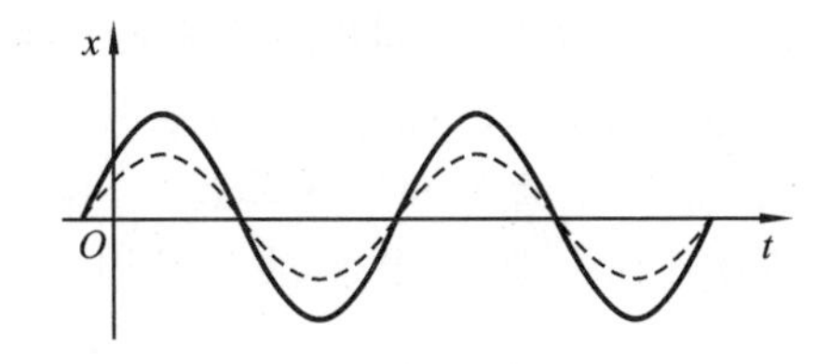

图 18-5 不同振幅的简谐振动的曲线

对于给定系统，振幅决定与初始条件(或边界条件)，和振动的强弱密切相关。如果初始条件为，$t=0$ 时刻，

$$x(t=0)=x_0 \tag{18-9(a)}$$

$$v(t=0)=v_0 \tag{18-10(a)}$$

将 $t=0$，代入式(18-6)和式(18-7)可得

$$x(t=0)=x_0=A\cos\varphi \tag{18-9(b)}$$

$$v(t=0)=v_0=-\omega A\sin\varphi \tag{18-10(b)}$$

以上两式消去 φ，可得

$$A=\sqrt{x_0^2+\frac{v_0^2}{\omega^2}} \tag{18-11}$$

2. 周期和频率

周期 T 是指系统完成一次往复运动所需的时间。周期的倒数是频率 f，它表示 1 s 内系统完成往复运动的次数。周期和频率反映振动的快慢，不同周期的简谐振动曲线如图 18-6 所示。

简谐振动的系统任意 t 时刻的运动状态和 $t+T$ 时刻的运动状态完全一样，这里运动状态包括坐标、速度和加速度，即

$$x(t)=x(t+T) \tag{18-12}$$

这一特性能帮助我们理解前面我们定义的物理量 ω 的物理意义，根据前面的定义 $k/m=\omega^2$，即

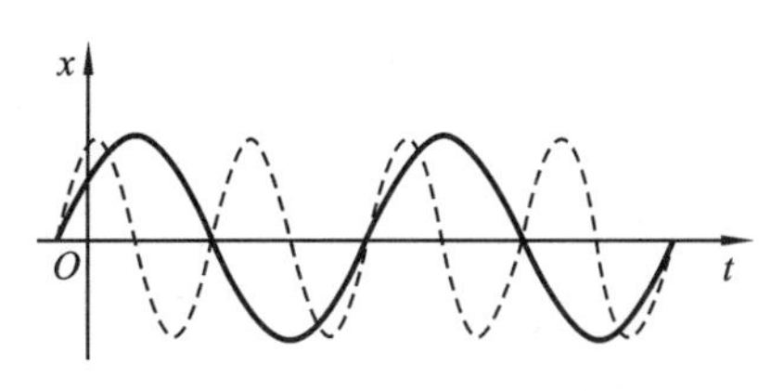

图 18-6 不同周期的简谐振动的曲线

$$\omega = \sqrt{\frac{k}{m}} \tag{18-13}$$

把式(18-6)代入式(18-12)中可得

$$A\cos(\omega t + \varphi) = A\cos[\omega(t + T) + \varphi] \tag{18-14}$$

根据三角函数知识可知

$$\omega t + \varphi + 2\pi = \omega(t + T) + \varphi \tag{18-15}$$

即

$$\omega = \frac{2\pi}{T} = 2\pi f \tag{18-16}$$

上式表明物理量 ω 和周期 T 成反比，和频率 f 成正比，因此通常称 ω 为圆频率。式(18-16)的结论可能很多人都知道，但是需要注意，该结论并不是定义出来的，而是简谐振动运动特点的客观要求，这是这一特点将简谐振动的运动特征和系统本身特质联系起来。

根据前一节，圆频率 ω 只决定于系统本身，和初始条件无关，因此周期 T 和频率 f 一样只决定于系统本身，也称为系统的固有周期(或本征周期)和固有频率(或本征频率)。

例 18.1　如图 18-7(a)所示，已知质量 m 和弹性系数 k_1，k_2，两弹簧皆处于原长。现在向右拉动一下物体 m，问系统是否做简谐振动，如果是，求出其周期。

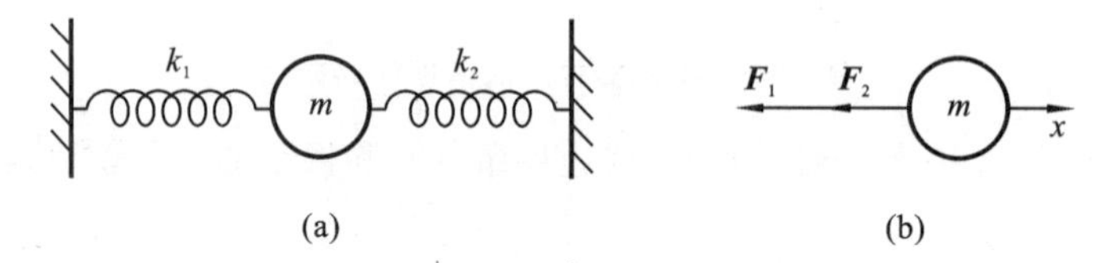

图 18-7　例 18.1 图

解　建立坐标并画出物体受力分析，如图 18-7(b)所示。两个弹簧形变量相等，于是有

$$F_1 = -k_1 x, \quad F_2 = -k_2 x$$

所以物体受到的合力为

$$F = F_1 + F_2 = -k_1 x - k_2 x = -(k_1 + k_2)x = -kx$$

由于 $k = k_1 + k_2$ 为常数，所以物体将做简谐振动。简谐振动周期为

$$T = \frac{2\pi}{\omega} = 2\pi\sqrt{\frac{m}{k}} = 2\pi\sqrt{\frac{m}{k_1 + k_2}}$$

3. 相位和初相

我们将式(18-6)中的 $\omega t + \varphi$ 称为简谐振动的相位 Φ，即

$$\Phi = \omega t + \varphi \tag{18-17}$$

它和物体实际的运动状态密切相关。对于两个简谐振动，他们相位的差称为相差，即

$$\Delta\Phi = \Phi_2 - \Phi_1 \tag{18-18}$$

如果 $\Delta\Phi > 0$，我们称振动 2 超前于振动 1；如果 $\Delta\Phi < 0$，我们称振动 1 超前于振动 2；如果 $\Delta\Phi = 2n\pi$，我们称振动 2 和振动 1 同相或步调一致；如果 $\Delta\Phi = (2n+1)\pi$，我们称振动 2 和振动 1 反相或步调相反。

特别指出，我们称 $t=0$ 时刻的相位 φ 为初相。如图 18-8 所示，初相不改变曲线的形状，只改变曲线在坐标轴上的位置。初相和振动还有多久到达极大值(或者在多久前已经达到极大值)的时间密切相关，如图 18-9 所示。

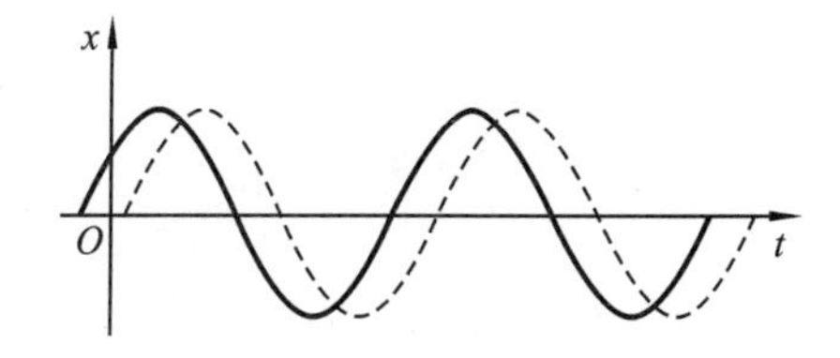

图 18-8　不同初相的振动曲线

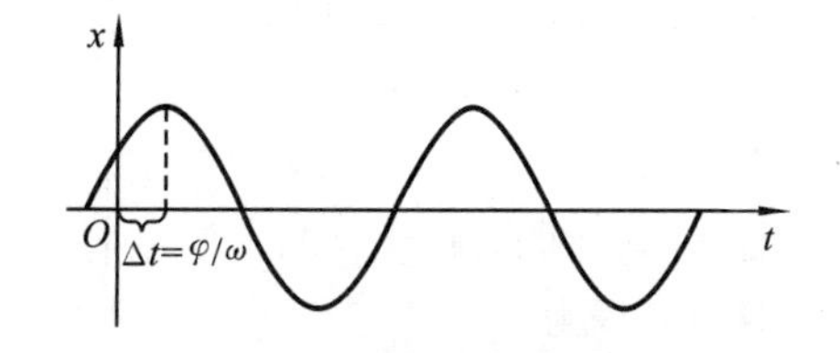

图 18-9　初相和振动还有多久到达极大值有关

初相 φ 也需要用初始条件来确定，根据式(18-9(b))和式(18-10(b))消去 A 可得

$$\tan\varphi=\frac{-v_0}{\omega x_0} \tag{18-19}$$

上式 φ 有多个解，具体的取值要根据实际情况来确定。

例 18.2　如图 18-10 所示，弹簧悬挂质量为 m 的物体后伸长了 l_0，然后向下拉长 l 再释放。求：

(1)弹簧的弹性系数 k；

(2)物体是否做简谐振动？如果是，求出其振幅、圆频率和初相位；如果不是，说明其原因。

解　(1)建立如图 18-10 所示的坐标系，根据力的平衡

$$mg=kl_0$$

所以，可得弹性系数　　$k=mg/l_0$

(2)物体位于坐标 x 处时，受到的合力为

$$F=-k(x-l_0)-mg$$

将前面的 $kl_0=mg$ 代入上式可得

$$F=-kx$$

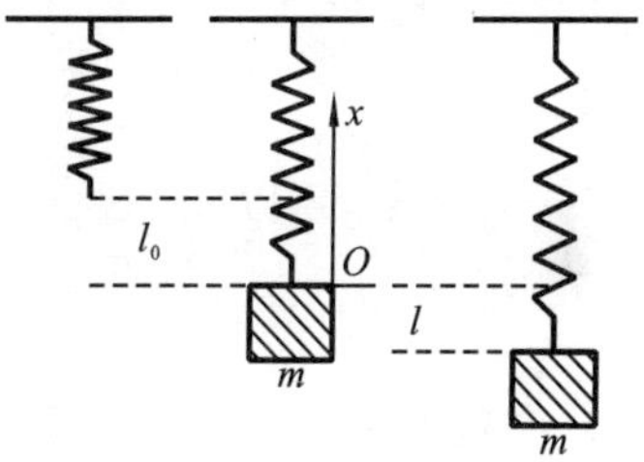

图 18-10　例 18.2 图

因此，物体做简谐振动，设其简谐振动方程为

$$x=A\cos(\omega t+\varphi)$$

于是，可得圆频率

$$\omega=\sqrt{k/m}=\sqrt{g/l_0}$$

根据题意，初始条件为 $x_0=-l, v_0=0$，代入式(18-11)和式(18-19)可得

$$A=\sqrt{x_0^2+\frac{v_0^2}{\omega^2}}=l$$

$$\varphi=\arctan\frac{-v_0}{\omega x_0}=0 \text{ 或 } \pi$$

根据 $x_0=-l$ 可知 $\cos\varphi<0$，所以取 $\varphi=\pi$。

例 18.3　一质点沿 x 轴做简谐振动，其平衡点在 x 轴原点。已知质点完成一次全振动历时 0.63 s，$t=0$ 时，质点通过原点，且朝 x 轴正向运动，速率为 0.6 $\mathrm{m \cdot s^{-1}}$。求振动方程。

解　根据已知可得，周期 $T=0.63$ s，因此

$$\omega=\frac{2\pi}{T}=10\mathrm{s}^{-1}$$

根据题意，初始条件为 $x_0=0, v_0=0.6\ \mathrm{m \cdot s^{-1}}$，代入式(18-11)和式(18-19)可得

$$A=\sqrt{x_0^2+\frac{v_0^2}{\omega^2}}=0.06\ \mathrm{m}$$

$$\varphi=\arctan\frac{-v_0}{\omega x_0}=\pm\frac{\pi}{2}$$

因 $t=0$ 时,质点朝 x 轴正向运动,则

$$v_0=-\omega A\sin\varphi=-0.6\sin\varphi>0$$

所以

$$\sin\varphi<0$$

因此,只能取 $\varphi=-\pi/2$。

振动方程为

$$x(t)=0.06\cos(10t-\pi/2)$$

18.2 简谐振动的能量 Energy in SHO

本节我们仍然以图 18-2 的弹簧振子为例,研究简谐振动的能量特性。根据式(18-7)我们可以算出弹簧振子在 t 时刻的动能为

$$E_k=\frac{1}{2}mv^2=\frac{1}{2}m\omega^2A^2\sin^2(\omega t+\varphi) \tag{18-20}$$

弹簧振子的势能就是弹性势能,因此

$$E_p=\frac{1}{2}kx^2=\frac{1}{2}kA^2\cos^2(\omega t+\varphi) \tag{18-21}$$

由于 $k/m=w^2$,所以式(18-20)可以写成

$$E_k=\frac{1}{2}mv^2=\frac{1}{2}kA^2\sin^2(\omega t+\varphi) \tag{18-22}$$

所以,弹簧振子的总的机械能为

$$E=E_p+E_k=\frac{1}{2}mv^2+\frac{1}{2}kx^2=\frac{1}{2}kA^2 \tag{18-23}$$

对于给定的简谐振动系统,k 和 A 都是确定的,因此弹簧振子的总的机械能是一个定值。这正是机械能守恒的表现。因为弹簧振子运动过程中,并没有非保守力做功,因此系统机械能守恒。简谐振动系统能量随时间的变化如图 18-11 所示,能量随位置的变化曲线如图 18-12 所示。

根据式(18-23),我们可以得出简谐振动的物体的速度 v 和位置 x 的关系:

$$v(x)=\pm\sqrt{\frac{k}{m}(A^2-x^2)}=\pm\omega\sqrt{A^2-x^2} \tag{18-24}$$

从上式可以看出,在坐标为 0 即平衡位置时速度最大,最大值为 ωA;在最大位移处速度最小,最小值为 0。这和前面的讨论相符。

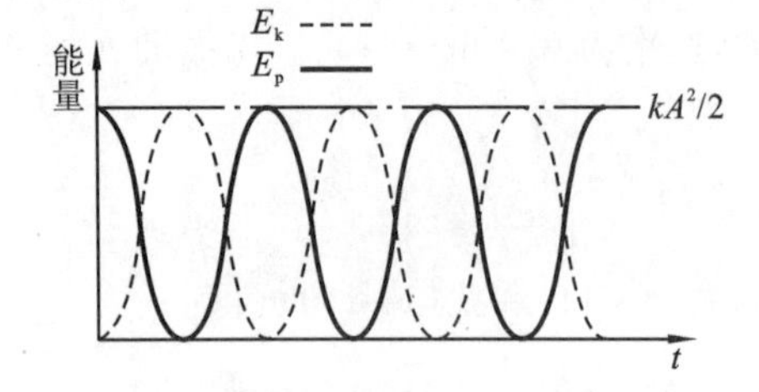

图 18-11 能量随时间的变化曲线

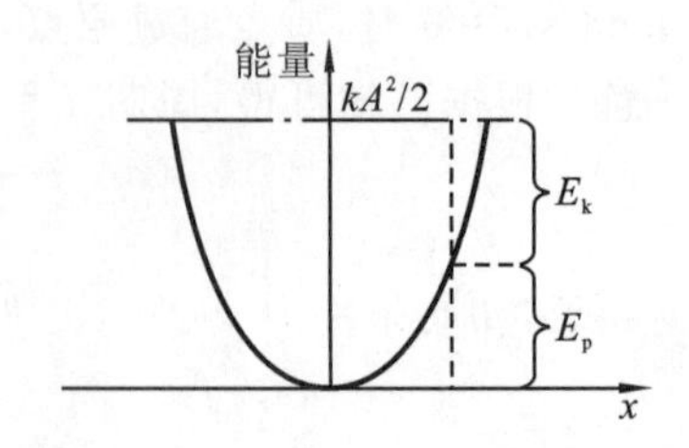

图 18-12 能量随位置的变化曲线

例 18.4 一水平弹簧振子，以坐标原点为平衡位置沿 x 轴振动。振幅为 A，弹簧弹性系数为 k，振子质量为 m，求振子动能和势能相等的时候的坐标。

解 设振子的运动方程为

$$x(t)=A\cos(\omega t+\varphi)$$

根据题意和式(18-20)以及式(18-21)可知，动能和势能相等的时候

$$\frac{1}{2}kA^2\cos^2(\omega t+\varphi)=\frac{1}{2}kA^2\sin^2(\omega t+\varphi)$$

取 $\Phi=\omega t+\varphi$ 可得

$$\cos^2\Phi=\sin^2\Phi$$

即

$$\tan^2\Phi=1$$

解得

$$\Phi=\pm\pi/4 \text{ 或} \pm 3\pi/4$$

代入运动方程中可得，动能和势能相等的时候

$$x=\pm\frac{\sqrt{2}}{2}A$$

注意，本题中求得的解包括 4 个 Φ 相位值，每个值都是有效的，都不需要舍弃。这表示一个周期内会出现 4 次动能和势能相等。但是这 4 次只能出现在两个位置，每个位置上会出现两次，两次运动的方向相反。

18.3 简谐振动和匀速圆周运动的关系 SHO related to uniform circular motion

18.3.1 简谐振动和匀速圆周运动的关系

简谐振动和匀速圆周运动都是周期性运动，它们之间有着千丝万缕的联系。如图 18-13 所示，活塞的运动和简谐振动类似，但是其带动的车轮却在转动。如图 18-14 所示，伽利略在 1610 年通过望远镜观察了木星及其卫星，并记录了不同时间木星及其卫星的位置相对于地球的夹角，原本木星的卫星相对于木星的运动应该是近似圆周运动，但是夹角测量实验数据却显示了一个类似简谐振动的曲线。种种现象表面，简谐振动和匀速圆周运动之间存在某种内在的必然联系。

图 18-13 火车车轮和传动装置

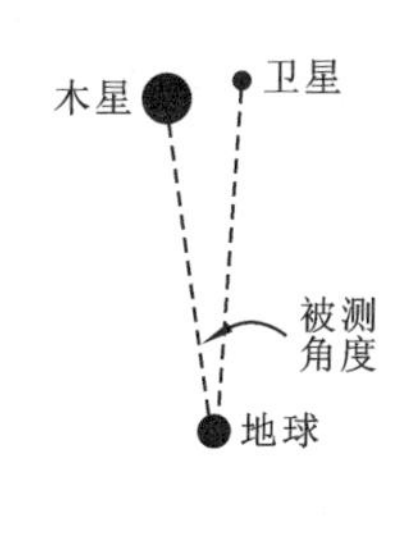

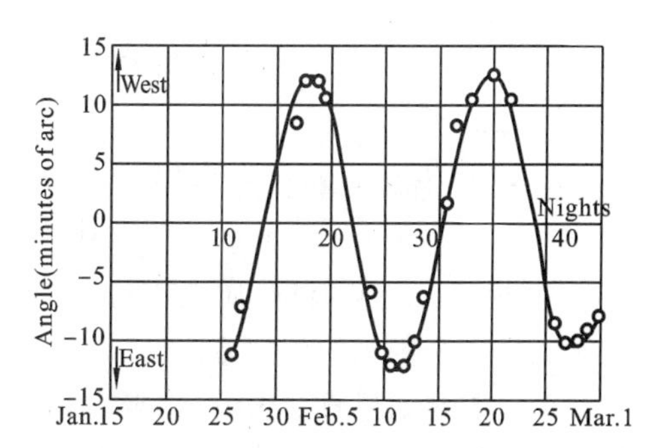

图 18-14 木星及其卫星相对地球的夹角随时间的变化

为了研究简谐振动和匀速圆周运动关系，我们考虑如图 18-15 所示的装置。灯竖直向下照射，小球固定在回转台上距离中心为 A 的 P 点，跟回转台一起在竖直平面内匀速转动，因此

小球的运动是匀速圆周运动。我们研究的是小球(P 点)在水平面上的投影的位置变化的规律。建立如图 18-16(a)所示的坐标,小球的运动用一个长度为 A 的旋转矢量代替,它末端的位置就是小球的位置,它末端的投影就是小球的投影。小球的投影就在 x 轴上运动运动。假设 $t=0$ 时刻,矢量 $\mathbf{A}$ 和 x 轴方向夹角为 φ,回转台转动角速度为 ω。那么 t 时刻,矢量 $\mathbf{A}$ 和 x 轴方向夹角为 $\omega t+\varphi$,如图 18-16(b)所示,此时矢量 $\mathbf{A}$ 末端的投影位置为

$$x=A\cos(\omega t+\varphi)$$

这和简谐振动的运动方程式(18-6)完全一致,因此小球的投影的运动就是简谐振动。

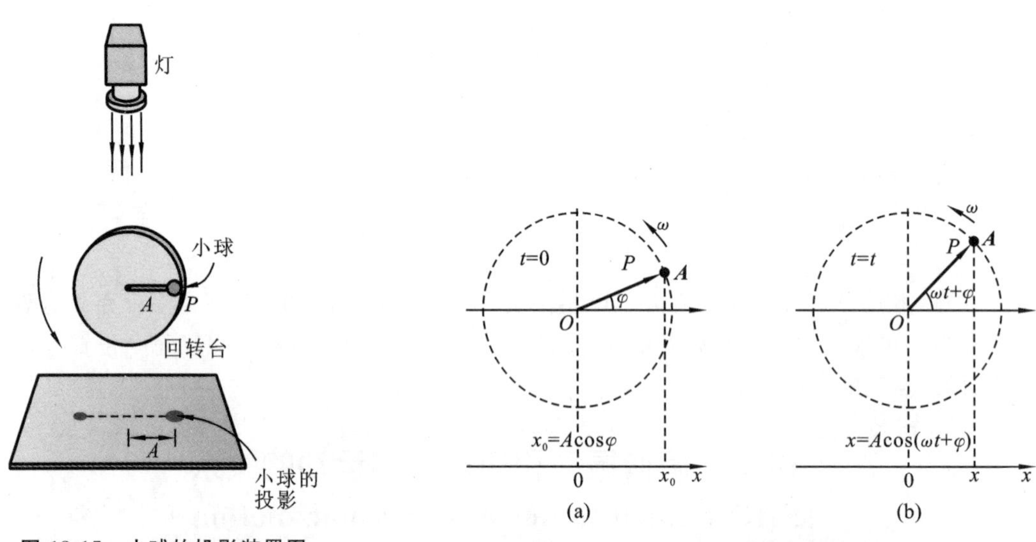

图 18-15　小球的投影装置图

图 18-16　小球的投影坐标图

18.3.2　旋转矢量法

从前面的例子可以看出,小球做圆周运动,但是其投影却做的简谐振动。由此,我们可以将简谐振动这种变速直线运动,用匀速圆周运动这样较直观的运动来描述,使得问题更容易理解。这种方法通常称为旋转矢量法,具体方法如下。

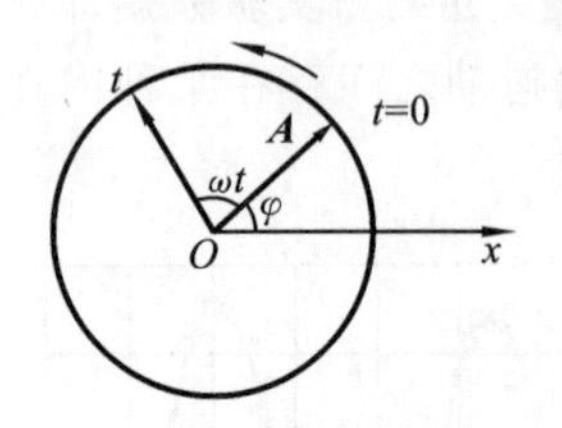

图 18-17　旋转矢量法

对于一个由式(18-6)这样形式的运动方程描述的简谐振动,我们可以这样直观地描述它。如图 18-17 所示,从坐标原点 O(平衡位置)画一个长度等于振幅 A 的矢量,它在 $t=0$ 时刻和 x 轴方向夹角等于振动的初相 φ,并且以振动的圆频率 ω 为角速度逆时针旋转。这样,系统 t 时刻的状态,只要画出 t 时刻的矢量就可以轻松得出了,t 时刻的矢量只要将 $t=0$ 时刻的矢量旋转 ωt 角度即可。

例 18.5　两质点 1 和 2 同时在 x 轴上做简谐振动,振幅都为 A,周期相等。$t=0$ 时刻,质点 1 位于 $\sqrt{2}A/2$ 处,向平衡点运动;质点 2 位于 $-A$ 处,向平衡点运动。求两个振动的相位差。

解　本题如果直接求解,需要算出两个振动的运动方程,然后再求解相位差,非常复杂。但是如果使用旋转矢量法,由于周期相同,求相位差就是求 $t=0$ 时刻两个矢量的夹角,这样问题就非常简单了。我们可以画出两个振动的旋转矢量图,如图 18-18 所示。对于质点 1,$t=0$ 时刻位于 $\sqrt{2}A/2$ 处,向平衡点运动,因此,此时矢量只可能是和 x 轴的夹角 $\pi/4$ 逆时针转动。

对于质点 2，$t=0$ 时刻位于 $-A$ 处，向平衡点运动，因此，此时矢量只可能是和 x 轴的夹角 π，即 x 轴负方向，逆时针转动。两个矢量的夹角可以由图上得出是 $3\pi/4$，所以，两个振动的相位差就是 $3\pi/4$。

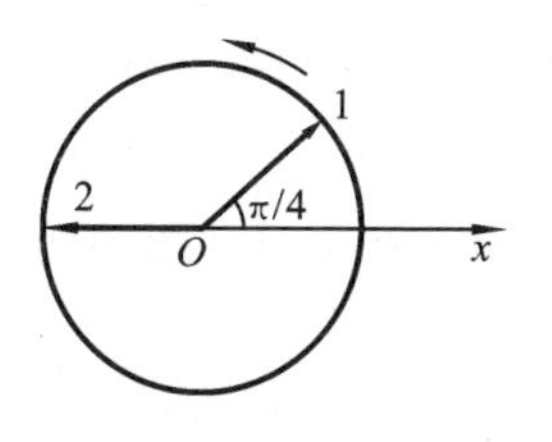

图 18-18　例 18.5 图

由例题可知，用旋转矢量来分析简谐振动可以使问题更加直观，计算更加简单。该方法尤其在分析有多个振动的情况下有很大优势，也是后面分析振动合成的主要方法。

18.4　简谐振动的合成 Superposition of SHO

实际问题中，经常会遇到一个物体参与几个振动的情况，比如房屋、桥梁的振动，琴弦的振动等。这时，物体将按照几个振动合成后的和振动规律运动。前面说了，简谐振动并不是新的物理现象，它符合运动学和牛顿力学的规律。因此，简谐振动的合成和一般运动的合成也没有区别，满足矢量叠加原理，即求每个振动位移的矢量和即可。反过来，实际上任何运动都可以分解为若干个简谐振动的合成，这就是数学上傅里叶级数展开的物理意义。多个振动的合成，以及一般情况下的振动合成比较复杂，本节我们主要学习几种特殊情况下的两个振动的合成。

18.4.1　同方向振动的合成

1. 频率相同

假设某质点同时参与两个同方向、同频率的简谐振动，其振动方程分别为

$$x_1 = A_1\cos(\omega t + \varphi_1) \tag{18-25(a)}$$

$$x_2 = A_2\cos(\omega t + \varphi_2) \tag{18-25(b)}$$

由于方向相同，所以，位移叠加就是直接代数求和，于是合成的位移为

$$x = x_1 + x_2 = A_1\cos(\omega t + \varphi_1) + A_2\cos(\omega t + \varphi_2) \tag{18-26(a)}$$

其结果既可以用三角函数计算规律求解，也可以用旋转矢量法求解。为了使求解更加直观，我们采用旋转矢量法来分析这个问题。

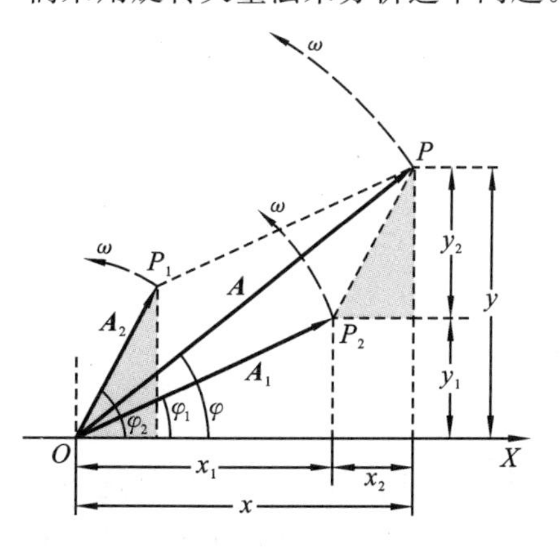

图 18-19　两个同方向、同频率的简谐振动合成

由于简谐振动可以看作旋转矢量的投影，那么简谐振动的叠加可以看作旋转矢量的叠加然后再投影。而由两个矢量构成的平行四边形，在旋转时形状不变，对角线以匀角速度在旋转，它的投影必定是一个简谐振动。因此，可以在初始条件下合成两个旋转矢量。

如图 18-19 用旋转的矢量 $\boldsymbol{A}_1$ 和 $\boldsymbol{A}_2$ 分别表示 x_1 和 x_2 两个简谐振动。以 $\boldsymbol{A}_1$ 和 $\boldsymbol{A}_2$ 为邻边，作平行四边形 OP_1PP_2，其对角线为 OP。如果 OP 对应的矢量为 $\boldsymbol{A}$，则该矢量是 $\boldsymbol{A}_1$ 和 $\boldsymbol{A}_2$ 合矢量。$\boldsymbol{A}$ 在 X 轴投影为 x，而根据图上几何关系，$x=x_1+x_2$，因此，$\boldsymbol{A}$ 对应的振动就是合振动。如果 $\boldsymbol{A}$ 与 x 轴夹角为 φ，它对应的合振动为

$$x = A\cos(\omega t + \varphi) \tag{18-26(b)}$$

在$\triangle OP_1P$中,应用余弦定理可以求出和振动的振幅(即对角线OP的长度)为

$$A=\sqrt{A_1^2+A_2^2+2A_1A_2\cos(\varphi_2-\varphi_1)} \tag{18-27}$$

另外根据几何关系可得初相φ为

$$\varphi=\arctan\frac{y}{x}=\arctan\frac{y_1+y_2}{x_1+x_2}=\arctan\frac{A_1\sin\varphi_1+A_2\sin\varphi_2}{A_1\cos\varphi_1+A_2\cos\varphi_2} \tag{18-28}$$

注意φ一般会有两个解,但是根据几何关系,φ必须在φ_1和φ_2之间。因此,必然有一个解会被舍去。

对于同方向、同频率的振动合成,我们更关注的是合成后的振幅变化。尤其是关注振幅是变大和还是变小了,即振动是相消还是相长。这也是后面机械波及光的干涉中非常重要的理论基础。下面我们就几种特殊情况下,振幅的变化进行讨论。

(1)两个振动同相,即它们的相位差满足

$$\Delta\varphi=\varphi_2-\varphi_1=2k\pi\quad(k=0,\pm1,\pm2,\cdots) \tag{18-29}$$

此时$\cos(\varphi_2-\varphi_1)=1$,合振动振幅取极大值

$$A=\sqrt{A_1^2+A_2^2+2A_1A_2}=A_1+A_2 \tag{18-30}$$

即合振动振幅为分振动振幅相加,振动相长。特别是如果$A_1=A_2$,则振幅变为原来两倍。

(2)两个振动反相,即它们的相位差满足

$$\Delta\varphi=\varphi_2-\varphi_1=(2k+1)\pi\quad(k=0,\pm1,\pm2,\cdots) \tag{18-31}$$

此时$\cos(\varphi_2-\varphi_1)=-1$,合振动振幅取极小值

$$A=\sqrt{A_1^2+A_2^2-2A_1A_2}=|A_1-A_2| \tag{18-32}$$

即合振动振幅为分振动振幅的差,振动相消。特别是如果$A_1=A_2$,则振幅变为0,质点处于静止状态。

例 18.6 已知两振动的方程分别为$x_1=0.05\cos(10t+3\pi/5)$,$x_2=0.07\cos(10t+\varphi_2)$,求:(1)$\varphi_2$为多少时,合振动振幅取极大值,极大值为多少;(2)φ_2为多少时,合振动振幅取极小值,极小值为多少。以上各物理量单位均取国际单位制。

解 (1)如果要合振动振幅取极大值,相位差必须满足

$$\Delta\varphi=\varphi_2-3\pi/5=2k\pi\quad(k=0,\pm1,\pm2,\cdots)$$

所以可得

$$\varphi_2=3\pi/5+2k\pi\quad(k=0,\pm1,\pm2,\cdots)$$

此时振幅取极大值,极大值为$A=0.05\ \mathrm{m}+0.07\ \mathrm{m}=0.12\ \mathrm{m}$。

(2)如果要合振动振幅取极小值,相位差必须满足

$$\Delta\varphi=\varphi_2-3\pi/5=(2k+1)\pi\quad(k=0,\pm1,\pm2,\cdots)$$

所以可得

$$\varphi_2=8\pi/5+2k\pi\quad(k=0,\pm1,\pm2,\cdots)$$

此时振幅取极小值,极小值为$A=0.07\ \mathrm{m}-0.05\ \mathrm{m}=0.02\ \mathrm{m}$。

2. 频率不同

如果质点同时参与两个同方向但不同频率的振动,其合振动就比较复杂了。但是这种情况在实际中有比较多的应用,因此我们可以考虑一些特殊情况,以获得合振动的主要特征。我们考虑两个同方向、同振幅但不同频率的振动。为了讨论方便,我们假设其初相都等于0(例如从图18-20中t_0时刻开始计时)。这样,两个振动的方程可以写成

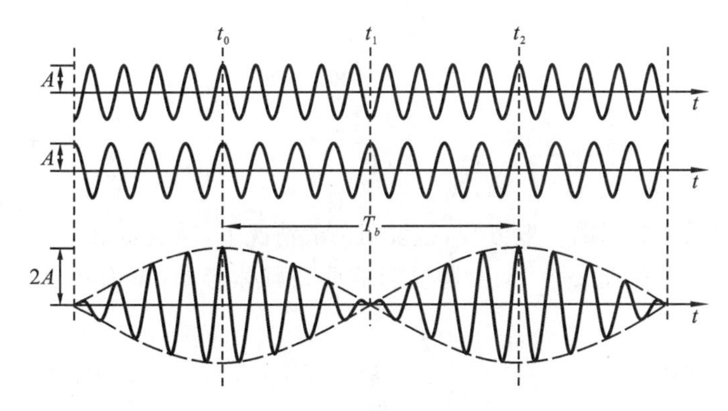

图 18-20　两个同方向、不同频率的简谐振动合成

$$x_1 = A\cos\omega_1 t \tag{18-33(a)}$$

$$x_2 = A\cos\omega_2 t \tag{18-33(b)}$$

合振动为

$$x = x_1 + x_2 = A\cos\omega_1 t + A\cos\omega_2 t \tag{18-34}$$

根据三角函数公式可得

$$x = x_1 + x_2 = 2A\cos\left(\frac{\omega_2 - \omega_1}{2}t\right)\cos\left(\frac{\omega_2 + \omega_1}{2}t\right) \tag{18-35}$$

从式(18-35)可以看出，合振动不是一个简谐振动。我们主要关心的是两个振动频率很接近的情况，即 $\omega_2 + \omega_1 \gg \omega_2 - \omega_1$ 的情况，这种情况在实际中应用比较多。这种情况下，式(18-35)的第二项是一个圆频率近似为 ω_2 或 ω_1 的简谐振荡项。第一项相对第二项来说变化很慢，是一个缓变的简谐项，相当于一个变化很慢，大小为 $2A$ 的振幅。两个乘在一起表示的合振动是一个高频振动受低频振动的调制，这样的合振动称为拍(beat)。整个振动表现出弱-强-弱-强的缓慢周期性变化，每一次"强-弱-强"(或"弱-强-弱")之间的时间间隔称为拍的周期，用 T_b表示，如图 18-20 所示。显然

$$T_b = T/2 \tag{18-36(a)}$$

其中 T 为式(18-35)中第一项变化的周期。

$$T = 4\pi/(\omega_2 - \omega_1) \tag{18-37}$$

相应的拍的频率(简称拍频)为

$$f_b = 1/T_b = (\omega_2 - \omega)/2\pi = f_2 - f_1 \tag{18-36(b)}$$

拍现象在自然界中广泛存在，例如两个不同频率声音在空间中叠加就会出现声音强弱的周期性变化。这常用于乐器的声音校准上。比如钢琴某个键的音有很小的偏离，即使再专业的人的耳朵也很难直接分辨。但是我们可以借助一个标准音叉，让它和钢琴同时发声，如果声音出现缓慢的强弱变化说明钢琴声音有偏差需要调整，直到调整到听不到声音强弱变化为止。

18.4.2　垂直振动的合成

如果质点参与的两个简谐振动不在同一直线上，特别当两个振动相互垂直，则它们的合成运动除了某些特殊情况外，一般将变为平面曲线运动。下面仍分为同频率和不同频率两种情况来讨论。

1. 频率相同

设质点参与的两个简谐振动分别沿 x 和 y 方向，振动方程分别为

$$x = A_1\cos(\omega t + \varphi_1) \tag{18-38(a)}$$

$$y = A_2\cos(\omega t + \varphi_2) \tag{18-38(b)}$$

两式取反余弦后消去 t 可得

$$\frac{x^2}{A_1^2} + \frac{y^2}{A_2^2} + 2\,\frac{xy}{A_1A_2}\cos(\varphi_2 - \varphi_1) = \sin^2(\varphi_2 - \varphi_1) \tag{18-39}$$

这是平面直角坐标系下椭圆的一般方程,这说明一般情况下,质点是沿一个椭圆路径做周期性运动。式(18-39)中,相位差 $\varphi_2 - \varphi_1$ 会明显影响曲线具体形状,下面我们讨论几种特殊情况(见图 18-21)。

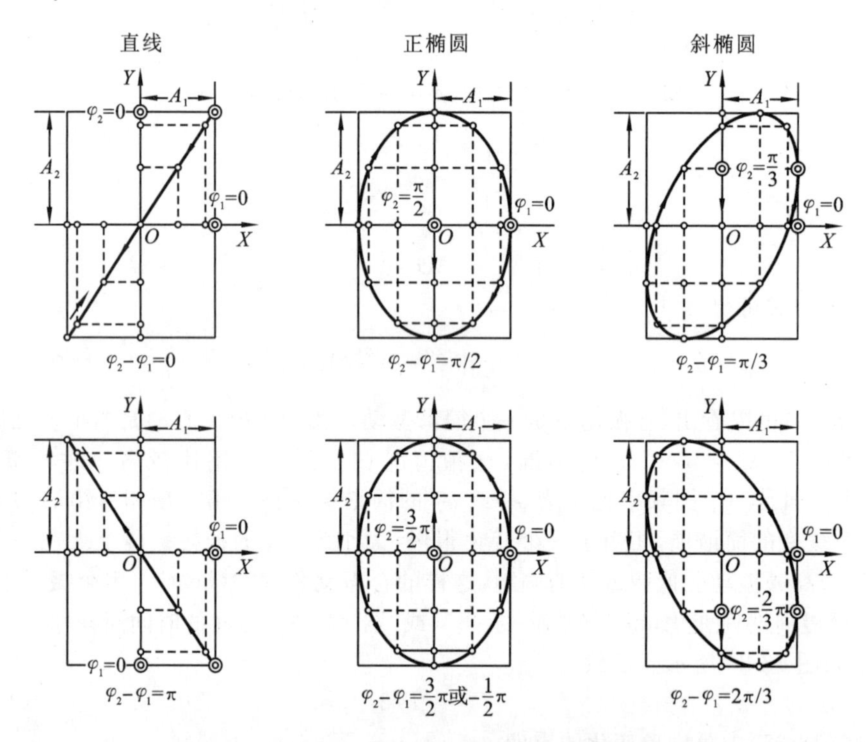

图 18-21　两个频率相同相互垂直的振动合成图线举例

(1)$\varphi_2 - \varphi_1 = 2k\pi, k=0,\pm1,\pm2,\cdots$

此时,式(18-39)可化为

$$y = \frac{A_2}{A_1}x \tag{18-40(a)}$$

这是直线方程,此时质点沿着一个斜率为 A_2/A_1 的直线做简谐振动。

(2)$\varphi_2 - \varphi_1 = (2k+1)\pi, k=0,\pm1,\pm2,\cdots$

此时,式(18-39)可化为

$$y = -\frac{A_2}{A_1}x \tag{18-40(b)}$$

这是直线方程,此时质点沿着一个斜率为 $-A_2/A_1$ 的直线做简谐振动。

(3)$\varphi_2 - \varphi_1 = (2k+1)\pi/2, k=0,\pm1,\pm2,\cdots$

此时,式(18-39)可化为

$$\frac{x^2}{A_1^2} + \frac{y^2}{A_2^2} = 1 \tag{18-40(c)}$$

这是正椭圆方程，此时质点沿着一个正椭圆做椭圆周运动。

2. 频率不同

如果两个相互垂直的振动频率不相等，那么不同时间两个振动的相位差就不一样，因此，质点运动的轨迹就不能形成稳定的图形。但是，当两个振动频率之比为简单整数比例的时候（如 1∶1、1∶2、1∶3、2∶3 等），总能形成封闭曲线形状的稳定轨道，这些图形称为李萨如图形，如图 18-22 所示。李萨如图形可以通过示波器来模拟。

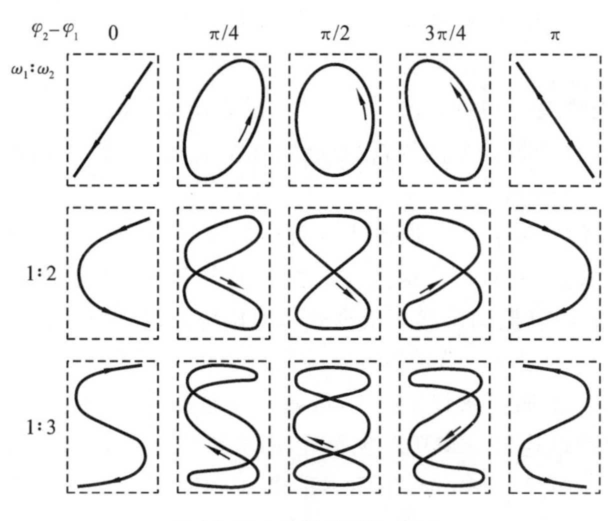

图 18-22 几种李萨如图形

18.5 阻尼振动
Damped oscillation

简谐振动是一种等幅振动，振动过程中，振幅保持不变。这要求质点只受到回复力作用，不考虑阻力的影响。然而实际上，振动系统总要受到各种阻力，比如空气和液体的黏滞阻力。因此，系统在振动中要克服阻力做功并消耗自身能量。如前所述振动的能量和振幅的平方成比例，因此，如果没有能量补充，振动的振幅就要衰减。例如，在空气中悬挂的单摆，经过一段时间后振幅会非常小并最终停下来。系统在回复力和阻力作用下发生的减幅振动称为阻尼振动。本章我们主要考虑黏滞阻力的影响，因为这种阻力影响下的阻尼振动非常常见。

考虑一个在空气中运动的弹簧振子如图 18-23 所示，x 方向，它仅仅收到弹簧回复力和空气阻力。根据第二章的知识，在物体振动速度不大时，它所受到的阻力大小通常与速率成正比，方向和相对空气运动方向相反。因此，阻力写成：

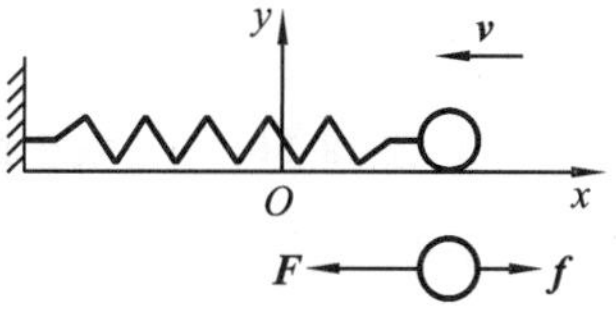

图 18-23 空气中运动的弹簧振子

$$f=-\gamma v=-\gamma\frac{\mathrm{d}x}{\mathrm{d}t} \tag{18-41}$$

其中 γ 为常数，物体受到合外力为

$$\sum F=F+f=-kx-\gamma\frac{\mathrm{d}x}{\mathrm{d}t} \tag{18-42}$$

根据牛顿第二定律

$$-kx-\gamma\frac{\mathrm{d}x}{\mathrm{d}t}=m\frac{\mathrm{d}^2x}{\mathrm{d}t^2} \tag{18-43}$$

取 $\gamma/m=2\beta$,β 一般是和阻尼强弱成比例的量,称为阻尼系数。再取 $\omega_0^2=k/m$,ω_0 是系统的固有振动圆频率。于是可以得到

$$\frac{\mathrm{d}^2x}{\mathrm{d}t^2}+2\beta\frac{\mathrm{d}x}{\mathrm{d}t}+\omega_0^2x=0 \tag{18-44}$$

如果阻尼比较弱,即 $\beta<\omega_0$ 时,微分方程式(18-44)的通解为

$$x(t)=(A_0e^{-\beta t})\cos(\omega t+\varphi) \tag{18-45}$$

其中,A_0 和 φ 为初始条件决定的参数,$\omega=\sqrt{\omega_0^2-\beta^2}$ 是系统振动圆频率,该圆频率是低于系统固有圆频率的。$A_0e^{-\beta t}$ 相当于振动的振幅,根据指数函数特性,它是一个随时间衰减的振幅。阻尼振动的曲线如图 18-24 所示。

在控制系统中,我们经常需要把物体或设备控制在某个指定平衡位置工作(通常采用比例-微分-积分控制方法即 PID 控制方法),这时候就需要利用阻尼振荡的知识,尽量快速的衰减掉物体原有的运动和固有振动。然而根据式(18-45),如果阻尼比较小,系统需要振荡很久才能趋向稳定,如图 18-25 所示。这种情况在控制理论里面通常称为欠阻尼,不符合快速控制的需求。根据前面的讨论,阻尼系数 β 越大,振幅衰减越快,那是不是只要尽量增大阻尼系数 β,就可以使系统的振动迅速被衰减呢?实际上并非如此。注意到式(18-45)的解的前提是 $\beta<\omega_0$,当阻尼比较大,以至于 $\beta>\omega_0$ 时,解不再是式(18-45)的形式,也不能再用式(18-45)来分析。$\beta>\omega_0$ 的情况称为过阻尼,此时方程式(18-44)的通解将不包含振荡项,整个解是一个缓慢衰减的解,此时,系统不会迅速衰减,而是慢慢运动向平衡位置如图 18-25 所示。这种情况同样不能使系统快速稳定在平衡位置,也不符合快速控制的需求。还有一种情况,当 $\beta=w_0$ 时,系统将在一个振动周期内振幅迅速衰减,快速稳定在平衡位置附近,如图 18-25 所示。这种情况称为临界阻尼。PID 控制系统中通常是将参数设置为使系统处于欠阻尼,但是非常接近于临界阻尼的情况,此时系统一般会在很少的几个振动周期内稳定下来。

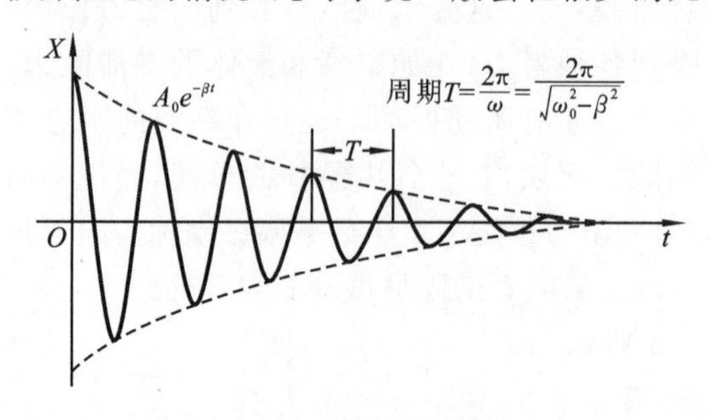

图 18-24 阻尼振动曲线

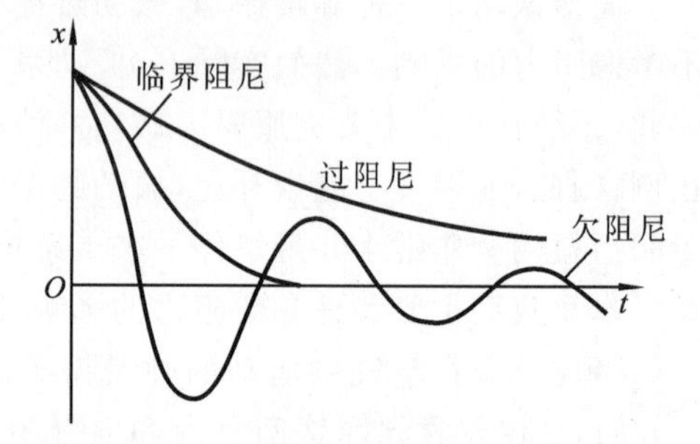

图 18-25 欠阻尼、临界阻尼、过阻尼曲线

18.6 受迫振动 共振
Forced oscillation, Resonance

18.6.1 受迫振动

如上节所述,实际的振动都是阻尼振动。由于能量的衰减,一切阻尼振动最后都要停止下

来。比如摆动的秋千，只要我们不去推它用不了多久就会停下了。如果要想秋千继续荡下去，我们都知道需要不断的隔一段时间推一下秋千。同样的，要使系统振动能持续下去，必须对系统施加持续的周期性外力，使其因阻尼而损失的能量得到不断的补充。物体在周期性外力作用下发生的振动叫受迫振动，这个周期性的外力又称驱动力。除了推秋千外，实际发生的许多振动都属于受迫振动。声波的周期性压力使耳膜产生的振动，电磁波的周期性电磁场力使天线上电荷产生的振动，铁轨的接缝对火车的作用力使火车产生的振动，这些都是受迫振动的例子。

物体受到的外力包括驱动力、回复力和阻力。假设物体受到的回复力和阻力描述都和上一节一样，而物体受到的周期性驱动力可以写成

$$F(t) = F_0 \cos\omega t \tag{18-46}$$

其中，F_0是驱动力的最大值，ω是周期性驱动力的频率。

根据牛顿第二定律，可得

$$F_0 \cos\omega t - kx - \gamma \frac{\mathrm{d}x}{\mathrm{d}t} = m \frac{\mathrm{d}^2 x}{\mathrm{d}t^2} \tag{18-47}$$

和上一节一样，取 $\gamma/m=2\beta$，β依然是阻尼系数。取 $\omega_0^2=k/m$，ω_0依然是系统固有振动的圆频率。再取 $f_0=F_0/m$。于是式(18-47)可化为

$$\frac{\mathrm{d}^2 x}{\mathrm{d}t^2} + 2\beta \frac{\mathrm{d}x}{\mathrm{d}t} + \omega_0^2 x = f_0 \cos\omega t \tag{18-48}$$

当阻尼较小，即 $\beta<\omega_0$的时候，微分方程式(18-47)的通解为

$$x(t) = (A_0 e^{-\beta t})\cos(\sqrt{\omega_0^2 - \beta^2}\, t + \varphi_0) + A\cos(\omega t + \varphi) \tag{18-49}$$

上式由两项的和组成，振动的曲线如图 18-26 所示。第一项正是前一节讲的阻尼振动项，该项是暂态项，因为随着时间推移，该项会逐渐衰减到几乎趋近于零；第二项是简谐振动项，是稳态项，振幅不变，频率是周期性驱动力的频率。这意味着，无论系统的固有频率是多少，在周期性驱动力作用下最终的振动频率都会和驱动力频率一致。这一点我们在实际生活中也有体验，不管是什么样的秋千，最终秋千摆动的频率都和人推秋千的频率是一样的。

图 18-27 所示为受迫振动振幅曲线的示意图。

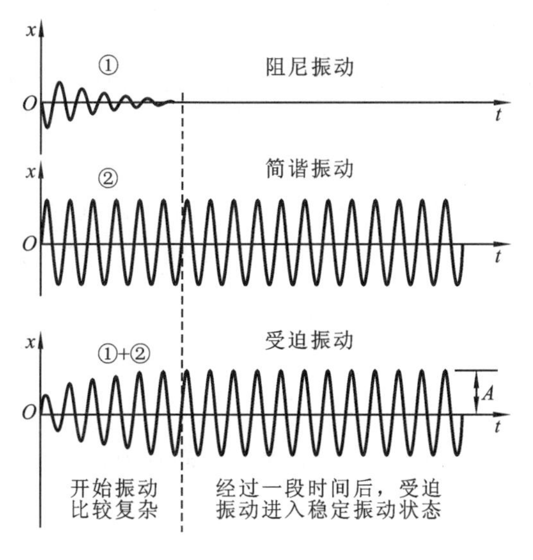

图 18-26 受迫振动曲线

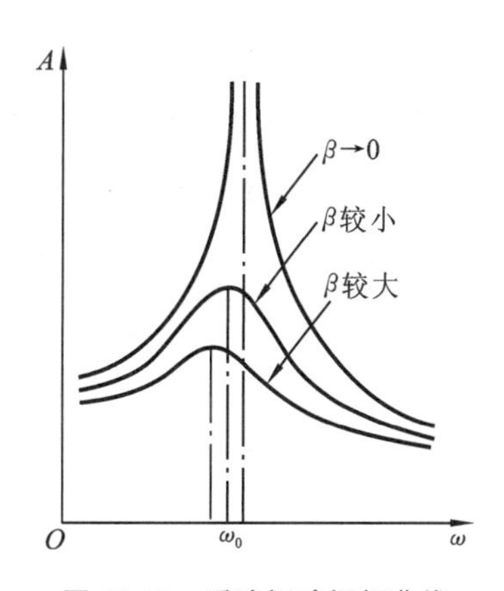

图 18-27 受迫振动振幅曲线

18.6.2 共振

根据前面的讨论可知,最终,受迫振动系统的振动方程将近似为

$$x(t) = A\cos(\omega t + \varphi) \tag{18-50}$$

注意这并不是自由振动的振动方程,因为这里的是驱动力的圆频率 ω,而不是系统固有圆频率 ω_0。同样,振幅和初相的确定也和自由振动不一样。我们可以将式(18-50)代入式(18-47)中解出系统振动的振幅为

$$A = \frac{f_0}{\sqrt{4\beta^2\omega^2 + (\omega_0^2 - \omega^2)}} \tag{18-51}$$

振幅曲线如图 18-26 所示。由上式可知,阻尼越大,系统最终振荡的振幅越小。更重要的是,当 $\omega=\omega_0$ 时,即驱动力频率和系统固有频率相等时,式(18-51)取极大值,振动振幅最大。这种现象称为共振。

共振现象有很多应用,比如提琴通过琴身的共振来发声,歌唱家利用胸腔腹腔的共振时的声音更动听更有穿透力,天线和频道调谐器利用电信号的共振来放大接收信号等等。同时,共振现象也会带来一些危害。1940 年,美国华盛顿州塔科马海峡大桥就是因为受到周期性风力作用发生共振而倒塌。因此桥梁和房屋设计的时候,要注意使其固有频率避开生活中常见的振动频率,以免造成房屋倒塌。士兵过桥时要采用散步,而不能齐步走,也是为了避免共振。

【思考题与习题】

1. 思考题

18-1　一个摆钟在海平面地方是准确的,那么在高山上,还准确吗? 为什么?

18-2　无论什么样的秋千,最终荡秋千频率都会和推秋千的频率一致,为什么?

18-3　推秋千的时候,怎么样使用最小的力让秋千荡得更高?

2. 选择题

18-4　在本章的讨论中,我们都认为弹簧是没有质量的,然而实际中,弹簧是有质量的。考虑了弹簧质量后,系统振动频率比不考虑弹簧质量要(　　)。

(A)增大　　(B)减小　　(C)不变　　(D)不能确定

18-5　某弹簧振子振动的固有频率为 f,现将齐弹簧剪断成长度相等的两段,其中一段用于弹簧振子,那么现在弹簧振子的固有频率为(　　)。

(A)f　　(B)$2f$　　(C)$f/2$　　(D)$\sqrt{2}f$

3. 填空题

18-6　如图 18-28 所示的系统中,系统振动的固有频率 $f=$________。

18-7　一简谐振动的质点,振幅为 0.15 m,那么它一个周期内运动的路程为________,运动的位移为________。

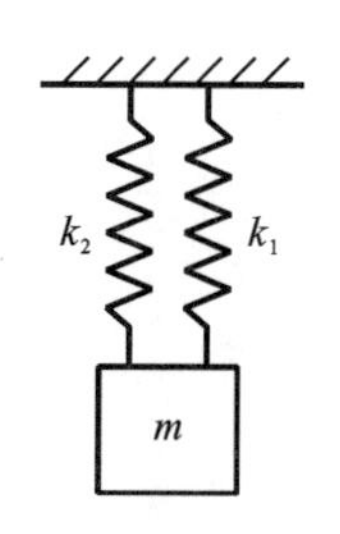

图 18-28　题 18-6 图

18.1 习题

18-8　证明单摆的运动为简谐振动，求出其振动周期。

18-9　如图 18-29 所示，钨丝悬挂这一个重物构成扭摆。钨丝发生扭转的时候会产生回复力矩，力矩 τ 和扭转角度 θ 的关系为 $\tau=-\kappa\theta$，系统转动惯量为 I。问扭摆是否能作简谐振动？如果能，求出振动周期。

18-10　如图 18-30 所示的系统，问系统能否做简谐振动？如果能，求出振动的振动周期。

18-11　如图 18-31 所示的系统，长 1 m、质量为 M 的杆一端和弹簧相连，一端和铰链相连。系统做小幅度的振动，求系统振动频率(提示：考虑绕铰链处的转动)。

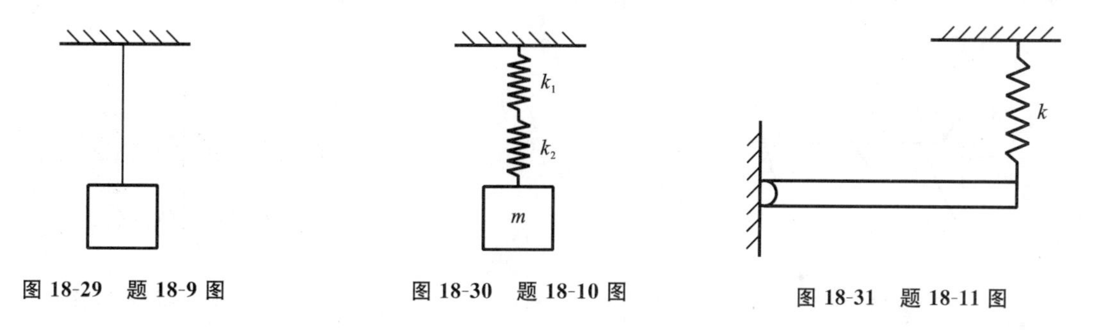

图 18-29　题 18-9 图　　图 18-30　题 18-10 图　　图 18-31　题 18-11 图

18-12　一质点振动方程为 $x=3.8\cos(7\pi t/4+\pi/6)$，单位都是国际单位制。求：(1)系统的周期和频率；(2) $t=0$ s 时质点的位置和速度；(3) $t=2$ s 时，质点的速度和加速度。

18-13　一简谐振动质点，求当其加速度达到最大值一半的时候，质点相对于平衡位置位移和位移最大值之比为多少？

18-14　一简谐振动质点振幅为 A，求当其速度达到最大值一半的时候相对于平衡位置位移为多少？

18-15　一个质量为 0.25 kg 的物体挂在弹性系数为 345 N/m 的弹簧上简谐振动，振幅为 22 cm，如果 $t=0$ 时刻，物体正好向下通过平衡点，求物体振动方程。

18-16　如图 18-32 所示，质量为 1.5 kg 的物体连在弹性系数为 200 N/m 的弹簧上在光滑的水平面上沿 x 轴振动，平衡位置位于 $x=0$ 处。如果 $t=0$ 时刻，物体位于 $x=0.1$ m 处，速度为 x 正方向 2 m/s。求物体振动方程。

18-17　振动曲线如图 18-33 所示，求振动方程。

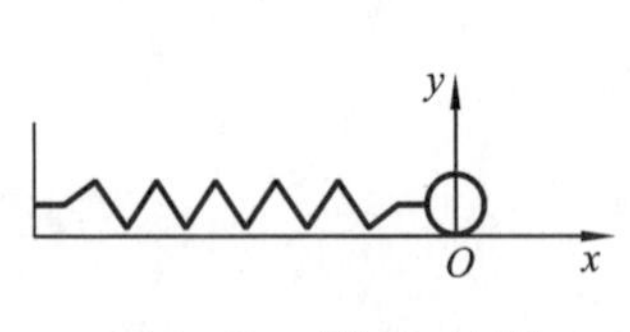

图 18-32　题 18-16 图

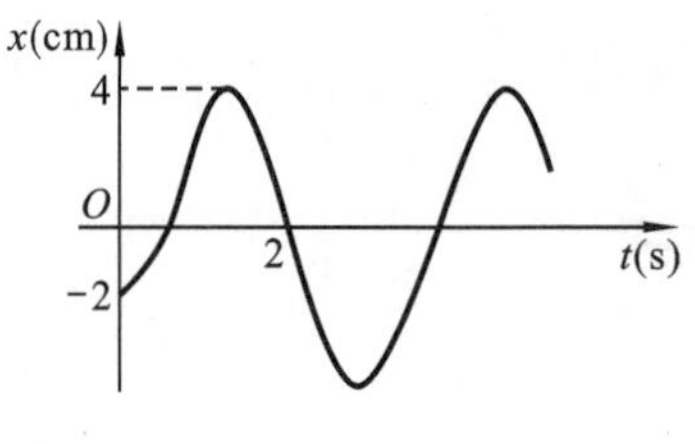

图 18-33　题 18-17 图

18.2 习题

18-18　一质点做简谐振动，当位移为最大位移一半的时候，求势能和动能的比例。

18-19　质量为 5.13 kg 的物体在弹簧作用下在光滑的水平面上做简谐振动，弹簧弹性系数为 9.88 N/m。$t=0$ 时，物体位移 53.5 cm 以速度 11.2 m/s 朝平衡位置运动。(1)求振动频率；(2)求初始状态动能和势能；(3)求振幅。

18.3 习题

18-20　两个简谐振动的曲线如图 18-34 所示，假设两个振动可以合成，求合成后的余弦振动的初相。

18-21　如图 18-35 所示，两个小球同时沿 x 轴做同频率同振幅的简谐振动，它们相遇的位置为 $x=A/2$。求两个振动的相位差。

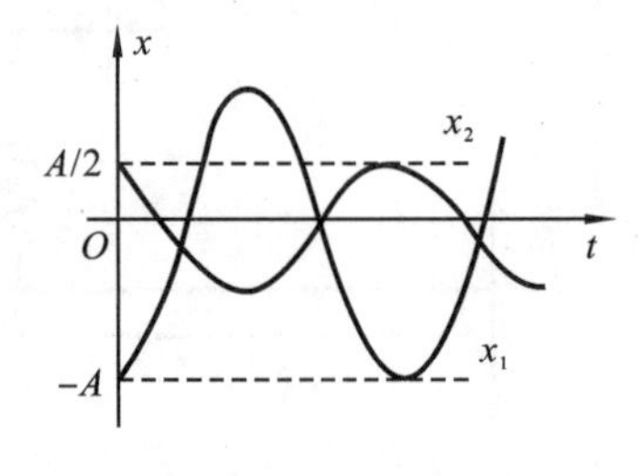

图 18-34　题 18-20 图

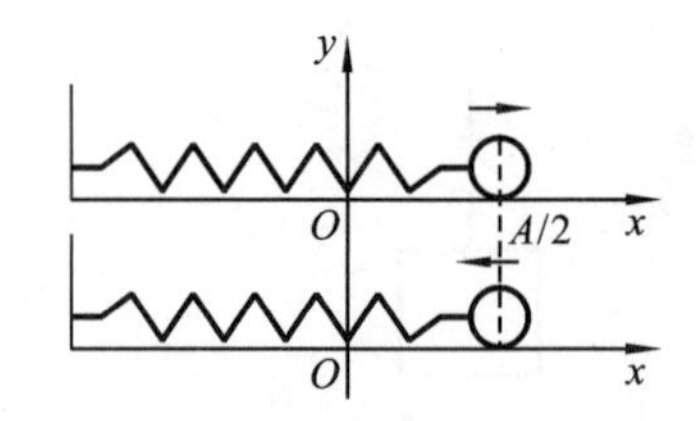

图 18-35　题 18-21 图

18.4 习题

18-22　两同方向同频率的简谐振动振幅分别为 $A_1=5$ cm，$A_2=7$ cm，其合振动振幅为 9 cm，求两个振动的相位差。

18.5～18.6 习题

18-23　一个 750 g 的物块在弹性系数为 56 N/m 的弹簧作用下振动，如果物体收到的阻力为 $f=-bv$，其中 $b=0.162$ Ns/m。求：(1)系统的周期；(2)如果 $t=0$ 时 $x=0$，$t=1$ s 时 $x=0.12$ m。求振动方程。

18-24　证明：图 18-24 中处于阻尼振动的弹簧振子系统的机械能为

$$E=\frac{1}{2}kA_0^2e^{-2\beta t}$$

第19章　机　械　波
Chapter 19　Mechanical wave

振动的传播就是波。水上的涟漪是一种表面波，如图19-1所示。机械振动在弹性介质中的传播形成机械波，水波和声波都属于机械波。但是，并不是所有的波都依靠介质传播，光波、无线电波可以在真空中传播，它们属于另一类波，称为电磁波。微观粒子也具有波动性，这种波称为物质波或德布罗意波。各类波虽然其本源不同，但都具有波动的共同特性，并遵从相似的规律。我们就从机械波开始讨论。

图19-1　水上的涟漪是一种表面波

19.1　机械波的基本概念
The basic concepts of mechanical wave

19.1.1　机械波产生的条件

当用手拿着绳子的一端并作上下振动时，绳子将形成一个接着一个的凸起和凹陷，并由近及远地沿着绳子传播开去，这一个接着一个的凸起和凹陷沿绳子的传播，就是一种波动（见图19-2）。显然，绳子上的这种波动，是由于绳子上手拿着的那一点上下振动所引起的，对于波动而言，这一点就称为波源。绳子就是传播这种振动的弹性介质。

我们可以把绳子看做一维的弹性介质，组成这种介质的各质点之间都以弹性力相联系，一旦某质点离开其平衡位置，则这个质点与邻近质点之间必然产生弹性力的作用，此弹性力既迫使这个质点返回平衡位置，同时也迫使邻近质点偏离其平衡位置而参与振动。另外，组成弹性介质的质点都具有一定的惯性，当质点在弹性力的作用下返回平

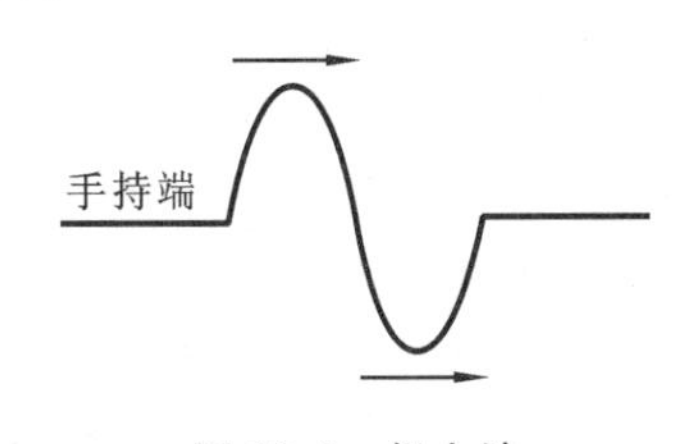

图19-2　绳上波

衡位置时,质点不可能突然停止在平衡位置上,而要越过平衡位置继续运动。所以说,弹性介质的弹性和惯性决定了机械波的产生和传播过程。(A mechanical wave is a wave that propagates as an oscillation of matter,and therefore transfers energy through a medium.)

在波的传播过程中,虽然波形沿介质由近及远地传播着,而参与波动的质点并没有随之远离,只是在自己的平衡位置附近振动。所以,波动是介质整体所表现的运动状态,对于介质的任何单个质点,只有振动可言。

应该特别指出的是,弹性介质是产生和传播机械波的必要条件,而对于其他类型的波并不一定需要这个条件。光波和无线电波都属于电磁波,是变化的电场和变化的磁场互相激发而产生的波,可以在真空中产生和传播。实物波或德布罗意波反映了微观粒子的一种属性,即波动性,代表了粒子在空间存在的概率分布,并非某种振动的传播,更无需弹性介质的存在。

19.1.2 横波和纵波

在波动中,如果参与波动的质点的振动方向与波的传播方向相垂直,这种波称为横波;如果参与波动的质点的振动方向与波的传播方向相平行,这种波称为纵波。

上面所说的凸起(称为波峰)和凹陷(称为波谷)沿绳子的传播,就是横波。纵波的产生和传播可以通过下面的实验来观察。将一根长弹簧水平悬挂起来,在其一端用手压缩或拉伸一下,使其端部沿弹簧的长度方向振动。由于弹簧各部分之间弹性力的作用,端部的振动带动了其相邻部分的振动,而相邻部分又带动它附近部分的振动,因而弹簧各部分将相继振动起来。弹簧上的纵波波形不再像绳子上的横波波形那样表现为绳子的凸起和凹陷,而表现为弹簧圈的稠密和稀疏,如图 19-3 所示。图中弹簧圈的振动方向与波的传播方向相平行。对于纵波,除了质点的振动方向平行于波的传播方向这一点与横波不同外,其他性质与横波无根本性的差异,所以对横波的讨论也适用于纵波,对纵波的讨论也适用于横波。

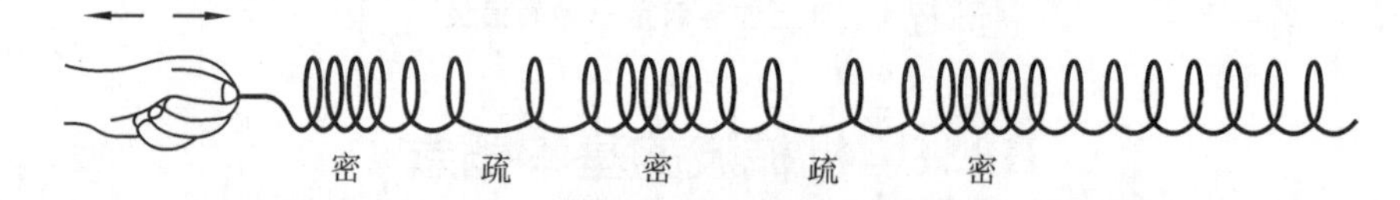

图 19-3 弹簧圈的稠密和稀疏

说明:

(1)有的波既不是纯粹的纵波,也不是纯粹的横波,如液体的表面波。当波通过液体表面时,该处液体质点的运动是相当复杂的,既有与波的传播方向相垂直的方向上的运动,也有与波的传播方向相平行的方向上的运动。这种运动的复杂性,是液面上液体质点受到重力和表面张力共同作用的结果。

(2)介质的弹性和惯性决定了机械波的产生和传播过程。弹性介质,无论是气体、液体还是固体,其质点都具有惯性。至于弹性,对于流体和固体却有不同的情形。固体的弹性,既表现在当固体发生长变(或体变)时能够产生相应的压应力和张应力,也表现在当固体发生剪切时能够产生相应的剪应力。所以,在固体中,无论质点之间相对疏远或靠近,还是相邻两层介质之间发生相对错动,都能产生相应的弹性力使质点返回其平衡位置。这样,固体既能够形成和传播纵波,也能够形成和传播横波。流体的弹性只表现在当流体发生体变时能够产生相应的压应力和张应力,而当流体发生剪切时却不能产生相应的剪应力。这样,流体只能形成和传播纵波,而不能形成和传播横波。

19.1.3　波线和波面

一维波的描述相对地比较简单，但对于空间波的描述相对地说就比较复杂一些。因此有必要采用变通的办法，即采用波面、波前和波线这些概念，就会变得比较方便，而且图像也比较清晰。

波面：振动周相相同的各点连成的曲面称为波面，又称同相面。

波前：最前面的(或者说领先的)波面称为波前。

波线：波的传播方向称为波射线或波线。在各向同性介质中，波线总是垂直于波面的。

依照波面的形状不同，来区别两种不同的空间波。它们都是最重要的而且具有代表性的空间波。

球面波：波面为球形的波，它是由点状波源在各向同性介质中发出的波。

平面波：波面为平面的波。通常把从很远处传来的球面波说成是平面波，因为此时的波面已近似为平面了。

波线和波面都是为了形象地描述波在空间的传播而引入的概念。

图 19-4(a)和图 19-4(b)分别表示了球面波的波面和平面波的波面，图中带箭头的直线表示波线。在二维空间，波面退化为线：球面波的波面退化为一系列同心圆，平面波的波面退化为一系列直线。

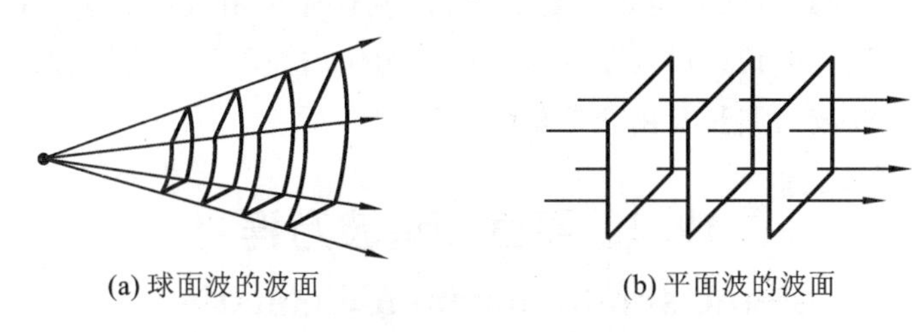

(a) 球面波的波面　　(b) 平面波的波面

图 19-4　球面波的波面和平面波的波面

19.1.4　描述波动的几个物理量

波速 u、波长 λ、波的周期 T 和频率 ν 是描述波的四个重要物理量。这四个物理量之间存在一定的联系。

波速 u：单位时间内振动传播的距离。波速也就是波面向前推进的速率。

波长 λ：波在传播过程中，沿同一波线上相位差为 2π 的两个相邻质点的运动状态必定相同，它们之间的距离为一个波长(横波、纵波的情况下)。

周期 T：一个完整的波(即一个波长的波)通过波线上某点所需要的时间。

频率 ν：频率表示在单位时间内通过波线上某点的完整波的数目。

一般来说，波的频率就是振动源的频率。当波源与观察者发生相对运动时，观察者观察到的频率与波源的频率不相等。

根据波速、波长、波的周期和频率的上述定义，我们不难想象，每经过一个周期，介质质点完成一次全振动，同时振动状态沿波线向前传播了一个波长的距离；在 1 s 内，质点振动了 ν 次，振动状态沿波线向前传播了 ν 个波长的距离，即波速，所以

$$u = \nu\lambda = \frac{\lambda}{T} \tag{19-1}$$

在固体中横波的波速为

$$u = \sqrt{\frac{G}{\rho}} \tag{19-2}$$

式中:G 是固体材料的剪切模量;ρ 是固体材料的密度。纵波在固体中的传播速率为

$$u = \sqrt{\frac{Y}{\rho}} \tag{19-3}$$

式中:Y 是固体材料的杨氏模量。在流体中只能形成和传播纵波,其传播速率可以表示为

$$u = \sqrt{\frac{B}{\rho}} \tag{19-4}$$

式中:B 是流体的体变模量,定义为流体发生单位体变需要增加的压强,即

$$B = -\frac{\Delta P}{\Delta V/V}$$

式中负号是由于当压强增大时体积缩小,即 ΔV 为负值。

式(19-2)、式(19-3)和式(19-4)表明,波在弹性介质中的传播速率决定于弹性介质的弹性和惯性,弹性模量是介质弹性的反映,密度则是介质质点惯性的反映。

说明:因为在一定的介质中波速是恒定的,所以波长完全由波源的频率决定。频率越高,波长越短;频率越低,波长越长。而对于频率或周期恒定的波源,因为波速与介质有关,则此波源在不同介质中激发的波的波长又由介质的波速决定。

19.2　平面简谐波方程

Plane simple harmonic equation

一般情况下的波是很复杂的,但存在一种最简单也是最基本的波,这就是当波源作简谐振动时,所引起的介质各点也作简谐振动而形成的波,这种波称为简谐波。任何一种复杂的波都可以表示为若干不同频率、不同振幅的简谐波的合成。波振面为平面的简谐波称为平面简谐波。以下所讨论的就是这种波。

19.2.1　平面简谐波的波函数

假设在各向同性的均匀介质中沿 x 轴方向无吸收地传播着一列平面简谐波,在波射线上取一点 O 作为坐标原点,该波射线就是 x 轴。假设在 t 时刻处于原点 O 的质点的位移可以表示为

$$y_0 = A\cos(\omega t + \varphi_0) \tag{19-5}$$

式中:A 为振幅,ω 为角频率。这样的振动沿着 x 轴方向传播,每传到一处,那里的质点将以同样的振幅和频率重复着原点 O 的振动。现在来考察 x 轴上任意一点 P 的振动情况,这点位于 x 处。振动从原点 O 传播到点 P 所需要的时间为 x/u,在这段时间内点 O 振动了 $\nu x/u$ 次,每振动一次相位改变 2π,所以点 O 在这段时间内振动相位共改变了 $2\pi\nu x/u$。这就是说,点 P 的振动比点 O 的振动落后了 $2\pi\nu x/u$ 的相位,于是点 P 的相位应是 $\omega t - 2\pi\nu x/u$。故点 P 的振动

应写为

$$y = A\cos[\omega(t-\frac{x}{u})+\varphi_0] = A\cos[(\omega t - 2\pi\nu\frac{x}{u})+\varphi_0] \tag{19-6}$$

上式就是沿 x 轴正方向传播的平面简谐波的表示式，称为平面简谐波波函数。由 ω、ν、T、λ 和 u 诸量之间的关系，平面简谐波波函数还可以表示成另一些形式，如

$$\begin{aligned} y &= A\cos[2\pi(\frac{t}{T}-\frac{x}{\lambda})+\varphi_0] = A\cos[2\pi(\nu t-\frac{x}{\lambda})+\varphi_0] \\ &= A\cos\left[\frac{2\pi}{\lambda}(ut-x)+\varphi_0\right] \\ &= A\cos[(\omega t - kx)+\varphi_0] \end{aligned} \tag{19-7}$$

式中：$k=\frac{2\pi}{\lambda}$称为波数，表示在 2π 米内所包含的完整波的数目。

讨论：在简谐波波函数中，包含了两个自变量，即 x 和 t。

(1)当 x 一定时，就是对于波射线上一个确定点，位移 y 是 t 的余弦函数，式(19-6)表示了该确定点做简谐振动的情形。

(2)当 t 一定时，即对于某一确定瞬间，位移 y 是 x 的余弦函数，式(19-6)表示了在该瞬间介质中各质点的位移分布。

(3)当选择一定的 y 值时，式(19-6)表示了 x 与 t 的函数关系。例如，在 t 时刻，x 处质点的位移为 y'，经过了 Δt 时间，位移 y'出现在 $x+\Delta x$ 处，由式(19-6)可得

$$A\cos\ [\omega(t-\frac{x}{u})+\varphi_0] = A\cos\ [\omega(t+\Delta t-\frac{x+\Delta x}{u})+\varphi_0] \Rightarrow \Delta x = u\Delta t$$

这表示，振动状态 y'以波速 u 沿波的传播方向移动。于是可以得出这样的结论：当 x 和 t 都在变化时，式(19-6)表示整个波形以波速 u 沿波射线传播，这就是行波。

(4)式(19-6)中 x 前的负号表示距离坐标原点越远的地方，质点振动的相位越落后，因而表示波是沿 x 轴正方向传播的。假如波是沿 x 轴负方向传播的，考察点 P 的振动相位比坐标原点的振动相位超前，式(19-6)中的负号应改为正号。式(19-7)也是如此。

$$y = A\cos\ [\omega(t+\frac{x}{u})+\varphi_0] \tag{19-8}$$

波函数其他形式：

$$\begin{aligned} y &= A\cos\ [2\pi(\frac{t}{T}+\frac{x}{\lambda})+\varphi_0] = A\cos\ [2\pi(\nu t+\frac{x}{\lambda})+\varphi_0] \\ &= A\cos\left[\frac{2\pi}{\lambda}(ut+x)+\varphi_0\right] \\ &= A\cos\ [(\omega t + kx)+\varphi_0] \end{aligned} \tag{19-9}$$

(5)与简谐振动可以用复数表示一样，平面简谐波波函数也可用复数来表示

$$\tilde{y} = Ae^{i[\omega(t-\frac{x}{u})]} = Ae^{i(\omega t - kx)} \tag{19-10}$$

该复数的实部才是我们关心的平面简谐波波函数。

例 19.1 以 $y=0.04\cos 2.5\pi t$ 的形式作为简谐振动的波源，在某种介质中激发了平面简谐波，并以 100 m·s^{-1} 的速率传播。(1)写出此平面简谐波的波函数；(2)求在波源起振后 1.0 s、距波源 20 m 处质点的位移、速度和加速度。

解 (1)取波的传播方向为 x 轴的正方向，波源所在处为坐标原点，这样平面简谐波波函

数的一般形式可写为

$$y=A\cos\omega(t-\frac{x}{u})\xrightarrow{\text{代入数据}}y=0.04\cos 2.5\pi(t-\frac{x}{100})$$

(2)在 $x=20$ m 处质点的振动可表示为

$$y=0.04\cos2.5\pi(t-0.20)=0.04\sin2.5\pi t$$

在波源起振后 1.0 s,该处质点的位移为

$$y=0.04\sin2.5\pi=0.04\ \text{m}$$

该处质点的速度为

$$v=\frac{\mathrm{d}y}{\mathrm{d}t}=\frac{\mathrm{d}}{\mathrm{d}t}(0.04\sin2.5\pi t)=0.1\pi\cos2.5\pi t=0$$

由此可见,质点的振动速度与波的传播速度是两个完全不同的概念,不能将它们混淆。该处质点的加速度为

$$a=\frac{\mathrm{d}^2y}{\mathrm{d}t^2}=-0.04\ (2.5\pi)^2\sin 2.5\pi t=-0.25\pi^2\sin 2.5\pi=-0.25\pi^2\ \text{m/s}$$

式中负号表示加速度的方向与位移的正方向相反。

例 19.2　有一列平面简谐波,坐标原点按照 $y=A\cos(\omega t+\varphi)$ 的规律振动。已知 $A=0.10$ m,$T=0.50$ s,$\lambda=10$ m,试求解以下问题:

(1)写出此平面简谐波的波函数;

(2)求波射线上相距 2.5 m 的两点的相位差;

(3)假如 $t=0$ 时处于坐标原点的质点的振动位移为 $y_0=0.05$ m,且向平衡位置运动,求初相位并写出波函数。

解　(1)要写波函数,第一步是建立坐标系。既然坐标原点已经给定,则可以取过坐标原点的波射线为 x 轴,x 轴的指向与波射线的方向一致。对于这样的选择,在波函数中 x 前的符号必定是负号。第二步就是求出坐标为 x 的质点在任意时刻的位移。因为处于 x 处的质点在任意时刻的相位都比处于坐标原点的质点的相位落后 $2\pi x/\lambda$,根据已知条件,坐标原点在 t 时刻的相位为 $\omega t+\varphi$,所以在同一瞬间 x 点的相位必定为 $\omega t+\varphi-2\pi x/\lambda$。这样,我们就得到下面的波函数通式

$$y=A\cos(\omega t+\varphi-\frac{2\pi x}{\lambda})$$

其中,$A=0.10$ m,$\lambda=10$ m,$\omega=2\pi/T=4.0\pi\text{rad}\cdot\text{s}^{-1}$,代入上式,得

$$y=0.1\cos(4\pi t+\varphi-\frac{\pi x}{5})\ \text{m}$$

(2)因为波射线上 x 点在任意时刻的相位都比坐标原点的相位落后 $2\pi x/\lambda$,如一点的位置在 x 处,另一点的位置在 $x+2.5$ m 处,它们分别比坐标原点的相位落后 $\Delta\varphi=2\pi\frac{x}{\lambda}$ 和 $2\pi\frac{x+2.5}{\lambda}$。所以这两点的相位差为

$$\Delta\varphi=2\pi(\frac{x+2.5}{\lambda}-\frac{x}{\lambda})=\frac{5\pi}{\lambda}=\frac{\pi}{2}$$

(3)这一问的要求就是根据所给条件求出 φ。$y=0.05$ m 代入坐标原点的振动方程中,可得

$$0.05=0.10\cos\varphi \Rightarrow \cos\varphi=0.5 \Rightarrow \varphi=\pm\frac{\pi}{3}$$

φ取正值还是负值，或者两解都取，这要根据 $t=0$ 时刻处于坐标原点的质点的运动趋势来决定。已知条件告诉我们，初始时刻该质点的位移为正值，并向平衡位置运动，所以与这个质点的运动相对应的旋转矢量在初始时刻处于第一象限，应取正。于是波函数应写为

$$y=0.1\cos(4\pi t+\pi/3-\pi x/5)\ \mathrm{m}$$

19.2.2 波动方程及其推导

为了从动力学角度研究波的传播规律，这里假设一列平面纵波沿横截面为 S、密度为 ρ 的均匀直棒无吸收地传播，取棒沿 x 轴，并将此波的波函数一般地表示为

$$y=y(x,t)$$

在棒上任取一棒元 Δx，如图 19-5 中 AB 所示。当波尚未到达时，截面 A 和截面 B 分别处于 x 和 $x+\Delta x$ 的位置。当波到达时，棒元所发生的形变是长变（或被拉伸，或被压缩），并且各处的长变不同，截面 A 处的位移为 y，截面 B 处的位移为 $y+\Delta y$，因而分别达到图中的 A'和 B'位置。棒元若被拉伸，则两端面受到的弹性力分别为 f_1 和 f_2，如图 19-5 所示。于是可以列出棒元的运动方程

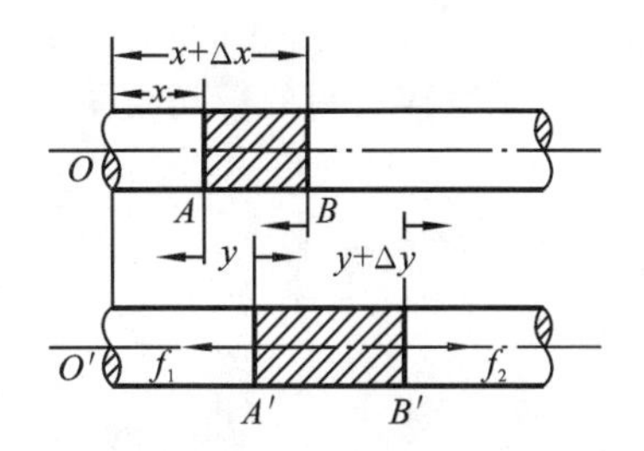

图 19-5 波动方程及其推导

$$f_2-f_1=\rho(S\Delta x)\frac{\partial^2 y}{\partial t^2} \tag{19-11}$$

棒元原长为 Δx，当波传到时，棒元的长变为$(y+\Delta y)-y=\Delta y$，所以拉伸应变为 $\Delta y/\Delta x$，当所取棒元无限缩小时，拉伸应变可写为$\partial y/\partial x$。正如前面所说，当波传到时，各处的拉伸应变是不同的，我们把 x 处的拉伸应变记为$(\partial y/\partial x)_x$。根据胡克定律，作用于棒元 x 处的弹性力的大小可以表示为

$$f_1=YS\left(\frac{\partial y}{\partial x}\right)_x$$

式中：Y 是直棒材料的杨氏模量。我们把 $x+\Delta x$ 处的拉伸应变记为$(\partial y/\partial x)_{x+\Delta x}$，该处弹性力的大小则为

$$f_2=YS\left(\frac{\partial y}{\partial x}\right)_{x+\Delta x}$$

棒元所受合力大小为

$$f_2-f_1=YS\left[\left(\frac{\partial y}{\partial x}\right)_{x+\Delta x}-\left(\frac{\partial y}{\partial x}\right)_x\right]\approx YS\frac{\partial^2 y}{\partial x^2}\Delta x=\rho(S\Delta x)\frac{\partial^2 y}{\partial t^2} \tag{19-12}$$

因为棒元 Δx 很小，所以在上式中略去了 Δx 的高次方项。将式(19-12)代入式(19-11)，得

$$\frac{\partial^2 y}{\partial t^2}=\frac{Y}{\rho}\frac{\partial^2 y}{\partial x^2} \tag{19-13}$$

这就是纵波的波动方程。这个方程式虽然是从均匀直棒中推出的，但适用于一般的固体弹性介质。

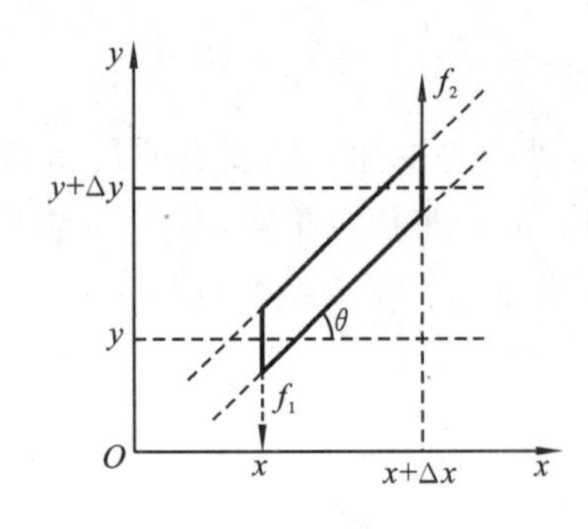

图 19-6　棒元 Δx 发生剪切的示意图

横波的情形,能够产生和传播横波的弹性介质必定是固体,因为只有固体在发生剪切时能够产生剪应力。当横波沿横截面积为 S、密度为 ρ 的均匀直棒无吸收地传播时,直棒各处将发生剪切,并且不同位置上剪应变的量也不同,因而产生或受到的剪应力也不同。图19-6画出了棒元 Δx 发生剪切的示意图,由图可见,棒元的剪应变可表示为 $\Delta y/\Delta x$。当所取棒元无限缩小时,剪应变可写为$\partial y/\partial x$。x 处的剪应变为$(\partial y/\partial x)_x$,该处所受弹性力的大小应表示为

$$f_1 = GS\left(\frac{\partial y}{\partial x}\right)_x$$

式中:G 是直棒材料的剪切模量。同样,$x+\Delta x$ 处所受弹性力的大小应表示为

$$f_2 = GS\left(\frac{\partial y}{\partial x}\right)_{x+\Delta x}$$

于是棒元所受合力为

$$f_2 - f_1 = GS\left[\left(\frac{\partial y}{\partial x}\right)_{x+\Delta x} - \left(\frac{\partial y}{\partial x}\right)_x\right] \approx GS\,\frac{\partial^2 y}{\partial x^2}\Delta x \tag{19-14}$$

根据牛顿第二定律,列出该棒元的运动方程

$$f_2 - f_1 = \rho(S\Delta x)\,\frac{\partial^2 y}{\partial t^2} \tag{19-15}$$

由上两式整理后得

$$\frac{\partial^2 y}{\partial t^2} = \frac{G}{\rho}\,\frac{\partial^2 y}{\partial x^2} \tag{19-16}$$

上式就是横波的波动方程,它适用于能够传播横波的一切介质。

说明:在推导波动方程式(19-13)和式(19-16)时,只是区别了波速不同的纵波和横波,至于方程式(19-13)适用于何种纵波,方程式(19-16)适用于何种横波,振幅多大、频率多高、波振面形状如何,均未涉及。所以我们可以断定,各种可能的纵波波函数都是波动方程式(19-13)的解,各种可能的横波波函数都是波动方程式(19-16)的解。

既然如此,平面简谐波波函数 $y=A\cos(\omega t-kx)$必定是波动方程式(19-13)和式(19-16)的解。由此得:

$$\left.\begin{aligned}&\text{纵波:}\frac{Y}{\rho}=\frac{\omega^2}{k^2}\xrightarrow{\omega^2=k^2u^2}u=\sqrt{Y/\rho}\\&\text{横波:}\frac{G}{\rho}=\frac{\omega^2}{k^2}\xrightarrow{\omega^2=k^2u^2}u=\sqrt{G/\rho}\end{aligned}\right\}\Rightarrow\frac{\partial^2 y}{\partial t^2}=u^2\,\frac{\partial^2 y}{\partial x^2} \tag{19-17}$$

这正是前面给出的纵波波速公式,这里从波动方程中得到了证明。

从上面的讨论中我们已经看到,在波动方程式(19-13)、式(19-16)中,$\frac{\partial^2 y}{\partial x^2}$项前的系数就是波速的平方。

19.3 平面简谐波的能量
Energy of the simple harmonic plane

19.3.1 波的能量及能量密度

棒元处于如图19-7所示的位置，当波到达时，截面 A 的位移为 y，截面 B 的位移为 $y+\Delta y$，因而分别到达图中 A' 和 B' 处。如果棒元的密度为 ρ，截面面积为 S，该棒元的质量为 $\Delta m=\rho S\Delta x$，它所具有的动能为

$$E_k=\frac{1}{2}\Delta m v^2=\frac{1}{2}\rho S\Delta x v^2$$

当波传播到介质中的某个质点上，这个质点将发生振动，因而具有了动能；同时由于该处介质发生弹性形变，因而也就具有了势能。原来静止的质点，动能和势能都为零，由于波的到来，质点发生振动，于是具有了一定的能量。此能量显然是来自波源。所以，我们可以说，波源的能量随着波传播到波所到达的各处。

波源能量随波动的传播，可以用平面简谐纵波沿直棒传播为例加以说明。为此仍然借助于图19-7所示棒元的情形来讨论。波尚未到达时，截面 A 和截面 B 分别处于 x 和 $x+\Delta x$ 处。如果棒中所传播的简谐波的波函数为

$$y=A\cos\omega(t-\frac{x}{u})$$

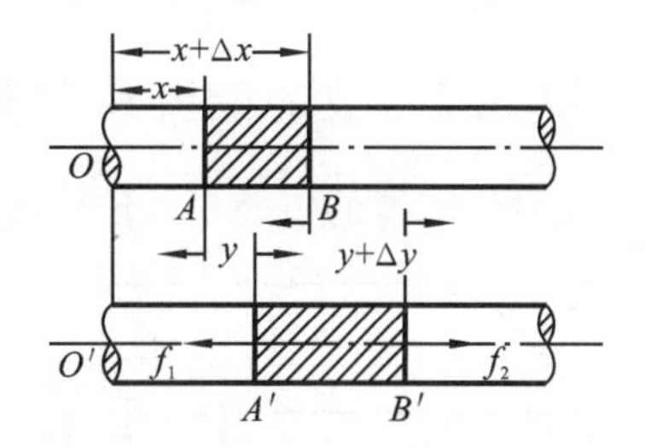

图 19-7 波的能量及能量密度说明图

则振动速度为

$$v=\frac{\mathrm{d}y}{\mathrm{d}t}=-A\omega\sin\omega(t-\frac{x}{u}) \tag{19-18}$$

于是棒元的动能可以表示为

$$E_{\mathrm{k}}=\frac{1}{2}\rho A^2\omega^2(S\Delta x)\sin^2\omega(t-\frac{x}{u}) \tag{19-19}$$

棒元的原长为 Δx，当波传到时，棒元的形变为 $(y+\Delta y)-y=\Delta y$，所以应变为 $\varepsilon_n=\frac{\Delta y}{\Delta x}$。

棒元由于形变而产生的弹性力的大小为

$$f=YS\varepsilon_n=YS\frac{\Delta y}{\Delta x}=k\Delta y$$

式中，$k=\frac{YS}{\Delta x}$是把棒看作为弹簧时棒的劲度系数。棒元的势能可由下式表示

$$\begin{aligned}E_{\mathrm{p}}&=\frac{1}{2}k(\Delta y)^2=\frac{1}{2}Y(S\Delta x)\left(\frac{\partial y}{\partial x}\right)^2=\frac{1}{2}\rho u^2(S\Delta x)\left[A\frac{\omega}{u}\sin\omega(t-\frac{x}{u})\right]^2\\&=\frac{1}{2}\rho A^2\omega^2(S\Delta x)\sin^2\omega(t-\frac{x}{u})\end{aligned} \tag{19-20}$$

可见，势能的表示式与动能的表示式完全相同，都是时间的周期函数，并且大小相等，相位相同。这种情况与单个简谐振子的情况完全不同。

当波传到棒元 AB 时，棒元的总的机械能为

$$E = E_k + E_p = \rho A^2 \omega^2 (S\Delta x) \sin^2 \omega (t - \frac{x}{u}) \tag{19-21}$$

由上式可见,在行波的传播过程中,介质中给定质点的总能量不是常量,而是随时间作周期性变化的变量。这表明,介质中所有参与波动的质点都在不断地接受来自波源的能量,又不断把能量释放出去。在这方面波动与振动的情况是完全不同的,对于振动系统,总能量是恒定的,因而不传播能量。而振动能量的辐射,实际上是依靠波动把能量传播出去的。

介质中单位体积的波动能量,称为波的能量密度,可以表示为

$$w = \frac{E}{\Delta V} = \rho A^2 \omega^2 \sin^2 \omega (t - \frac{x}{u}) \tag{19-22}$$

显然,波的能量密度是随时间作周期性变化的,通常取其在一个周期内的平均值,这个平均值称为平均能量密度。因为正弦函数的平方在一个周期内的平均值是 1/2,所以波的平均能量密度可以表示为

$$\overline{w} = \frac{1}{T}\int_0^T \omega \mathrm{d}t = \frac{1}{2}\rho A^2 \omega^2 \tag{19-23}$$

上式表示,波的平均能量密度与振幅的平方、频率的平方和介质密度的乘积成正比。这个公式虽然是从平面简谐纵波在棒中的传播导出的,但是对于所有机械波都是适用的。

19.3.2　波的能流和能流密度　波强

能量随着波的传播在介质中流动,因而可以引入能流的概念。单位时间内通过介质中垂直于波射线的某面积的能量,称为通过该面积的能流。在介质中取垂直于波射线的面积 S,则在单位时间内通过 S 面的能量等于体积 uS 内的能量,如图 19-8 所示。显然,通过 S 面的能流是随时间作周期性变化的,通常也取其在一个周期内的平均值,这个平均值称为通过 S 面的平均能流,并表示为

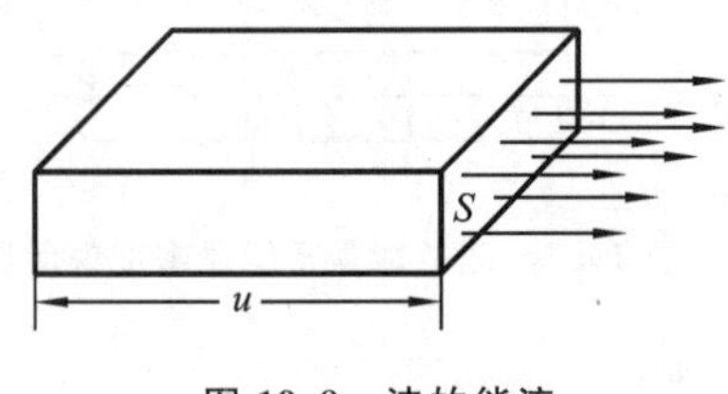

图 19-8　波的能流

$$\overline{P} = \overline{w}uS = \frac{1}{2}\rho A^2 \omega^2 uS \tag{19-24}$$

通过垂直于波射线的单位面积的平均能流,称为能流密度,也称波强度、波强,由下式表示

$$I = \overline{P}/S = \frac{1}{2}\rho A^2 \omega^2 u \tag{19-25}$$

19.3.3　波的吸收

前面讨论中,我们假设媒质是完全弹性均匀的,波在传播过程中媒质不消耗波的能量,因此波在各点的振幅不变。实际上,平面波在均匀媒质中传播时,媒质总是要吸收波的一部分能量,因此,波的强度和振幅都将逐渐减小,所吸收的能量将转换成其他形式的能量(如媒质的内能),这种现象称为波的吸收。

有吸收时,平面波振幅的衰减规律可用下述方法求出。通过极薄厚度 $\mathrm{d}x$ 的一层媒质后,振幅的衰减($-\mathrm{d}A$)正比于此处的振幅 A,也正比于 $\mathrm{d}x$,即

$$-\mathrm{d}A = \alpha A\,\mathrm{d}x \xrightarrow{\text{积分}} A = A_0 \mathrm{e}^{-\alpha x} \tag{19-26}$$

式中:α 为一常量,称为媒质的吸收系数。

由于波强与振幅的平方成正比,所以平面波波强的衰减规律是

$$I = I_0 e^{-2\alpha x} \tag{19-27}$$

α 为介质吸收系数，与介质的性质、温度及波的频率有关。

19.4 惠更斯原理
Huygens principle

19.4.1 惠更斯原理

前面讲过，波动的起源是波源的振动，波动的传播是由于媒质中质点之间的相互作用。如果媒质是连续分布的，媒质中任何一点的振动将直接引起邻近各点的振动，因而在波动中任何一点都可看作新的波源。例如，水面上有一任意波在传播，如图 19-9 所示，在前进中遇到一个障碍物 AB，AB 上有一小孔 O，小孔的孔径 a 与波长 λ 相比很小，这样，我们就可以看到，穿过小孔的波是圆形的波，与原来的形状将无关，这说明小孔可以看作是一个新的波源。

惠更斯(Christiaan Huygens)总结了上述现象，于 1690 年提出，媒质中波动传到的各点，都可以看作是发射子波的波源；在其后的任一时刻，这些波的包迹就决定新的波振面。(Every point on a wave-front may be considered a source of secondary spherical wavelets which spread out in the forward direction. The new wave-front is the tangential surface to all of these secondary wavelets.)这就是惠更斯原理。惠更斯原理对任何波动过程都是适用的，不论是机械波还是电磁波，不论这些波动经过的媒质是均匀的还是非均匀的，只要知道了某一时刻的波振面，便可根据这一原理用几何方法来决定次一时刻的波振面，因而在广泛的范围内解决了波的传播问题。

下面举例说明惠更斯原理的应用。设有波动从波源 O 以速度 u 向周围传播。已知在时刻 t 波振面是半径为 R_1 的球面 S_1，现在要应用惠更斯原理求出在时刻 $t+\Delta t$ 的波振面 S_2，如图 19-10(a)所示，先以 S_1 面上各点为中心(即应用惠更斯原理以同一波振面上各点作为子波波源)，以 $r=u\Delta t$ 为半径，画出许多半球面形的子波，再作公切于各子波面的包迹面，就得到波振面 S_2。显然它就是以 O 为中心，以 $R_2=R_1+u\Delta t$ 为半径的球面。

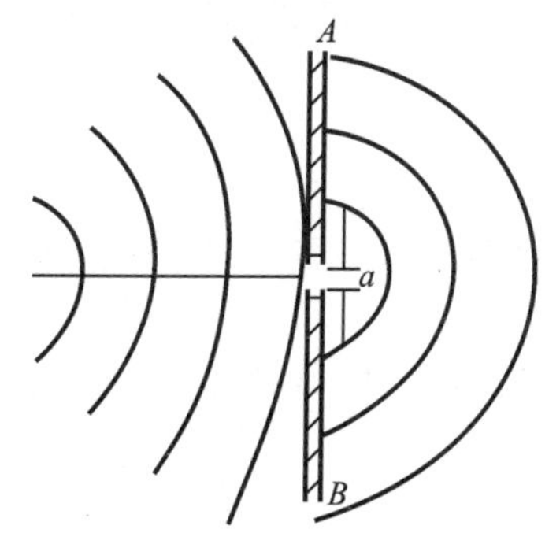

图 19-9 水面上任意波在传播

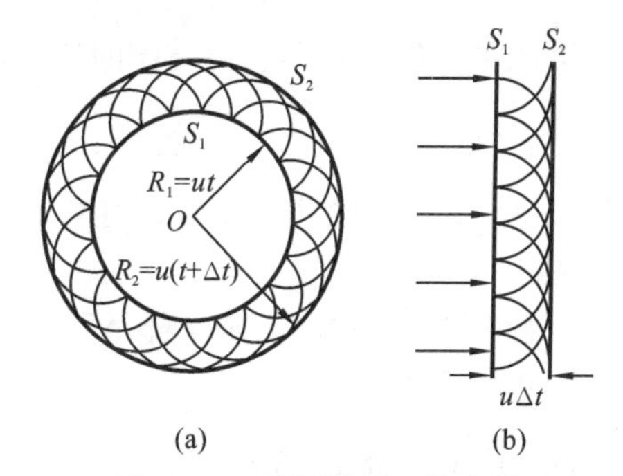

图 19-10 惠更斯原理的应用

半径很大的球面波波振面上的一小部分，事实上可看做平面波振面。例如从太阳射出的球面光波，到达地面时，就可以看作是平面波。如果已知平面波在某时刻的波振面，用惠更斯原理也可求出在次一时刻的波振面 S_2，如图 19-10(b)所示。

当波动在均匀的各向同性媒质中传播时，用上述作图法所求得的波振面形状总是不变的，当波在不均匀的或在各向异性的媒质中传播时，在考虑波速可能发生变化的前提下，同样可用上述作图法求出波振面，显然，这时波振面的几何形状和波的传播方向都有可能发生变化。

应该指出，惠更斯原理并没有说明各个子波在传播中对某一点的振动究竟有多少贡献，这将在光学部分中介绍菲涅耳对惠更斯原理的补充时，就清楚了。

19.4.2 波的反射和折射

实验发现，当波从一种媒质进入另一种媒质时，部分波将被两媒质交界面反射，这部分波称为反射波；而另一部分波则透过交界面进入另一媒质，并改变了传播方向，这部分波称为折射波。实验和理论都证明，机械波和光波都满足反射和折射定律：

(1)反射线和折射线都在由入射线与界面法线所组成的同一平面内；

(2)反射角(反射线与界面法线的夹角)等于入射角(入射线与界面法线的夹角)；

(3)入射角的正弦与折射角(折射线与界面法线的夹角)的正弦之比等于两种媒质中的波速之比。

现在，利用惠更斯原理来证明最后一条定律。

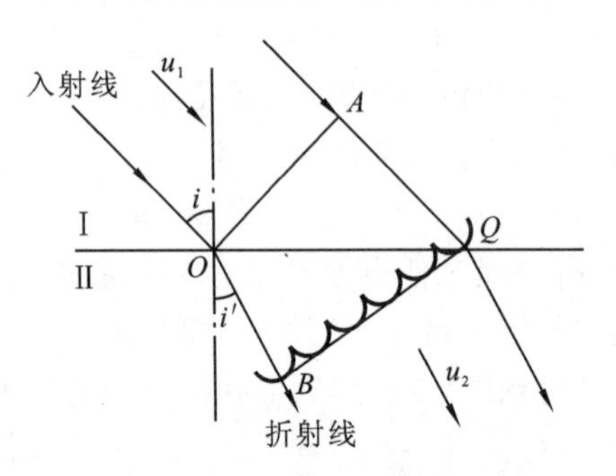

图 19-11　证明惠更斯原理最后一条定律示意图

如图 19-11 所示，OQ 为媒质Ⅰ(波速为 u_1)与媒质Ⅱ(波速为 u_2)的交界面。波以入射角 i 从媒质Ⅰ传播到界面，OA 为此时的波前。其后，部分波进入媒质Ⅱ而速度改变为 u_2，另一部分波继续在媒质Ⅰ中以速度 u_1 传播。设波从 A 点传播至界面 Q 点所经历的时间为 τ，则 $QA=u_1\tau$；同一时间，O 点的波在媒质Ⅱ中传播至 B 点，$OB=u_2\tau$。在界面 OQ 上各点作出相应的次级子波，并画出其包迹 BQ，即折射波的波前，则垂直它的波射线为折射线，折射角为 i'。

由 ΔOAQ 得：
$$\sin i=\frac{AQ}{OQ}=\frac{\tau u_1}{OQ}$$

由 ΔOBQ 得：
$$\sin i'=\frac{OB}{OQ}=\frac{\tau u_2}{OQ}$$

以上两式相除，即得折射定律的数学表达式为

$$\frac{\sin i}{\sin i'}=\frac{u_1}{u_2}\xrightarrow{\text{光波}}\frac{c}{u_2}\frac{u_1}{c}=\frac{n_2}{n_1}=n_{21}\tag{19-28}$$

式中：$n_1=c/u_1$ 为媒质Ⅰ的绝对折射率；$n_2=c/u_2$ 为媒质Ⅱ的绝对折射率。它们分别由媒质的性质决定。

由于任何媒质中的光速 u 都小于真空中的光速 c，因此任何媒质的绝对折射率都大于真空中的绝对折射率 1。

19.4.3 波的衍射

当波在传播过程中遇到障碍物时，其传播方向绕过障碍物发生偏折的现象，称为波的衍射。我们可以应用惠更斯原理来解释这一现象。例如一平面波传播时遇到了像“闸口”那样的阻碍物，波会通过“闸口”并绕到“闸口”的后面去。这一现象可以用惠更斯原理来解释。当波传到闸口时，闸口上的每一点都是波源，并发出子波，作出这些子波的波前，并随即作出这些波前的包络面，这便是通过闸口后的波前，这些波前还要继续向前推进，如图 19-12 所示。

闸口有一定宽度,所以波前的中间部分是平面,波射线是一组平行线,说明是作定向的传播。而波前的两翼部分却不是平面,波射线向闸口的后面弯曲,于是波便绕到闸口后面去了,这就解释了所发生的衍射现象。

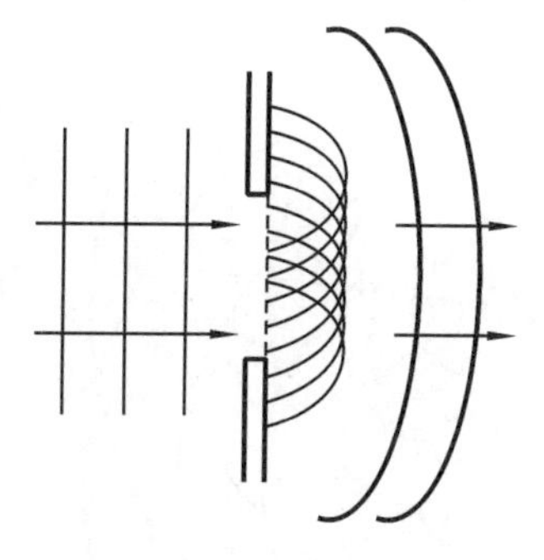

图 19-12　波的衍射

可以设想,衍射现象是否明显与闸口的宽窄有关,闸口越窄保持定向传播的部分越小,衍射现象越明显,闸口越宽,保持定向传播的部分越多,衍射现象就越不明显。这里的宽窄是与波长 λ 相比较而言的,如果闸口宽度 $L\gg\lambda$,则衍射现象不明显,波保持定向传播,如果 L 和 λ 可以比拟时,衍射现象才明显,波不能保持定向传播。对于通常的声波来说,波长 λ 是米的量级,所以衍射现象明显,常常在阻碍物后面能听到声音。而光波的波长为千埃量级(10^{-5} cm),所以日常生活中难以观察到光波的衍射现象,光总是显得是直线传播的。在技术应用中,凡需要定向传播信号时,就应用较短波长的波,例如雷达设置中采用微波(厘米波、毫米波),将信号对准一定方向发射出去,当能接收到由被探测物反射回来的信号时,表明已探测到该物体,并同时可以确定物体离开雷达的距离。

19.5　波的叠加　驻波
Wave superposition, Standing wave

19.5.1　波的叠加原理

大量实验表明:两列或两列以上的波可以互不影响同时通过某一区域;在相遇区域内共同在某质点引起振动,是各列波单独在该质点所引起的振动的合成。这一规律称为波的叠加原理。

在我们的日常生活中经常可以看到波动遵从叠加原理的例子。当水面上出现几个水面波时,我们可以看到它们总是互不干扰地互相贯穿,然后继续按照各自原先的方式传播;我们能分辨包含在嘈杂声中的熟人的声音;收音机的天线通常有许多频率不同的信号同时通过,然而我们可以接收到其中任一频率的讯号,并与其他频率的信号不存在时的情形大体相同。

也正是由于波动遵从叠加原理,我们可以根据傅立叶分析把一列复杂的周期波表示为若干个简谐波的合成。

19.5.2　波的干涉现象和规律

波的叠加原理告诉我们,两列或两列以上的波相遇时,相遇区质点的振动应是各列波单独引起的振动的合成。如果两列频率相同、振动方向相同并且相位差恒定的波相遇,我们会观察到,在交叠区域的某些位置上,振动始终加强,而在另一些位置上,振动始终减弱或抵消,这种现象称为波的干涉。能够产生干涉现象的波,称为相干波,它们是频率相同、振动方向相同并且相位差恒定的波,这些条件称为相干条件。激发相干波的波源,称为相干波源。

图 19-13 中的 S_1 和 S_2 是两个相干波源,它们发出的两列相干波在空间的点 P 相遇,点 P 到 S_1 和 S_2 的距离分别为 r_1 和 r_2。下面来分析点 P 的振动情形。为了保证相干条件的满足,我们假设波源 S_1 和 S_2 的振动方向垂直于 S_1、S_2 和点 P 所在的平面。两个波源的振动为简谐振动,即

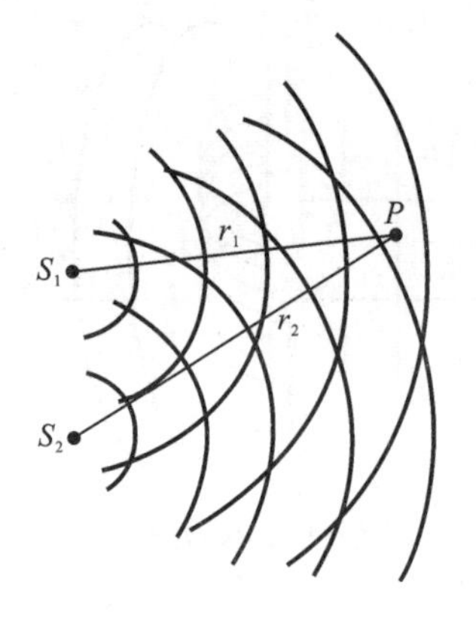

图 19-13　波的干涉

$$y_{10}=A_{10}\cos(\omega t+\varphi_1),y_{20}=A_{20}\cos(\omega t+\varphi_2)$$

式中:ω 是两个波源的振动角频率;A_{10} 和 A_{20} 分别是它们的振幅;φ_1、φ_2 分别是它们的初相位,根据相干条件,应是恒定的。波到达点 P 时的振幅若分别为 A_1 和 A_2,则到达点 P 的两个振动可写为

$$y_1=A_1\cos(\omega t+\varphi_1-\frac{2\pi r_1}{\lambda}),\quad y_2=A_2\cos(\omega t+\varphi_2-\frac{2\pi r_2}{\lambda}) \tag{19-29}$$

式中:λ 是波长。点 P 的合振动为

$$y=y_1+y_2=A\cos(\omega t+\varphi) \tag{19-30}$$

式中:A 是合振动的振幅。

$$A=\sqrt{A_1^2+A_2^2+2A_1A_2\cos(\varphi_2-\varphi_1-2\pi\frac{r_2-r_1}{\lambda})} \tag{19-31}$$

合振动的初相位 φ 由下式决定

$$\tan\varphi=\frac{A_1\sin(\varphi_1-2\pi r_1/\lambda)+A_2\sin(\varphi_2-2\pi r_2/\lambda)}{A_1\cos(\varphi_1-2\pi r_1/\lambda)+A_2\cos(\varphi_2-2\pi r_2/\lambda)} \tag{19-32}$$

两列相干波在空间任意一点 P 所引起的两个振动的相位差

$$\Delta\varphi=\varphi_2-\varphi_1-2\pi\frac{r_2-r_1}{\lambda} \tag{19-33}$$

它是不随时间改变而变化的;由它决定的点 P 的合振动的振幅 A 也是不随时间改变而变化的。但它是空间坐标的函数,其值决定了合振动振幅的大小在相应空间点是加强还是减弱。

$$\Delta\varphi=\begin{cases}\pm 2k\pi(k=0,1,2,\cdots),A=A_1+A_2,\text{加强(干涉相长),最大}\\ \pm(2k+1)\pi(k=0,1,2,\cdots),A=|A_1-A_2|,\text{减弱(干涉相消),最小}\end{cases}$$

讨论:(1)$\varphi_1=\varphi_2$,加强和减弱只与两波的波程差 $\delta=r_2-r_1$ 有关。

$$\delta=\begin{cases}\pm 2k\dfrac{\lambda}{2},\text{加强}\\ \pm(2k+1)\dfrac{\lambda}{2},\text{减弱}\end{cases}$$

即波程差等于半波长的偶数倍时,点 P 为干涉加强;波程差等于半波长的奇数倍时,点 P 为干涉减弱。

(2)在相位差 $\Delta\varphi$ 或波程差 δ 介于以上两种情况之间的点上,合振动的振幅介于上述振幅最大值和最小值之间。

图 19-14 是两个相位相同的相干波源 S_1 和 S_2 发出的波在空间相遇并发生干涉的示意图。图中实线表示波峰,虚线表示波谷。在两波的波峰与波峰相交处或波谷与波谷相交处,合振动的振幅为最大;在波峰与波谷相交处,合振动的振幅为最小。用水面波可以进行波的干涉现象的演示。

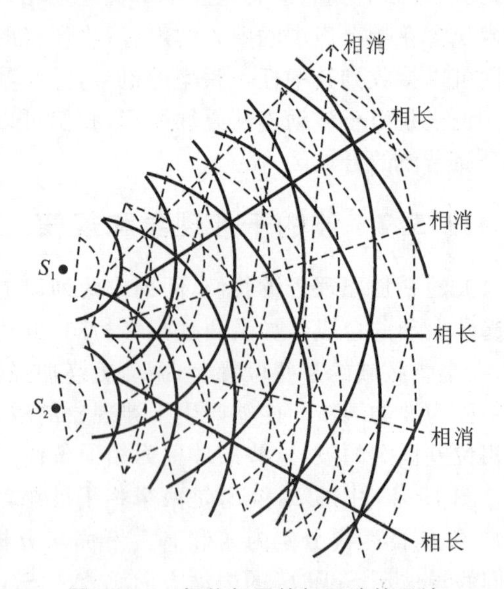

图 19-14　相位相同的相干波的干涉

19.5.3 驻波

当两列振幅相同的相干波沿同一直线相向传播时，合成的波是一种波形不随时间变化的波，称为驻波。驻波实际上是波的干涉的一种特殊情况。我们可以在一根紧张的弦线上观察到驻波。例如，在小提琴、二胡等弦乐器上，弦绷得很紧，张力大，而弦又轻，所以弦上的波速很大，每秒可达几百米，当弓拉动时，振动很快传出，并由弦的端点发生反射，因此弦上既有弓所激起的波，又有反射波，这两种波同时传播合成的结果却看不到波形的传播，这就是所谓的驻波（见图 19-15）。

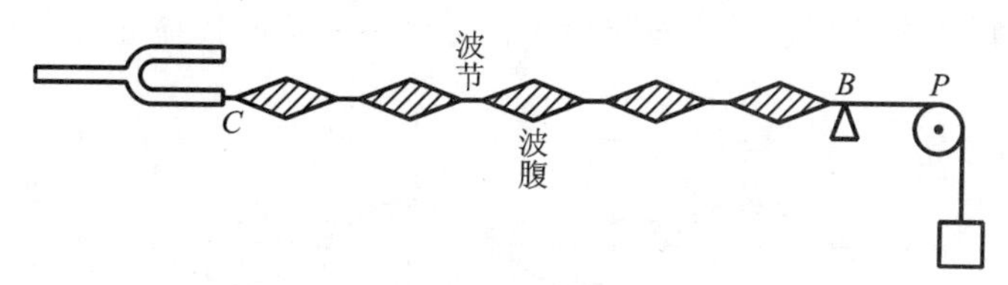

图 19-15 驻波

现在研究两列同频率的波（入射波和反射波）沿相反方向传播时的合成波，设两列波波幅相等，入射波和反射回来的波函数分别为

$$y_1 = A\cos(\omega t - \frac{2\pi}{\lambda}x), \quad y_2 = A\cos(\omega t + \frac{2\pi}{\lambda}x) \tag{19-34}$$

其合成波

$$y = y_1 + y_2 = A[\cos(\omega t - \frac{2\pi}{\lambda}x) + \cos(\omega t + \frac{2\pi}{\lambda}x)] = 2A\cos\frac{2\pi}{\lambda}x\cos\omega t \tag{19-35}$$

此即合成波的解析表示式，它是两个因子的乘积，第一个因子 $2A\cos\frac{2\pi}{\lambda}x$，只与坐标 x 有关，与时间 t 无关；第二个因子 $\cos\omega t$ 只与时间 t 有关，与坐标 x 无关。正由于这个原因，没有入射波或反射波单独传播时的相位依次滞后或超前的问题，即没有波形传播的现象，因而也就形成了所谓的“驻波”，“驻波”之名而就由来于此。

合成波的振幅 $2A\cos\frac{2\pi x}{\lambda}$，它随着 x 坐标的变化而变化，如图 19-16 所示。

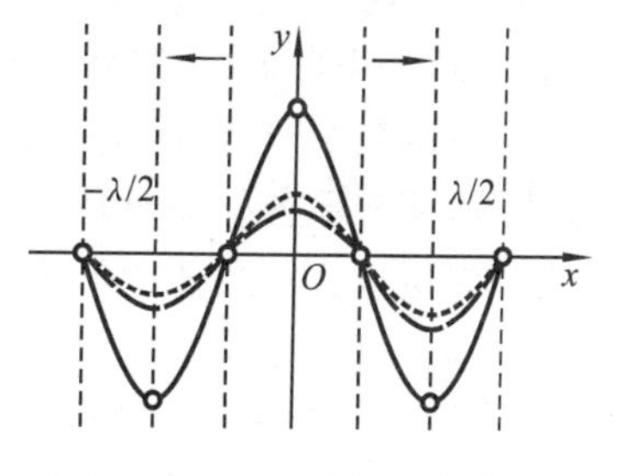

图 19-16 合成波的振幅随 x 坐标的变化而变化

由式(19-35)可以求得波腹和波节的位置。波腹是振幅最大的位置，所以

$$\left|2A\cos\frac{2\pi x}{\lambda}\right| = 2A \Rightarrow x = \pm 2k\frac{\lambda}{4}(k = 0,1,2,\cdots) \tag{19-36}$$

波节是静止不动的位置，振幅为零，所以

$$2A\cos\frac{2\pi x}{\lambda} = 0 \Rightarrow x = \pm(2k+1)\frac{\lambda}{4}(k = 0,1,2,\cdots) \tag{19-37}$$

由式(19-36)和式(19-37)可见，相邻波腹或相邻波节的距离都是半波长。

如果由 $x=0$ 起开始出发，顺着 x 增加的方向来看振幅的变化时，我们发现：合成波有一系列彼此相距半个波长的节点，它们始终不振动。相邻二节点之间是正振幅与负振幅相间着分布。具体地说，每跨过一个节点，振幅改变一次符号。而相邻两波节之间的各点振幅不同，但相位相同。

作为一种变通的办法，如果不想用负振幅这个名称，则也可以把负振幅改为正振幅，这时原来在负振幅的地方应理解为相位相反了，于是我们重新叙述上述情形时，就应改为：合成波有一系列彼此相距半个波长的节点，它们始终不振动，相邻两波节之间的各点振幅不同，但相位相同，而每跨过一个节点，则相位相反。

从时间进程中重新来看合成波随时间的状态变化时，发现所有各点是同时到达最大偏离(正向的，也有负向的)随后同时通过平衡位置，又同时到达另一方的最大偏离位置(负向的、正向的)。

为了说明作为合成波的驻波具有上述动态形象，可采用描图法，如图 19-17 所示，即描绘出各时刻的波形来说明。这时应首先画出沿正向传播和沿负向传播的波，然后再合成之。

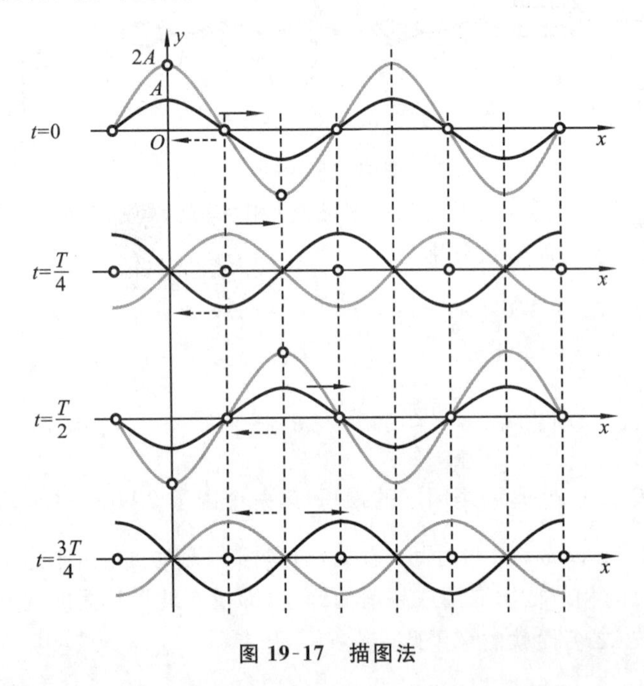

图 19-17 描图法

我们分析一下驻波的能量。当驻波形成时，介质各点必定同时达到最大位移，又同时通过平衡位置。我们就分析这两个状态的情形：当介质质点达到最大位移时，各质点的速度为零，即动能为零，而介质各处却出现了不同程度的形变，越靠近波节处形变量越大。所以在此状态下，驻波的能量以弹性势能的形式集中于波节附近。当介质质点通过平衡位置时，各处的形变都随之消失，弹性势能为零，而各质点的速度都达到了自身的最大值，以波腹处为最大。所以在这种状态下，驻波的能量以动能的形式集中于波腹附近。由这两种状态的情形可见一斑。于是我们可以得出这样的结论：在驻波中，波腹附近的动能与波节附近的势能之间不断进行着互相转换和转移，却没有能量的定向传播。

在图 19-15 中，反射点 B 是固定不动的，此处成为驻波的波节，这说明反射波与入射波在点 B 的相位是相反的。也就是说，入射波在此处转变为反射波时产生了 π 的相位跃变，相当于再传播半个波长后再发射，所以在固定点 B 所产生的 π 相位跃变，通常称为半波损失。假若反射点 B 是自由的，此点将成为驻波的波腹，则反射波与入射波在此处是同相位的，因而不存在半波损失。

那么反射点在什么情况下形成波节，在什么情况下形成波腹呢？原来这是由一个叫作波阻抗的量来决定的。介质的波阻抗 Z 定义为介质的密度 ρ 与该介质的波速 u 的乘积，即

$$Z=\rho u \tag{19-38}$$

可见，波阻抗是反映介质性质的物理量。如果波被波阻抗较小的介质反射回来，反射点形成波腹；如果波被波阻抗较大的介质反射回来，反射点形成波节。

弦乐器的弦上能形成驻波并且能持续存在下去的条件是弦固定的两端必须是波节，即要求弦长 L 应是半波长或半波长的整数倍。即 $L=n\frac{\lambda}{2}$（n 是任意整数），$L=n\frac{v_{相}}{2f}$，因此

$$f=n\frac{v_{相}}{2L}=\frac{n}{2L}\sqrt{\frac{T}{\rho_{线}}} \tag{19-39}$$

由此可见，只有频率满足式(19-39)的那些振动才能在弦上形成驻波并持续存在下去。这些频率就是弦的本征频率。在调整好弦的紧张程度以后，可以用改变长度 L（这就是用手按弦上不同位置的方式）来改变振动频率 f，从而演奏出美妙动听的乐曲。

例 19.3 在同一介质中有两个相干波源分别处于点 P 和点 Q，假设由它们发出的平面简谐波沿从 P 到 Q 连线的延长线方向传播。已知 $PQ=3.0\ \text{m}$。两波源的频率 $\nu=100\ \text{Hz}$，振幅相等，P 的相位比 Q 的相位超前 $\pi/2$，介质提供的波速 $u=400\ \text{m}\cdot\text{s}^{-1}$。在 P、Q 连线延长线上 Q 一侧有一点 S，S 到 Q 的距离为 r，试写出两波源在该点产生的分振动，并求它们的合成。

解 可以取点 P 为坐标原点，取过 P、Q 和 S 的直线为 x 轴，方向向右，如图 19-18 所示，与波射线的方向一致。根据题意，P 的振动比 Q 的振动超前 $\pi/2$，适当选择计时零点，可使 $\varphi_Q=0$，同时根据已知条件可以求得

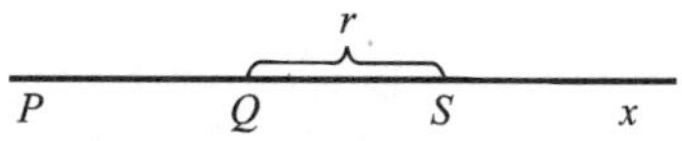

r
P Q S x

图 19-18 例 19.3 图

$$\omega=2\pi\nu=200\pi\ \text{rad}\cdot\text{s}^{-1}$$

设两波的振幅为 A，于是可以写出 P、Q 波源在点 S 的分振动分别为

$$y_P=A\cos\left[200\pi\left(t-\frac{r+3}{400}\right)+\frac{\pi}{2}\right],\quad y_Q=A\cos\left[200\pi\left(t-\frac{r}{400}\right)\right]$$

下面让我们来分析这两个分振动的合成。显然，在波射线上任何一点，这两个振动的合成都满足在同一条直线上两个同频率的简谐振动，合振动的振幅决定于两个分振动在该点的相位差。在点 S 两个分振动的相位差为

$$\Delta\varphi=\left[200\pi\left(t-\frac{r+3}{400}\right)+\frac{\pi}{2}\right]-\left[200\pi\left(t-\frac{r}{400}\right)\right]=-\pi$$

正好满足干涉相消的条件，即 S 静止不动。从 $\Delta\varphi$ 的表示式中我们还可以看到，$\Delta\varphi$ 与 r 无关，即无论 S 处于 Q 右侧的什么位置上，总是满足干涉相消的条件的。所以说，在 x 轴上 Q 以右的整个区域都满足干涉相消的条件，处于这个区域的所有介质质点实际上都是静止不动的。

19.6 声 波

Sound wave

声波是一种机械波，由物体（声源）振动产生，借助各种介质向四面八方传播。一般声波是一种纵波，是弹性介质中传播的压力振动。但在固体中传播时，也可以同时混有纵波与横波。人耳可以听到的声波频率一般在 20 Hz 到 20000 Hz 之间，而频率小于 20 Hz 的声波称为次声波，频率高于 20000 Hz 的声波称为超声波。

19.6.1 声压(sound pressure)

某一时刻,在介质中某处,有声波传播时的压强与无声波时的静压强之差称为声压。

如图 19-19 所示,设介质的质量密度为 ρ,介质中没有声波时的压强为 p_0,有声波时左侧声压为 p,有声波时右侧声压为 $p+\mathrm{d}p$,则稀疏处声压为负值,稠密处声压为正值。

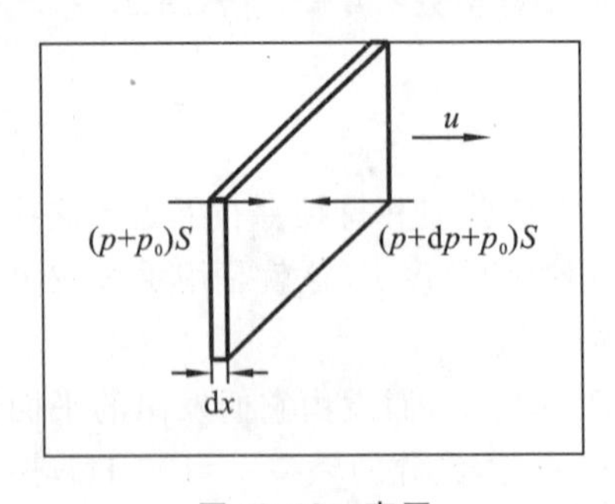

图 19-19　声压

由牛顿第二定律:

$$(p+p_0)S-(p+\mathrm{d}p+p_0)S=\rho S\mathrm{d}x\cdot a \tag{19-40}$$

简化后有

$$-\mathrm{d}p=\rho a\mathrm{d}x \tag{19-41}$$

设声波的波动方程为

$$y=A\cos\omega\left(t-\frac{x}{u}\right) \tag{19-42}$$

则质元的振动速度为

$$v=\frac{\partial y}{\partial t}=-\omega A\sin\omega\left(t-\frac{x}{u}\right) \tag{19-43}$$

质元的振动加速度为

$$a=\frac{\partial^2 y}{\partial t^2}=-A\omega^2\cos\omega(t-\frac{x}{u}) \tag{19-44}$$

将式(19-44)代入式(19-41)得到

$$\mathrm{d}p=\rho A\omega^2\cos\omega(t-\frac{x}{u})\mathrm{d}x \tag{19-45}$$

两边积分:

$$p=-\rho A\omega u\sin\omega\left(t-\frac{x}{u}\right)=\rho uv \tag{19-46}$$

由式(19-46)得到结论:声压随空间位置和时间作周期性变化,并且与振动速度同相位。

与前面式(19-38)比较,在这里我们把 $Z=\rho u$ 叫声阻抗,声阻抗较大的介质称为波密介质,声阻抗较小的介质称为波疏介质。声波在两种不同介质分界面上反射和折射时的能量分配由该两种介质的声阻抗来决定。

19.6.2 声强和声强级

与本章第 3 节的推导及定义类似,声波的波强叫声强。

声强是声波的平均能流密度:

$$I=\frac{1}{2}\rho A^2\omega^2 u \tag{19-47}$$

声压的幅值:

$$p_{\mathrm{m}}=\rho A\omega u \tag{19-48}$$

声强与声压之间的关系:

$$I=\frac{1}{2}\frac{p_{\mathrm{m}}^2}{\rho u} \tag{19-49}$$

声压和声强随频率增加而增大。恰好能引起听觉的最低声强叫听觉阈,又叫闻阈(threshold of hearing);恰好能引起痛觉的最低声强叫痛觉阈(threshold of pain)。

人耳所感觉到声波的响度并非正比于声强,而是正比于声强的对数,因此声学中通常采用 $\log_{10}\frac{I}{I_0}$ 表示声的强度,并称为声强级,记做

$$L = \log_{10}\frac{I}{I_0} \tag{19-50}$$

式中：$I_0 = 10^{-12}\,\frac{\mathrm{W}}{\mathrm{m}^2} = 10^{-16}\,\frac{\mathrm{W}}{\mathrm{cm}^2}$，这是对于频率 $f = 1\times10^3$ Hz 的声波人们所能感觉到的最低声强值，即闻阈，对不同的频率有不同闻阈，I_0 也是人耳对各种频率的声波中所能感觉到的最低声强值，即最低的闻阈了。如图 19-20 所示给出了声强值的大致范围划分。

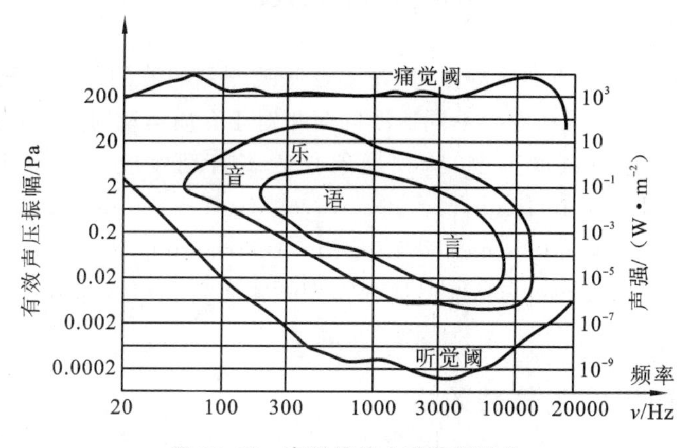

图 19-20 声强值的大致范围划分

L 的单位叫贝尔(B)，分贝(dB)为 1/10 贝尔，正常声音的声强级大致为 40～60 dB。

19.6.3 超声波(supersonic wave)和次声波(infrasonic wave)

1. 超声波是频率处于 2×10^4 Hz 至 5×10^8 Hz 的声波

产生超声波的装置主要有两类：机械型超声发生器(例如气哨、汽笛和液哨)和电声型超声发生器(利用压电晶体的电致伸缩效应和铁磁物质的磁致伸缩效应制成)。

超声波的特点首先是定向传播性好，在一定距离内沿直线传播。这一特性已被广泛用于超声波探伤、测厚、测距、遥控和超声成像技术。其次，其穿透能力强，易于获得较集中的声能，可进行超声焊接、切割、钻孔等加工。它的空化作用可进行固体的粉碎、乳化 、脱气、除尘、去锅垢、清洗等。

2. 次声波的频率介于 10^{-4} Hz 至 20 Hz 之间

次声波产生的声源相当广泛，如火山爆发、坠入大气层中的流星、极光、地震、海啸、台风、雷暴、龙卷风、电离层扰动，等等。利用人工的方法也能产生次声波，例如核爆炸、火箭发射、化学爆炸，等等。

由于次声波的频率很低，其最显著的特点是不容易被吸收，具有极强的穿透力，不仅可以穿透大气、海水、土壤，而且还能穿透坚固的钢筋水泥构成的建筑物，甚至能穿透坦克、军舰、潜艇和飞机，传播距离很远。

1883 年 8 月 27 日印度尼西亚的喀拉喀托火山爆发时，它所产生的次声波围绕地球转了三圈，传播了十几万千米。当时，人们利用简单的微气压计曾记录到它。次声波不但“跑”得远，而且它的速度大于风暴传播的速度，所以它就成了海洋风暴来临的前奏曲，人们可以利用次声波来预报风暴的来临。

次声穿透人体时,不仅能使人产生头晕、烦躁、耳鸣、恶心、心悸、视物模糊,吞咽困难、胃痛、肝功能失调、四肢麻木,而且还可能破坏大脑神经系统,造成大脑组织的重大损伤。次声波对心脏的影响最为严重,最终可导致死亡。

19.7 多普勒效应 Doppler effect

当波源和观察者都相对于介质静止时,观察者所观测到的波的频率与波源的振动频率一致。当波源和观察者之一,或两者以不同速度同时相对于介质运动时,观察者所观测到的波的频率将高于或低于波源的振动频率,这种现象称为多普勒效应。(The Doppler effect(or Doppler shift)is the change in frequency of a wave(or other periodic event)for an observer moving relative to its source. It is named after the Austrian physicist Christian Doppler, who proposed it in 1842 in Prague.)它是由奥地利物理学家多普勒(J. C. Doppler, 1803—1853)在1842年发现的。

19.7.1 机械波的多普勒效应

多普勒效应在我们日常生活中经常可以遇到。例如,当火车由远处开来时,我们所听到的汽笛声高而尖,当火车远去时汽笛声又变得低沉了。下面我们就来分析波源和观察者都相对于介质运动时,发生在两者连线上的多普勒效应。

观察者所观测到的波的频率,取决于观察者在单位时间内所观测到的完整波的数目,或者说取决于单位时间内通过观察者的完整波的数目,即

$$\nu=\frac{u}{\lambda}$$

式中:u 是波在该介质中的传播速率;λ 是波长。

下面分四种情形讨论。

(1)假设波源相对于介质静止,观察者以速率 v_0 向着波源运动。这时观察者在单位时间内所观测到的完整波的数目要比它静止时多。在单位时间内他除了观察到由于波以速率 u 传播而通过他的 u/λ 个波以外,还观测到由于他自身以速率 v_0 运动而通过他的 v_0/λ 个波。所以观察者在单位时间内所观测到的完整波的数目为

$$\nu'=\frac{u}{\lambda}+\frac{v_0}{\lambda}=\frac{u+v_0}{u/\nu}=\frac{u+v_0}{u}\nu \tag{19-51}$$

(2)当观察者以速率 v_0 离开静止的波源运动时,在单位时间内所观测到的完整波的数目要比它静止时少 v_0/λ。因此,他所观测到的完整波的数目为

$$\nu'=\frac{u-v_0}{u}\nu \tag{19-52}$$

总之,当波源相对于介质静止、观察者在介质中以速率 v_0 运动时,观察者所接收到的波的频率可表示为

$$\nu'=\frac{u\pm v_0}{u}\nu \tag{19-53}$$

式中正号对应于观察者向着波源运动,负号对应于观察者离开波源运动。

(3)现在假设观察者相对于介质静止,而波源以速率 v_S 向着观察者运动。这时在波源的

运动方向上,向着观察者一侧波长缩短了,如图19-21所示。图中 O 表示观察者,S 表示波源。在向着观察者一侧,波长比波源静止时缩短了 v_S/ν;在背离观察者一侧,波长比波源静止时伸长了 v_S/ν。所以到达观察者处的波长不再是 $\lambda=u/\nu$,而是 $\lambda'=(u/\nu)-(v_S/\nu)$。这样,观察者所观测到的波的频率为

$$\nu'=\frac{u}{\lambda'}=\frac{u}{(u-v_S)/\nu}=\frac{u}{(u-v_S)}\nu \tag{19-54}$$

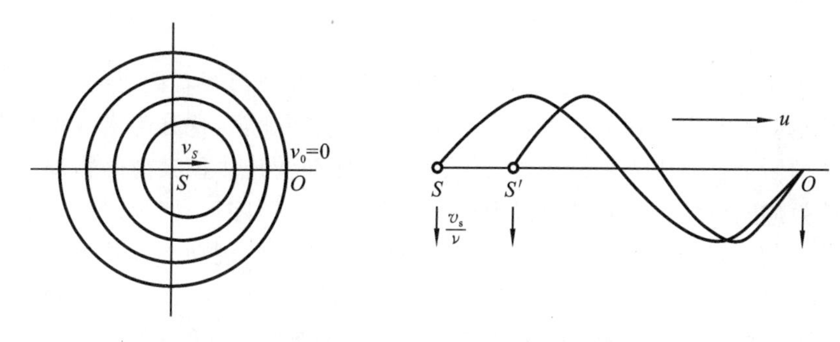

图19-21　观察者相对于介质静止的情况

(4)当波源以速率 v_S 离开观察者运动时,观察者所观测到的波的频率应为

$$\nu'=\frac{u}{(u+v_S)}\nu \tag{19-55}$$

总之,当观察者相对于介质静止,而波源在介质中以速率 v_S 运动时,观察者所观测到的波的频率可以表示为

$$\nu'=\frac{u}{(u\pm v_S)}\nu \tag{19-56}$$

式中负号对应于波源向着观察者运动,正号对应于波源离开观察者运动。

把以上假设的两种情况综合起来,观察者以速率 v_0、波源以速率 v_S 同时相对于介质运动,观察者所观察到的频率可以表示为

$$\nu'=\frac{u\pm v_0}{(u\pm v_S)}\nu \tag{19-57}$$

式中的符号是这样选择的:分子取正号、分母取负号对应于波源和观察者沿其连线相向运动;分子取负号、分母取正号对应于波源和观察者沿其连线相背运动。值得注意的是,无论观察者运动还是波源运动,虽然都能引起观察者所观测到的波的频率的改变,但频率改变的原因却不同:在观察者运动的情况下,频率的改变是由于观察者观测到波数增加或减少;在波源运动的情况下,频率的改变是由于波长的缩短或伸长。

以上关于弹性波多普勒效应的频率改变公式,都是在波源和观察者的运动发生在沿两者连线的方向(即纵向)上推得的。如果运动方向不沿两者的连线,则在上述公式中的波源和观察者的速度是沿两者连线方向的速度分量,这是因为弹性波不存在横向多普勒效应。

19.7.2　电磁波的多普勒效应

多普勒效应是波动过程的共同特征,不仅机械波有多普勒效应,电磁波(包括光波)也有多普勒效应。因为电磁波的传播不依赖弹性介质,所以波源和观察者之间的相对运动速度决定了接收到的频率。电磁波以光速传播,在涉及相对运动时必须考虑相对论时空变换关系。计算证明,当波源和观察者以速度 v 沿两者连线互相趋近时,观测频率 ν' 与波源频率 ν 的关系,

可以根据相对性原理和光速不变原理推得

$$\nu' = \nu\sqrt{\frac{c+v}{c-v}} \tag{19-58}$$

式中:c 是光在真空中的传播速度。在上式中,若波源和观察者以相对速度 v 彼此远离,则 v 为负值。电磁波还存在横向多普勒效应,即当波源和观察者的相对速度 v 垂直于它们的连线时,观测频率可以表示为

$$\nu' = \nu\sqrt{1-v^2/c^2} \tag{19-59}$$

多普勒效应现已在科学研究、空间技术、医疗诊断各方面都有着广泛的应用。分子、原子或离子由于热运动而使它们发射或吸收的光谱线频率范围变宽,这称为谱线多普勒增宽。谱线多普勒增宽的测定已经成为分析恒星大气、等离子体和受控热核聚变的物理状态的重要手段。根据多普效应制成的雷达系统可以十分准确而有效地跟踪运动目标(如车辆、舰船、导弹和人造卫星等)。利用超声波的多普勒效应可以对人体心脏的跳动以及其他内脏的活动进行检查,对血液流动情况进行测定等。

光的多普勒效应在天体物理学中有许多重要应用。例如用这种效应可以确定发光天体是向着还是背离地球而运动,运动速率有多大。通过对多普勒效应所引起的天体光波波长偏移的测定,发现所有被进行这种测定的星系的光波波长都向长波方向偏移,这就是光谱线的多普勒红移,从而确定所有星系都在背离地球运动。这一结果成为宇宙演变的所谓"宇宙大爆炸"理论的基础。"宇宙大爆炸"理论认为,现在的宇宙是从大约 150 亿年以前发生的一次剧烈的爆发活动演变而来的,此爆发活动就称为"宇宙大爆炸"。"大爆炸"以其巨大的力量使宇宙中的物质彼此远离,它们之间的空间在不断增大,因而原来占据的空间在膨胀,也就是整个宇宙在膨胀,并且现在还在继续膨胀着。

例 19.4　静止不动的超声波探测器能够发射出频率为 100 kHz 的超声波。有一车辆迎面驶来,探测器所接收的从车辆反射回来的超声波频率为 112 kHz。如果空气中的声速为 340 $\mathrm{m\cdot s^{-1}}$,试求车辆的行驶速度。

解　当超声波从探测器传向车辆时,车辆是观察者,根据式(19-51),车辆接收到的超声波的频率为

$$\nu' = \frac{u+v}{u}\nu$$

式中:u 是空气中的声速;

v 是车辆的行驶速度;

ν 是探测器发出的超声波的频率。

在超声波被车辆反射回探测器的过程中,车辆变为波源,而探测器成为观察者。这时探测器所接收到的反射频率为

$$\nu'' = \nu'\frac{u}{u-v} = \nu\frac{u+v}{u-v} \Rightarrow v = u\frac{\nu''-\nu}{\nu''+\nu} = 19.2\ \mathrm{m\cdot s^{-1}}$$

19.8　相速度和群速度

Phase velocity and group velocity

相速度,指的是单一频率的波的传播速度,但是实际存在的波不是单频的,媒质对这个波

必然是色散的，那么，传播中的波由于各不同频率的成分运动快慢不一致，会出现扩散，但假若这个波是由一群频率差别不大的简谐波组成，这时在相当长的传播过程中总的波仍将维持为一个整体，以一个固定的速度运行。这个特殊的波群称为“波包”，这个速度称为群速度。与相速度不同，群速度的值比波包的中心相速度要小，并且两者的差值同中心相速度随波长而变化的平均率成正比。群速度是波包的能量传播速度，也是波包所表达信号的传播速度。

19.8.1 相速度

前面讲过振动状态在空间的传播速度称为波速，又称相速度。(The phase velocity of a wave is the rate at which the phase of the wave propagates in space. This is the velocity at which the phase of any one frequency component of the wave travels.)如沿 x 轴正方向传播的平面简谐波，其表达式为：

$$y = A\cos(\omega t - kx) \tag{19-60}$$

式中，$\omega t - kx$ 称为波相，当 $\omega t - kx$ 一定时，则 y 值一定。当 t 增大时，x 必须增大，才能保持 $\omega t - kx$ 不变。这意味着用 $\omega t - kx$ 描述的振动状态随着时间的推移向 x 的正方向传播。相速度即波相传播的速度，等于 x 对 t 的变化率，令 $\omega t - kx$ = 常量，将上式两边微分，经整理得到：

$$u = \frac{\mathrm{d}x}{\mathrm{d}t} = \frac{\omega}{k} \tag{19-61}$$

u 就是所求的相速度，这里 $\omega = 2\pi\nu$，$k = \dfrac{2\pi}{\lambda}$，代入得到：

$$u = \lambda\nu = \frac{\lambda}{T} \tag{19-62}$$

这就是大家熟悉的相速度公式。

从根本上讲，相速度的大小取决于媒质的性质。弹性波由弹性媒质的力学性质决定，电磁波由媒质的折射率决定。

实验和理论证明，相速度的大小还与波的频率有关。光的色散现象就是波速与频率有关的明显例证。通常把相速度与频率无关的媒质称为无色散媒质；把相速度随频率而变的媒质称为色散媒质。

19.8.2 群速度

在无色散媒质中，只要用相速度描述波的传播即可，但是在色散媒质中，要描述任意一种波(如图 19-22 所示的非简谐波)的传播只有相速度就不够了，需要引入群速度的概念。(The group velocity of a wave is the velocity with which the overall shape of the wave's amplitudes — known as the modulation or envelope of the wave — propagates through space.)

图 19-22 非简谐波

根据傅立叶分析，任何一个复杂的波，都可以分解成许多不同频率成分的简谐波的叠加。

在色散媒质中，不同频率的简谐波传播速度不同，那么这许多简谐波合成的波是以什么速度传播呢？

为了方便，以两个频率相近的等振幅简谐波的合成波的传播为例来说明群速度的概念。设

$$\xi_1 = A\cos(\omega_1 t - k_1 x)$$

$$\xi_2 = A\cos(\omega_2 t - k_2 x)$$

合成波为

$$\xi = \xi_1 + \xi_2 = 2A\cos\left(\frac{\omega_1 - \omega_2}{2}t - \frac{k_1 - k_2}{2}x\right)\cos\left(\frac{\omega_1 + \omega_2}{2}t - \frac{k_1 + k_2}{2}x\right) \tag{19-63}$$

t 时刻的波形如图 19-23 所示。

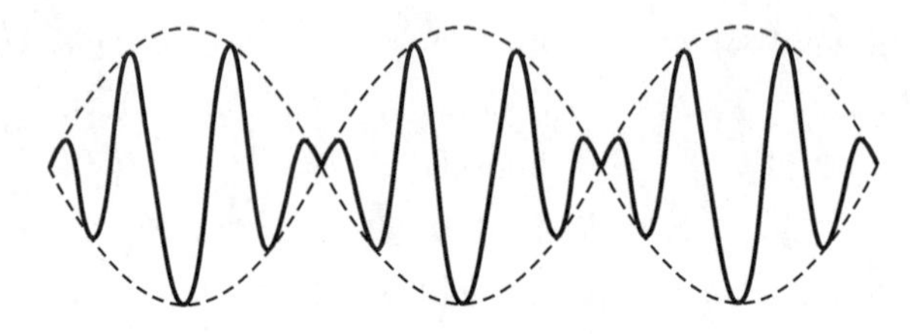

图 19-23　t 时刻的波形

式(19-63)中，$\omega_1 - \omega_2 \ll \omega_1$ 或 ω_2，$k_1 - k_2 \ll k_1$ 或 k_2，所以 $\cos\left(\frac{\omega_1 - \omega_2}{2}t - \frac{k_1 - k_2}{2}x\right)$ 变化缓慢，如图中虚线所示的包络线；而 $\cos\left(\frac{\omega_1 - \omega_2}{2}t - \frac{k_1 - k_2}{2}x\right)$ 表示图中一个个小的波形。令 $\omega_m = \frac{\omega_1 - \omega_2}{2}$，$k_m = \frac{k_1 - k_2}{2}$，$\bar{\omega} = \frac{\omega_1 + \omega_2}{2}$，$\bar{k} = \frac{k_1 + k_2}{2}$，则式(19-63)可改写为

$$\xi = 2A\cos(\omega_m t - k_m x)\cos(\bar{\omega} t - \bar{k} x) \tag{19-64}$$

在波传播过程中，一个个小的波形在向前传播的同时，整个波形即包络也在向前移动，两者移动速度大小可如下求得：

令

$$\bar{\omega} t - \bar{k} x = \text{常量}$$

等式两边微分，可求得小波形移动的速度大小为

$$u = \frac{\mathrm{d}x}{\mathrm{d}t} = \frac{\bar{\omega}}{\bar{k}} \tag{19-65}$$

同样可求得包络移动的速度或称波群移动的速度大小为

$$U_g = \frac{\mathrm{d}x}{\mathrm{d}t} = \frac{\omega_m}{k_m} = \frac{\omega_1 - \omega_2}{k_1 - k_2} = \frac{\Delta\omega}{\Delta k}$$

一般表示为

$$U_g = \frac{\mathrm{d}\omega}{\mathrm{d}k} \tag{19-66}$$

U_g 即群速度。在无色散媒质中，相速度与频率无关，由 $\omega = uk$ 可求得

$$U_g = \frac{\mathrm{d}\omega}{\mathrm{d}k} = u \tag{19-67}$$

在这种情况下，不同频率的简谐波以相同的波速传播，整个波群也以相同的速度传播，并保持波形不变。

在色散媒质中，相速度与频率有关。在 $\omega = uk$ 中，u 是频率的函数，这样

$$U_g = \frac{\mathrm{d}\omega}{\mathrm{d}k} = u + k\frac{\mathrm{d}u}{\mathrm{d}k} \tag{19-68}$$

又 $k=\dfrac{2\pi}{\lambda}$，所以 $\mathrm{d}k=-\dfrac{2\pi}{\lambda^2}\mathrm{d}\lambda$，代入式(19-68)中，则有

$$U_g = u - \lambda\frac{\mathrm{d}u}{\mathrm{d}\lambda} \tag{19-69}$$

由式(19-69)可知，当已知 u 与 λ 的关系时，即可求得 U_g。

下面再用图形来说明群速度和相速度的区别。如图 19-24 所示，为了方便，图中只画出与说明问题有关的部分波形曲线。图的上半部表示 t_1 时刻 ξ_1、ξ_2 和 ξ 的波形曲线。此时 ξ_1 的一个波峰(用×标记)和 ξ_2 的一个波峰(用○标记)恰好重合，重合处应是合成波的最大值即波形包迹(即包络)的最高点。

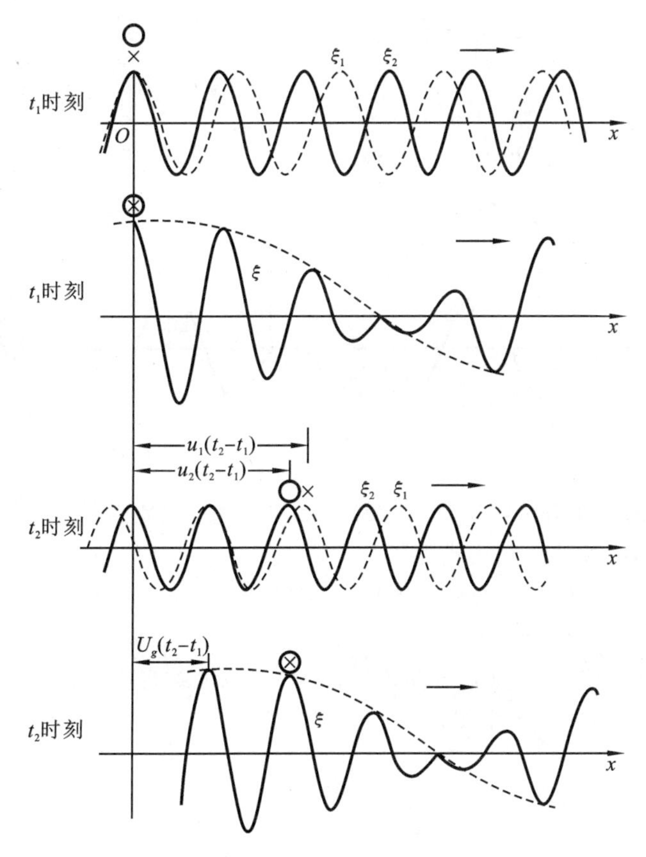

图 19-24 用图形来说明群速度和相速度的区别

图的下半部表示在另一时刻 t_2 的波形曲线。与 t_1 时刻比较，ξ_1、ξ_2 和 ξ 都沿 x 正方向传播了一段距离。适当选择 t_2-t_1，使得带标记的波峰之后的一对波峰在 t_2 时刻重合，这样包迹的最高点恰好移到新的重合处。由图可见，波群以群速度 U_g 移动，移过距离为 $U_g(t_2-t_1)$，小波以相速度 u 移动，移过距离为 $u(t_2-t_1)$。显然，群速不同于相速。

在色散很厉害的媒质中，由于不同频率的波的相速度差别很大，波群在传播过程中很快变形。此时群速度失去意义，关于 U_g 的公式也就失效了。因此，群速度的概念，仅适用于色散不是很厉害的情形。

波的强度 $I\propto A^2$，所以在波群传播过程中，波的能量的绝大部分被振幅最大部分所携带，因而当包络的最大值传到时，观察者才接收到波，所以群速度也就是波的能量的传播速度。

【思考题与习题】

1. 思考题

19-1　驻波是行波吗？产生驻波的条件是什么？

19-2　一般平面简谐波的传播速度是群速度还是相速度？描述群速度和相速度的区别。

19-3　相干波必须满足什么条件？什么情况下会出现相干加强与减弱。

19-4　机械波的传播速度与什么有关？波疏媒质与波密媒质是如何定义的，在什么情况下会出现半波损失，相位突变是多少？

2. 选择题

19-5　一平面简谐波沿 Ox 正方向传播，波动表达式为 $y=0.10\cos\left[2\pi\left(\frac{t}{2}-\frac{x}{4}\right)+\frac{\pi}{2}\right]$ (SI)，该波在 $t=0.5$ s 时刻的波形图是(　　)。

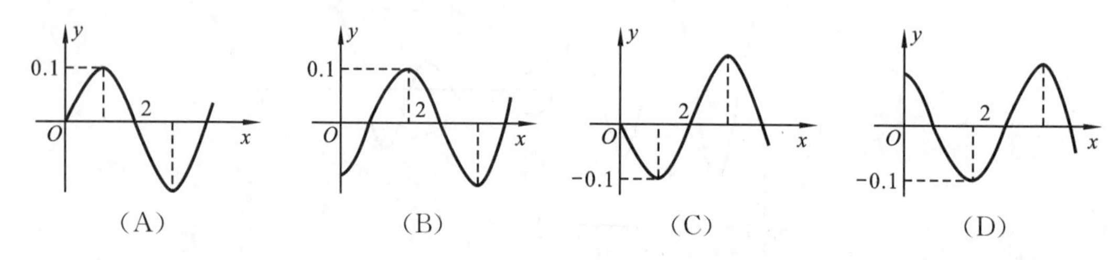

19-6　一平面简谐波沿 x 轴负方向传播。已知 $x=x_0$ 处质点的振动方程为 $y=A\cos(\omega t+\varphi_0)$。若波速为 u，则此波的表达式为(　　)。

(A) $y=A\cos\{\omega[t-(x_0-x)/u]+\varphi_0\}$　　(B) $y=A\cos\{\omega[t-(x-x_0)/u]+\varphi_0\}$

(C) $y=A\cos\{\omega t-[(x_0-x)/u]+\varphi_0\}$　　(D) $y=A\cos\{\omega t+[(x_0-x)/u]+\varphi_0\}$

19-7　一平面简谐波沿 x 轴正方向传播，$t=0$ 时刻的波形图如图 19-25 所示，则 P 处质点的振动在 $t=0$ 时刻的旋转矢量图是(　　)。

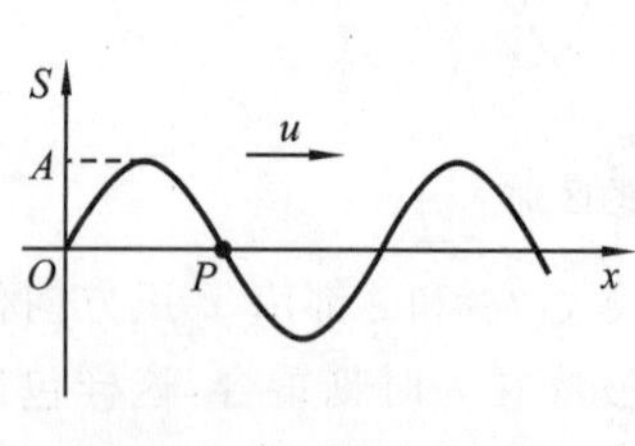

图 19-25　题 19-7 图

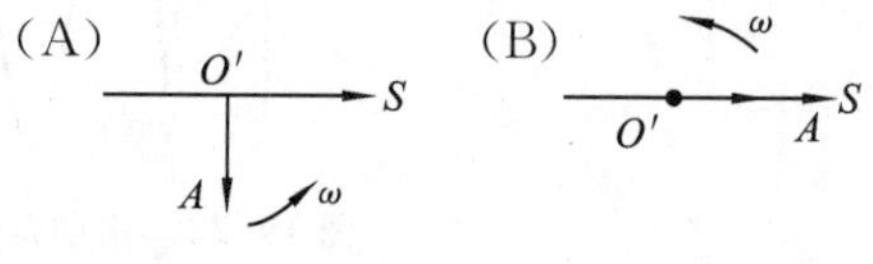

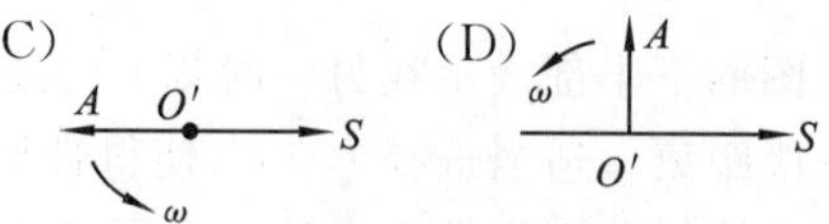

19-8　当一平面简谐机械波在弹性媒质中传播时，下述各结论哪个是正确的？(　　)

(A)媒质质元的振动动能增大时，其弹性势能减小，总机械能守恒

(B)媒质质元的振动动能和弹性势能都作周期性变化，但两者的相位不相同

(C)媒质质元的振动动能和弹性势能的相位在任一时刻都相同，但两者的数值不相等

(D)媒质质元在其平衡位置处弹性势能最大

3. 填空题

19-9　一平面简谐波(机械波)沿 x 轴正方向传播,波动表达式为 $y=0.2\cos(\pi t-\frac{1}{2}\pi x)$　(SI),则 $x=-3$ m 处媒质质点的振动加速度 a 的表达式为________________。

19-10　一平面简谐波沿 Ox 轴正方向传播,波长为 L_1。若图 19-26 中 O 点处质点的振动方程为 $y_0=A\cos(2\pi\nu t+\varphi)$,则 P_1 点处质点的振动方程为________________。

19-11　一个余弦横波以速度 u 沿 x 轴正向传播,t 时刻波形曲线如图 19-27 所示。图中 C 质点在该时刻的运动方向________________(填向上或向下)。

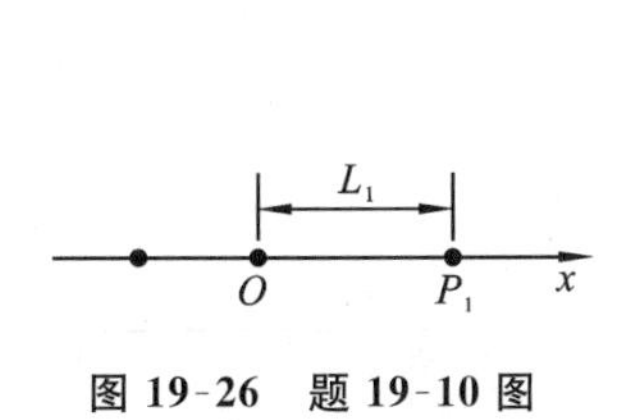

图 19-26　题 19-10 图

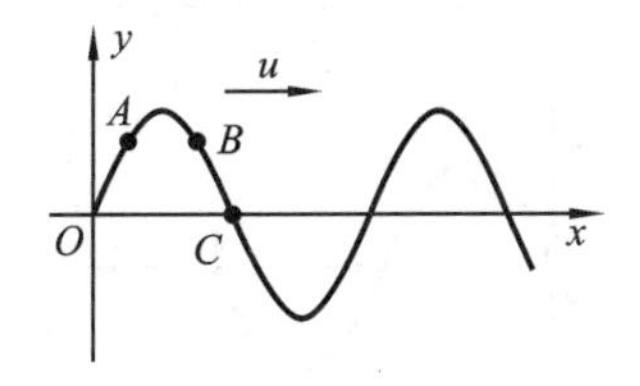

图 19-27　题 19-11 图

19-12　一平面简谐机械波在媒质中传播时,若一媒质质元在平衡位置处的动能为 100 J,则该媒质质元在平衡位置处的振动势能为________________。

19.2　习题

19-13　如图 19-28 所示,一平面简谐波沿 OX 轴传播,波动方程为 $y=A\cos\left[2\pi\left(\nu t-\frac{x}{\lambda}\right)+\varphi\right]$,求:

(1)P 处质点的振动方程;

(2)该质点的速度表达式与加速度表达式。

19-14　波源作简谐运动,其运动方程为 $y=4.0\times10^{-3}\cos240\pi t$ (m),它所形成的波形以 30 $\text{m}\cdot\text{s}^{-1}$ 的速度沿一直线传播。(1)求波的周期及波长;(2)写出波动方程。

19-15　图 19-29 所示为一平面简谐波在 $t=0$ 时刻的波形图,求:(1)该波的波动方程;(2)P 处质点的运动方程。

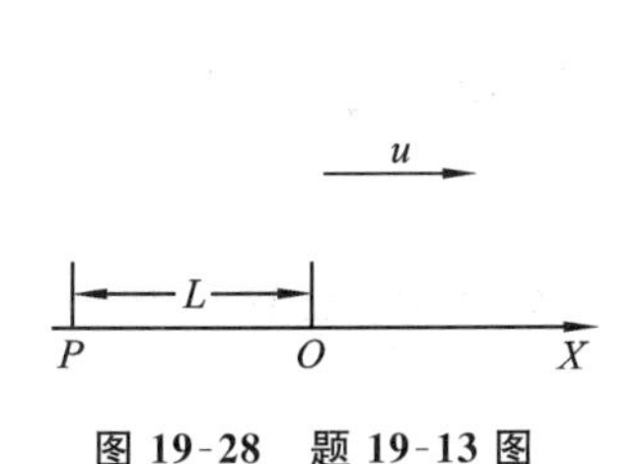

图 19-28　题 19-13 图

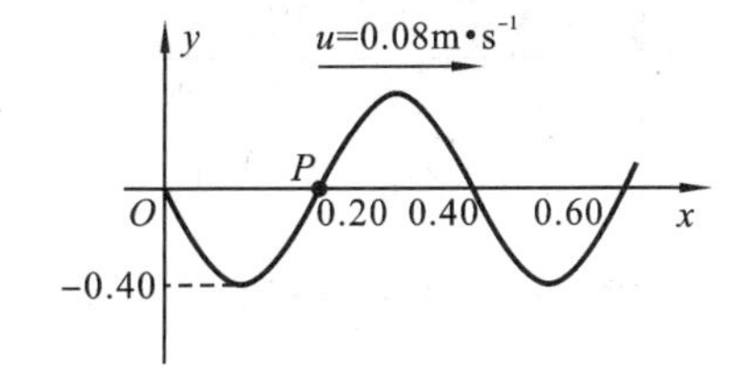

图 19-29　题 19-15 图

19-16　一简谐波,振动周期 $T=\frac{1}{2}$ s,波长 $\lambda=10$ m,振幅 $A=0.1$ m。当 $t=0$ 时,波源振动的位移恰好为正方向的最大值。若坐标原点和波源重合,且波沿 Ox 轴正方向传播,求:

(1)此波的表达式;

(2)$t_1=T/4$ 时刻,$x_1=\lambda/4$ 处质点的位移;

(3)$t_2=T/2$ 时刻,$x_1=\lambda/4$ 处质点的振动速度。

19-17　一列平面简谐波在媒质中以波速 $u=5\ \mathrm{m/s}$ 沿 x 轴正方向传播，原点 O 处质元的振动曲线如图 19-30 所示。

(1)求波动方程；

(2)求解并画出 $x=25\ \mathrm{m}$ 处质元的振动曲线；

(3)求解并画出 $t=3\ \mathrm{s}$ 时的波形曲线。

19-18　如图 19-31 所示，一平面波在介质中以波速 $u=20\ \mathrm{m/s}$ 沿 x 轴负方向传播，已知 A 点的振动方程为 $y=3\times10^{-2}\cos4\pi t(\mathrm{SI})$。

(1)以 A 点为坐标原点写出波的表达式；

(2)以距 A 点 5 m 处的 B 点为坐标原点，写出波的表达式。

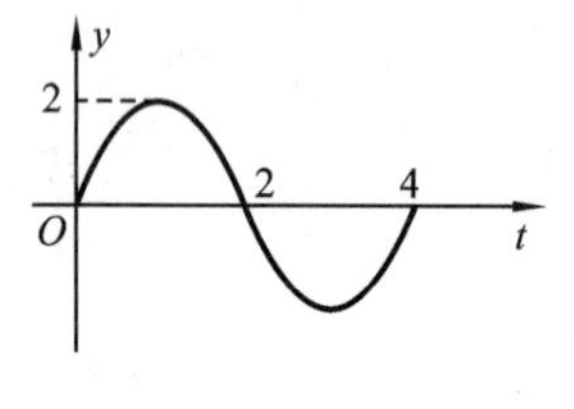

图 19-30　题 19-17 图

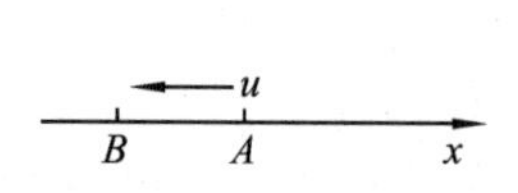

图 19-31　题 19-18 图

19-19　图 19-32 所示为一平面余弦波在 $t=0$ 时刻与 $t=2\ \mathrm{s}$ 时刻的波形图，波向左传播。波长 $\lambda=160\ \mathrm{m}$，求：

(1)波速和周期；

(2)坐标原点处介质质点的振动方程；

(3)该波的波动表达式。

19-20　如图 19-33 所示，一简谐波向 x 轴正方向传播，波速 $u=500\ \mathrm{m/s}$，$x_0=1\ \mathrm{m}$，P 点的振动方程为 $y=0.03\cos(500\pi t-\frac{1}{2}\pi)$　(SI)。

(1)按图所示坐标系，写出相应的波的表达式；

(2)在图上画出 $t=0$ 时刻的波形曲线。

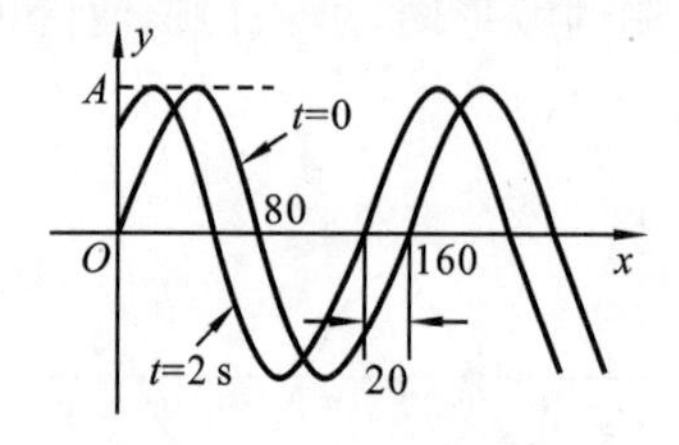

图 19-32　题 19-19 图

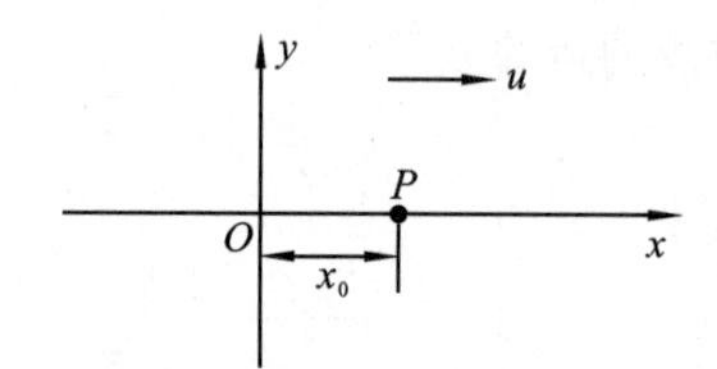

图 19-33　题 19-20 图

19.4　习题

19-21　图 19-34 中 A、B 是两个相干的点波源，它们的振动相位差为 π(反相)。A 点与 B 点相距 30 cm，观察点 P 和 B 点相距 40 cm，且 $\overline{PB}\perp\overline{AB}$。若发自 A、B 的两波在 P 点处最大限度地互相削弱，求波长最长能是多少。

19-22　如图 19-35 所示，相干波源 S_1 和 S_1 相距 11 m，S_1 的相位比 S_2 超前 $\frac{1}{2}\pi$。这两个相干波在 S_1、S_2 连线和延长线上传播时可看成两等幅的平面余弦波，它们的频率都等于100 Hz，

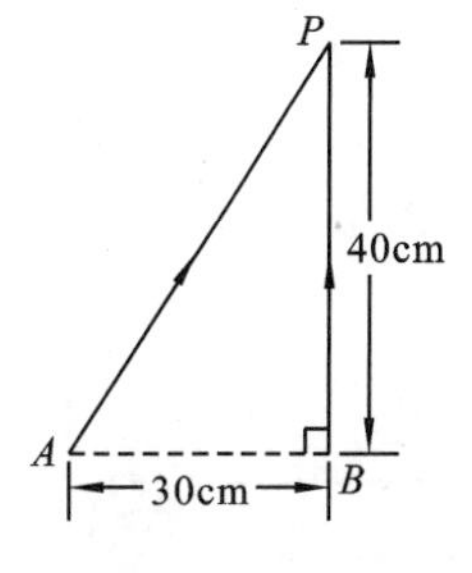

图 19-34　题 19-21 图

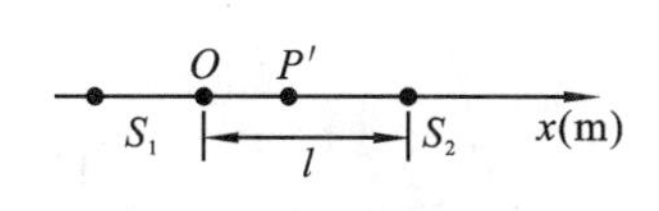

图 19-35　题 19-22 图

波速都等于 400 m/s。试求在 S_1、S_2 的连线中间因干涉而静止不动的各点位置。

19.5　习题

19-23　设入射波的表达式为 $y_1=A\cos 2\pi(\frac{t}{T}+\frac{x}{\lambda})$，在 $x=0$ 发生反射，反射点为一固定端，求：(1)反射波的表达式；

(2)驻波的表达式；

(3)波腹、波节的位置。

19-24　一弦上的驻波方程式为

$$y=3.0\times10^{-2}\cos(1.6\pi x)\cos(550\pi t)\quad(\mathrm{m})$$

(1) 若将此驻波看成是由传播方向相反、振幅及波速均相同的两列相干波叠加而成的，求它们的振幅及波速；

(2) 求相邻波节之间的距离；

(3) 求 $t=3.0\times10^{-3}$ s 时位于 $x=0.625$ m 处质点的振动速度。

19.6　习题

19-25　面积为 1.0 m^2 的窗户开向街道，街中噪声在窗口的声强级为 80 dB。问有多少“声功率”传入窗内？

19-26　图 19-36(a)是干涉型消声器结构的原理图，利用这一结构可以消除噪声。当发动机排气噪声声波经管道到达点 A 时，分成两路而在点 B 相遇，声波因干涉而相消。如果要消除频率为 300 Hz 的发动机排气噪声，则图中弯管与直管的长度差 $\Delta r=r_2-r_1$ 至少应为多少？（设声波速度为 340 $\mathrm{m\cdot s^{-1}}$）

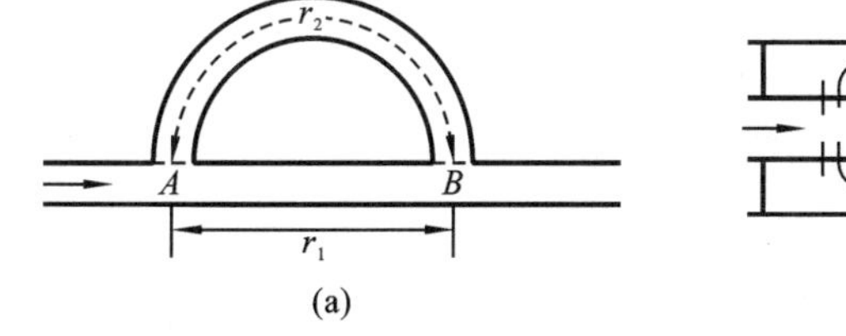

(a)

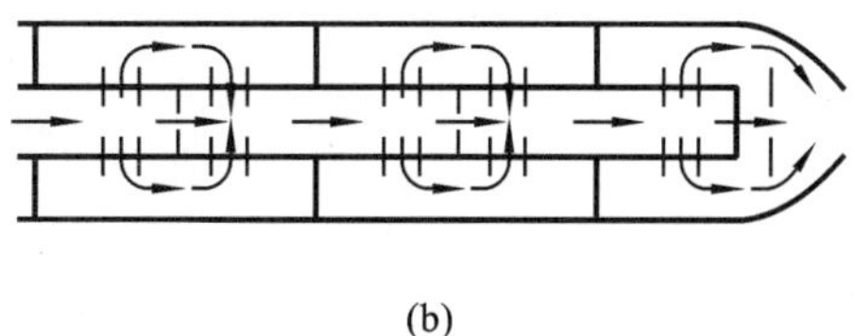

(b)

图 19-36　题 19-26 图

19.7　习题

19-27　一个观测者在铁路边，看到一列火车从远处开来，他测得远处传来的火车汽笛声的频率为 650 Hz，当列车从身旁驶过而远离他时，他测得汽笛声频率降低为 540 Hz，求火车行驶的速度。（已知空气中的声速为 330 m/s。）

19-28　一次军事演习中,有两艘潜艇在水中相向而行,甲的速度为 50.0 $km \cdot h^{-1}$,乙的速度为 70 $km \cdot h^{-1}$,如图 19-37 所示。甲潜艇发出一个 1.0×10^3 Hz 的声音信号,设声波在水中的传播速度为 5.47×10^3 $km \cdot h^{-1}$,试求:(1)乙潜艇接收到的信号频率;(2)甲潜艇接收到的从乙潜艇反射回来的信号频率。

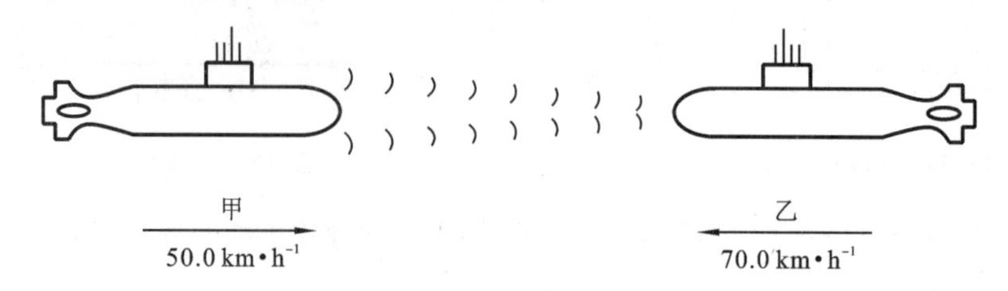

图 19-37　题 19-28 图

19-29　一警车以 25 m/s 的速度在静止的空气中行驶,假设车上警笛的频率为 800 Hz。求:(1)静止站在路边的人听到警车驶近和离去时的警笛声波频率;(2)如果警车追赶一辆速度为 15 $m \cdot s^{-1}$的客车,则客车上人听到的警笛声波的频率是多少(设空气中的声速 $u = 330$ $m \cdot s^{-1}$)?

E篇　波动光学

第20章　光的干涉
Chapter 20　Interference of light

20.1　光与光程
Light and optic path

20.1.1　光源与相干光

凡能发光的物体均可称为光源。太阳、白炽灯、荧光灯、水银灯等都是最常见的光源。两束满足相干条件的光在空间相遇时会在一些固定的地方产生光强极大，在另一些固定的地方出现光强极小，这种现象称为光的干涉现象。所谓相干条件是指“同频率、同振动方向且相位差恒定”，满足相干条件的光源称为相干光源。研究表明光源的相干性与光源的发光机理密切相关。近代物理指出，物体的发光单元(原子或分子)在通常情况下处于能量最低的状态(称为基态)。当外界给物体提供能量时，原子或分子会吸收一定的能量跃迁到能量较高的激发态，而激发态是一种不稳定的状态，处于激发态的原子或分子便会自发地从激发态跃迁到能量较低的状态或基态，同时释放出能量，这种能量辐射现象，称为自发辐射。如果这种能量是以光的形式释放的，物体就会发光，该物体便称为光源。由自发辐射现象可以看出各个原子或分子的辐射是彼此独立的、随机的，因此，同一瞬间不同原子或分子辐射光的频率、振动方向、相位是完全不同的，也就是说自发辐射光是非相干光。上述常见的光源的发光机理是自发辐射，发出的光就属于非相干光。正是由于常见光源是非相干光源，光学一直发展很缓慢，直到高相干光源(激光器)的出现，光学才得到迅猛发展，并使光电子技术成为21世纪最尖端的科学技术。激光的发光机理是受激辐射，所谓受激辐射是指处于激发态的发光原子在外来辐射场的作用下，向低能态或基态跃迁时，辐射光子的现象。辐射光子和外来光子的频率、相位、振动方向完全相同，也就是说激光是相干光。本章所讲的光源一般指常见的非相干光源，而且是可见光，其波长覆盖范围为400～700 nm，光的颜色与波长密切相关，不同波长(或频率)的可见光对应不同的颜色，其对应关系如图20-1所示。平常见到的光多为白色，它是由“红、橙、黄、绿、青、蓝、紫”七种颜色的光合成的。

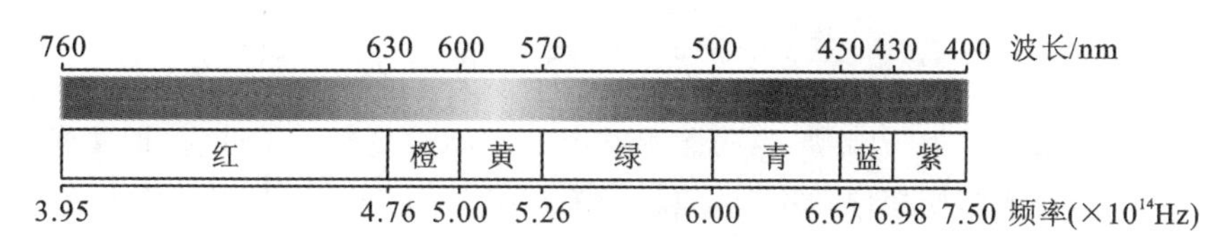

图20-1　可见光的颜色和波长

按照麦克斯韦的电磁场理论，光属于一种电磁波。实验表明，引起视觉效应的是光波中的

电场矢量 $\boldsymbol{E}$,因此,常将电场矢量 $\boldsymbol{E}$ 称为光矢量,其振幅 E_0 称为光振幅。光强与光振幅的平方成正比。通常所说的光强指相对强度,即不考虑比例系数,相对强度定义为光振幅的平方,即

$$I = E_0^2 \tag{20-1}$$

20.1.2 获得相干光的基本方法

根据光源的发光机理,我们知道普通光源发出的光不满足相干条件,因而不会产生稳定的干涉图样,故日常很少见到光的干涉现象。为了从普通光源中获取相干光,观察到稳定的干涉图样,必须设法从普通光源中通过一定的方法获取两束满足相干条件的光。常用的方法有从普通光源发出的同一列波阵面上取出两个次波源,则两次波源发出的光满足相干条件,能够产生干涉现象,这种方法称为分波面法。历史上著名的杨氏双缝干涉实验就是采用分波面法成功地观察到了稳定的干涉现象,为光的波动学说打下了坚实的实验基础;或把同一波列的光分成两束光波,则这两束光波也满足相干条件,能够产生干涉现象,这种方法称为分振幅法,其典型应用就是大家常见的薄膜干涉。

20.1.3 光波的叠加

理论和实验都证明,光波和机械波一样也遵从波的叠加原理。根据波的叠加原理,两个光源发出的光波在真空中任一点 P 相遇时,合成波的光矢量是两个光波的光矢量在 P 点的矢量和。如图 20-2 所示,两光源 S_1 和 S_2 到 P 点的距离分别为 r_1 和 r_2,则两光波传播到 P 点处的光矢量大小为

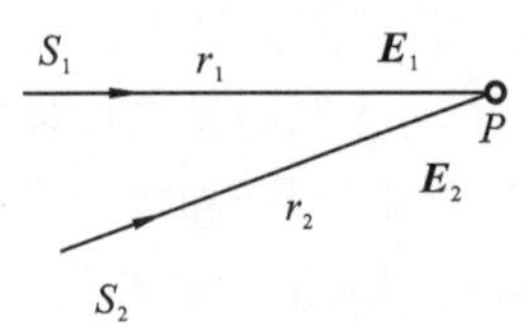

图 20-2 波的叠加原理示意图

$$E_1 = E_{10}\cos(\omega_1 t + \varphi_{10} - \frac{2\pi}{\lambda_1}r_1)$$

$$E_2 = E_{20}\cos(\omega_2 t + \varphi_{20} - \frac{2\pi}{\lambda_2}r_2)$$

式中:E_{10} 和 E_{20} 为两光波在 P 点处的振幅;

ω_1 和 ω_2 分别为两列波的角频率;

λ_1 和 λ_2 分别为两列波在真空中的波长;

φ_{10} 和 φ_{20} 分别为两列波的初相。

根据波的叠加原理,合成波的光矢量为

$$\boldsymbol{E}_P = \boldsymbol{E}_1 + \boldsymbol{E}_2$$

则 P 点的光强为

$$I_P = E_P^2 = E_{10}^2 + E_{20}^2 + 2E_{10}E_{20}\cos\Delta\varphi = I_1 + I_2 + 2\sqrt{I_1 I_2}\cos\Delta\varphi \tag{20-2}$$

式中:I_1 和 I_2 分别为两光波在 P 点处的强度;

$\Delta\varphi = (\omega_2 - \omega_1)t + \varphi_{20} - \varphi_{10} - \frac{2\pi}{\lambda_2}r_2 + \frac{2\pi}{\lambda_1}r_1$,为两光波在相遇点的相位差。

式(20-2)中的第三项为干涉项,当两光源发出的光不满足相干条件时(即两光源的频率不同,或振动方向不同,或初始相位差不恒定),干涉项为零,即 P 点的光强等于两光源在 P 点的光强之和,没有干涉现象产生,这种叠加称为非相干叠加;当两光源发出的光满足相干条件时[即两光源的频率相同(也即波长相同,$\lambda_1 = \lambda_2 = \lambda_0$,$\lambda_0$ 为两光波在真空中的波长),振动方向相同,初始相位差恒定],干涉项不为零,有干涉现象产生,这种叠加称为相干叠加。

相干叠加时,空间各点的光强一般不同,从而形成一个稳定的明暗相间的光强分布图样,称为干涉图,而明暗条纹的位置取决于相位差的大小。

In coherent superposition, light intensity of every point of space is different in general, the intensity distribution pattern forms a stable white light, called the interferogram, stripe location depends on the size of the phase difference.

当 $\Delta\varphi=\varphi_{20}-\varphi_{10}+\frac{2\pi}{\lambda_0}(r_2-r_1)=2k\pi(k=0,\pm1,\pm2,\cdots)$时,$P$ 点光强出现极大值,即干涉加强,形成明纹。当 $\Delta\varphi=\varphi_{20}-\varphi_{10}+\frac{2\pi}{\lambda_0}(r_2-r_1)=(2k+1)\pi(k=0,\pm1,\pm2,\cdots)$时,$P$ 点光强出现极小值,即干涉相消,形成暗纹。

20.1.4 光程与光程差

由于明暗条纹的位置取决于相位差,因此相位差的计算是本章解题的关键。如何计算两束光在不同介质中传播相遇时的相位差呢?将真空中的相位差推广到介质中,不难想象出介质中的相位差 $\Delta\varphi=\varphi_{20}-\varphi_{10}+\frac{2\pi}{\lambda_n}(r_2-r_1)$,其中 λ_n 为光波在介质中的波长,其大小与真空中的波长的关系为

$$\lambda_n=\frac{v}{f}=\frac{c}{nf}=\frac{\lambda_0}{n} \tag{20-3}$$

式中:$v=\frac{c}{n}$为光在折射率为 n 的介质中的速度;

c 为真空中的光速;

f 为光的频率,其大小保持不变。

为了便于计算不同介质中的相位差,特引入光程的概念,其大小定义为介质的折射率 n 与光在介质中走过的几何路程 r 的乘积,即

$$L=nr \tag{20-4}$$

上式表明,光在介质中传播的路程 r 可折合为光在真空中的传播的路程 nr,而且相位差中的波长均可统一用真空中的波长,即

$$\Delta\varphi=\varphi_{20}-\varphi_{10}+\frac{2\pi}{\lambda_0}(n_2r_2-n_1r_1) \tag{20-5}$$

若两束光的初始相位相同,即 $\varphi_{20}=\varphi_{10}$,则相位差为

$$\Delta\varphi=\frac{2\pi}{\lambda_0}(n_2r_2-n_1r_1)=\frac{2\pi}{\lambda_0}\delta \tag{20-6}$$

式中:$\delta=n_2r_2-n_1r_1$ 为两束光的光程差。上式表明,引入光程的概念后,今后光学部分所涉及的公式中的波长均为真空中的波长,相位差的计算可方便的转换为光程差的计算,其干涉相长、相消条件为

干涉相长: $$\delta=2k\frac{\lambda_0}{2}=k\lambda_0\quad(k=0,\pm1,\pm2,\cdots) \tag{20-7}$$

干涉相消: $$\delta=(2k+1)\frac{\lambda_0}{2}\quad(k=0,\pm1,\pm2,\cdots) \tag{20-8}$$

在光学部分中,常用到透镜去观察干涉和衍射现象。下面我们简单介绍理想透镜的等光程原理。如图 20-3 所示,点光源 S 发出的光经过透镜后汇聚于 S'点,形成一个最明亮的像

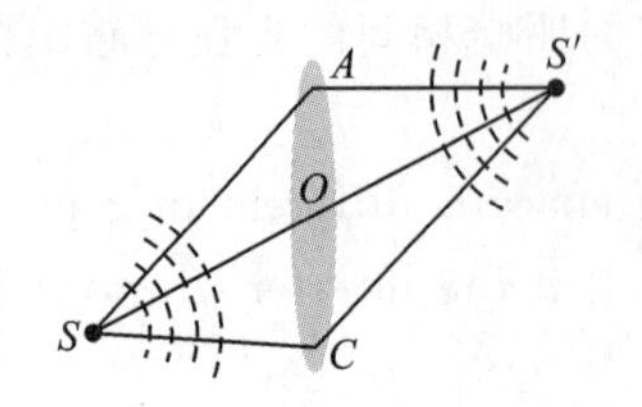

图 20-3 光通过理想透镜不会产生附加光程差

点,这说明 S 点发出的各光线在 S' 相遇时,发生了相长干涉,也就是说 S 点发出的各光线到 S' 点时,各光线的光程是相同的,否则将有光程差而不会形成最明亮的像,甚至像消失。上述现象称为理想透镜的等光程原理,换言之,当用理想透镜或透镜组成的光学仪器观测干涉和衍射现象时,观测仪器不会带来附加的光程差。

20.2 双缝干涉

Double-slit interference

20.2.1 杨氏双缝干涉实验

早在1801年,英国科学家托马斯·杨巧妙地设计了一种把单个波阵面分解为两个波阵面以锁定两个光源之间的相位差的方法,成功地利用普通光源实现了光的干涉现象,并用叠加原理解释了干涉现象,第一次把光的波动学说建立在坚实的实验基础上。随后托马斯·杨利用干涉实验在历史上第一次测定了光的波长,为光的波动学说的确立奠定了基础。

杨氏双缝干涉实验光路如图20-4所示,用普通光源照射小孔 S,根据惠更斯原理,S 可看成一个相干点光源,点光源 S_1 和 S_2 发出的光波在观察屏上叠加,形成明暗相间的干涉条纹。为了提高干涉条纹的亮度,后来人们用狭缝代替了小孔,获得了更好的干涉效果,这就是人们俗称的杨氏双缝干涉实验。

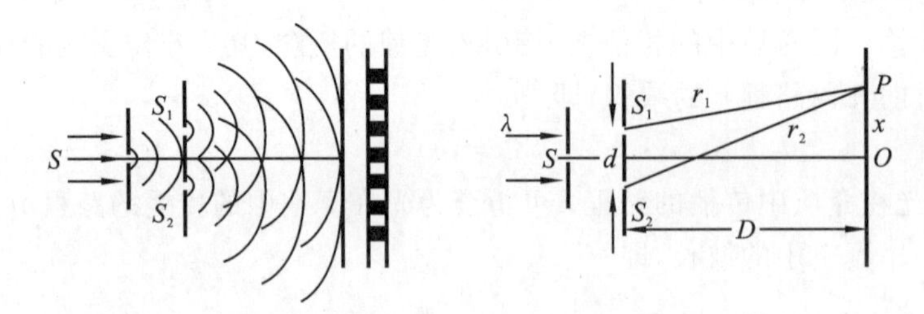

图 20-4 杨氏双缝干涉实验

为了便于分析观察屏上明暗条纹的位置,建立如图所示的坐标,坐标原点 O 为 S_1 和 S_2 的中垂线与观察屏的交点。d 为两缝的间距,D 为缝到观察屏的距离,为了获得很好的干涉效果,一般要求 $D\gg d$,P 为点光源 S_1 和 S_2 发出的光波在观察屏上的相遇点,P 到双缝的距离分别为 r_1 和 r_2,P 到坐标原点 O 的距离为 x,条纹的位置用 x 表示,其与光程差的关系可由几何条件求出。

自 S_1 作到观察屏的垂线,可构成直角三角形,则有

$$r_1^2 = D^2 + (x - d/2)^2 \tag{20-9}$$

同理,有

$$r_2^2 = D^2 + (x + d/2)^2 \tag{20-10}$$

将式(20-10)减去式(20-9),有

$$r_2^2 - r_1^2 = 2xd$$

则两束光的光程差为

$$\delta=nr_2-nr_1=r_2-r_1=\frac{r_2^2-r_1^2}{r_2+r_1}=\frac{2xd}{r_2+r_1}$$

由于 $D\gg d$，则可取以下近似

$$r_1+r_2\approx 2D$$

故光程差可表示为

$$\delta=\frac{xd}{D} \tag{20-11}$$

根据干涉加强和干涉相消条件有

干涉相长：
$$\delta=\frac{xd}{D}=k\lambda \quad (k=0,\pm 1,\pm 2,\cdots) \tag{20-12}$$

干涉相消：
$$\delta=\frac{xd}{D}=(2k+1)\frac{\lambda}{2} \quad (k=0,\pm 1,\pm 2,\cdots) \tag{20-13}$$

由式(20-12)和式(20-13)可得明、暗条纹的位置坐标为

$$x_{明}=k\frac{\lambda D}{d} \tag{20-14}$$

$$x_{暗}=(2k+1)\frac{\lambda D}{2d} \tag{20-15}$$

由式(20-14)或式(20-15)可得相邻明纹或暗纹的间距为

$$\Delta x=x_{k+1}-x_k=\frac{\lambda D}{d} \tag{20-16}$$

由条纹的位置和间距公式可以看出以下几点。

(1)当用单色光作为光源时，即 λ 为一定值，若已知 d 和 D，则根据 k 级条纹的位置信息可以算出光源的波长 λ 值。

(2)当用单色光作为光源时，只有当 d 足够小而 D 足够大时，条纹的间距才会大到可以分辨的程度而使干涉现象易被观察到。此外，条纹的间距相等，而且与级次 k、光源位置无关。

(3)当用白光作为光源时，每一种波长的光在观察屏上都得到一组杨氏干涉条纹。若 d 和 D 保持不变，则条纹间距正比于 λ，在零级白色中央条纹的两边形成紫光靠里，红光靠外的彩色条纹。

例 20.1 以单色光照射到相距为 0.2 mm 的双缝上，缝到观察屏的距离为 1 m。

(1)从第一级明纹到同侧第四级的明纹间距为 7.5 mm 时，求入射光波长；

(2)若入射光波长为 600 nm，求相邻明纹的间距。

解 (1)根据明纹位置公式有

$$x_4-x_1=\frac{4\lambda D}{d}-\frac{\lambda D}{d}=3\frac{\lambda D}{d}$$

所以
$$\lambda=\frac{d(x_4-x_1)}{3D}=500\ \text{nm}$$

(2)相邻明纹的间距为

$$\Delta x=\frac{\lambda D}{d}=3\ \text{mm}$$

例 20.2 用白光作杨氏双缝干涉实验时，能观察到几级清晰可辨的彩色光谱？

解 用白光照射时，除中央明纹为白光外，两侧形成内紫外红的对称彩色光谱。当 k 级红

色明纹位置 $x_{k红}$ 大于 $k+1$ 级紫色明纹位置 $x_{(k+1)紫}$ 时,光谱就发生重叠。由临界情况可得

$$x_{k红}=k\frac{\lambda_{红}D}{d},\quad x_{(k+1)紫}=(k+1)\frac{\lambda_{紫}D}{d}$$

所以

$$k\lambda_{红}=(k+1)\lambda_{紫}$$

将 $\lambda_{红}=760\ \text{nm}$,$\lambda_{紫}=400\ \text{nm}$ 代入上式得 $k=1.1$,因为 k 只能取整数,所以应取 $k=1$,这说明:在中央白色明纹两侧,只有第一级彩色光谱是清晰可见的。

20.2.2 洛埃镜干涉与半波损失

受到杨氏双缝干涉实验的启发,1834 年,洛埃利用洛埃镜同样得到了杨氏干涉的结果。洛埃镜是一块下表面涂黑的平玻璃片,从一狭缝发出的光,以掠入射角(近 90°的入射角)入射到洛埃镜上,经反射,光的波阵面改变方向,反射光就像是光源的虚像发出的一样,如图 20-5 所示,由于反射光与直接入射到屏上的光是从同一波面分割而来,故两者形成一对相干光源,它们发出的光在屏上相遇,产生明暗相间的干涉条纹,这种干涉称为洛埃镜干涉。

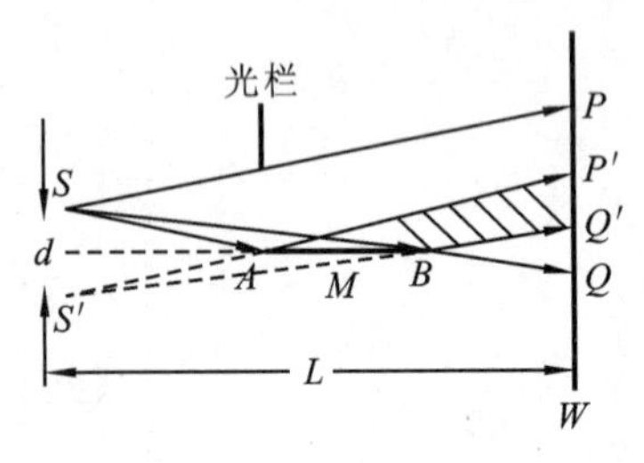

图 20-5 洛埃镜干涉实验光路

若将屏幕移到镜面 B 端,入射光与反射光的光程是相等的,这时在屏幕与镜面接触处应该出现明条纹,但是在实验中观察到的是暗条纹,屏上其它位置应该出现明纹的地方却观察到了暗纹,应该出现暗纹的地方却观察到了明纹,这说明反射光与入射光之间有了 $\lambda/2$ 的光程差,也即发生了 π 的相位突变,这种现象称为半波损失现象。

由于直射光不会发生 π 的相位突变,故只有反射光发生了 π 的相位突变,电磁学理论和实验表明:当光从光疏介质(即折射率较小的介质)入射到光密介质(即折射率较大的介质)界面反射时,反射光较入射光有 π 的相位突变,也即产生了半波损失,这时的光程差为传播的光程差与附加光程差 $\lambda/2$ 的总和;当光从光密介质(即折射率较大的介质)入射到光疏介质(即折射率较小的介质)界面反射时,反射光没有半波损失。此外,折射光不管什么情况,均无半波损失现象。洛埃镜的实验结果与杨氏干涉相似,但是洛埃镜的实验结果首次揭示了当光波由光疏介质进入光密介质时,反射光存在半波损失现象,因此具有重要的意义。

20.3 薄膜干涉
Thin film interference

薄膜干涉是日常生活中常见的光学现象,例如在日光的照射下,肥皂泡薄膜、油膜、两片玻璃间所夹的空气膜、照相机镜头上所镀的介质膜等表面上都呈现出彩色条纹。薄膜干涉原理广泛应用于光学表面的检验、微小角度或线度的精密测量、减反射膜和干涉滤光片的制备等,因此理解薄膜干涉原理是很有必要的,特别是理解等倾干涉和等厚干涉这两种典型的薄膜干涉显得尤为重要。

20.3.1 等倾干涉

图 20-6 所示为厚度均匀、折射率为 n_2 的薄膜,其上下分别为折射率为 n_1 和 n_3 的透明介质。点光源 S 发出的光,经薄膜上、下表面反射后得到①和②两束相干光。由反射和折射定

律可知，这两束相干光是平行的，要想产生干涉，还得利用透镜让它们相遇，有了透镜便可在后焦面上观察到干涉条纹。很明显，薄膜干涉与杨氏干涉不同，两束相干光是通过把同一波列的波分割而形成的，这种方法称为分振幅法。

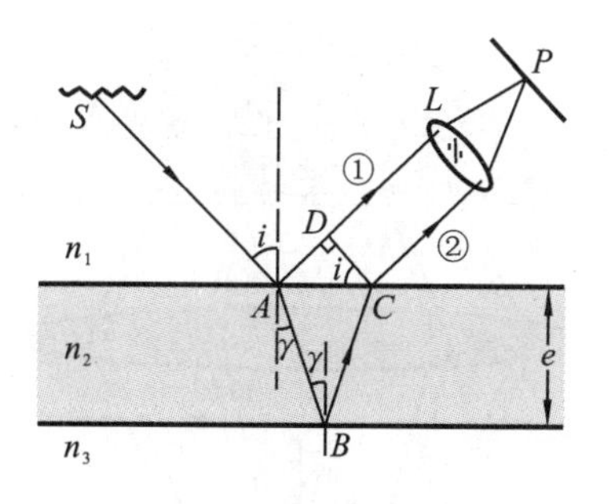

图 20-6 等倾干涉实验光路

自 C 点作光线①的垂线交于 D 点，根据透镜的等光程原理，C、D 点处于同一波面上，所以 C、D 点后的光程无须考虑，则两束相干光的传播光程差为

$$\delta_0 = n_2(AB+BC)-n_1 AD$$

由几何条件有 $AB=BC=e/\cos\gamma$，$AC=2e\tan\gamma$，$AD=AC\sin i$，$\delta_0=\dfrac{2e(n_2-n_1\sin\gamma\sin i)}{\cos\gamma}$，由三角函数关系有 $\cos\gamma=\sqrt{1-\sin^2\gamma}$，由折射定律有 $n_1\sin i=n_2\sin\gamma$，将上述关系式代入传播光程差有

$$\delta_0 = 2e\sqrt{n_2^2-n_1^2\sin^2 i}$$

由于光线①和②为反射光，故还需考虑是否有半波损失现象而造成的附加光程差 δ'。如果 $n_1<n_2<n_3$，则两反射光均出现半波损失现象，均有 $\lambda_0/2$ 的附加光程，但附加光程差因两者相消而变为 0，即 $\delta'=\dfrac{\lambda_0}{2}-\dfrac{\lambda_0}{2}=0$；若 $n_1>n_2>n_3$，则两反射光不会出现半波损失现象，当然也就没有附加光程差；若 $n_1>n_2<n_3$，则只有反射光线②出现半波损失现象，故附加光程差为 $\delta'=\lambda_0/2$；若 $n_1<n_2>n_3$，则只有反射光线①出现半波损失现象，故附加光程差为 $\delta'=-\lambda_0/2$。

综上所述，总的光程差为

$$\delta=\delta_0+\delta'=\begin{cases} k\lambda_0 & (k=0,\pm1,\pm2,\cdots)\quad \text{明纹} \\ (2k+1)\dfrac{\lambda_0}{2} & (k=0,\pm1,\pm2,\cdots)\quad \text{暗纹} \end{cases} \tag{20-17}$$

由式(20-17)可以看出，在膜厚以及 3 种介质的折射率给定的情况下，对于某一波长的入射光，总光程差只和倾角 i 有关，即同一级干涉条纹都是来自倾角相同的光线形成的，故这种干涉称为等倾干涉。

当光线垂直入射时，即 $i=0$，则总的光程差为

$$\delta=\delta_0+\delta'=2n_2e+\delta'=\begin{cases} k\lambda_0 & (k=0,\pm1,\pm2,\cdots)\quad \text{明纹} \\ (2k+1)\dfrac{\lambda_0}{2} & (k=0,\pm1,\pm2,\cdots)\quad \text{暗纹} \end{cases} \tag{20-18}$$

图 20-7 是等倾干涉条纹的形成示意图。点光源 S 发出的光经薄膜上下表面反射后形成的两束相干光经透镜会聚而产生干涉。入射角为 i 的所有光线经透镜会聚形成同一级干涉条纹 K，而入射角为 i' 的所有光线经透镜会聚形成另一级干涉条纹 K'。若采用单色宽光源照射薄膜，则宽光源上的每个点光源均产生自己的一套条纹，这些条纹叠加后使得条纹的对比度更加清晰。此外，由图可以看出，等倾干涉条纹是不等间距的明暗相间的同心圆环，这也可由等倾干涉条件公式得到验证。由等倾干涉条件公式还可以看出，当其他条件不变，若薄膜厚度连续增大时，干涉圆环将从中心一个一个逐渐冒出，并向外扩张，反之相反。很明显每冒出(或湮没)一个圆环，光程差应改变一个波长，即 $2n_2\Delta e=\lambda_0$。故通过数冒出(或湮没)的圆环的数目就可以知道薄膜厚度的改变值。

由于透射光和反射光干涉具有互补性，符合能量守恒定律，故对于透射光的干涉，转换为

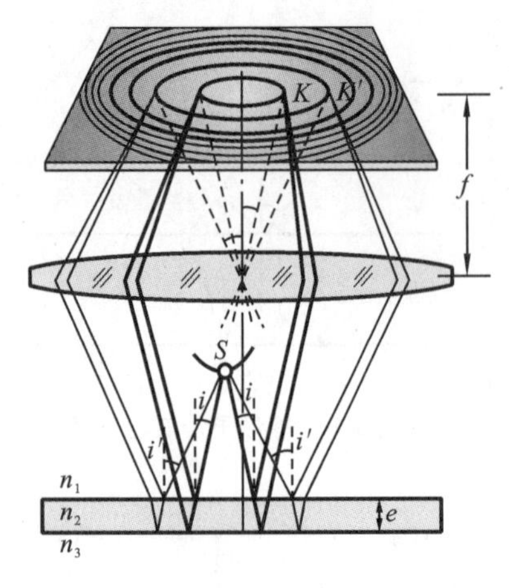

图 20-7　等倾干涉条纹的形成示意图

求反射光的干涉问题，即求透射光干涉相长可转换为求反射光的干涉相消，故透射光干涉在这里就不再详述。

例 20.3　人造水晶珏钻戒是用玻璃(折射率为 1.50)做材料，表面镀上一氧化硅(折射率为 2.0)以增强反射，这种膜称为增反膜。要增强 $\lambda=560\ \text{nm}$ 垂直入射光的反射，求镀膜的最小厚度。

解　由反射干涉相长公式有

$$\delta=2n_2e-\lambda_0/2=k\lambda_0\quad(k=0,1,2,\cdots)$$

取 $k=0$，该增反膜的最小厚度为

$$e=\frac{\lambda_0}{4n_2}=\frac{560\times10^{-9}}{4\times2}=0.07\ \mu\text{m}$$

在实际应用中，人们习惯将介质膜的厚度与其折射率的乘积称为该介质膜的光学厚度，故单层膜的光学厚度为 $ne=\frac{\lambda_0}{4}$。通常情况下，单层膜的反射率不高，故很难获得广泛的应用，为了提高反射率，一般是在玻璃表面上交替镀上高、低折射率的介质膜，并使各层膜的光学厚度均为 $\lambda_0/4$，这种多层膜称为高反膜。

在上述例子中，若膜的光学厚度仍为 $\lambda_0/4$，如果膜的折射率比玻璃的折射率小，则没有附加光程差，因此，反射光将产生相消干涉，而透射光将产生相长干涉，这种膜称为增透膜，有时也称为无反射膜。很明显，这种增透膜将使 560 nm 的黄绿光消失而使膜呈现蓝紫色，在实际应用中，有经验的师傅就是根据薄膜呈现的颜色来估计该膜的厚度。

20.3.2　等厚干涉

日常生活中，人们还会经常碰到厚度不均匀的薄膜。当平行光入射到厚度不均匀、折射率均匀的薄膜上、下表面时，在薄膜表面上会观察到干涉现象。由于干涉条纹的级次与厚度密切相关，即薄膜厚度相同的地方形成同一级干涉条纹，故称等厚干涉。下面介绍两种具有代表性的等厚干涉。

1. 劈尖干涉

如果薄膜的上下表面间有一个很小的夹角而形成一个楔形的薄层，这种薄膜称为劈尖，其干涉称为劈尖干涉。图 20-8(a)是劈尖干涉的实验装置，从单色点光源发出的光经光学系统成为平行光，平行光经玻璃片 M 反射后垂直照射到空气劈尖(由两块玻璃板的一边夹一小物块而形成的劈形空间即为空气劈尖，重合的另一边称为棱边)上，由劈尖上下表面反射的两束相干光在上表面相遇形成干涉条纹，通过显微镜 T 观察和测量。

由式(20-18)可以得到明、暗条纹的对应关系为

$$\delta=\delta_0+\delta'=2e+\frac{\lambda_0}{2}=\begin{cases}k\lambda_0 & (k=0,\pm1,\pm2,\cdots)\quad\text{明纹}\\(2k+1)\dfrac{\lambda_0}{2} & (k=0,\pm1,\pm2,\cdots)\quad\text{暗纹}\end{cases}\tag{20-19}$$

上式表明，在入射光波长、各介质的折射率给定的情况下，条纹的级次完全由厚度决定，相同的厚度形成同一级干涉条纹，故将其称为等厚干涉。

若劈尖的上下表面为理想平面，则劈尖干涉条纹为一系列与棱边相平行的明暗相间的直

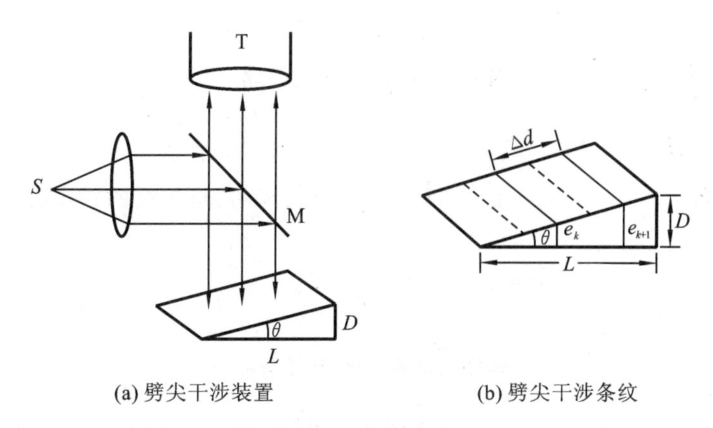

(a) 劈尖干涉装置　　(b) 劈尖干涉条纹

图 20-8　劈尖干涉

条纹,如图 20-8(b)所示,由式(20-19)可求出相邻明条纹(或暗条纹)对应的厚度差为

$$\Delta e = e_{k+1} - e_k = \frac{\lambda_0}{2} \tag{20-20}$$

设劈尖的夹角为 θ,由几何关系,可求出相邻明条纹(或暗条纹)的间距为 Δd 为

$$\Delta d = \frac{\Delta e}{\sin\theta} = \frac{\lambda_0}{2\sin\theta} \tag{20-21}$$

上式表明,劈尖的夹角 θ 越小,条纹的间距越大越易于分辨,反之则很难分辨,甚至无法分辨。由上式还可以看出,如果已知劈尖的夹角 θ,则可以通过测量条纹的间距来计算出光波的波长,反过来也可测量劈尖的夹角。故劈尖干涉在微小角度、厚度测量以及工件平整度的检测等方面具有广泛的应用,而且测量精度很高,非一般方法所能比。

例 20.4　如图 20-9 所示,利用空气劈尖测量金属丝的直径,用单色光垂直照射。已知 $\lambda = 589.3$ nm,$L = 28.88$ mm,测得 30 条暗纹的距离为 4.29 mm,求金属丝的直径 D。

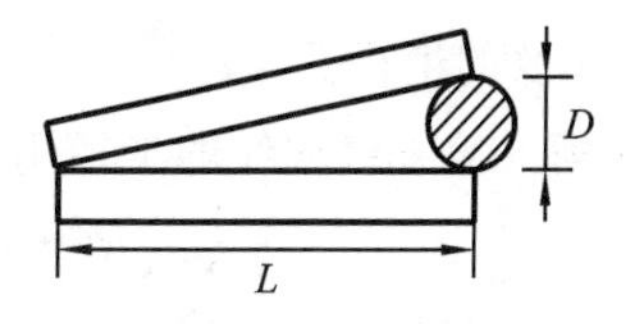

图 20-9　金属丝的直径测量

解　由题意知,相邻暗纹的间距为

$$\Delta d = \frac{4.29}{29} = 0.148 \text{ mm}$$

相邻暗纹处空气膜的厚度差为

$$\Delta e = \frac{\lambda_0}{2}$$

当劈尖的夹角 θ 很小时,有 $\sin\theta \approx \tan\theta$,即 $\frac{\Delta e}{\Delta d} = \frac{D}{L}$,所以

$$D = \frac{\Delta e L}{\Delta d} = \frac{0.5 \times 589.3 \times 10^{-6} \times 28.88}{0.148} \text{ mm} = 0.0575 \text{ mm}$$

2. 牛顿环

如图 20-10 所示,在一块平板玻璃上放一曲率半径较大的平凸透镜,两者之间形成一个厚度不均匀的空气薄膜,当用单色光照射时,从平凸透镜凸球面所反射的光和从平板玻璃上表面反射的光发生等厚干涉,从上往下观察会看到干涉条纹是以接触点 C 为圆心的一组同心圆环,该干涉现象最早为牛顿所发现,故通常称为牛顿环。

设平凸透镜的曲率半径为 R,r 为圆环的半径,其与该处空气厚度 e 的关系为

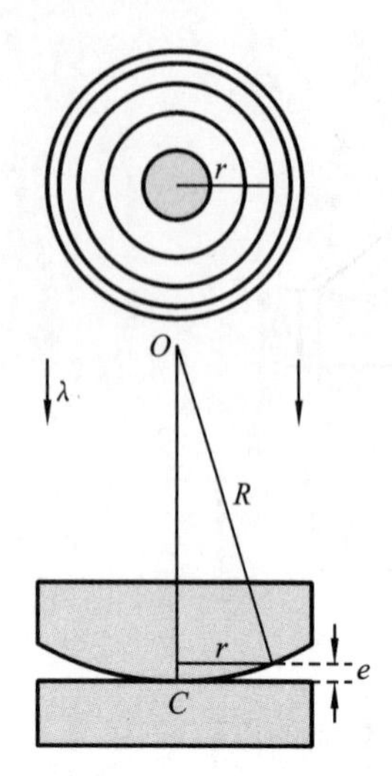

图 20-10　牛顿环干涉

$$r^2=R^2-(R-e)^2=2Re-e^2$$

因 $e\ll R$,故 e^2 可以忽略,则有

$$e=\frac{r^2}{2R}$$

由式(20-18)可以得到明、暗条纹的对应关系为

$$\delta=\delta_0+\delta'=2\,\frac{r^2}{2R}+\frac{\lambda_0}{2}=\begin{cases}k\lambda_0 & (k=1,2,\cdots)\quad 明纹\\(2k+1)\dfrac{\lambda_0}{2} & (k=0,1,2,\cdots)\quad 暗纹\end{cases}$$

则明、暗条纹的半径分别为

$$r=\sqrt{(2k-1)\,\frac{\lambda R}{2}}\quad (k=1,2,3,\cdots)\quad 明纹\quad (20\text{-}22(a))$$

$$r=\sqrt{k\lambda R}\quad (k=0,1,2,3,\cdots)\quad 暗纹\quad (20\text{-}22(b))$$

由上式可以看出,暗环半径正比于$\sqrt{k}$,因此 k 越大,相邻暗环的半径之差越小,即牛顿环是一系列内疏外密的同心圆环。此外,由于存在半波损失,牛顿环中心是暗环,如图 20-10 所示。

在实际应用中,常用牛顿环快速检测透镜的曲率半径及其表面的光洁度、平整度是否合格。利用牛顿环还可以测量光波波长、微小厚度等。

例 20.5　设牛顿环实验中平凸透镜和平板玻璃间有一小间隙 e_0,如图 20-11 所示,充以折射率 n 为 1.33 的某种透明液体,设平凸透镜曲率半径为 R,用波长为 λ_0 的单色光垂直照射,求第 k 级明纹的半径。

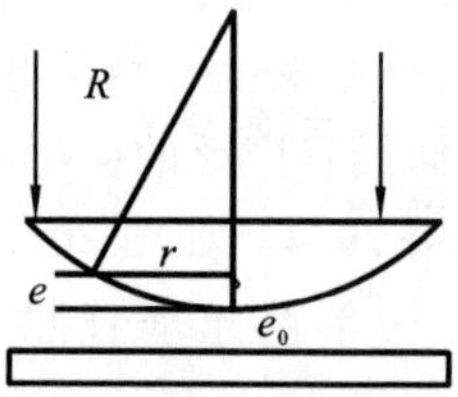

图 20-11　牛顿环实验

解　第 k 级明纹的半径用 r_k 表示,则

$$r_k^2=R^2-(R-e)^2=2Re$$

光程差为

$$\delta=2n(e+e_0)+\lambda_0/2=k\lambda_0$$

联立上面两个式子,可解得第 k 级明纹的半径为

$$r_k=\sqrt{\left[\left(k-\frac{1}{2}\right)\frac{\lambda_0}{n}-2e_0\right]R}$$

20.4　迈克尔逊干涉仪

Michelson interferometer

干涉仪是根据干涉原理制成的一种用于精密测量的仪器,它通过干涉条纹的移动变化可测量几何长度或折射率的微小改变量,从而测得与此有关的其他物理量,其测量精度之高是任何其他测量方法所无法比拟的,故在现代科学技术中获得了广泛的应用。干涉仪的种类很多,常见的干涉仪有迈克尔逊干涉仪、法布里-珀罗干涉仪、马赫-曾德尔干涉仪、塞格纳克干涉仪等。本章重点介绍最常用、最典型的迈克尔逊干涉仪。

迈克尔逊干涉仪是 1883 年美国物理学家迈克尔逊和莫雷合作,为研究“以太”漂移而设计制造出来的精密光学仪器。迈克尔逊因发明干涉仪和测定光速而获得1907年诺贝尔物理学奖。图20-12(a)是迈克尔逊干涉仪的装置图。图中光源采用的是He-Ne激光器，He-Ne激光器发出的光经透镜变成平行光后照射到分光板G_1上，经G_1分成反射光束①和透射光束②，反射光束①经反射镜M_1反射，再经分光板透射照射到观察屏P上，透射光束②经补偿板G_2透射后，再经可动反射镜M_2反射、G_2透射、G_1反射后与反射光束①在观察屏P上相遇发生干涉。其中分光板的背面镀有半反射膜，补偿板G_2的作用是补偿光束①和②之间的光程差，避免因光程差超过光源的相干长度而无法观察到干涉现象。

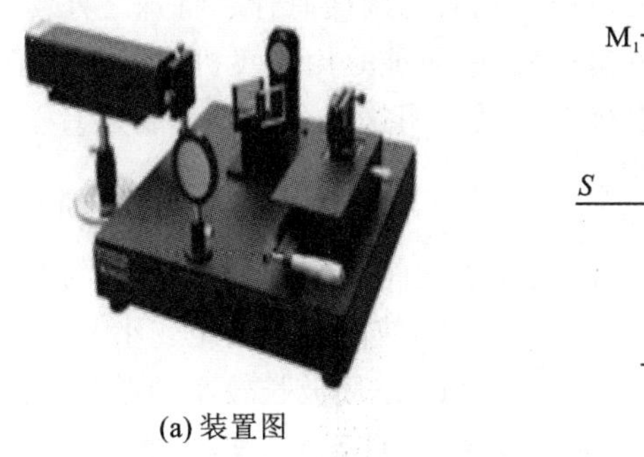

(a) 装置图　　(b) 原理图

图 20-12　迈克尔逊干涉仪

观察屏P上观察到的干涉现象可等价于M_1'与M_2之间所夹的空间构成一个等效的空气薄膜产生的干涉现象。其中M_1'是反射镜M_1经G_1反射所成的镜像。当将M_2调整到与M_1严格垂直时，则M_1'与M_2之间所形成的等效空气薄膜的厚度是均匀的，故观察屏上将看到同心圆环状的等倾干涉条纹；当将M_2调整到与M_1不严格垂直时，则M_1'与M_2之间所形成的等效空气薄膜的厚度是不均匀的，故观察屏上将看到一系列平行直线组成的等厚干涉条纹。

不论是等倾干涉还是等厚干涉，当可动反射镜M_2移动时，干涉条纹也发生移动，由薄膜干涉原理可知，当反射镜M_2移动$\frac{\lambda_0}{2}$时，由于光路为往返式光路，故光程差改变一个波长，即同一级条纹发生了一个级次的变化。若同一级条纹发生了N个级次的变化，则可动反射镜M_2移动的距离为

$$d = N\frac{\lambda_0}{2} \tag{20-23}$$

利用上述原理，迈克尔逊干涉仪可以测量薄膜的厚度、折射率、光波波长等信息的测量，故在现代科学技术中获得了广泛的应用，而且迈克尔逊干涉仪是许多近代干涉仪的原型，因此学习迈克尔逊干涉仪的工作原理是很有必要的。

例 20.6　当把折射率为$n=1.40$的薄膜放入迈克尔逊干涉仪的一臂时，如果产生了7条条纹的移动，求薄膜的厚度(已知钠光的波长为$\lambda=589.3$ nm)。

解　设插入薄膜的厚度为d，则相应光程差变化为

$$2(n-1)d=N\lambda_0$$

所以

$$d=\frac{N\lambda_0}{2(n-1)}=\frac{7\times589.3\times10^{-9}}{2\times(1.4-1)}\ \mu\text{m}=5.154\ \mu\text{m}$$

【思考题与习题】

1. 思考题

20-1　怎样理解光的相干性？如何从普通光源中获取相干光？

20-2　等倾干涉和等厚干涉有何差别？

20-3　用两块玻璃片叠在一起形成空气尖劈观察干涉条纹时，如果发现条纹不是平行的直条纹，而是弯弯曲曲的线条，试说明两玻璃片相对的两面有什么特殊之处？

20-4　隐形飞机之所以很难为敌方雷达发现，可能是由于飞机表面涂敷了一层介电质(如塑料或橡胶)，从而使入射的雷达波反射极微。试说明这层介电质可能是怎样减弱反射波的。

2. 选择题

20-5　在双缝干涉实验中，为使屏上的干涉条纹间距变大，可以采取的办法是(　　)。

(A)使屏靠近双缝　　(B)使两缝的间距变小

(C)把两个缝的宽度稍微调窄　　(D)改用波长较小的单色光源

20-6　在双缝干涉实验中，屏幕 E 上的 P 点处是明条纹。若将缝 S_2 盖住，并在 S_1S_2 连线的垂直平分面处放一高折射率介质反射面 M，如图 20-13 所示，则此时(　　)。

(A) P 点处仍为明条纹　　(B) P 点处为暗条纹

(C)不能确定 P 点处是明条纹还是暗条纹　　(D)无干涉条纹

20-7　两块平玻璃构成空气劈形膜，左边为棱边，用单色平行光垂直入射。若上面的平玻璃以棱边为轴，沿逆时针方向做微小转动，则干涉条纹的(　　)。

(A)间隔变小，并向棱边方向平移　　(B)间隔变大，并向远离棱边方向平移

(C)间隔不变，向棱边方向平移　　(D)间隔变小，并向远离棱边方向平移

20-8　在图 20-14 所示三种透明材料构成的牛顿环装置中，用单色光垂直照射，在反射光中看到干涉条纹，则在接触点 P 处形成的圆斑为(　　)。

(A)全明　　(B)全暗

(C)右半部明，左半部暗　　(D)右半部暗，左半部明

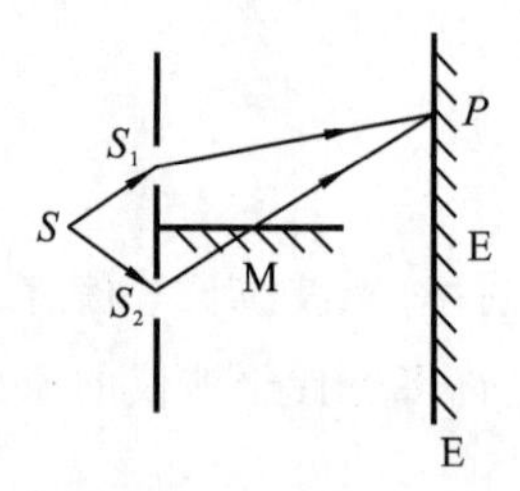

图 20-13　题 20-6 图

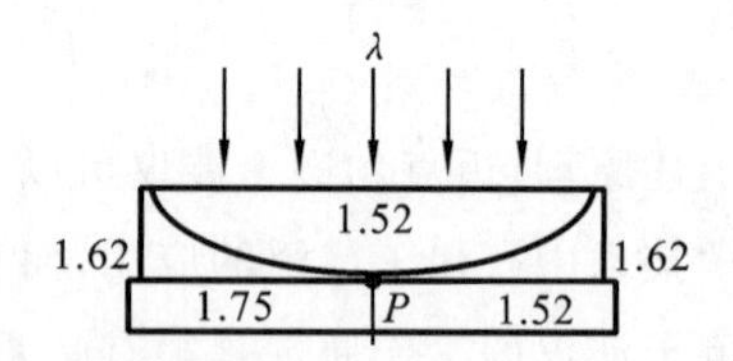

图 20-14　题 20-8 图(图中数字为各处的折射率)

3. 填空题

20-9　一双缝干涉装置，在空气中观察时干涉条纹间距为 1.0 mm。若整个装置放在水中，干涉条纹的间距将为________ mm。(设水的折射率为 4/3)

20-10　若一双缝装置的两个缝分别被折射率为 n_1 和 n_2 的两块厚度均为 e 的透明介质所

遮盖，此时由双缝分别到屏上原中央极大所在处的两束光的光程差 $\delta=$________。

20-11　一束波长为 λ 的单色光由空气垂直入射到折射率为 n 的透明薄膜上，透明薄膜放在空气中，要使反射光得到干涉加强，则薄膜最小的厚度为________。

20-12　在迈克尔逊干涉仪的一条光路中，放入一折射率为 n、厚度为 d 的透明薄片，放入后，这条光路的光程改变了________。

20.1　习题

20-13　如图 20-15 所示，今用波长为 λ 的单色光垂直照射到膜厚为 e、折射率为 n_2 的平行膜面上。设 n_2 的上、下两方均为透明介质，其折射率与 n_2 的关系为 $n_1<n_2, n_2>n_3$。求入射光在 n_2 的上、下两界面反射的光程差。

20-14　在图 20-16 所示的光路中，S 为光源，透镜 L_1、L_2 的焦距都为 f，求：(1)图中光线 SaF 与光线 SOF 的光程差为多少？(2)若光线 SbF 路径中有长为 l、折射率为 n 的玻璃，那么该光线与 SOF 的光程差为多少？

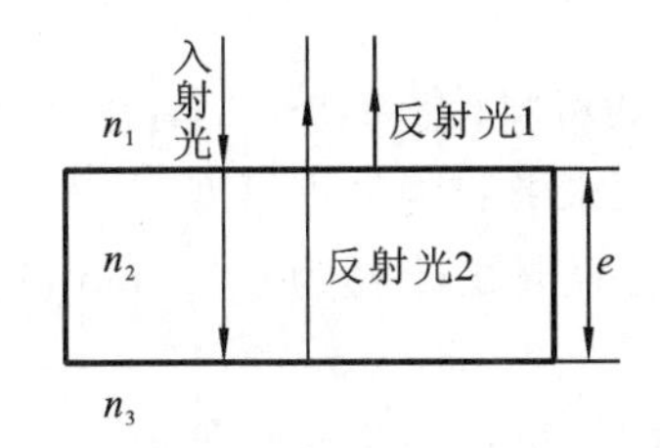

图 20-15　题 20-13 图

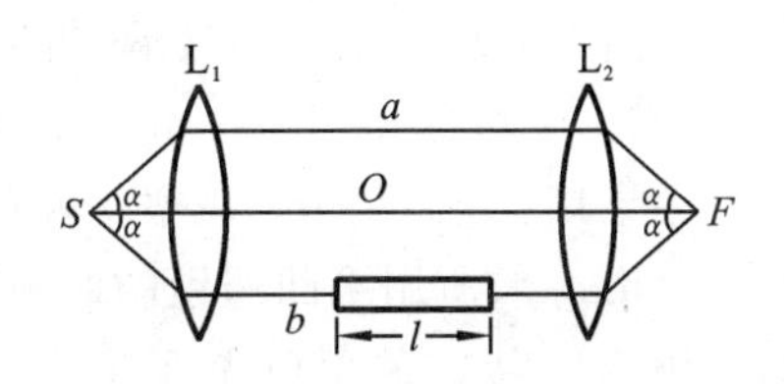

图 20-16　题 20-14 图

20.2　习题

20-15　杨氏双缝的间距为 0.2 mm，距离屏幕为 1 m，求：(1)若第一到第四明纹距离为 7.5 mm，求入射光波长。(2)若入射光的波长为 600 nm，求相邻两明纹的间距。

20-16　图 20-17 所示为用双缝干涉来测定空气折射率 n 的装置。实验前，在长度为 l 的两个相同密封玻璃管内都充以一大气压的空气。现将上管中的空气逐渐抽去：(1)问光屏上的干涉条纹将向什么方向移动？(2)当上管中空气完全抽到真空，发现屏上波长为 λ 的干涉条纹移过 N 条，计算空气的折射率。

20-17　双缝干涉实验装置如图 20-18 所示，双缝与屏之间的距离 $D=120$ cm，两缝之间的距离 $d=0.50$ mm，用波长 $\lambda=500$ nm($1\ \text{nm}=10^{-9}$ m)的单色光垂直照射双缝。

(1)求原点 O(零级明条纹所在处)上方的第五级明条纹的坐标 x；

(2)如果用厚度 $l=1.0\times10^{-2}$ mm、折射率 $n=1.58$ 的透明薄膜覆盖在图中的 S_1 缝后面，求上述第五级明条纹的坐标 x'。

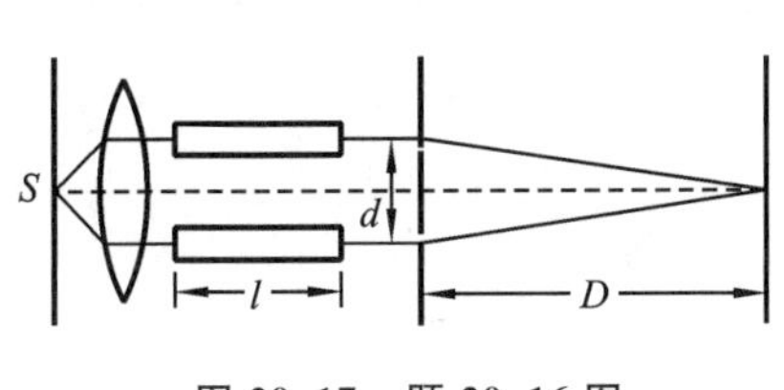

图 20-17　题 20-16 图

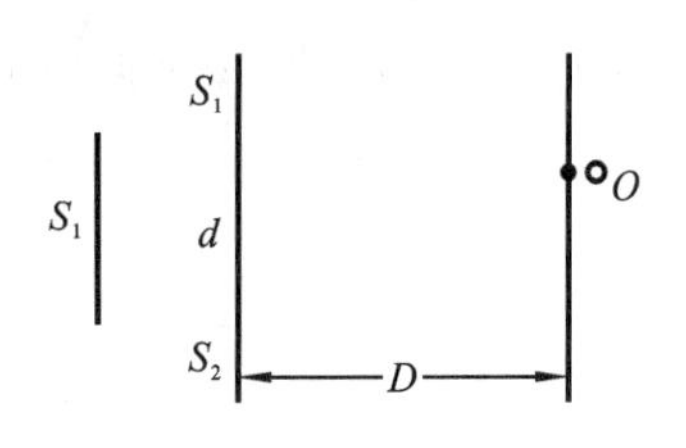

图 20-18　题 20-17 图

20-18　设杨氏双缝干涉实验用白光作为光源，双缝间距 $d=0.2$ mm，双缝到屏的距离 $D=1.0$ m，求：

(1)波长为 $\lambda_1=400$ nm 及 $\lambda_2=600$ nm 的光波的干涉条纹间距 Δx_1 及 Δx_2；

(2)λ_1 的暗纹中心与 λ_2 的明纹中心第一次重合时的位置坐标 x。

20.3　习题

20-19　用波长 $\lambda=500$ nm 的单色光垂直照射在由两块玻璃板(一端刚好接触，成为劈棱)构成的空气劈形膜上。劈尖角 $\theta=2.0\times10^{-4}$ rad。如果劈形膜内充满折射率为 $n=1.4$ 的液体，求从劈棱数起第五级明纹在充入液体前后移动的距离。

20-20　在玻璃板(折射率为 1.50)上有一层油膜(折射率为 1.30)。已知对于波长为 500 nm和 700 nm 的垂直入射光都发生反射相消，而这两波长之间没有别的波长光反射相消，求此油膜的厚度。

20-21　一块厚 1.2 μm 的折射率为 1.50 的透明膜片。设以波长介于 400～700 nm 的可见光。垂直入射，求反射光中哪些波长的光最强？

20-22　人造水晶珏钻戒是用玻璃(折射率为 1.50)做材料，表面镀上一氧化硅(折射率为 2.0)以增强反射。要增强 $\lambda=560$ nm 垂直入射光的反射，求镀膜的最小厚度。

20-23　用钠灯($\lambda=589$ nm)观察牛顿环，看到第 k 条暗环的半径为 $r=4$ mm，第 $k+5$ 条暗环半径 $r=6$ mm，求所用平凸透镜的曲率半径 R。

20-24　用波长为 λ_1 的单色光垂直照射牛顿环装置时，测得中央暗斑外第 1 和第 4 暗环半径之差为 l_1，而用未知单色光垂直照射时，测得第 1 和第 4 暗环半径之差为 l_2，求未知单色光的波长 λ。

20-25　在牛顿环装置的平凸透镜和平板玻璃间充以某种透明液体，观测到第 10 个明环的直径由充液前的 14.8 cm 变成充液后的 12.7 cm，求这种液体的折射率 n。

20-26　在牛顿环装置的平凸透镜和平玻璃板之间充满折射率 $n=1.33$ 的透明液体(设平凸透镜和平玻璃板的折射率都大于 1.33)。凸透镜的曲率半径为 300 cm，波长 $\lambda=650$ nm 的平行单色光垂直照射到牛顿环装置上，凸透镜顶部刚好与平玻璃板接触。求：

(1)从中心向外数第 10 个明环所在处的液体厚度 e_{10}；

(2)第 10 个明环的半径 r_{10}。

20.4　习题

20-27　在迈克尔逊干涉仪的 M_2 镜前，当插入一薄玻璃片时，可观察到有 150 条干涉条纹向一方移过。若玻璃片的折射率为 1.632，所用的单色光的波长为 500 nm，试求玻璃片的厚度。

20-28　在迈克尔逊干涉仪的一臂中引入 100 mm 长的玻璃管，并充以一个大气压的空气，用波长 $\lambda=585$ nm 的光照射，如果将玻璃逐渐抽成真空，发现有 100 条干涉条纹移动。求空气的折射率。

第 21 章　光的衍射
Chapter 21　Diffraction of light

21.1　光的衍射　惠更斯-菲涅尔原理
Diffraction of light and Huygens-Fresnel principle

21.1.1　光的衍射

当光波遇到障碍物时，将或多或少地偏离几何直线而绕行传播的现象，称为光的衍射，如图 21-1 所示。衍射使强度波及几何阴影区内，也可以使得几何照明区内出现暗斑或暗纹，总之，衍射效应使得障碍物后空间的光强重新分布，既区别于几何光学给出的光强分布，又区别于光波自由传播时的光强分布。实际上，衍射是波动传播过程中波面受到限制的必然结果，而不单纯是一种边缘效应。任何一个光学系统，都是有界的传输系统，因而都存在光的衍射现象。

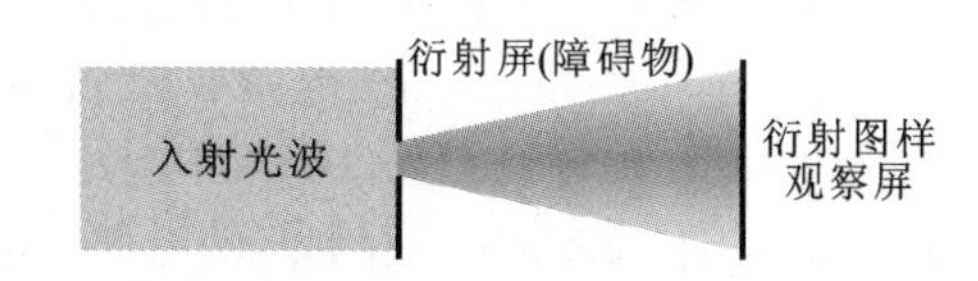

图 21-1　光波衍射示意图

衍射现象有两个鲜明的特点，一是当光束在衍射屏上的某一方位受到限制，在远处接收屏上的衍射光强就沿该方向扩展开来，具有顽强的反限制行为；二是衍射现象的明显程度由光孔的线度和波长之比直接决定，光孔线度越小，光束受限制得越厉害，则衍射范围越加弥漫。日常生活中声波的衍射、水波的衍射、广播段无线电波的衍射是随时随地发生的，易为人觉察。但是，光的衍射现象却不易为人们所觉察，这是因为可见光的波长很短，以及普通光源是非相干的面光源。在实验室中，目前广泛采用氦氖激光器作光源来显示衍射现象，收到了良好的效果。

在历史上，表明光具有衍射现象的一个特别有说服力的例证是圆屏衍射，用光源 S 照射一个完全不透明的小圆屏，在观测屏上可以观察到小圆屏的几何阴影区周围有明暗相间的同心圆条纹，更令人感到惊讶的是在阴影区内还出现了一个清晰的亮斑，这是光的直线传播理论无法解释的，其衍射图样见图 21-2(d)。

21.1.2　惠更斯-菲涅尔原理

光的衍射效应最早是由意大利物理学者弗朗西斯科·格里马第(Francesco Grimaldi)发现并加以描述的，他的关于衍射现象的发现在他去世两年以后于 1665 年才被发表，他也是“衍射”一词的创始人。这个词源于拉丁语词汇 diffringere，意为“成为碎片”，即波原来的传播方向被“打碎”，弯散至不同的方向。

惠更斯原理是近代光学的一个重要基本理论。它虽然可以预料光的衍射现象的存在，却

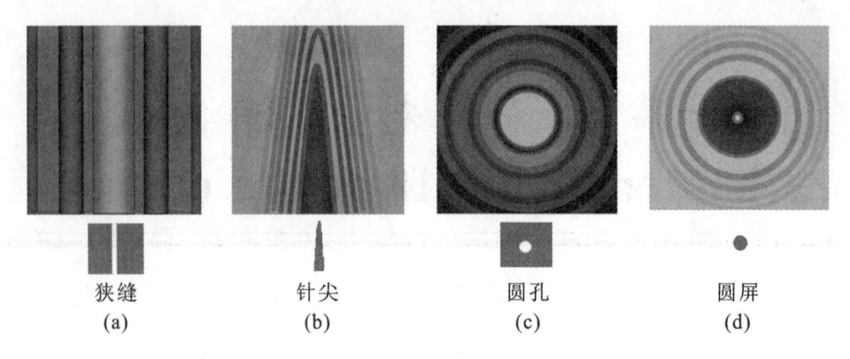

图 21-2　不同障碍物及衍射图样

不能对这些现象作出解释,也就是它可以确定光波的传播方向,而不能确定沿不同方向传播的振动的振幅。因此,惠更斯原理是人类对光学现象的一个近似的认识。直到后来,法国物理学者菲涅耳对惠更斯的光学理论作了发展和补充,创立了"惠更斯-菲涅耳原理",才较好地解释了衍射现象,完成了光的波动说的全部理论。

菲涅耳在惠更斯原理的基础上指出:波阵面上任一点均可视为能向外发射子波的子波源,波面前方空间某一点 P 的振动就是到达该点的所有子波的相干叠加。

(Huggens-Fresnel principle:Every point on a wave front can be considered as a source of tiny wavelets that spread out in the forward direction at the speed of the wave itself. The new wave front is the envelope of all the wavelets——that is the tangent to all of them.)

菲涅耳在惠更斯原理引导出的预测与许多实验观察相符合,包括泊松光斑,也对于为什么波只会朝前面方向传播,而不会朝后面方向传播这问题给出一个定量的解释。

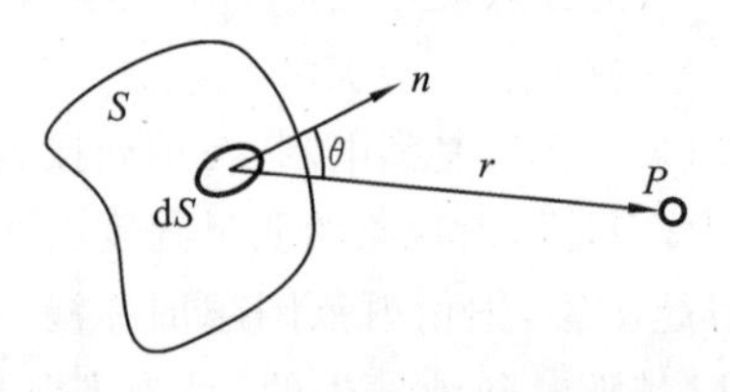

图 21-3　不同障碍物及衍射图样

如图 21-3 所示,S 为一个给定波阵面,在其前面某点 P 的振动是波面上所有面元 $\mathrm{d}S$ 在 P 点产生的振动之和。在 S 上取一面元 $\mathrm{d}S$,$\mathrm{d}S$ 子波源发出的子波在 P 点引起的振动为

$$\mathrm{d}E = C\frac{K(\theta)}{r}\cos 2\pi\left(\frac{t}{T}-\frac{r}{\lambda}\right)\mathrm{d}S \tag{21-1}$$

式中:C 为比例系数;

$K(\theta)$为随 θ 角增大而缓慢减小的函数,称为倾斜因子。

当 $\theta=0$ 时,$K(\theta)$为最大;当 $\theta\geqslant\frac{\pi}{2}$时,$K(\theta)=0$,因而子波叠加后振幅为零。波阵面上所有 $\mathrm{d}S$ 面元发出的子波在 P 点引起的合振动为

$$E=\int\mathrm{d}E=\int C\frac{K(\theta)}{r}\cos 2\pi\left(\frac{t}{T}-\frac{r}{\lambda}\right)\mathrm{d}S \tag{21-2}$$

根据这一原理,原则上可计算任意形状孔径的衍射问题。

21.1.3　衍射的分类

根据光源、障碍物和观测屏三者的相对位置将衍射分为两大类:菲涅耳衍射和夫琅禾费衍射。

1. 菲涅耳衍射(近场衍射)

光源和观察屏(或两者之一)到衍射孔(或缝)的距离为有限远时产生的衍射为菲涅耳衍

射，是光波在近场区域的衍射，如图 21-4 所示。

2. 夫琅禾费衍射（远场衍射）

光源和观察屏到衍射孔（或缝）的距离均为无穷远时产生的衍射为夫琅禾费衍射（以约瑟夫·冯·夫琅禾费命名），又称远场衍射，如图 21-5 所示。

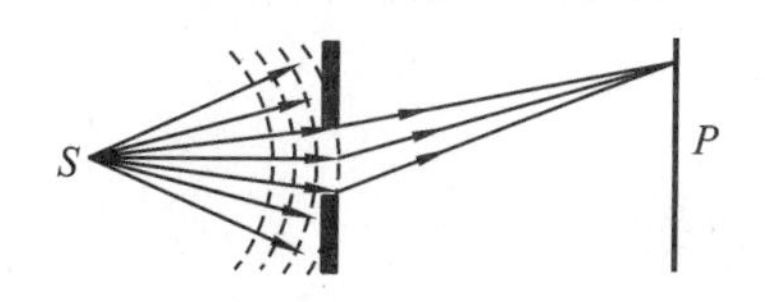

图 21-4 菲涅耳衍射

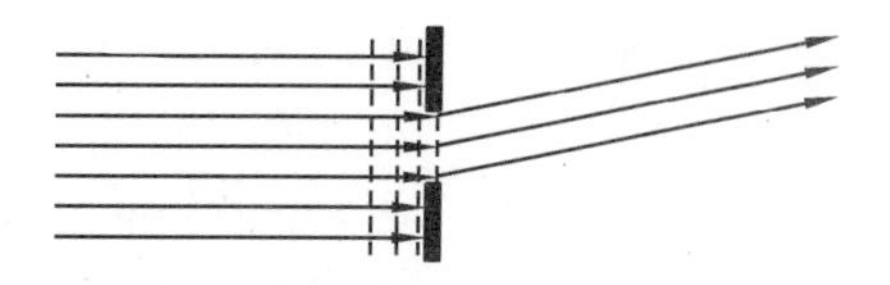

图 21-5 夫琅禾费衍射

实现夫琅禾费衍射条件的具体方法如图 21-6 所示，是利用透镜 L_1 产生平行光照射障碍物，就等效于光源离障碍物无限远。在障碍物后方利用透镜 L_2 将障碍物所产生的衍射光波聚焦到焦平面上观测，就等效于观测屏离障碍物无限远。

奥古斯丁·菲涅耳（见图 21-7）是一位建筑师的儿子，出生于厄尔省布罗意（Broglie）。他年少时在学习方面较迟钝，直到八岁时仍然不会阅读。十三岁时他进入法国卡昂中央理工学院（Ecole Centrale in Caen），十六岁多进入巴黎综合理工学院，在那里他以优异的成绩证明了自己的天分。之后他进入桥路学校。从 1804 年起，他曾先后在旺代省、德龙省与伊勒-维莱讷省的政府机关担任工程师建造公路。1814 年，由于对波旁王朝的支持，当拿破仑重获权力之后，他失去了工作。

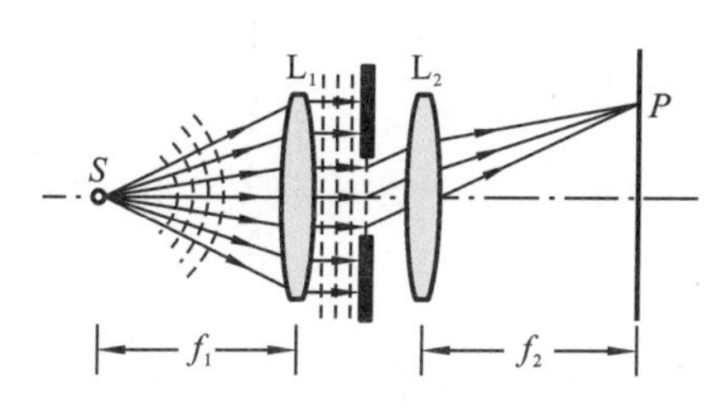

图 21-6 夫琅禾费衍射的实现

图 21-7 奥古斯丁·菲涅耳

1815 年，拿破仑战败被流放，波旁王朝复辟。他在巴黎重新获得一份工程师的工作，从那时候起，他大多数人生都在巴黎度过。大约于 1814 年左右，他开始研究光学。

1818 年，菲涅耳将他的论文提交给法兰西学术院的评委会。评委会的会员西莫恩·泊松阅读完毕后认为，假若菲涅耳的理论成立，则将光波照射于一小块圆形挡板，其形成的阴影的中央必会有一个亮斑，因此，他推断这理论不正确。但是，评委会的另一位会员，弗朗索瓦·阿拉戈亲自动手做这实验，获得的结果与预测相符合，证实菲涅耳原理正确无误。因此于次年获得法兰西学术院的大赛奖。1819 年，他被提名为“灯塔委员”，他发明了一种特别的透镜，称为菲涅耳透镜，可以用来替代灯塔的镜子。

1823 年，大家一致推选他成为学术院的会员，并于 1825 年成为了英国伦敦皇家学会的会员。1827 年，他罹患了重病，伦敦皇家学会授予他一枚“冉福得奖章”（Rumford medal）。

1827 年，菲涅耳因结核病死于在巴黎附近的 Ville-d'Avray 市镇，年仅 39 岁。

在他有生之年,他对于光学所做出的贡献并没有得到学术界认知。一直等到他去世后多年,很多论文才开始被法兰西学术院发表印行。但是,如同他于1824年写给托马斯·杨的信所述,“深藏在我内心的那种感觉或虚幻,即世俗对于荣耀的追寻与爱慕,是何等的单调乏味;所有阿拉戈、拉普拉斯、毕奥加诸于我的赞赏,远不及我因发现大自然的理论真谛或做实验确认计算的结果而博得的喜乐。”在埃菲尔铁塔上共刻有72位法国知名人士的名字之中,可以找到菲涅耳的名字。

21.2 夫琅禾费单缝衍射
Fraunhofer single-slit diffraction

单缝夫琅禾费衍射实验装置如图21-8所示,单缝是指一条宽度远远小于长度的矩形狭缝,S 是点光源,L_1 和 L_2 是焦距分别为 f_1 和 f_2 的透镜,在透镜 L_1 前焦点 S 上发出的光,经过透镜 L_1 准直,垂直入射到狭缝上,经宽度为 a 的单缝衍射后,经过透镜 L_2 汇聚到其后焦面接收屏上。在接收屏上会有一组平行于狭缝的明暗相间的条纹,位于中央的是一条最宽最亮的亮纹,称之为中央明纹。其它的条纹对称地分布在中央明纹两侧。

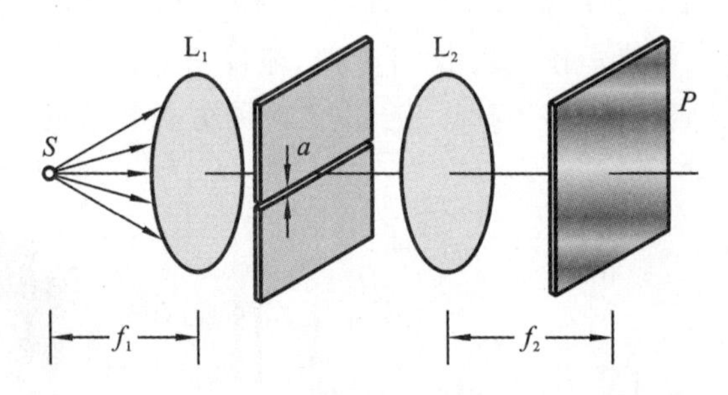

图 21-8　单缝夫琅禾费衍射实验示意图

图21-9是单缝夫琅禾费衍射的光路示意图,分析接收屏上任何一点 P 点的衍射光强情况。P 点对应的衍射角是 θ。

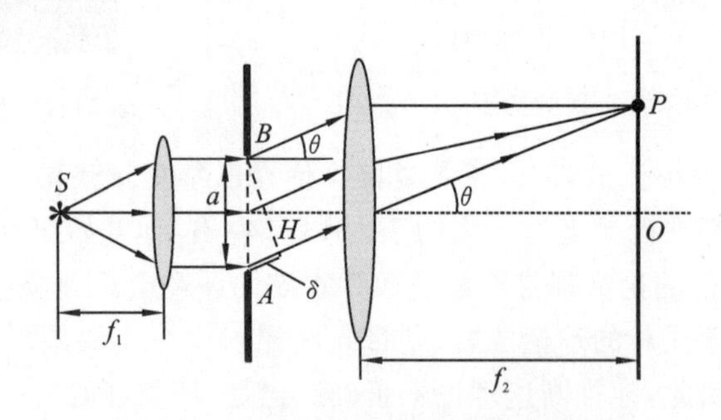

图 21-9　单缝夫琅禾费衍射光路示意图

单缝的两条边缘光束 $A \rightarrow P$ 和 $B \rightarrow P$ 的光程差为$\overline{AH}$,由几何关系得到:

$$\delta = a\sin\theta \tag{21-3}$$

当衍射角 $\theta=0$ 时,光程差 $\delta=0$,光波汇聚于第二个透镜的焦点处,形成中央明纹。

如果$\overline{AH}$正好等于半波长的2倍,$\delta=a\sin\theta=2\cdot\dfrac{\lambda}{2}$,过 AH 的中点作平行于 BH 的直线,

与 AB 交于 C 点，这样单缝 AB 被分为两部分，每一部分边缘两端的光线的光程差恰好为$\frac{\lambda}{2}$，每一部分称为一个半波带，这样 AB 被分为两个半波带，这两个半波带上对应点发出的子光波汇聚到 P 点的光程差都为$\frac{\lambda}{2}$，如图 21-10(a)所示，光线 1 和 $1'$，光线 2 和 $2'$ 光程差都为$\frac{\lambda}{2}$，因而两两干涉相消，在 P 点形成暗纹。

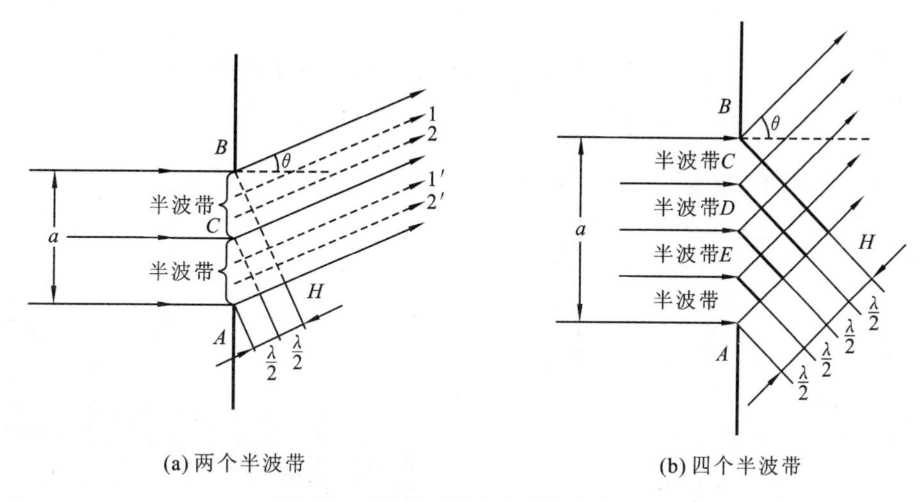

(a) 两个半波带　　　　(b) 四个半波带

图 21-10　缝宽可划分出偶数个半波带

如果 AB 波面恰好被分为偶数个半波带时，由于相邻两个半波带上各对应点发出的子波汇聚到同一点的光程差正好为$\frac{\lambda}{2}$，所以形成暗纹。即当衍射角 θ 满足

$$a\sin\theta = \pm 2k\frac{\lambda}{2} = \pm k\lambda \quad (k = 1,2,3,\cdots) \tag{21-4}$$

时为暗纹。此式为单缝衍射的暗纹公式，式中，k 为暗纹级数，$\pm$ 表示各级暗纹对称地分布于中央明纹的两侧。图 21-10(b)是 AB 波面恰好被分为四个半波带。

如果 AB 波面恰好被分为奇数个半波带时，如图 21-11所示分为三个半波带，两两相邻半波带发出的光在汇聚点 P 点处干涉相消，剩一个“半波带”的光振动在 P 点没有被抵消，因而使得 P 点出现明纹。所以当衍射角 θ 满足

$$a\sin\theta = \pm(2k+1)\frac{\lambda}{2} \quad (k = 1,2,3,\cdots) \tag{21-5}$$

时为明纹。此式为单缝衍射的明纹公式，式中，k 为明纹级数，$\pm$ 表示各级明纹对称地分布于中央明纹的两侧。

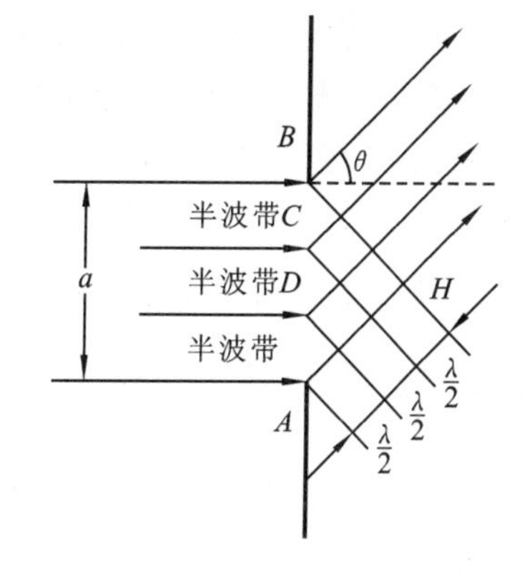

图 21-11　缝宽可划分出奇数个半波带

这里需要指出，半波带法是一种近似分析理论，是通过寻找光程差的规律来分析不同衍射角方向上衍射条纹的明暗情况，并不能得到光强信息。精确定量地讨论接收屏上的光强分布信息需要惠更斯－菲涅尔原理的积分公式来分析。

衍射图样中各级条纹的相对光强如图 21-12 所示。中央明纹最宽最亮，其他各级明纹对

称地分布在中央明纹的两侧,光强随着衍射级次的增大而减少。这是因为随着衍射级次的增大,衍射角就相应的增大,被分成的半波带的个数就越多,没有被抵消的一个半波带的面积就越小,对应的明纹的光强就越小。

中央明纹的线宽度为正、负第一暗纹间距,中央明纹的角宽度(即条纹对透镜中心的张角)为 $2\theta_1$

$$\sin\theta_1 = \frac{\lambda}{a} \tag{21-6}$$

如图 21-13 所示,第一级暗纹到接收屏中间位置 O 点的距离为 x_1

$$x_1 = f\cdot\tan\theta_1 \approx f\cdot\sin\theta_1 = \frac{\lambda}{a}f \tag{21-7}$$

所以中央明纹的宽度为

$$\Delta x_0 = 2x_1 = 2\,\frac{\lambda}{a}f \tag{21-8}$$

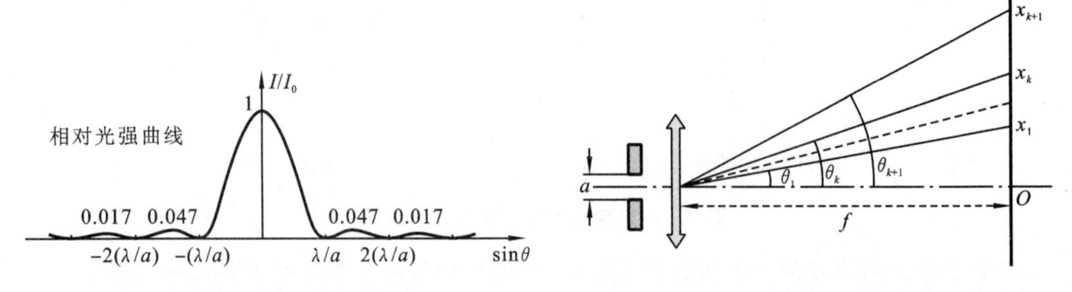

图 21-12　单缝衍射的相对光强分布　　图 21-13　单缝衍射各级条纹的宽度分析

其他各级明纹的宽度为相邻暗纹间距,第 K 级明纹是第 $K+1$ 级暗纹与第 K 级暗纹之间的宽度

$$\begin{aligned}\Delta x &= x_{k+1} - x_k \approx f\cdot\sin\theta_{k+1} - f\sin\theta_k \\ &= f\cdot\frac{(k+1)}{a}\lambda - f\frac{k\lambda}{a} = f\cdot\frac{\lambda}{a}\end{aligned} \tag{21-9}$$

可见中央明纹约为其他各级明纹宽度的两倍。

由条纹宽度可以看出,缝越窄,即 a 越小,条纹宽度越宽,条纹分散越开,衍射现象越明显。反之,a 越大,条纹向中央靠拢。当缝宽比波长大很多时,各级明纹向中央靠拢,密集得无法分辨,形成单一的明条纹,这就是透镜所形成的单缝的几何光学像,显示了光的直线传播的性质。所以,几何光学是波动光学在 $\frac{\lambda}{a}\to 0$ 的极限情形。当缝极细 $\lambda\approx a$ 时,$\sin\theta_1\approx 1$,$\theta_1\approx \pi/2$,衍射中央亮纹的两端延伸到很远很远的地方,屏上只接到中央亮纹的一小部分,当然就看不到单缝衍射的条纹了。杨氏双缝干涉时,我们并不考虑每条缝的衍射影响,原因就是双缝干涉时,每条缝非常非常的细。可只考虑干涉,而不用考虑缝的衍射。

例 21.1　波长 $\lambda=600$ nm 的单色光垂直入射到缝宽 $a=0.2$ mm 的单缝上,缝后用焦距 $f=50$ cm 的会聚透镜将衍射光会聚于屏幕上。求:(1)中央明条纹的角宽度、线宽度;(2)第 1 级明条纹的位置以及单缝处波面可分为几个半波带?

解　(1)第 1 级暗条纹对应的衍射角 θ_1 为

$$\sin\theta_1 = \frac{\lambda}{a} = \frac{6\times10^{-7}}{2\times10^{-4}} = 3\times10^{-3}$$

因 $\sin\theta_1$ 很小，可知中央明条纹的角宽度为

$$2\theta_1 \approx 2\sin\theta_1 = 6\times10^{-3}\ \text{rad}$$

第1级暗条纹到中央明条纹中心 O 的距离为

$$x_1 = f\tan\theta_1 \approx f\sin\theta_1 = 0.5\times3\times10^{-3} = 1.5\times10^{-3}\ \text{m} = 1.5\ \text{mm}$$

因此中央明条纹的线宽度为

$$\Delta x_0 = 2x_1 = 2\times1.5\ \text{mm} = 3\ \text{mm}$$

(2)根据明纹公式

$$a\sin\theta = (2k+1)\frac{\lambda}{2}$$

可知，第一级明纹是 $k=1$，所以对应在单缝波面处可分为3个半波带，第一级明纹对应的衍射角为

$$\sin\theta_1 = (2\times1+1)\frac{\lambda}{2a} = \frac{3\times6\times10^{-7}}{2\times2\times10^{-4}} = 4.5\times10^{-3}$$

对应的坐标位置为

$$x_1 = f\tan\theta_1 \approx f\sin\theta_1 = 0.5\times4.5\times10^{-3}\ \text{m} = 2.25\times10^{-3}\ \text{m} = 2.25\ \text{mm}$$

例 21.2　设有一单色平面波以 α 角斜射到宽度为 a 的单缝上(如图21-14所示)，求衍射条纹各级暗纹、明纹的衍射角 θ。

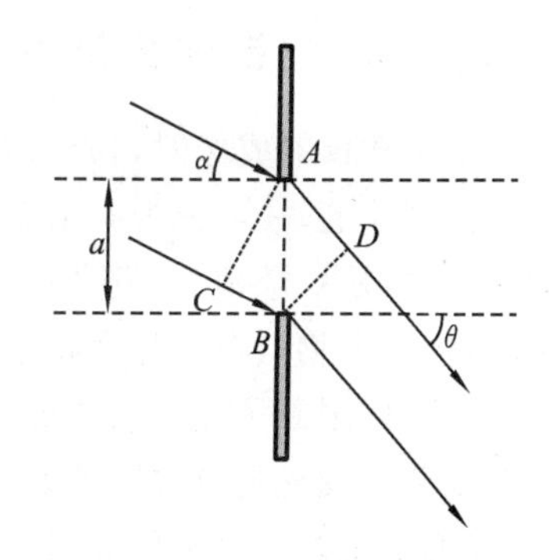

图 21-14　入射光波斜射到单缝上

解　光程差

$$\delta = AD - BC = a(\sin\theta - \sin\alpha)$$

由暗纹公式：

$$a(\sin\theta - \sin\alpha) = \pm k\lambda \quad (k=1,2,3,\cdots)$$

得暗纹的衍射角为

$$\theta = \arcsin\left(\frac{\pm k\lambda}{a} + \sin\alpha\right)$$

由明纹公式：

$$a(\sin\theta - \sin\alpha) = \pm(2k+1)\frac{\lambda}{2}$$

得明纹的衍射角为

$$\theta = \arcsin\left(\frac{\pm(2k+1)\lambda}{2a} + \sin\alpha\right)$$

注：大家可继续讨论各级暗条纹、中央明条纹的位置的变化等。

21.3　夫琅禾费圆孔衍射
Fraunhofer circular hole diffraction

21.3.1　夫琅禾费圆孔衍射介绍

夫琅禾费圆孔衍射(见图21-15)中，衍射条纹中央为亮圆斑。第一暗环所包围的中央圆斑，称为爱里斑，其占总入射光强的84%，从中央亮斑往外是一系列暗明相间的圆环，亮环的亮度随着其半径的增大而急剧下降，越向外，明环越来越暗，第一亮环的亮度是总能量的

7.2%,第二亮环的亮度是总能量的 2.8%,依次往外是 1.4%、0.9%,其余所有亮环能量之和是总能量的 3.9%,爱里斑的半径为 r,直径为 d,圆孔半径为 R,直径为 D,则爱里斑的边缘(第一级暗纹)对应的角位置为 θ,则有

$$\sin\theta = 0.61\,\frac{\lambda}{R} = 1.22\,\frac{\lambda}{D} \tag{21-10}$$

因为 θ 很小,有 $\sin\theta \approx \mathrm{tg}\theta \approx \theta$,所以

$$2\theta \approx \frac{d}{f} = 2.44\,\frac{\lambda}{D} \tag{21-11}$$

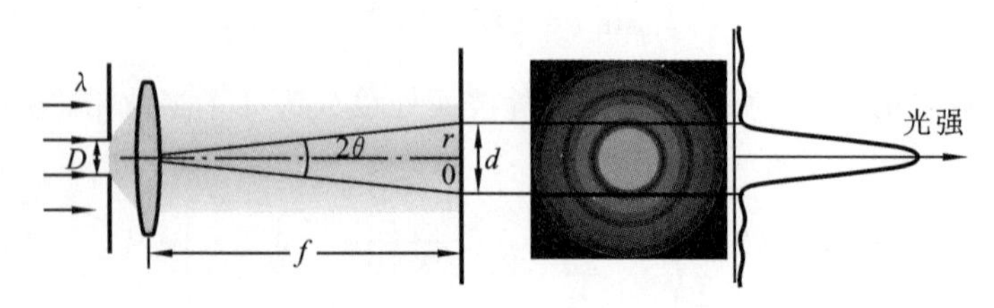

图 21-15　夫琅禾费圆孔衍射

21.3.2　仪器的分辨本领

普通光学仪器成像时,物离镜头距离较远时,入射到镜头上的光可看成平行光,透过镜头后成像在底片上,故可视为夫琅禾费圆孔衍射。在几何光学中,是一个物点对应一个像点。在波动光学中,是一个物点(发光点),对应一个爱里斑。因此,当两个物点的爱里斑重叠到一定程度时,这两个物点在底片上将不能区分,故爱里斑的存在就引发了一个光学仪器的分辨率问题。光的衍射限制了光学仪器的分辨本领。

假如两个发光物点之间的距离足够大,它们成的像点之间的距离足够大,大于爱里斑的半径时,像面上是两个分离的亮斑,明显能够分清这是两个物点的像,如图 21-16(a)所示。若这两个物点逐渐靠近,则像面上的两个爱里斑也逐渐靠近,当像点中心的距离小于一个爱里斑时,两个爱里斑有重叠部分,但在光强分布曲线的两个极大值之间存在一个明显的极小值,仍然可以分清楚是两个物点的像,如图 21-16(b)所示。当两个物点继续靠近时,像点之间的距离小于爱里斑的半径时,像面的光强分布已经分不清这两个物点了,如图 21-16(c)所示。

瑞利判据(见图 21-17):两个物点在像面上形成的两个爱里斑的中心距离恰好等于 $d/2$ 时,两个物点恰好能分辨。

(Rayleigh criterion: two images are just resolvable when the center of the diffraction disk of one image is directly over the first minimum in the diffraction pattern of the center.)

此时,两个爱里斑的光强曲线叠加,中间的光强约为峰值光强 I_M 的 0.8 倍,两物点对透镜光心的张角称为光学仪器的最小分辨角,用 θ_0 表示,它正好等于每个爱里斑的半角宽度,即

$$\theta_0 = 1.22\,\frac{\lambda}{D} \tag{21-12}$$

光学仪器的分辨本领

$$\frac{1}{\theta_0} = \frac{D}{1.22\lambda} \tag{21-13}$$

因此,为提高仪器分辨率,或说为提高成像质量,方法一是加大透镜镜头直径,方法二是采用较短的工作波长。四颗星恰好被分辨和分辨不出四颗星的示意图见图 21-18 和图 21-19。

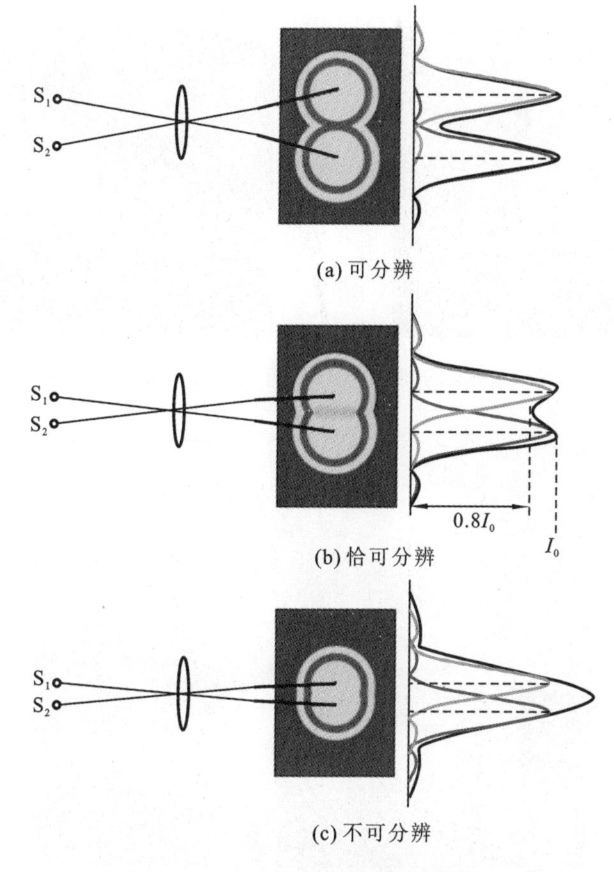

(a) 可分辨

(b) 恰可分辨

(c) 不可分辨

图 21-16 两个物点的爱里斑重叠情况

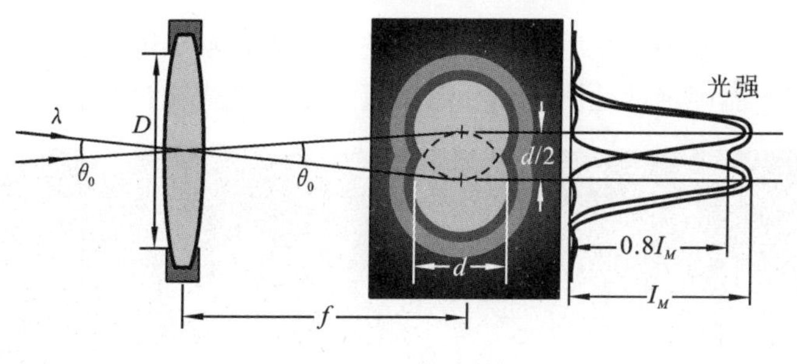

图 21-17 瑞利判据

加纳利望远镜(见图 21-20)是目前世界上最大的天文望远镜,物镜有 10.4 m,由西班牙政府、美国佛罗里达大学、墨西哥国立自治大学共同建设的大型天文望远镜,于 2007 年 7 月 13 日开始“服役”,2008 年夏天投入常规科学观测。位于大加纳利群岛拉帕尔马岛的一座山上,耗资 1.8 亿建造,集光区域横跨 10.4 m。望远镜由 36 个小镜片组成,能够捕捉可见光和红外线。10.4 m 的物镜一直处于启用状态,是世界上最大的宇宙观测点之一。它能捕捉到非常远古的光线,从而呈现出宇宙诞生早期的星系形成过程。

1990 年发射的哈勃太空望远镜的凹面物镜的直径为 2.4 m,最小分辨角 0.1″,在大气层外 615 km 高空绕地运行,由于没有大气湍流的干扰,清晰度是地面天文望远镜的 10 倍以上,它所获得的图像和光谱具有极高的稳定性和可重复性,可观察 130 亿光年远的太空深处,发现了 500 亿个星系。2004 年 2 月 4 日,哈勃望远镜观测到两个黑洞发生碰撞的情景(见图21-21)。

图 21-18 望远镜视场中四颗星恰好被分辨

图 21-19 望远镜孔径限制小，分辨不出四颗星

图 21-20 加纳利望远镜

2013 年 12 月，天文学家利用哈勃太空望远镜在太阳系外发现 5 颗行星，它们的大气层中都有水存在的迹象，是首次能确定性地测量多个系外行星的大气光谱信号特征与强度。

图 21-21 哈勃望远镜观测的黑洞碰撞

例 21.3 人眼的瞳孔直径可以根据外界条件在 2～8 mm 直接调节，在正常照度下的瞳孔直径约为 3 mm，而在可见光中，人眼最敏感的波长为 550 nm，试求：

(1)人眼的最小分辨角有多大？

(2)若物体放在距人眼 25 cm(明视距离)处，则两物点间距为多大时才能被分辨？

解

(1)如图 21-22 所示,根据瑞利判据知人眼的最小分辨角为

$$\theta_0=1.22\frac{\lambda}{D}=\frac{1.22\times 5.5\times 10^{-7}\ \mathrm{m}}{3\times 10^{-3}\ \mathrm{m}}=2.2\times 10^{-4}\ \mathrm{rad}$$

(2)物体距离人眼的距离 L 为 25 cm,能分清两点的最小距离为 d,有:

$$d=L\theta_0=25\ \mathrm{cm}\times 2.2\times 10^{-4}=0.0055\ \mathrm{cm}=0.055\ \mathrm{mm}$$

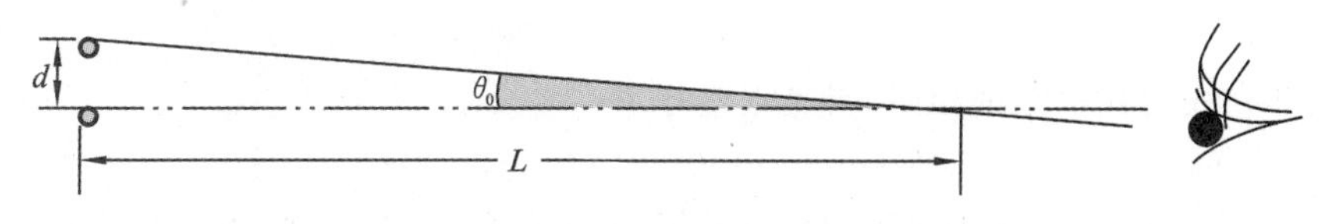

图 21-22　瞳孔分辨率

21.4　光栅衍射
Grating diffraction

光栅是通过有规律的结构,对入射光的振幅和相位或两者之一进行周期性空间调制的光学元件。衍射光栅在光学上的最重要应用是作为分光器件,常被用于单色仪和光谱仪上。实际应用的衍射光栅通常是在表面上有沟槽或刻痕的平板。可以分为透射光栅和反射光栅。利用全息摄影技术制备的光栅称“全息光栅”,不像机刻光栅刻痕有周期性误差。

衍射光栅的原理是苏格兰数学家詹姆斯·格雷戈里发现的,发现时间大约在牛顿的棱镜实验的一年后。詹姆斯·格雷戈里大概是受到了光线透过鸟类羽毛的启发。公认的最早的人造光栅是德国物理学家夫琅禾费在 1821 年制成的,那是一个极简单的金属丝栅网。但也有人争辩说费城发明家戴维·里滕豪斯于 1785 年在两根螺钉之间固定的几根头发才是世界上第一个人造光栅。

常用的透射光栅是在一块玻璃片上刻画许多等间距、等宽度的平行刻痕,刻痕处相当于毛玻璃而不易透光,刻痕之间的光滑部分可以透光,相当于单缝,如图 21-23(a)所示。在光学玻璃或熔融石英的镜面上,镀上一层金属膜,并在镜面金属膜上刻划一系列平行等宽、等距的刻线,这样就做成了反射光栅,如图 21-23(b)所示。光栅每一个周期中透光缝的宽度为 a,不透光的缝宽度为 b,一个周期的宽度为 $d=a+b$,称之为光栅常数。

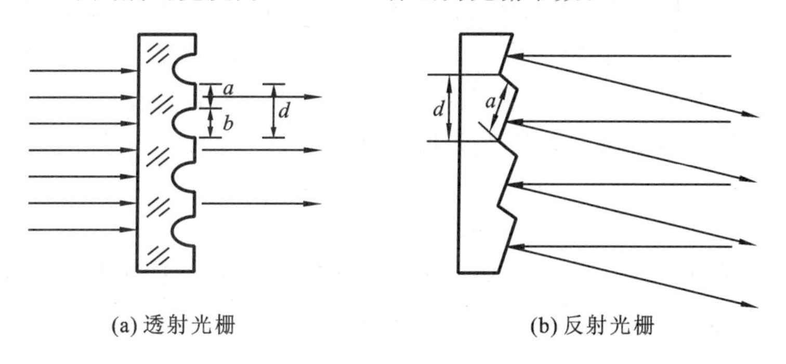

图 21-23　光栅

让平行光照射整个光栅,每个单缝在屏上所产生的振幅情况是完全一样的。在单缝的情况下振幅为零的地方迭加起来的合振幅仍为零。但振幅不为零的地方,其位置没有变,但振幅

变大了,光强变大了。光栅衍射图样是由来自每一个单缝上许多子波以及来自各单缝对应的子波彼此相干叠加而形成。因此,它是单缝衍射和多缝干涉的总效果。

21.4.1 多光束干涉形成明暗条纹

如图 21-24 所示,当平行光垂直照射在光栅上时,衍射角 θ 方向上相邻两条光线的光程差:

$$\delta = (a+b)\sin\theta = d\sin\theta \tag{21-14}$$

两两相邻光线的光程差都相同,当光程差等于

$$(a+b)\sin\theta = \pm k\lambda \quad (k=0,1,2,\cdots) \tag{21-15}$$

时,两个相邻缝发出的光束彼此之间的相位差等于 2π 的整数倍,干涉加强,在会聚点形成明条纹,这些明条纹称为主极大。上式被称为光栅方程。

相邻主极大之间的相位差是 2π 的整数倍,所以各个缝在 P 点引起的合振幅可以用矢量叠加法表示,如图 21-25 所示。

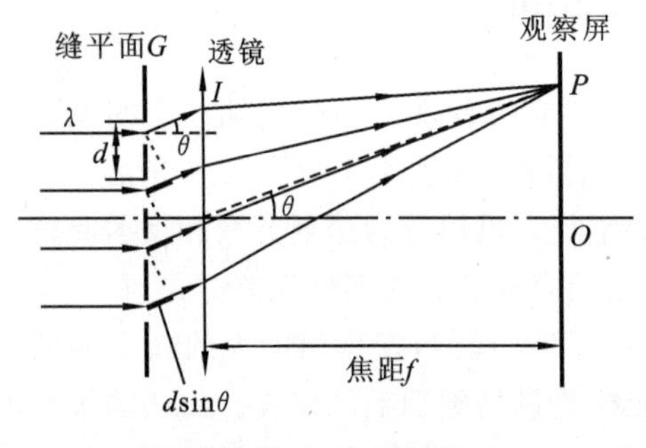

图 21-24 光栅衍射

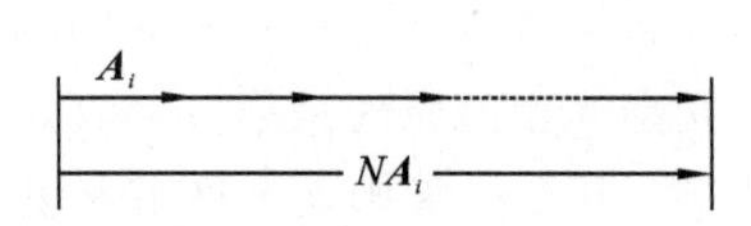

图 21-25 主极大位置振幅合成

$\boldsymbol{A}_i$ 是每条缝的光振幅,所以合振幅为

$$A = NA_i \tag{21-16}$$

光强为

$$I = N^2 I_0 \tag{21-17}$$

即 P 点合振幅是一条缝光振幅的 N 倍,光强是一条缝光强的 N^2 倍。所以 N 越大,条纹越亮。而且,根据光栅方程可知,N 越大,主极大明条纹宽度越窄,明条纹越细。

衍射角 θ 方向上相邻两缝射出的光线之间的夹角为 $\Delta\varphi$,对于有 N 条缝的光栅,在衍射角 θ 方向上会聚,振幅 A 可以由振幅矢量叠加法得到,如图 21-26 所示。

当 $N\Delta\varphi$ 等于 2π 的整数倍时,矢量叠加后是一个或多个闭合的多边形,如图 21-27 所示,合振幅为零,光强也为零,形成了暗纹,称为极小值。

即

$$N\Delta\varphi = m \times 2\pi \tag{21-18}$$

其中,m 是不能为 N 的整数倍的,因为如果 m 是 N 的整数倍,$\Delta\varphi$ 就等于 2π 的整数倍,相邻两个缝之间的相位差是 2π 的整数倍,干涉相长,形成主极大了。

因为

$$\Delta\varphi = \frac{2\pi}{\lambda}\delta = \frac{2\pi}{\lambda}(a+b)\sin\theta \tag{21-19}$$

所以

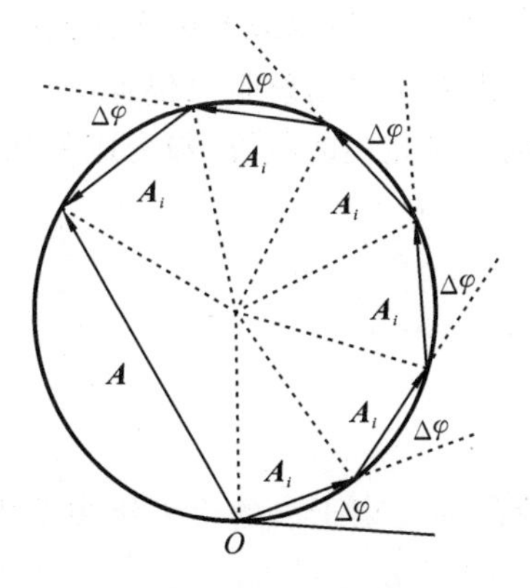

图 21-26　振幅矢量加法

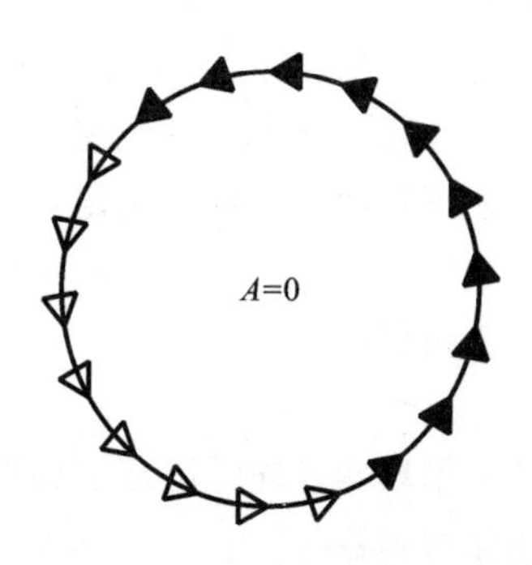

图 21-27　振幅矢量叠加形成暗纹

$$N\Delta\varphi = N\frac{2\pi}{\lambda}(a+b)\sin\theta = \mathrm{m}\times 2\pi \tag{21-20}$$

整理得到暗纹公式为

$$(a+b)\sin\theta = \frac{m}{N}\lambda \tag{21-21}$$

其中，$m=1,2,\cdots,N-1,N+1,N+1,\cdots,2N-1,2N+1,2N+2\cdots$

根据上面的分析可知，在相邻两个主极大值之间，有 $N-1$ 个极小值，在相邻极小值之间，光强不为零，还有 $N-2$ 个次极大，这些次极大光强很小，几乎看不见。所以多光束干涉叠加的结果就是，在几乎黑暗的背景上出现又细又亮的条纹。图 21-28 给出了缝数分别为 2，5，8 时的干涉结果示意图。

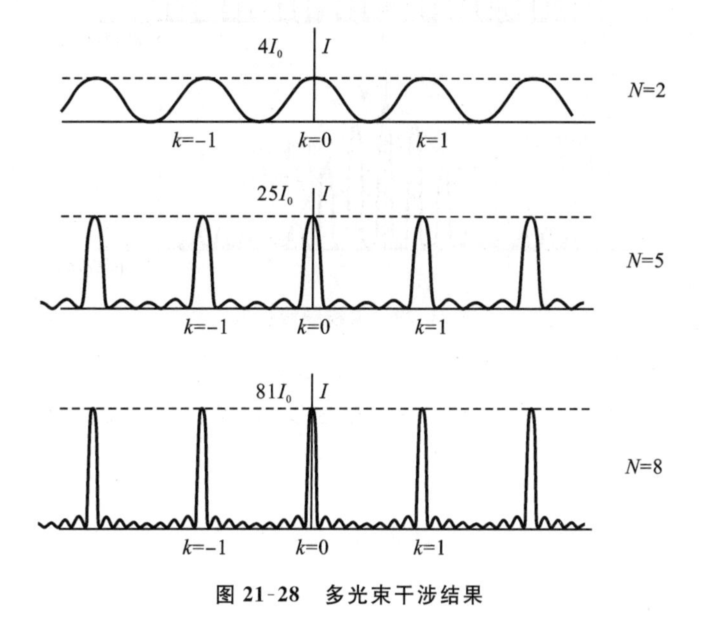

图 21-28　多光束干涉结果

21.4.2　缺级现象

前面讨论的是多光束干涉情形，假设各个缝在各个方向的光强都一样的情况下得出的结论。实际上光栅干涉是多光束干涉和单缝衍射的综合表现，每条缝出来的光强由于单缝衍射在不同的方向上是不同的,所有单缝的衍射情况是都是一样的。所以多光束干涉光强的分布要受到单缝衍射光强的调制。当多光束干涉明纹处恰好遇到单缝衍射暗纹位置,该处光强必须遵循单缝衍射的调制,光强为零,这样就使本来应出现干涉亮线的位置,却变成了强度为零的暗点了。这种现象称为缺级现象。

多光束干涉明纹衍射角满足:

$$(a+b)\sin\theta=\pm k\lambda \quad (k=0,1,2,\cdots)$$

而单缝衍射暗纹公式为

$$a\sin\theta=\pm k'\lambda$$

当某一衍射角 θ 同时满足上面两个式子时,则对应的多光束干涉的第 k 级主极大缺级。将两式相除可得:

$$k=\pm k'\frac{(a+b)}{a}=\pm k'\frac{d}{a} \quad (k'=1,2,3,\cdots) \tag{21-22}$$

例如,当 $d=4a$ 时,则 $k=\pm 4,\pm 8,\cdots$ 主极大出现缺级现象,如图 21-29 所示。

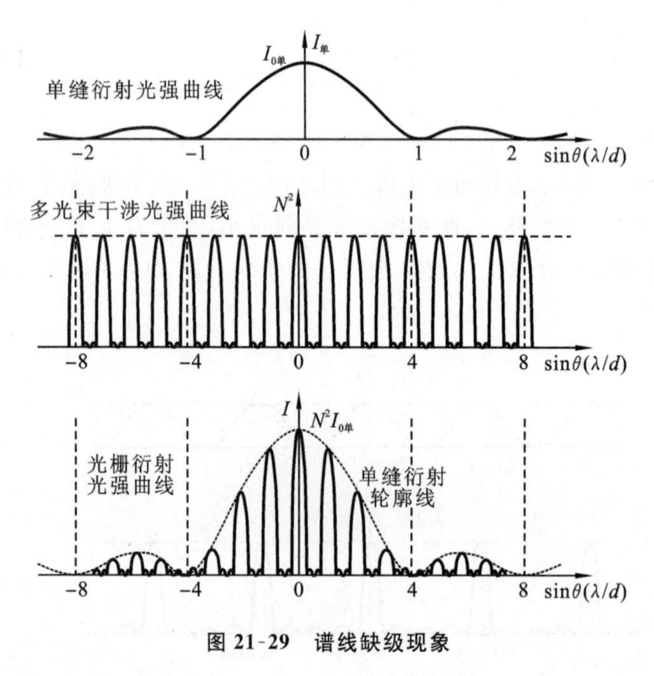

图 21-29 谱线缺级现象

例 21.4 如图 21-30 所示,波长为 600 nm 的光垂直入射到光栅上,第 2 级主极大对应的衍射角为 28°,而且第 3 级谱线缺级,求:(1)光栅常数 $(a+b)$;(2)a 的可能宽度;(3)最多能看到多少条谱线?

解

(1)由

$$(a+b)\sin\theta_2=2\lambda$$

得

$$(a+b)=\frac{2\lambda}{\sin\theta_2}=\frac{2\times 600\times 10^{-9}}{\sin 28^\circ}=2.56\times 10^{-3}\ \text{mm}$$

(2)由第 3 级缺级,可判断

$$\frac{(a+b)}{a}=3$$

所以

$$a=\frac{(a+b)}{3}=0.85\times 10^{-3}\ \text{mm}$$

(3)由

$$(a+b)\sin\theta=k\lambda$$

当 $\theta=90°$时,$\sin\theta=1$,k 取最大值

$$k_{\max}=\frac{(a+b)}{\lambda}=4.27$$

取整数 4,最多能看到 7 条谱线,0,±1,±2,±4,第 3 级缺级。如图 21-31 所示。

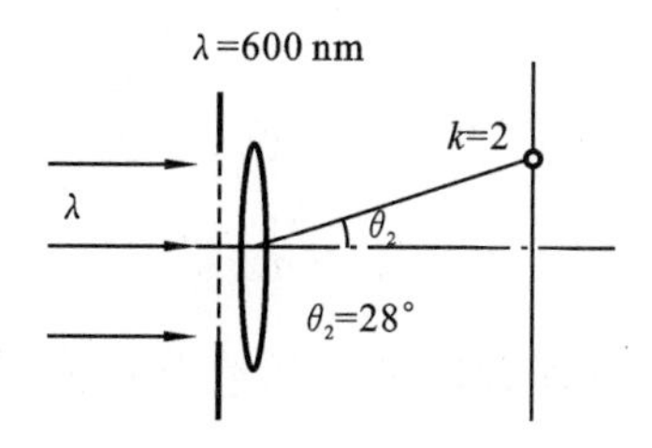

图 21-30 例 21.4 图

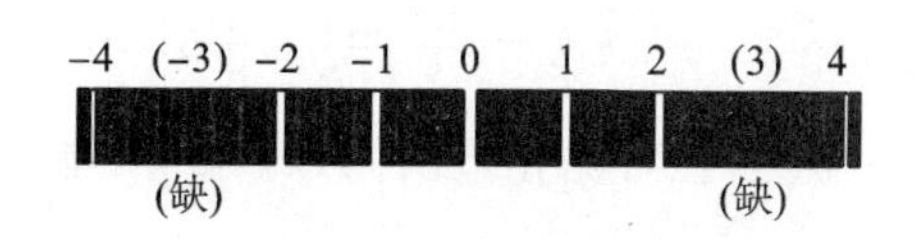

图 21-31 看到的谱线

21.4.3 光栅光谱

由光栅方程可知,在光栅常数一定的情况下,同一级谱线衍射角 θ 的大小与入射光波的波长有关。因此当白光垂直入射光栅,各种不同波长的光将产生各自分开的主极大明条纹。屏幕上除零级主极大明条纹由各种波长的光混合仍为白色外,其他各级是宽度不同的彩带,每一级谱带都是由紫到红向外排列的彩色光带,而且,级次越高谱带越宽,相邻高级别的彩色谱带相互重叠混合在一起,这些彩色光带的整体称为光栅光谱,如图 21-32 所示。

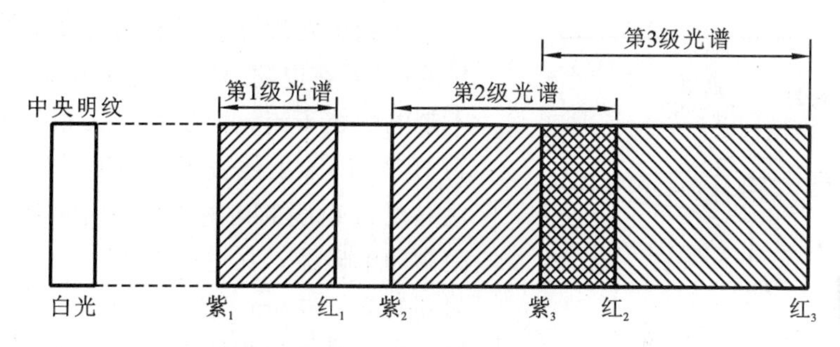

图 21-32 光栅光谱

例 21.5 一个每毫米均匀刻有 200 条刻线的光栅,用白光照射,在光栅后放一焦距为 $f=5$ cm的透镜,在透镜的焦平面处有一个屏幕,如果在屏幕上开一个 $\Delta x=1$ mm 宽的细缝,细缝的内侧边缘离中央极大中心 5.0 mm,如图 21-33所示。试求什么波长范围的可见光可通过细缝?

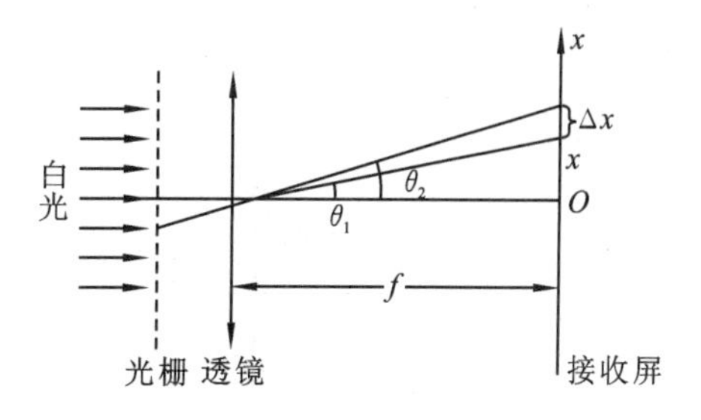

图 21-33 例 21.5 图

解 利用光栅方程和衍射光路图求出在 Δx 范围内的衍射光的波长范围。此方法给出了一种选择和获得准单色光的方法。

光栅常数为

$$a+b=\frac{1\times10^{-3}}{200}=5.0\times10^{-6}\ \text{m}$$

因为衍射角 θ_1 和 θ_2 都很小,所以 $\sin\theta\approx\tan\theta$,根据光栅方程,有

$$\sin\theta_1=\frac{k_1\lambda_1}{a+b}\approx\frac{x}{f}$$

$$\sin\theta_2=\frac{k_2\lambda_2}{a+b}\approx\frac{x+\Delta x}{f}$$

所以

$$k_1\lambda_1=\frac{x}{f}(a+b)=\frac{5.0\ \text{mm}\times5.0\times10^{-6}\ \text{m}}{50\ \text{mm}}=0.5\times10^{-6}\ \text{m}=500\ \text{nm}$$

$$k_2\lambda_2=\frac{x+\Delta x}{f}(a+b)=\frac{(5.0+0.1)\ \text{mm}\times5.0\times10^{-6}\ \text{m}}{50\ \text{mm}}=510\ \text{nm}$$

显然,在可见光范围内,k_1 和 k_2 都只能取 1。所以可通过细缝的可见光波波长范围为 $500\ \text{nm}\leqslant\lambda\leqslant510\ \text{nm}$。

21.5 X 射线衍射
X-ray diffraction

1895 年,德国物理学家伦琴在研究阴极射线管的过程中,发现了一种穿透力很强的射线。由于未知这种射线的实质,将它称为 X 射线或者伦琴射线,如图 21-34 所示。历史上第一张 X 射线照片,就是伦琴拍摄他夫人的手的照片。由于 X 射线的发现具有重大的理论意义和实用价值,伦琴于 1901 年获得首届诺贝尔物理学奖金。

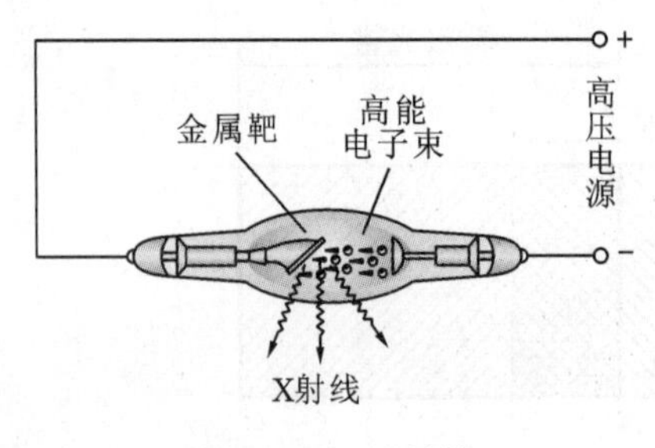

图 21-34 X 射线

实验中发现 X 射线的穿透力强,不会受到电磁场的影响,在电磁场中不会发生偏转,即 X 射线是不带电的粒子流。但是对于 X 射线的本性问题,直到 1912 年,X 射线发现后的 17 年,德国物理学家劳厄发现 X 射线的衍射现象,从而判定 X 射线的本质是高频电磁波。在电磁波谱中,X 射线的波长范围为 0.005～10 nm。图 21-35 是劳厄实验图,晶体中原子排列成有规则的空间点阵,原子间距为10^{-10} m 的数量级,与 X 射线的波长同数量级,可以利用晶体作为天然光栅,观察 X 射线的衍射现象。X 射线的衍射斑称为劳厄斑。1904 年,他因此获得诺贝尔物理学奖金。

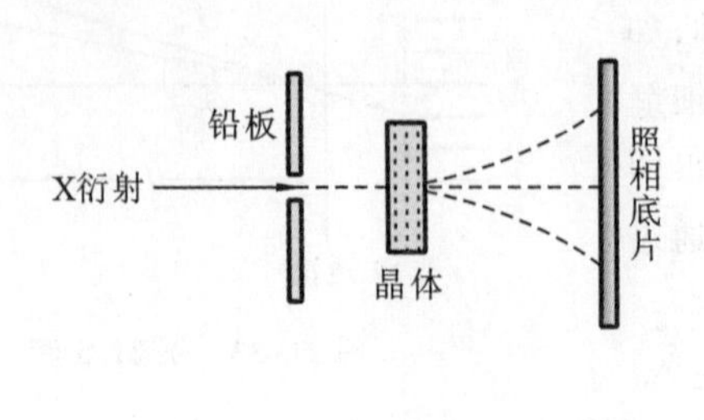

(a) 实验装置

(b) 劳厄斑

图 21-35 劳厄实验图

1912 年,英国物理学家布喇格父子提出 X 射线在晶体上衍射的一种简明的理论解释。把晶体看作是由一系列平行原子层(称为晶面)组成,X 射线投射到点阵粒子上时,每个点阵粒子

均作受迫振动，该粒子作为一个新的波源而向各方向发出散射光，这时沿任一方向的一束平行散射光都可看作反射光栅中的衍射光束，并在空间发生干涉，如图 21-36 所示。

同一晶面上相邻原子散射的光波在同一个方向上的光程差等于零，它们相干加强，如图 21-37 所示。

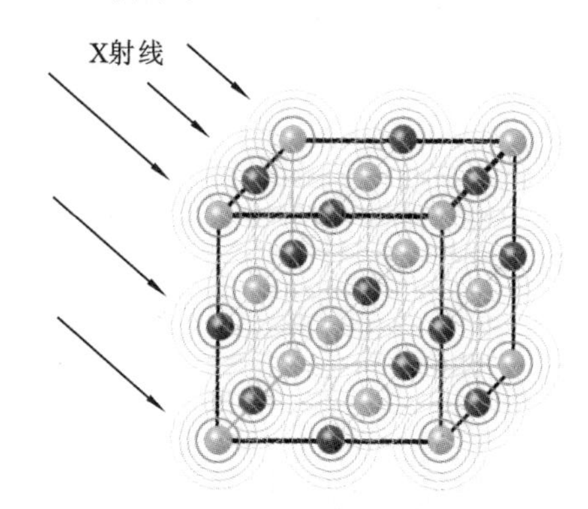

图 21-36 晶体的 X 射线衍射

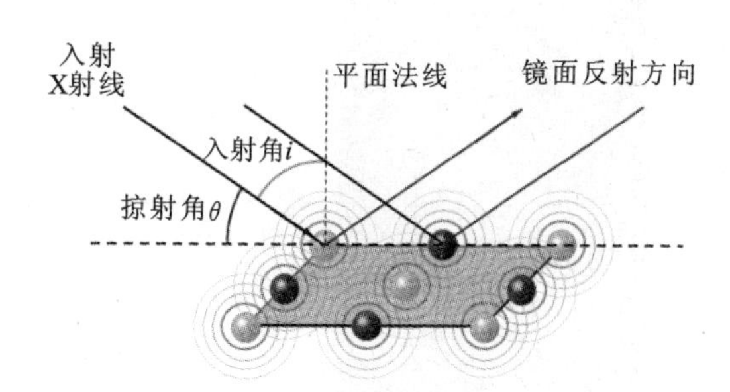

图 21-37 同一晶面相邻原子散射光光程差为零

要在不同晶面上原子散射光相干加强，则必须满足干涉加强的条件。若相邻两层晶面之间的距离为 d，掠射角为 θ，如图 21-38 所示。则层间反射光方向上光程差 δ 为

$$\delta = AC + CB = 2d\sin\theta \tag{21-23}$$

当满足

$$2d\sin\theta = k\lambda \quad (k = 1,2,3,\cdots) \tag{21-24}$$

时，反射方向上散射光产生相长干涉，出现亮斑。此式称为布拉格公式。所以当入射的相干平行 X 射线的掠射角 θ 满足布拉格公式时，在以晶面为镜面的反射方向上，可观察到衍射主极大。

根据晶体中原子有规则的排列，沿不同的方向，可划分出不同间距 d 的晶面，如图 21-39 所示。对任何一种方向的晶面，只要满足布拉格公式，则在该晶面的反射方向上，将会发生散射光的相长干涉。1915 年布拉格父子获诺贝尔物理学奖，小布拉格当年 25 岁，是历届诺贝尔奖最年轻的得主。

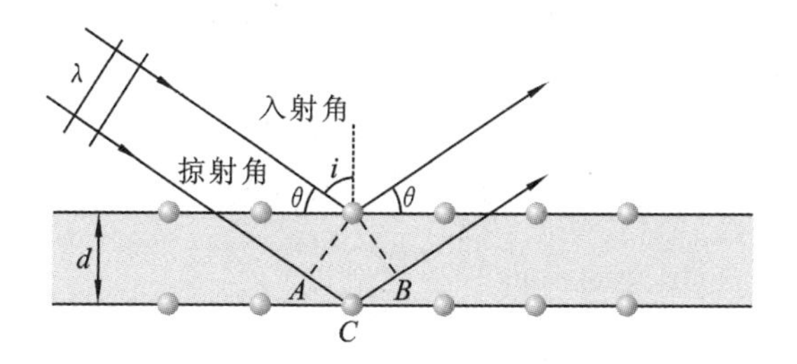

图 21-38 相邻两层反射光程差计算

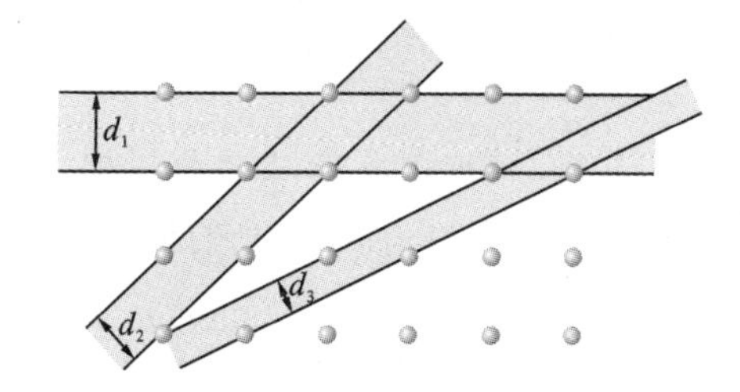

图 21-39 晶体中的晶面族

X 射线的应用不仅开创了研究晶体结构的新领域，而且用它可以作光谱分析，在科学研究和工程技术上有着广泛的应用。若已知 X 射线的波长，通过测量掠射角就可以确定晶体晶面之间的距离，研究原子结构，研究材料性能。例如，1953 年英国的威尔金斯、沃森和克里克利用 X 射线的结构分析得到了遗传基因脱氧核糖核酸（DNA）的双螺旋结构（见图 21-40），荣获了 1962 年度诺贝尔生物和医学奖。

例 21.6 NaCl 晶体主晶面间距为 2.82×10^{-10} m 对某单色 X 射线的布拉格第 1 级强反

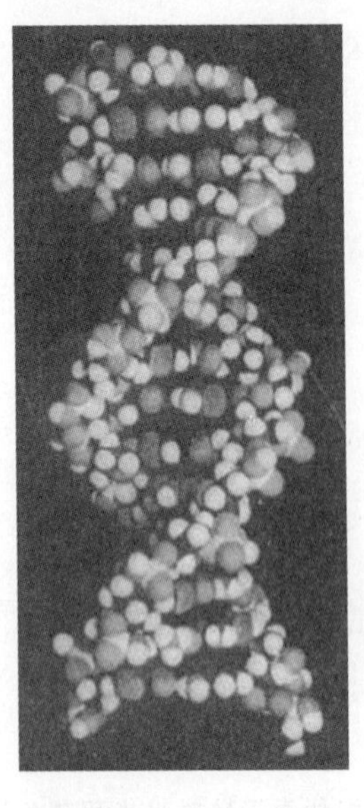
图 21-40　DNA 结构

射的掠射角为 15°,求:(1)入射 X 射线波长;(2)第 2 级强反射的掠射角。

解

(1)根据布拉格公式

$$2d\sin\theta=k\lambda \quad (k=1,2,3,\cdots)$$

当 $k=1,\theta=15°$时

$$\begin{aligned}\lambda &=2d\sin\theta_1\\ &=2\times2.82\times10^{-10}\times\sin 15°\\ &=1.46\times10^{-10}\ \text{m}\end{aligned}$$

(2)$k=2$,$2d\sin\theta_2=2\lambda$,所以

$$\begin{aligned}\theta_2 &=\arcsin\frac{\lambda}{d}\\ &=\arcsin\frac{1.46\times10^{-10}\ \text{m}}{2.82\times10^{-10}\ \text{m}}\\ &=31.18°\end{aligned}$$

【思考题与习题】

1. 思考题

21-1　为什么隔着山可以听到中波段的电台广播,而电视广播却很容易被高大建筑物挡住?

21-2　用眼睛通过一单狭缝直接观察远处与缝平行的光源,看到的衍射图样是菲涅耳衍射图样还是夫琅禾费衍射图样?为什么?

21-3　肉眼观察远处的灯,有时会看到它周围有光芒辐射。这种现象是怎样产生的?有人说这是瞳孔的衍射现象,因为一般人的瞳孔不是理想的圆孔,而是多边形。你同意这种观点吗?

21-4　若把单缝衍射实验装置全部浸入水中时,衍射图样将发生怎样的变化?

2. 选择题

21-5　根据惠更斯-菲涅耳原理,若已知光在某时刻的波阵面为 S,则 S 的前方某点 P 的光强度取决于波阵面 S 上所有面积元发出的子波各自传到 P 点的(　　)。

(A)振动振幅之和　　(B)光强之和

(C)振动振幅之和的平方　　(D)振动的相干叠加

21-6　在如图 21-41 所示的单缝夫琅和费衍射装置中,将单缝宽度 a 稍稍变宽,同时使单缝沿 y 轴正方向作微小位移,则屏幕 E 上中央明条纹将(　　)。

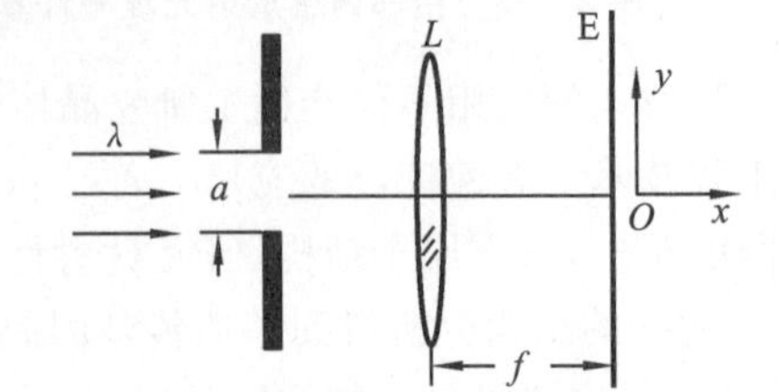

图 21-41　题 21-6 图

(A)变窄,同时向上移

(B)变窄,同时向下移

(C)变窄,不移动

(D)变宽，同时向上移

(E)变宽，不移动

21-7　波长为 λ 的单色平行光垂直入射到一狭缝上，若第 1 级暗纹的位置对应的衍射角为 30°，则缝宽的大小(　　)。

(A)$a=0.5\lambda$　　(B)$a=\lambda$　　(C)$a=2\lambda$　　(D)$a=3\lambda$

21-8　一束平行单色光垂直入射在光栅上，当光栅常数$(a+b)$为下列哪种情况时(a 代表每条缝的宽度)，$k=3,6,9$ 等级次的主极大均不出现？(　　)

(A)$a+b=2a$　　(B)$a+b=3a$　　(C)$a+b=4a$　　(D)$a+b=6a$

3. 填空题

21-9　一束平行单色光垂直入射在一光栅上，若光栅的透明缝宽度 a 与不透明部分宽度 b 相等，则可能看到的衍射光谱的级次为________。

21-10　衍射光栅主极大公式$(a+b)\sin\varphi=\pm k\lambda,k=0,1,2,\cdots$在 $k=2$ 的方向上第一条缝与第六条缝对应点发出的两条衍射光的光程差 $\delta=$________。

21-11　用波长 400～800 nm 的白光照射光栅，在它的衍射光谱中，第 2 级和第 3 级发生重叠，试问第 2 级光谱被重叠部分的波长范围是________。

21-12　波长为 600 nm 的单色光垂直入射在一光栅上，有 2 个相邻主极大明纹分别出现在 $\sin\theta_1=0.20$ 与 $\sin\theta_2=0.30$ 处，且第 4 级缺级，则该光栅的光栅常数为________m。

21.2　习题

21-13　一单色平行光垂直照射一单缝，若其第三级明条纹位置正好与 600 nm 的单色平行光的第二级明条纹位置重合，求前一种单色光的波长。

21-14　单缝宽 0.10 mm，透镜焦距为 50 cm，用 $\lambda=500$ nm 的绿光垂直照射单缝。求：(1)位于透镜焦平面处的屏幕上中央明条纹的宽度和半角宽度各为多少？(2)若把此装置浸入水中($n=1.33$)，中央明条纹的半角宽度又为多少？

21.3　习题

21-15　在迎面驶来的汽车上，两盏前灯相距 120 cm，设夜间人眼瞳孔直径为 5.0 mm，入射光波为 550 nm。人在离汽车多远的地方，眼睛恰能分辨这两盏灯？

21-16　一宇宙探测器上有一通光孔径为 5 m 的望远镜，在距离月球表面为 3.6×10^5 km 的高度上用此望远镜观测月球，设工作的波长为 550 nm，能分辨出月球上最小的距离是多少？

21-17　用一架照相机在距离地面 20 km 的高空中拍摄地面上的物体，若要求它能分辨地面上相距为 0.1 m 的亮点，设工作的波长为 550 nm，照相机镜头的直径要多大？

21.4　习题

21-18　用 $\lambda=590$ nm 的钠黄光垂直入射到每毫米有 500 条刻痕的光栅上，问最多能看到第几级明条纹？

21-19　一束具有两种波长 λ_1 和 λ_2 的平行光垂直照射到一衍射光栅上，测得波长 λ_1 的第 3 级主极大衍射角和 λ_2 的第 3 级主极大衍射角均为 30°。已知 $\lambda_1=560$ nm(1 nm$=10^{-9}$ m)，试求：

(1)光栅常数$(a+b)$；

(2)波长λ_2。

21-20　钠黄光中包含两个相近的波长$\lambda_1=589.0$ nm和$\lambda_2=589.6$ nm。用平行的钠黄光垂直入射在每毫米有600条缝的光栅上，会聚透镜的焦距$f=1.00$ m。求在屏幕上形成的第2级光谱中上述两波长λ_1和λ_2的光谱之间的间隔Δl(1 nm$=10^{-9}$ m)。

21-21　氢放电管发出的光垂直照射在某光栅上，在衍射角$\varphi=41^\circ$的方向上看到$\lambda_1=656.16$ nm和$\lambda_2=410.10$ nm(1 nm$=10^{-9}$ m)的谱线相重合，求光栅常数最小是多少？

21-22　波长为500 nm的平行单色光垂直照射到每毫米有200条刻痕的光栅上，光栅后的透镜焦距为60 cm。求：(1)屏幕上中央明条纹与第1级明条纹的间距；(2)当光线与光栅法线成30°斜入射时，中央明条纹的位移为多少？

21-23　一衍射光栅，每厘米200条透光缝，每条透光缝宽为$a=2\times10^{-3}$ cm，在光栅后放一焦距$f=1$ m的凸透镜，现以$\lambda=600$ nm(1 nm$=10^{-9}$ m)的单色平行光垂直照射光栅，求：

(1)透光缝a的单缝衍射中央明条纹宽度为多少？

(2)在该宽度内，有几个光栅衍射主极大？

21-24　波长$\lambda=600$ nm(1 nm$=10^{-9}$ m)的单色光垂直入射到一光栅上，测得第2级主极大的衍射角为30°，且第3级是缺级。

(1)光栅常数$(a+b)$等于多少？透光缝可能的最小宽度a等于多少？

(2)在选定了上述$(a+b)$和a之后，求在衍射角$-\frac{1}{2}\pi<\varphi<\frac{1}{2}\pi$范围内可能观察到的全部主极大的级次。

21-25　一双缝，两缝间距为0.1 mm，每缝宽为0.02 mm，用波长为480 nm的平行单色光垂直入射双缝，双缝后放一焦距为50 cm的透镜。试求：(1)透镜焦平面上单缝衍射中央明条纹的宽度；(2)单缝衍射的中央明条纹包迹内有多少条双缝衍射明条纹？

21-26　用每毫米内有500条刻痕的平面透射光栅观察钠光谱($\lambda=589.3$ nm)，设透镜焦距为$f=1.00$ m。问：

(1)光线垂直入射时，最多能看到第几级光谱？

(2)光线以入射角30°入射时，最多能看到第几级光谱？

(3)若用白光(400～760 nm)垂直照射光栅，最多能看到几级完整光谱？最多能看到几级不重叠光谱？求第1级光谱的线宽度。

21.5　习题

21-27　已知入射的X射线束含有从0.095～0.130 nm范围内的各种波长，晶体的晶格常数为0.275 nm，当X射线以45°角入射到晶体时，问对哪些波长的X射线能产生强反射？

21-28　以单色的X射线投射到一块晶体的表面，观察到第1级布拉格衍射角为$\theta_1=3.4^\circ$，求第2级布拉格衍射角θ_2的大小。

第 22 章　光的偏振

Chapter 22　Polarization of the light

在前面的学习过程中，我们讲到过光波和其他电磁波的横波特性。而光的偏振现象就是这种横波特性的有力证明。也就是说，按照光的波动说理论，光波应该是电磁波(横波)。

本章主要介绍了有关偏振光的概念、起偏和检偏、马吕斯定律、布儒斯特定律、双折射现象、偏振光的干涉以及旋光现象等内容。

22.1　光的偏振

Polarization of the light

22.1.1　光的自然本性

光是一种电磁波，人们习惯用光的电场矢量 $\boldsymbol{E}$ 来表示光矢量，如图 22-1 所示，其光矢量的振动方向与光的传播方向垂直，所以，光是横波。通常，普通光源(如太阳、钠灯等)所发出的光波是由光源中大量原子(或分子)各自所激发的诸多子波波列构成；这些子波波列之间在振幅、振动方向和振动相位上都是无规律的、随机的，但光矢量 $\boldsymbol{E}$ 在垂直于光传播方向的各个方向上出现的概率及振幅平均值都相等，这样的光称为自然光。如图 22-2(a)所示，代表沿 z 轴传播的自然光。由于任一方向的光振动都可以分解为两个相互垂直方向的振动，故自然光所有不同方向的光振动在 x、y 两个相互垂直方向的分量的时间总平均值应彼此相等。所以，自然光又可以用任意两个相互垂直的等振幅、没有固定相位关系的独立振动来表示，如图 22-2(b)所示。我们通常采用图 22-2(c)所示的符号来表示沿 z 轴传播的自然光，图中用短线和圆点来表示图 22-2(b)中的两个相互垂直的振动，短线表示振动平行于纸面，圆点表示振动垂直于纸面，它们都同时垂直于传播方向，由于它们的振幅相等，我们可以用相等的短线和圆点数目来进行图示。

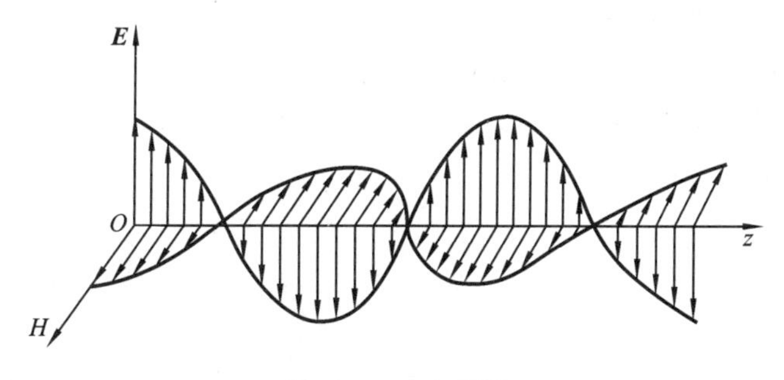

图 22-1　光矢量图

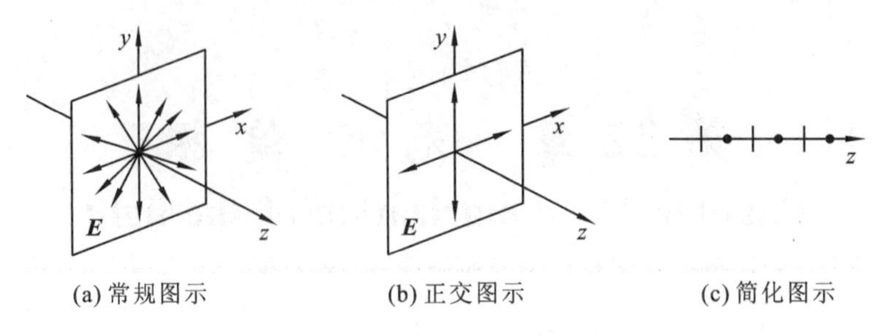

(a) 常规图示 (b) 正交图示 (c) 简化图示

图 22-2 自然光的图示方法

22.1.2 偏振光

通常,光源中某一个分子或原子在某一瞬时所发出的一列光波,与一个振荡电偶极子所发出的电磁波一样,它的光矢量只能限于垂直于传播方向的某一特定方向。这种光矢量的振动方向对于传播方向的不对称性称为光的偏振。只有横波才有这种特殊的偏振现象。

如果某束光的光矢量 $\boldsymbol{E}$ 只沿一个确定的方向振动,这种光称为完全偏振光(亦称线偏振光或简称偏振光)。图 22-3(a)表示光振动平行于纸面的线偏振光,图 22-3(b)表示光振动垂直于纸面的线偏振光。实验中,常采用某些装置移去自然光中某一方向的光振动而获得线偏振光。线偏振光的光矢量方向与光传播方向所组成的平面称为振动面,所以,线偏振光亦称为平面偏振光。图 22-3(a)和图 22-3(b)的振动面分别为平行于纸面和垂直于纸面。

(a) 光振动平行于纸面的图示 (b) 光振动垂直于纸面的图示

图 22-3 完全偏振光的图示方法

如果光束中某一方向的光振动分量比与它垂直方向的光振动分量占优势,这种光称为部分偏振光。图 22-4(a)表示平行于纸面的光振动占优势的部分偏振光,图 22-4(b)表示垂直于纸面的光振动占优势的部分偏振光。部分偏振光的两个相互垂直的光振动分量之间没有固定的相位关系。

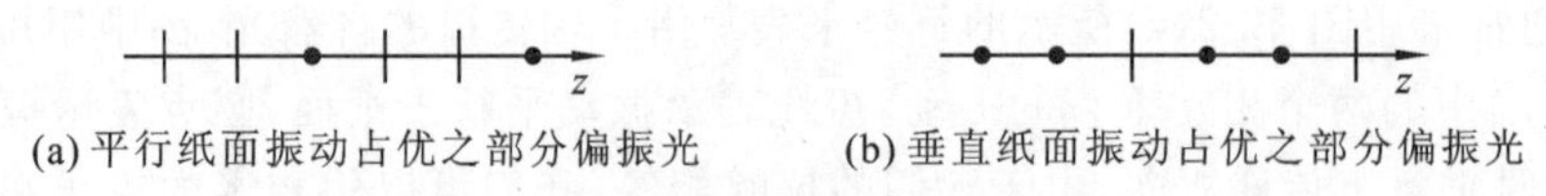

(a) 平行纸面振动占优之部分偏振光 (b) 垂直纸面振动占优之部分偏振光

图 22-4 部分偏振光的图示方法

如果光矢量随时间以一定的角频率旋转,即光矢量末端的轨迹在垂直于光传播方向的平面上呈圆形或椭圆形,则称为圆偏振光或椭圆偏振光,如图 22-5(b)、(c)所示。当传播方向相同,振动方向相互垂直且相位差恒定为 $\varphi=(2k\pm1/2)\pi(k=0,1,2,3,\cdots)$ 的两平面偏振光叠加

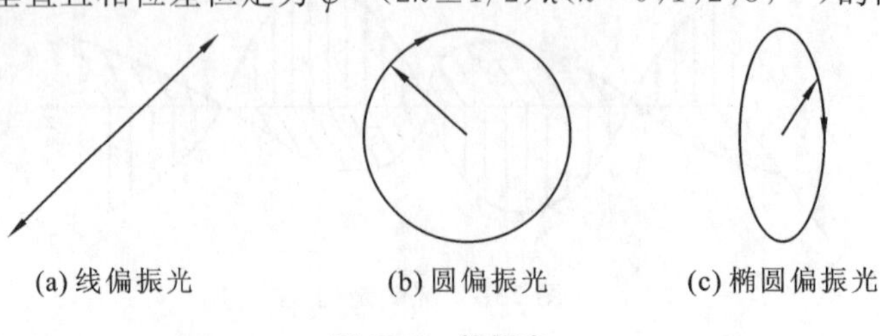

(a) 线偏振光 (b) 圆偏振光 (c) 椭圆偏振光

图 22-5 偏振光

后可合成光矢量有规则变化的圆偏振光。圆偏振光的电矢量大小保持不变，而方向随时间变化。相位差为 $\varphi=(2k+1/2)\pi$ 时为右旋圆偏振光，相位差为 $\varphi=(2k-1/2)\pi$ 时为左旋圆偏振光。

22.2 偏振光的获得和检测 马吕斯定律
Acquisition and detection of polarized light, Marius's law

22.2.1 二向色性和偏振器的起偏与检偏

人们常常可以用某些具有二向色性的材料做成的器件从自然光中获得线偏振光。所谓二向色性指的是某些晶体(电气石、硫酸碘奎宁等)对不同方向振动的光矢量具有选择吸收的性质，自然光通过一定厚度的这样的晶体后，某一方向上的光振动被完全吸收掉，这样就可以得到与该方向垂直的线偏振光。

我们利用这类晶体的二向色性可以制成偏振片，通常的方法是将一透明的聚乙烯醇片，通过加热和拉伸，使得它在特定方向上形成排列得很好的长链分子，然后将该片用碘溶液浸染，碘依次沿聚乙烯醇分子的直线排列起来，与碘相联系的导电电子就能沿着这个方向运动，分子就好像是微观的导线。当一束自然光射到上面时，由于碘原子提供的高传导性，相互平行地排列起来的长链分子吸收平行于链长方向的电场分量，而与它垂直的电场分量则几乎不受影响，结果透射光为线偏振光。因此，这种平行地排列起来的长链聚合物分子的薄膜就构成偏振片。我们把偏振片上能透过的电矢量振动的方向称为该偏振片的偏振化方向。理想的偏振片可以让平行于偏振化方向的光全部通过，而在垂直于偏振化方向上没有光通过。

如图 22-6(a)所示，两个平行放置的偏振片 P_1 和 P_2，它们的偏振化方向分别用一组平行线表示。当自然光垂直入射于偏振片 P_1，透过的光将成为线偏振光，其振动方向平行于 P_1 的偏振化方向，透过的光强 I_0 为入射自然光强的 1/2。偏振片 P_1 在这里的作用是产生偏振光，称为起偏振器，简称起偏器。我们将获得线偏振光的过程称为起偏振(或称起偏)。透过 P_1 的线偏振光再入射到偏振片 P_2 上，如果 P_2 的偏振化方向与 P_1 的偏振化方向平行，则透过 P_2 的光强最强；如果两者的偏振化方向相互垂直，则透过 P_2 的光强为零，称为消光。因此，我们可以用这种方法来鉴别入射到偏振片 P_2 的光是否为线偏振光，这个过程称为检偏振(或称检偏)。这里，偏振片 P_2 称为检偏振器，简称检偏器。

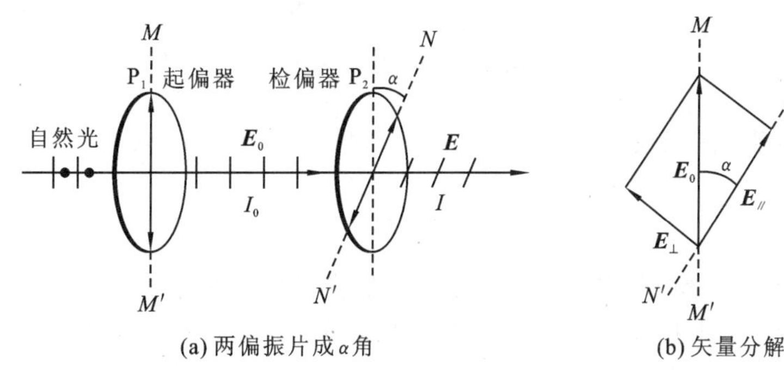

(a) 两偏振片成α角　　(b) 矢量分解

图 22-6 马吕斯定律

22.2.2 马吕斯定律

1808 年,马吕斯由实验中发现,一束光强为 I_0 的线偏振光通过检偏器后的光强为

$$I = I_0 \cos^2 \alpha \tag{22-1}$$

式中:α 为入射线偏振光的光矢量方向与检偏器的偏振化方向之间的夹角。如图 22-6(b)所示,也就是起偏器与检偏器的偏振化方向之间的夹角。式(22-1)称为马吕斯定律。

另外,我们也可以用矢量的方法推导出马吕斯定律。如图 22-6(b)所示,以 $\boldsymbol{E}_0$ 表示入射线偏振光的光矢量振幅,当入射的线偏振光的振动方向与检偏器的偏振化方向成 α 角时,透过检偏器(视为无吸收理想偏振片)的线偏振光的振动方向与检偏器的偏振化方向一致,其振幅为

$$\boldsymbol{E} = \boldsymbol{E}_0 \cos\alpha$$

以 I_0 表示入射线偏振光的光强,I 表示透过检偏器的线偏振光的光强。由于光强与光矢量振幅的平方成正比,则

$$I = \boldsymbol{E}^2 = \boldsymbol{E}_0^2 \cos^2 \alpha$$

即

$$I = I_0 \cos^2 \alpha$$

例 22.1 如果从检偏器 P_B 出射的光强 I 等于入射线偏振光光强 I_0 的 1/4(见图 22-7),问:

(1) α 角的可能值为多少?

(2) 从检偏器 P_B 出射的线偏振光的光强 I 是入射自然光光强 I_S 的几分之几?

解 (1) 由式(22-1)得

$$\cos^2 \alpha = \frac{I}{I_0} \quad 即 \quad \cos\alpha = \sqrt{\frac{I}{I_0}}$$

根据题意知 $I = \frac{1}{4} I_0$,故

$$\cos\alpha = \pm \frac{1}{2}, \quad 即\ \alpha = \pm 60°, \pm 120°$$

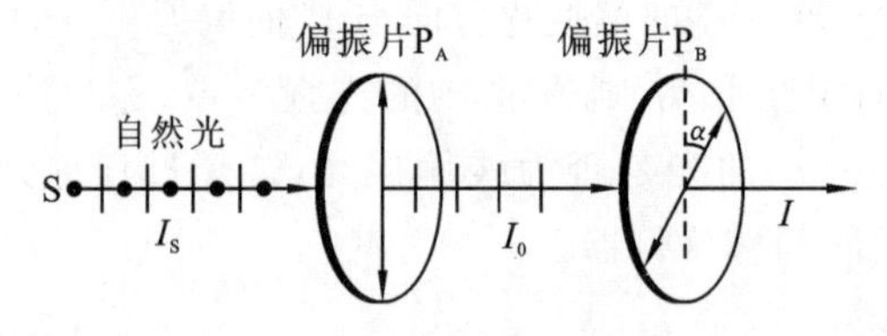

图 22-7 例 22.1 图

(2) 设入射自然光的光强为 I_S,因为 $I_0 = \frac{1}{2} I_S$,而题设 $I = \frac{1}{4} I_0$,故

$$\frac{I}{I_S} = \left(\frac{I_0}{4}\right) / (2I_0) = \frac{1}{8}$$

例 22.2 如图 22-8 所示,强度为 I_0 的单色自然光垂直入射于偏振片 P_1,偏振片 P_1 与 P_3 的偏振化方向正交。在偏振片 P_1 与 P_3 之间平行地插入一片偏振片 P_2,P_2 与 P_1 的偏振化方向的夹角为 45°,试求:

(1) 透过 P_3 后的出射光强 I;

(2) 若偏振片 P_2 旋转一周，P_3 后的出射光强将如何变化？

解　(1) 因为 $I_1=\frac{1}{2}I_0$，根据马吕斯定律有

$$I_2 = I_1\cos^2 45°,\quad I = I_2\cos^2(90°-45°)$$

即

$$I = I_1\cos^2 45°\cos^2(90°-45°) = \frac{I_0}{8}$$

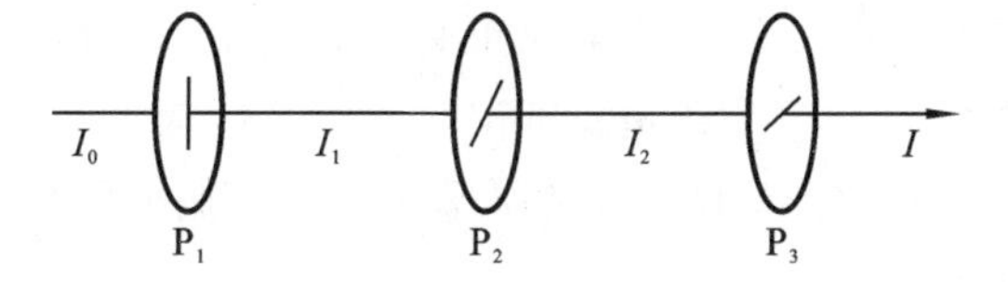

图 22-8　例 22.2 图

(2) 设 P_2 与 P_1 偏振化方向之间的夹角为 α，则 P_2 与 P_3 偏振化方向的夹角为 $90°-\alpha$。

所以

$$I = \frac{1}{2}I_0\cos^2\alpha\cos^2(90°-\alpha) = \frac{1}{16}I_0(1-\cos4\alpha)$$

讨论：当 $\alpha=0°$、$90°$、$180°$、$270°$时，P_3 后的出射光强为零；当 $\alpha=45°$、$135°$、$225°$、$315°$时，出射光强为$\frac{I_0}{8}$。因此，偏振片 P_2 每旋转一周，P_3 后的出射光强有“四明四暗”的变化。

22.3　由反射与折射获得偏振光　布儒斯特定律

Get polarized light by reflection and refraction, Brewster's law

22.3.1　布儒斯特定律

大量实验表明，当自然光在任意两种各向同性均匀的介质分界面上发生反射和折射时，反射光和折射光都是部分偏振光，如图 22-9 所示。在反射光中垂直于入射面的分量较强，而折射光中平行于入射面的分量较强，它们的偏振化程度与入射角 i 及两种介质的折射率 n_1、n_2 有关。

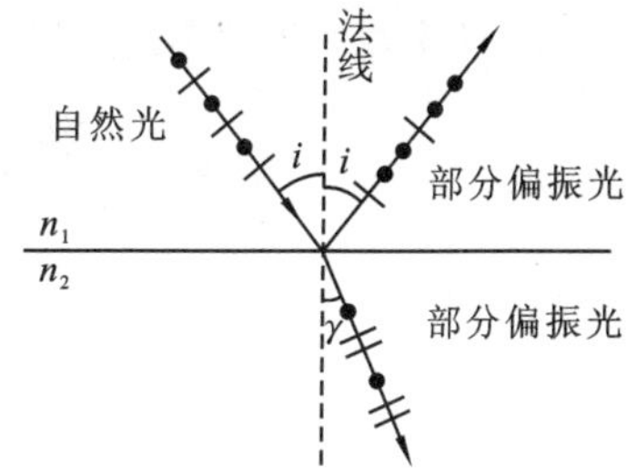

图 22-9　斜入射时的反射光与折射光

1812 年，布儒斯特(D. Brewster, 1787—1868)经过大量实验后进一步发现，当入射角 i 等于某一特定角度 i_b，且满足

$$i_b = \arctan\frac{n_2}{n_1} \tag{22-2}$$

时，反射光成为振动方向垂直于入射面的线偏振光，而折射光仍然是以平行入射面振动占优的部分偏振光。这一规律称为布儒斯特定律。式(22-2)中的 i_b 称为起偏角，也称布儒斯特角。

由布儒斯特定律可以得到

$$n_1\sin i_b = n_2\cos i_b \qquad ①$$

又由折射定律可知

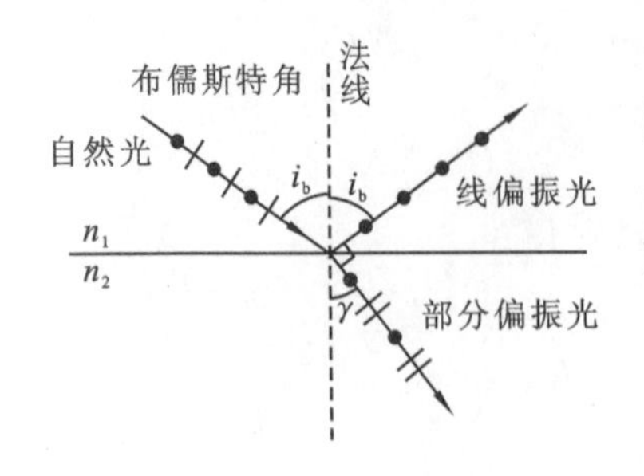

图 22-10　布儒斯特入射角时的反射光与折射光

$$n_1 \sin i_b = n_2 \sin\gamma \quad ②$$

比较②、①式，容易得到

$$\sin\gamma = \cos i_b$$

可见 γ 与 i_b 互为余角，即

$$i_b + \gamma = \frac{\pi}{2} \tag{22-3}$$

式(22-3)说明，当光线以布儒斯特角入射时，其反射光必与折射光正交，如图 22-10 所示。这是布儒斯特定律的一条重要推论。

例 22.3　测得自然光线自空气射向玻璃而反射时的布儒斯特角 i_b 为 58°，求玻璃的折射率(空气的折射率近似等于 1)。

解　根据布儒斯特定律可知

$$\tan i_b = \frac{n_2}{n_1} = n_2$$

故玻璃的折射率为

$$n_2 = \tan i_b = \tan 58° \approx 1.6$$

22.3.2　反射光和折射光的偏振

尽管从反射光中可以得到完全线偏振光，但其光能比折射光小很多。例如，自然光从空气向玻璃表面以起偏角 i_b 入射时，反射光的能量大约只占入射光中垂直于入射面的光振动能量的 15%，亦即只占入射光总能量的7.5%。换句话说，入射光中垂直于入射面的光振动有 85%的能量和 100%的平行于入射面的光振动能量被折射入折射介质中了。

为了增强反射光的强度和折射光的偏振化程度，可把偏振片叠起来成为如图 22-11 所示的玻璃堆，并使自然光(非偏振光)以布儒斯特角入射，入射光在每层玻璃片上都只有垂直于入射面的振动被反射掉。从而使折射光的偏振化程度逐渐增加，玻璃片越多，透射光的偏振化程度越高。当玻璃片足够多时，便可从透射光中得到振动方向与入射平面平行的线偏振光。

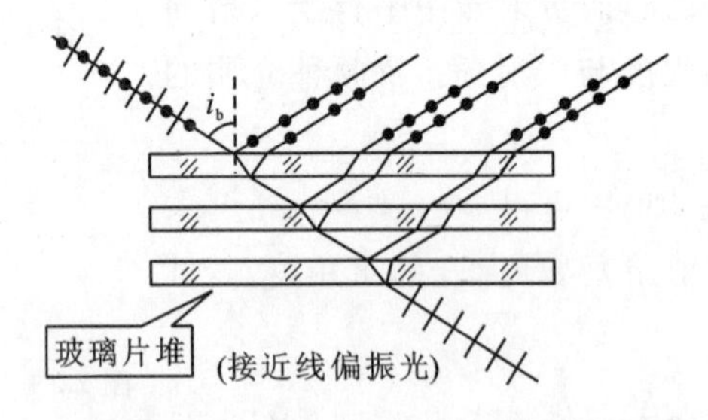

图 22-11　由折射获得线偏振光

布儒斯特窗就是一种典型的用多次折射获得线偏振光的装置，如图 22-12 所示。当光在组成外腔的两镜面间来回多次反射而以布儒斯特角 i_b 入射到窗片 B_1、B_2 上时，光的垂直于入射面的振动分量陆续被反射掉，剩下的只有光矢量平行于入射面的线偏振光从窗口输出。在激光器中，为了得到线偏振的激光输出，常常采用这种装置。

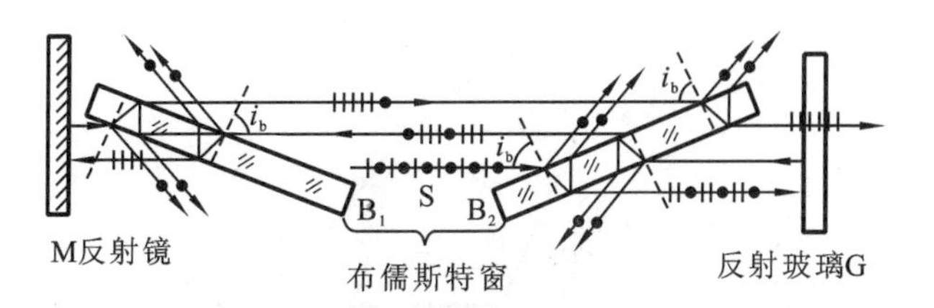

图 22-12 用布儒斯特窗获得偏振光

22.4 双折射现象

Birefringence

22.4.1 晶体的双折射现象

通过前面的学习,我们知道在各向同性均匀的介质中,光的传播速度与传播方向无关,与光的偏振状态也没关系。例如,一束自然光入射到平行平面玻璃后,折射光仍为一束,出射光与入射光平行,入射光线与折射光线满足折射定律,如图 22-13(a)所示。而用各向异性的透明的方解石晶体代替玻璃做同样的实验,我们会发现在方解石中折射光分解成为两束,如图 22-13(b)所示。其中一束符合折射定律,称为寻常光线,简称 o 光;而另一束则不遵守折射定律,其入射光的入射角和折射角正弦之比不是常数,而且折射光不一定在入射面内,这束折射光称为非常光线,简称 e 光。实验发现 o 光和 e 光都是线偏振光,且它们的振动方向各不同相同。我们将一束光射向某些各向异性的晶体表面时,而产生两束折射光的现象称为双折射。

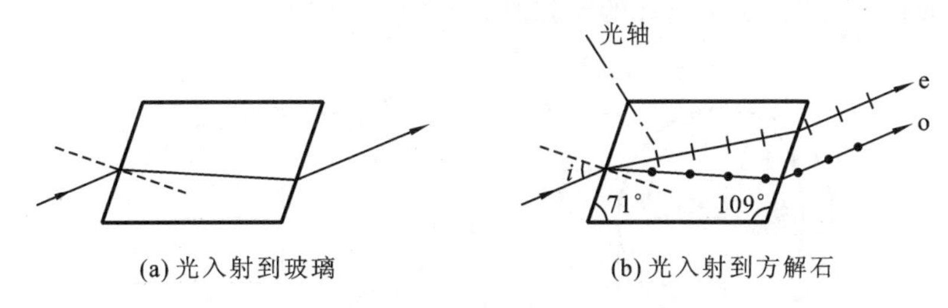

(a) 光入射到玻璃 (b) 光入射到方解石

图 22-13 晶体的双折射

实验发现,能产生双折射的晶体都存在一特殊方向,光沿此方向传播时,o、e 两光的折射率相同,速度相等,这一方向称为晶体的光轴。注意,光轴仅标志一定的方向,并不限于某一特定的直线。只有一个光轴方向的晶体(如石英、红宝石、方解石等)称为单轴晶体;有两个光轴方向的晶体(如蓝宝石、云母、硫黄等)称为双轴晶体。包含光轴和晶体表面法线的平面称为晶体的主截面。包含光轴和晶体内任一光线的平面称为该光线的主平面。实验发现,o 光的振动总是垂直于自己的主平面,e 光的振动则恒处于自己的主平面内。

通常情况下,o 光和 e 光的两个主平面并不重合,它们之间有一不大的夹角。因此,o 光的振动方向与 e 光的振动方向一般并不垂直。只有当入射光在晶体的主截面内入射时,o 光和 e 光的主平面才会重合,并与主截面也重合。此时,o 光和 e 光的振动方向才相互垂直。

如图 22-14 所示,入射光线沿主截面内入射,o 光和 e 光的主平面均在纸面内,o 光的振动与纸面垂直,而 e 光的振动则与纸面平行。

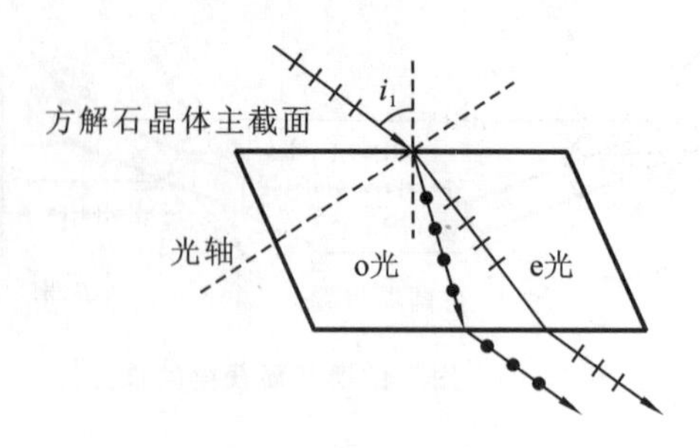

图 22-14　在主截面内入射时,方解石中的 o 光和 e 光

22.4.2　双折射现象的解释

双折射现象源于 o 光和 e 光在各向异性晶体中具有不同的速度。o 光在晶体中传播时沿各个方向上速度是相等的,而 e 光在晶体中传播时沿各个方向上的速度并不等。但两者在光轴方向上的速度又都相等,如图 22-15 所示。根据惠更斯原理,o 光在晶体中引起的子波面是球面,e 光引起的子波面为绕光轴旋转的旋转椭球面,两者在光轴方向相切,在垂直于光轴的方向上,o 光和 e 光的速度差别最大。我们用 v_o 和 n_o 表示 o 光的速度和折射率,在光轴方向上 e 光的速度也等于 v_o,所以,我们可以用 v_o、n_o 来表示 e 光沿光轴方向上的速度和折射率;用 v_e 表示在垂直于光轴方向上 e 光的速度,用 $n_e=c/v_e$ 表示 e 光在这个方向上的折射率(常称 n_e 为 e 光主折射率);e 光在其他方向传播时的折射率介于 n_o 与 n_e 之间,速度介于 v_o 与 v_e 之间。由于 e 光并不满足折射定律,所以 e 光的折射率只给出 e 光的速度,而不能用在折射定律中讨论 e 光的折射方向。自然界里存在两类双折射晶体,一类是 $n_e>n_o$ 即 $v_e<v_o$ 的晶体,称为正晶体(如石英等),其 o 光和 e 光的子波面如图 22-15(a)所示;另一类是 $n_e<n_o$ 即 $v_e>v_o$ 的晶体称为负晶体(如方解石等),其 o 光和 e 光的子波面如图 22-15(b)所示。

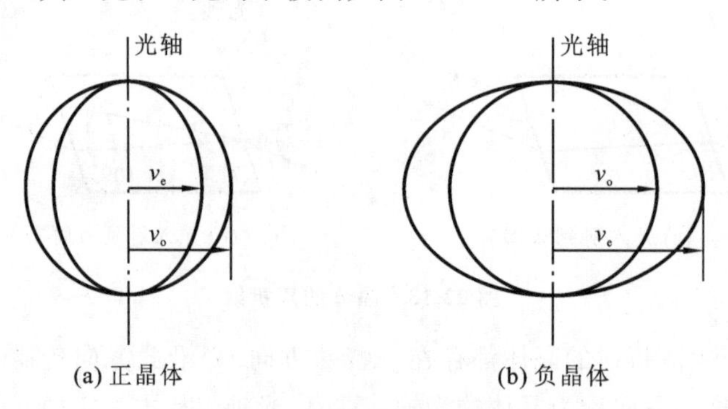

图 22-15　双折射现象的解释

我们以方解石这类负晶体为例,分两种情况来讨论。

1. 光轴与晶体表面斜交,光束以任意角度 i 入射

如图 22-16 所示,AC 为入射平面波的波阵面,当波从波阵面 AC 上的 C 点传播到 B 点时,从 A 点向晶体内发出的子波已形成球形和旋转椭球形两个子波面。由于是负晶体,所以球形波面在旋转椭球形波面之内,两者相切于光轴方向上的 F 点。从图中可以清楚地看出,o、e 两光的波线 AD 与 AE 明显分离,即产生了双折射。由于 i 为任意角,显然,$i=0$,即光垂直于晶面入射时,上述结论也成立。

2. 光轴与晶体表面平行，光垂直入射

如图 22-17 所示，光线进入晶体后，o 光、e 光的传播方向相同，e 光的传播方向也垂直于波阵面，但 o 光、e 光在晶体中的折射率不同而使其传播的速度也不相同，使得 o 光、e 光之间产生了光程差(或相位差)，因此，仍有双折射现象产生。

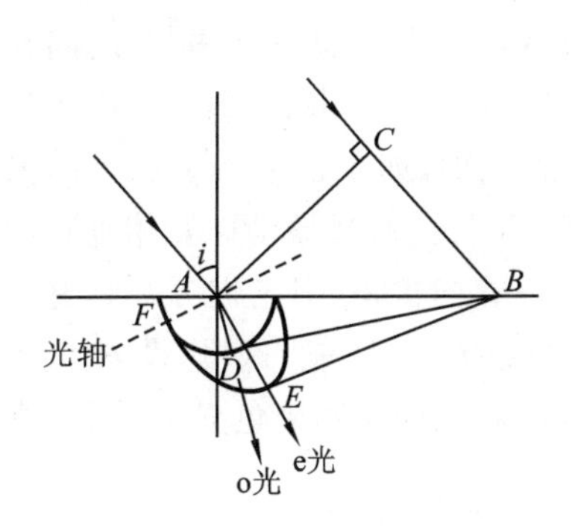

图 22-16　o、e 两光分开传播

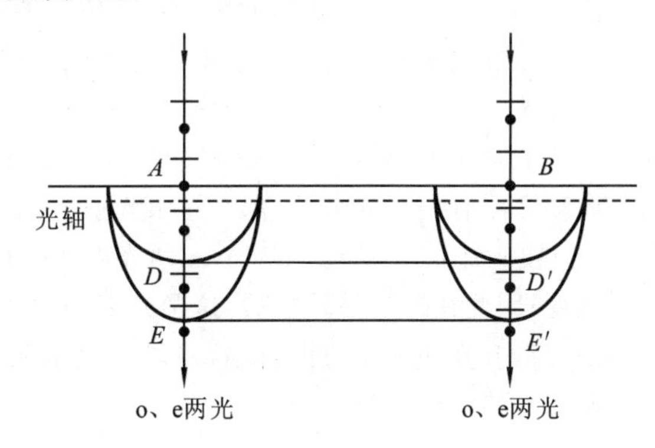

图 22-17　o、e 两光同方向传播

22.4.3　波片

如前面所述，当光垂直入射到与光轴平行的晶体表面时，o 光和 e 光不再分开，但由于折射率的不同而产生一定的光程差(或相差)，即

$$\delta = (n_o - n_e)d \quad \left[\text{或} \quad \Delta\varphi = \frac{2\pi d}{\lambda}(n_o - n_e)\right]$$

式中：d 为 o、e 两光所通过的公共几何路程。根据晶体的这一特性，我们可以制造出许多能使 o、e 两光产生各种程差的晶体薄片。这种表面与光轴平行的晶体薄片称为波片，是一种用途广泛的偏振器件。

如果晶片的厚度 d 恰好能使得通过它的 o 光和 e 光的光程差为$\frac{1}{4}\lambda$，这样的晶片称为$\frac{1}{4}$波片，它能使 o、e 两光产生 $\pi/2$ 的相位差，其波片的厚度为

$$d = \frac{\lambda}{4(n_o - n_e)}$$

如果晶片的厚度 d 恰好能使得通过它的 o 光和 e 光的光程差为$\frac{1}{2}\lambda$，这样的晶片称为1/2 波片(或半波片)，它能使 o、e 两光产生 π 的相位差，其波片的厚度为

$$d = \frac{\lambda}{2(n_o - n_e)}$$

这里，各种波片都是对特定的波长而言的。

22.5　偏振光的干涉
Polarization light interference

22.5.1　偏振光的干涉

人们常常用波片(例如半波片)来获得椭圆偏振光或者圆偏振光。其方法是让一束线偏振

光垂直入射到与光轴平行的双折射晶体表面上，使得入射线偏振光被分解成垂直于光轴方向振动的 o 光和平行于光轴方向振动的 e 光。这两束光的合成就是通常的椭圆偏振光。如果波片晶体的光轴与入射线偏振光的光矢量方向的夹角为 $\pm 45°$ 时，o 光和 e 光的振幅相等，即 $A_o = A_e$；其合成既是圆偏振光。

在图 22-18 中，P_1 和 P_2 是做起偏器和检偏器的两片偏振片，当这两片偏振片互相正交(即它们的偏振化方向相互垂直)时，就不会有光线透过检偏振器。但当我们在 P_1 和 P_2 之间光路上插入一片波片 C(光轴与晶片表面平行)后，情况就不一样了。这时，由起偏器 P_1 透出的线偏振光 I_1 垂直入射到晶片 C 的表面，当然它也垂直于晶体的光轴；如果这束线偏振光的振动方向与光轴之间有一定的夹角，那么这束光射入到晶片中后，又将分解成振动面互相垂直的寻常光(o 光)和非常光(e 光)。虽然 o、e 两光束在晶片中沿同一方向传播，但它们分别具有不同的传播速度；因此在透过晶片之后，这两光束之间就产生了一定的相位差。这里，设 n_o 和 n_e 分别为该晶片对 o 光和 e 光的折射率，并以 d 表示晶片的厚度，λ 表示入射单色光的波长，则此时 o 光和 e 光的相位差为

$$\Delta\varphi_1 = \frac{2\pi d}{\lambda}(n_o - n_e)$$

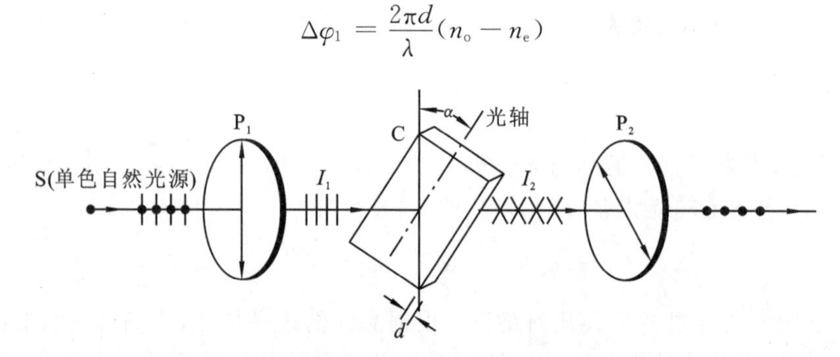

图 22-18　偏振光的干涉

这里垂直射向检偏器 P_2 的光 I_2 中，包含了振动方向相互垂直且有恒定周相差 $\Delta\varphi_1$ 的两束线偏振光(o 光和 e 光)。于是，这两束线偏振光通过检偏器 P_2 后，就会得到振动方向与 P_2 的偏振化方向平行的两束线偏振光，这两束透射光之间显然是满足相干条件的，因此，在屏幕 S 处便可看到两者的干涉图样。这样的干涉，我们称之为偏振光的干涉。

下面我们来讨论一下偏振光干涉的明暗条件。

波片 C 中寻常光和非常光的振幅，取决于线偏振光 I_1 的振动方向与波片光轴方向之间的夹角，如图 22-19 所示。直线 MM' 表示线偏振光 I_1 的振动方向(即偏振片 P_1 的偏振化方向)，并以 CC' 表示波片的光轴方向。o 光和 e 光振幅的大小，分别为线偏振光 I_1 的振幅 A_1 在垂直于 CC' 方向上和平行于 CC' 方向上的分量。假设波片的光轴方向与 P_1 的偏振化方向成 α 角，且不考虑波片 C 中的吸收，则

$$A_o = A_1 \sin\alpha, \quad A_e = A_1 \cos\alpha$$

这里，A_o 和 A_e 分别表示光线 I_2 中所包含的 o 光和 e 光的振幅。

当 o 光和 e 光通过检偏器 P_2 时，只有与 P_2 偏振化方向 NN' 平行的分振动可以透过，如图 22-20 所示，透过的两分振动的振幅矢量 $\mathbf{A}_{oN}$ 和 $\mathbf{A}_{eN}$ 的方向恰好相反；其振幅的大小分别为矢量 $\mathbf{A}_o$ 和 $\mathbf{A}_e$ 在 NN' 方向上的投影。假设波片的光轴方向与 NN' 方向的夹角为 β，则

$$A_{oN} = A_o \sin\beta = A_1 \sin\alpha \sin\beta = A_1 \sin\alpha \cos\alpha$$
$$A_{eN} = A_e \cos\beta = A_1 \cos\alpha \cos\beta = A_1 \sin\alpha \cos\alpha$$

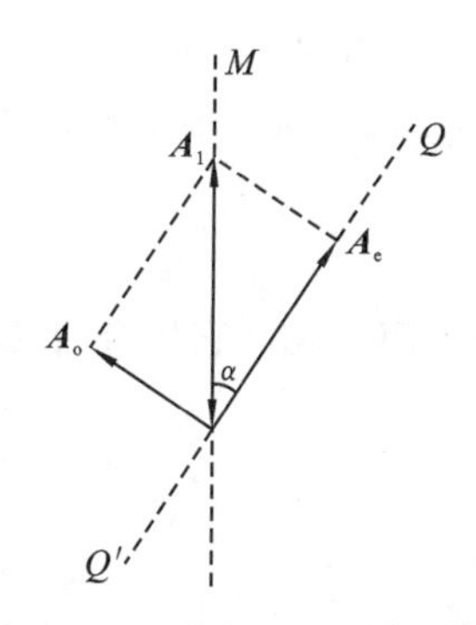

图 22-19 波片将线偏振光分解为不同振幅的两光束

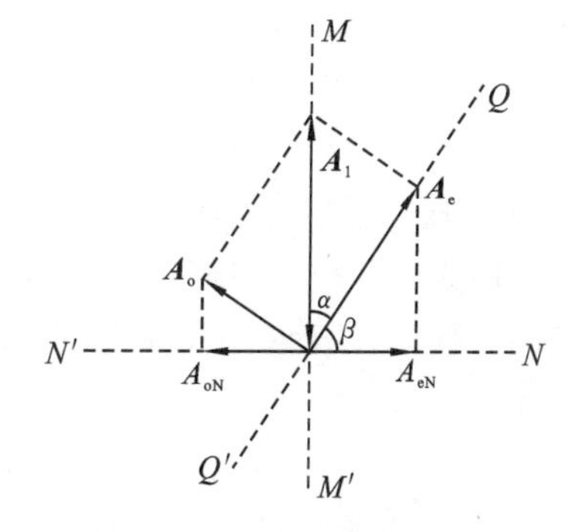

图 22-20 两束相干线偏振光的振幅

显然,透过偏振片 P_2 的两束偏振光,是由同一线偏振光 I_1 所产生的振动方向相同、振幅相等、有恒定相位差的两束相干光,因而能够产生干涉现象。由于振幅矢量 $\boldsymbol{A}_{oN}$ 和 $\boldsymbol{A}_{eN}$ 的方向相反,所以除与波片厚度有关的相位差 $\Delta\varphi_1$ 外,还有一因 $\boldsymbol{A}_{oN}$ 和 $\boldsymbol{A}_{eN}$ 投影所产生的附加相位差 π。因而总相位差应为

$$\Delta\varphi = \Delta\varphi_1 + \pi = \frac{2\pi d}{\lambda}(n_o - n_e) + \pi \tag{22-4}$$

根据光干涉的明暗条件可知:

(1) 当 $\Delta\varphi = 2k\pi$ 或 $(n_o - n_e)d = (2k-1)\dfrac{\lambda}{2}$ 时(这里,$k=1,2,3,\cdots$),产生相长干涉;

(2) 当 $\Delta\varphi = (2k+1)\pi$ 或 $(n_o - n_e)d = k\lambda$ 时,产生相消干涉。

22.5.2 人为双折射现象

许多介质都是各向同性的,它们并不是双折射晶体。但当它们受到某种外界作用(如受机械力、电场、磁场作用等)时,变成了各向异性的介质,从而显示出双折射本性。还有些各向异性媒质,受到外界作用时,会改变其双折射性质。类似这种在人工条件下产生的双折射,都称为人为双折射现象。下面结合偏振光的干涉原理简单介绍一下由于机械形变而产生的人为双折射现象——光弹性效应。

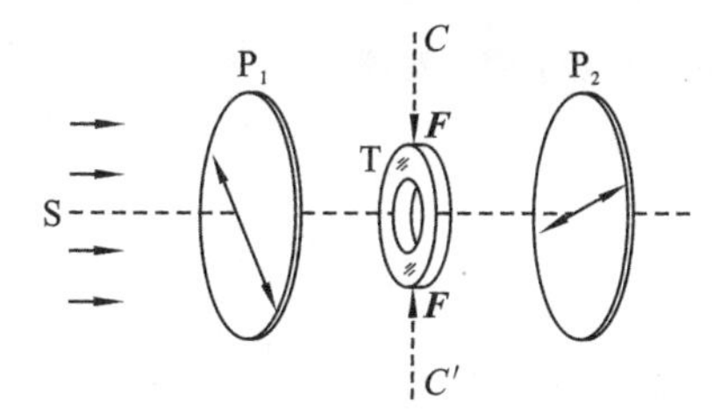

(a) 光弹性效应实验示意图

(b) 干涉图样

图 22-21 光弹性效应

晶体的双折射与晶体的各向异性密切相关。而非晶体物质(如有机玻璃、树脂等)在机械力的作用下变形时,使非晶体失去了原有的各向同性特征而具有各向异性的性质,这样,也能呈现双折射现象。如图 22-21(a)所示,S 为单色光源,P_1、P_2 为偏振化方向相互正交的两片偏振片,T 为非晶体,这里是用有机玻璃制成的一个大孔径垫圈。当 T 受到 CC' 方向上的机械力 $\boldsymbol{F}$ 的压缩或拉伸时,T 的光学性质就如同以 CC' 为光轴的单轴晶体一样;它对 o 光和 e 光的折

射率分别为 n_o 和 n_e，从 T 射出的两束偏振光通过 B 后就会产生干涉现象，其干涉图样如图 22-21(b)所示。实验表明，光弹材料对 o 光和 e 光的折射率之差与所受压强 p 成正比，即

$$n_o - n_e = kp \tag{22-5}$$

式中：k 是比例系数，其数值决定于非晶体材料的性质。

应用光弹效应可以研究机械或者建筑构件内部的应力分布情况。它具有简便、直观、可靠和经济等优点，从而在工程设计中得到了广泛应用。

22.6 旋光现象
Optical rotation phenomenon

早在 1811 年，阿拉果(Arago，Dominique Francois Jean)就发现当一束线偏振光通过某些晶体后其偏振光的振动面就会以光的传播方向为轴旋转一定的角度，这种现象称为旋光现象。其实，当线偏振光通过如酒石酸、糖、氨基酸和石英晶体等诸多物质时都会产生旋光现象，我们将这类物质称为旋光物质。实验表明，偏振面旋转的角度取决于旋光物质的性质、厚度或浓度以及测试时的温度和入射线偏振光的波长等。

观察旋光现象实验装置的示意图如图 22-22 所示。开始检测时，先将起偏器 P_1 和检偏器 P_2 的偏振化方向调为正交；当单色光经过起偏器 P_1 后成为一束线偏振光，这样，就没有光线通过检偏器 P_2，视场里是暗的。然后，将被测样品 C 放在 P_1 和 P_2 之间的光路上，视场将由暗变亮。如将检偏器 P_2 旋转某个角度之后，视场又会由亮变暗。这个现象说明，线偏振光经过旋光物质后仍然是线偏振光。但就是其振动面转过了一定的角度，这个角度就是检偏器 P_2 所转过的角度。不同的旋光物质可以使线偏振光的振动面向不同的方向旋转。如果面对光源观测，使偏振光的振动面向右(顺时针方向)旋转的物质称为右旋物质；使振动面向左(逆时针方向)旋转的物质称为左旋物质。

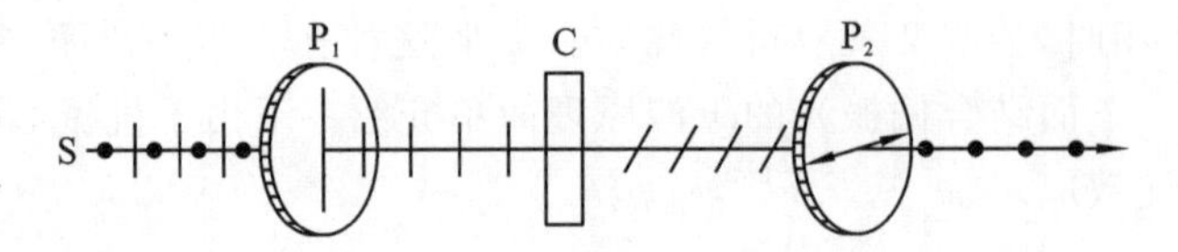

图 22-22 旋光现象实验装置示意图

大量实验结果表明：

(1) 对固体，偏振面所转过的角度 φ 为

$$\varphi = \alpha L$$

式中：α 称为物质的旋光常量，其值与物质的性质以及入射光的波长等有关。

(2) 对溶液或液体，当入射的单色光的波长一定时，旋光度 φ 不仅与光线在液体中通过的距离 L 有关，还与其浓度 C 成正比，即

$$\varphi = \alpha CL$$

(3) 同一旋光物质对不同波长的光有不同的旋光率，在一定的温度下，它的旋光率与入射光波长 λ 的平方成反比，即随波长的减小而迅速增大，这种现象称为旋光色散。考虑到这一情况，通常采用单色光源来测定旋光率。

在这里，值得注意的还有温度对旋光率的影响，实际上旋光率 α 与温度是相关联的。

由于许多物质都具有旋光性，使得根据上述检测原理制成的各种旋光仪被广泛应用于制

药、制糖及一些化学工业等领域。

【思考题与习题】

1. 思考题

22-1　自然光不能通过两个正交的偏振片，如果把第三个偏振片放在这两个偏振片之间，光是否可能通过这三个偏振片？为什么？

22-2　在双折射晶体内，光垂直于光轴的方向入射时，o 光和 e 光并不分开，有人因此说："光垂直于光轴方向传播时不发生双折射"，这种说法对吗？为什么？

22-3　自然光从折射率为 n_1 的介质射到折射率为 n_2 的介质时，起偏角为 i_b，从折射率为 n_2 的介质射到折射率为 n_1 的介质时，起偏角为 i_b'，如果 $i_b > i_b'$，问哪种介质的折射率大？

2. 选择题

22-4　使一光强为 I_0 的平面偏振光先后通过两个偏振片 P_1 和 P_2。P_1 和 P_2 的偏振化方向与原入射光光矢量振动方向的夹角分别是 α 和 90°，则通过这两个偏振片后的光强 I 是（　　）。

(A) $\frac{1}{2}I_o\cos^2\alpha$　　(B) 0　　(C) $\frac{1}{4}I_o\sin^2(2\alpha)$　　(D) $\frac{1}{4}I_o\sin^2\alpha$

22-5　让一束自然光和线偏振光的混合光垂直通过一偏振片。以此入射光束为轴旋转偏振片，测得透射光的强度最大值是最小值的 5 倍，则入射光束中自然光与线偏振光的强度之比为（　　）。

(A) $\frac{1}{4}$　　(B) $\frac{1}{2}$　　(C) 5　　(D) $\frac{1}{5}$

22-6　如果两个偏振片堆叠在一起，且偏振化方向之间夹角为 60°，光强为 I_0 的自然光垂直入射在偏振片上，则出射光强为（　　）。

(A) $\frac{1}{8}I_o$　　(B) $\frac{1}{4}I_o$　　(C) $\frac{3}{8}I_o$　　(D) $\frac{3}{4}I_o$

22-7　一束自然光自空气射向一块平板玻璃，如图 22-23 所示，设入射角等于布儒斯特角 i_o，则在界面 2 的反射光（　　）。

(A) 是自然光

(B) 是线偏振光且光矢量的振动方向垂直于入射面

(C) 是线偏振光且光矢量的振动方向平行于入射面

(D) 是部分偏振光

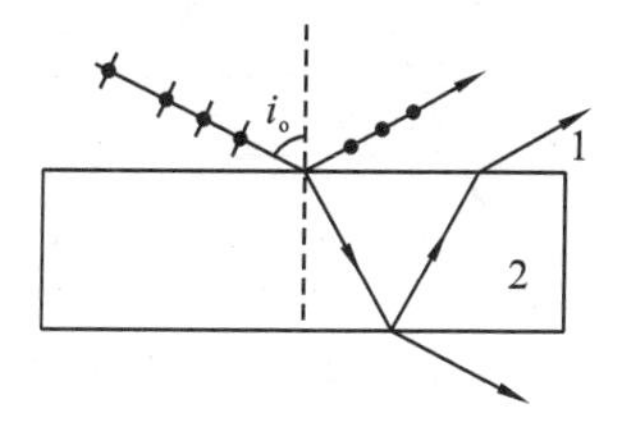

图 22-23　题 22-7 图

3. 填空题

22-8　设两偏振片的偏振化方向成 30°角时，透射光强为 I；若入射光强不变，而使两偏振片的偏振化方向成 45°角，则透射光的强度为________。

22-9　两个偏振片叠放在一起，强度为 I_o 的自然光垂直入射其上，若通过两个偏振片后的光强为 $I_o/8$，则此两偏振片的偏振化方向间的夹角（取锐角）是________；若在两片之间再插入一片偏振片，其偏振化方向与前后两片的偏振化方向的夹角（取锐角）相等，则通过三个偏振片后的透射光强度为________。

22-10　如图22-24所示，如果从一池静水($n=1.33$)的表面反射出来的太阳光为完全偏振光，那么太阳的仰角大致为________，在此反射光中的电矢量 $\boldsymbol{E}$ 的方向为________。

22-11　如图22-25所示，让一束波长为589 nm的线偏振光垂直入射到光轴与表面平行的方解石晶片上。已知方解石对此单色光的主折射率 $n_o=1.658$，$n_e=1.486$，则在此晶片中的寻常光的波长 $\lambda_o=$________，非常光的波长 $\lambda_e=$________。

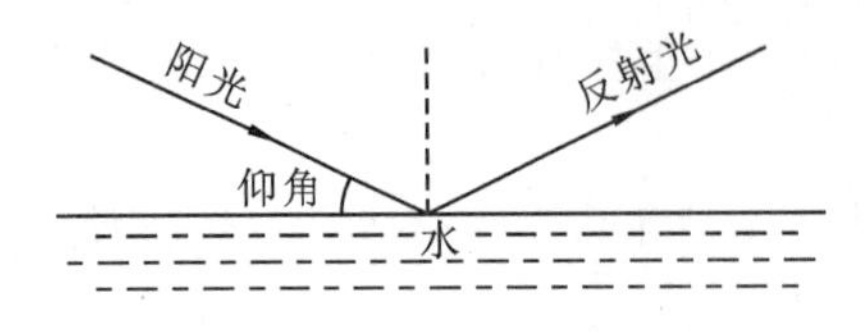

图22-24　题22-10图

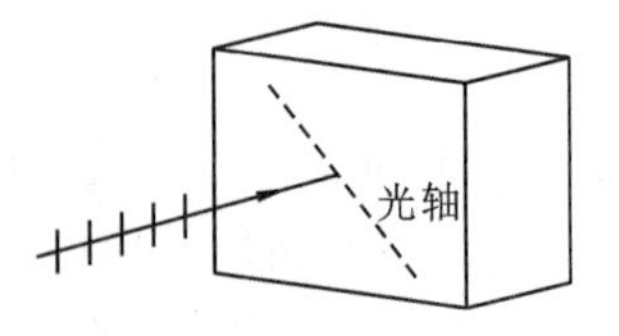

图22-25　题22-11图

22.2 习题

22-12　一束光强为 I_0 的自然光垂直入射在三个叠在一起的偏振片 P_1、P_2、P_3 上，已知 P_1 与 P_3 的偏振化方向相互垂直。

(1) 求 P_2 与 P_3 的偏振化方向之间的夹角为多大时，穿过第三个偏振片的透射光强为 $I_o/8$；

(2) 若以入射光方向为轴转动 P_2，当 P_2 转过多大角度时，穿过第三个偏振片的透射光强由原来的 $I_o/8$ 单调减小到 $I_o/16$？此时 P_2、P_1 的偏振化方向之间的夹角多大？

22.3 习题

22-13　一束自然光以58°的入射角入射到玻璃表面，反射光束是线偏振光，问透射光束的折射角是多少？玻璃的折射率等于多少？

22-14　水的折射率为1.33，玻璃的折射率为1.50，当光由水射向玻璃并反射时，起偏角为多少？当光由玻璃射向水中并反射时，起偏角又是多少？

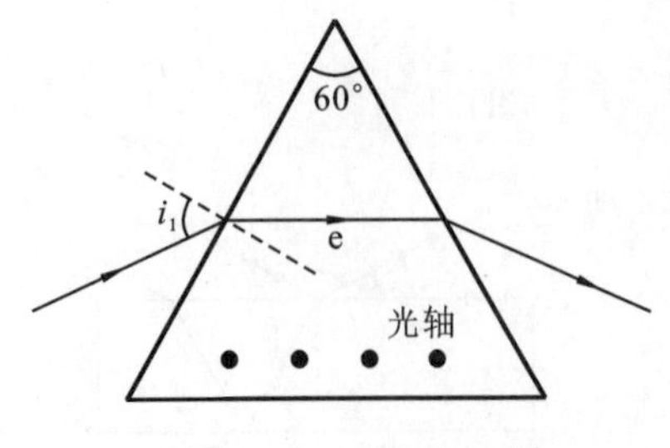

图22-26　题22-15图

22.4 习题

22-15　用方解石割成一个正三角形棱镜，其光轴与棱镜的棱边平行，亦即与棱镜的正三角形横截面相垂直(如图22-26所示)。今有一束自然光射入棱镜，为使棱镜内e光折射线平行于棱镜的底边，该入射光的入射角 i_1 应为多少？并在图中画出o光的光路。已知 $n_o=1.66$，$n_e=1.49$。

物理学诺贝尔奖介绍 6

2009 年　光纤 CCD 电荷耦合技术

我们的生活已经进入网络时代，几乎大多数家庭都拥有电脑，智能手机，以及各种数码产品。无论是拿起手机拍个照，发个微博和好友分享，还是回到家中，下载一部高清晰电影观看，或是在网上浏览冲浪。互联网的使用为人们带来无穷便利，已经成为现代人生活无法脱离的一部分，网络中断已经和停电停水一样让人无法忍受。你也许没有意识到，在这普通的一天里，你已反复成了 2009 年诺贝尔物理学奖获奖成果的受益者。

2009 年 10 月 6 日，拥有英国和美国双重国籍的华裔科学家高琨(Charles K. Kao)，拥有加拿大和美国双重国籍的科学家威拉德・博伊尔(Willard S. Boyle)，以及美国科学家乔治・史密斯(George E. Smith)共同荣获了 2009 年的诺贝尔物理学奖。在这三人中，高锟"因光学通信中有关光在纤维中传输的突破性贡献"("for groundbreaking achievements concerning the transmission of light in fibers for optical communication")获得全部奖金(约 140 万美元)的一半，威拉德・博伊尔和乔治史密斯则"因发明一种成像半导体电路-CCD 传感器"("for the invention of an imaging semiconductor circuit-the CCD sensor") 分享了另一半。

在本文中，我们将对这三位科学家(见图 1)的工作及其意义作一个简单介绍。

图 1　左：高锟(Charles K. Kao)，**中：威拉德・博伊尔**(Willards Boyle)，**右：乔治・史密斯**(George E. Smith)

1. 神奇的光纤

在互联网中畅游、欣赏高清晰电视转播节目、与千里之外的友人通话，又或者躺在病床上接受胃镜检查，这些事情改变着人类的生活，但人们可曾想到，这一切都要归功于英籍华裔科学家高锟发明的"光导纤维"，即"光纤"。被誉为"光纤之父"的高锟，用他的发明为人类连通了信息时代。这些用途完全不同的物品，它们所基于的原理却是相同的——光的全内反射现象。

纤维光学其实是一种非常简单又非常古老的技术。1840 年左右,1841 年,瑞士物理学家丹尼尔·克拉顿(Daniel Colladon)和法国物理学家巴比内(Jacques Babinet)几乎是同一时间最先在巴黎提出可以依靠光折射现象来引导光线的理论。

到了 1870 年,英国物理学家约翰·丁达尔(John Tyndall)在其出版的书籍中写道,全内反射特性是光的自然属性,同时还进一步说明了,光线从空气射入水中以及从水中射入空气时的不同,他指出,当光线由水中射入空气时,如果角度大于 48°(与法线之间的夹角,这一角度的精确值是48°27′),那么光线将无法“逃出”水面,光线会在界面处被完全反射。

光由光密媒质(光在此介质中的折射率大)射到光疏媒质(光在此介质中折射率小)的界面时,如果入射角大于全反射角,会被全部反射回原媒质内。整个 19 世纪,全反射这种奇妙的光学特性,被更多地用于喷泉等娱乐、休闲设施中。1889 年在巴黎举行的世界博览会上,就曾出现利用这一特性制作的多彩喷泉,引得观者如堵。发现光可以在“光纤”中传输的这一特性后,最初利用这一特性的实际应用出现在 1920 年左右,但那时科学家们的主要研究方向是通过光纤进行图像传输。具体的应用比如医学窥镜,用于军事的可弯曲潜望镜,甚至应用于早期的电视中,但最初的玻璃纤维在光纤传输方面的表现确实难以让人感到满意。比如每当光纤“对接”或光纤界面受损时,光纤中的光就“消失”了,另外,光在传输中的损失也很严重。

随着时间的推移,在光纤发展史上的一个重大突破出现在 1950 年左右,那时,来自印度的纳林德·卡帕尼博士(N. S. Kapany)展示了带有包层的光纤,这使得图像在光纤中的传导表现大大提升。纳林德·卡帕尼所展示的光纤与我们今天使用的光纤在结构上可以说是一样的。当今的光纤其核心部分有两层结构,最中心部分是纤芯,是一根极细的且折光率稍高的玻璃,在纤芯周围的是包层,覆盖着的也是一层玻璃,只不过这层玻璃的折光率要略低于纤芯。正如前面所说的,这一结构在“全内反射”效应的作用下,光线的传输就这样实现了。应该也正是因为这一突破性的成就,纳林德·卡帕尼被人们称为是“光纤之父”(见图 2)。

图 2　光纤之父纳林德·卡帕尼(Narinder Singh Kapany)

即使历史发展到此时,人们似乎依然没有打算把光纤应用于通信领域的想法,科学家们始终在致力于提升光纤传输图像的表现。1956 年,又一个标志性的产品诞生了——可弯曲的光纤内窥镜(见图 3)。在研制内窥镜的过程中,同是这个研究组的成员劳伦斯·E. 柯蒂斯

(Lawrence E. Curtiss),他制造出了第一根采用玻璃为包层的光纤。光纤发展至此,无论在结构上还是在材质构造上,与当今使用的光纤基本上已经完全一样了。但此时的光纤更多被用于医学领域,很少有科学家想到用它做通信媒介,最重要的原因就是损耗过高。人类制造的第一根光纤,损耗达每千米 1000 分贝,这意味着传输距离达到 20 米时,输入的光信号只剩 1%。

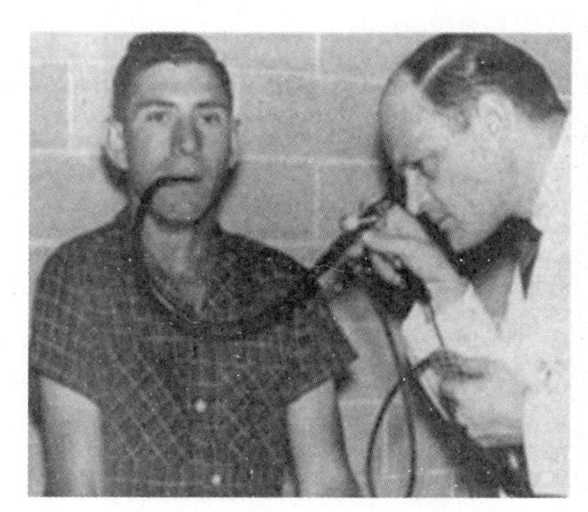
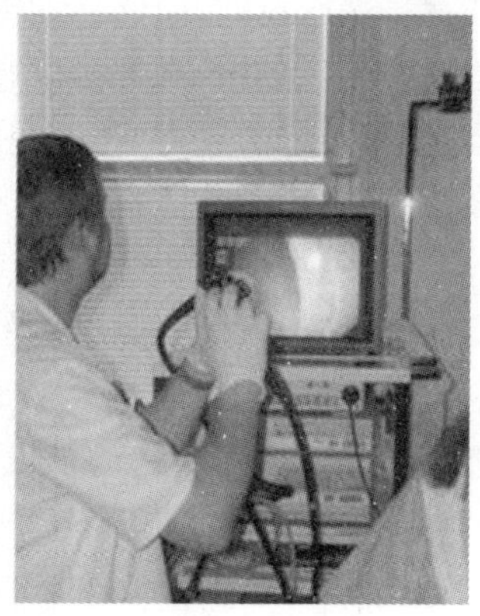

图 3　内窥镜的过去与现在

终于在 1963 年,日本科学家西泽润一提出了使用光纤(见图 4)进行通信的概念,此外,他发明的一些技术,例如激光二极管(laser diode),对光纤通信的发展起到了非常大的推进作用。在 1964 年他发明了渐变折射率光学纤维(graded-index optical fiber),这种光纤使用半导体激光器在一个通道中可实现低损耗的长距离传输。

图 4　光纤

那么,光纤中光的快速损耗究竟是什么造成的呢?人们提出了一些可能的原因,比如光纤的弯曲,或光纤材料(比如二氧化硅)的晶体结构缺陷等。但是,任何实际应用中的光纤都不可能不弯曲,任何常温下的晶体结构也都不可能无缺陷。因此,若原因果真在这些方面,那光的快速损耗基本上就是"绝症"了。当时高锟还是英国标准电信实验室(Standard Telecommunications Laboratories)的一名年轻工程师,他和合作者乔治霍克汉姆(George A. Hockham)深入分析了这种高损耗出现的原因。1966 年 7 月,高锟发表论文《光频率介质纤维表面波导》,提出高损耗主要是因为光纤不纯,特别是其中的铁离子等杂质引起光吸收和散射,并预言,只要解决好玻璃纯度和成分问题,光纤完全有可能用于长距离高效信息传输。经研究发现,光的快速损耗并非上述原因所致,而主要是由于光纤中杂质(尤其是铁离子)对光的吸收与散射。他们这项研究为光纤时代的降临开启了大门,因为既然罪魁祸首是杂质,我们要做的就只是对光纤材料进行提纯,而这是没有任何原则性困难的。

在光通信发展的历史中,高锟扮演过很多重要的角色,为了能让更多人认识到光通信技术的重要性,他不仅奔走于工程界,甚至还奔走于商业领域,他拜访过著名的贝尔实验室,也去过单纯的玻璃加工厂,为了改进光纤加工工艺,他与不同的人们包括工程师、科学家、商人等进行探讨。

1970 年,美国玻璃制造商康宁公司就通过材料提纯,将原先 20 米的传输距离提升到了 1000 米。此后,就像所有技术领域的发展一样,这一纪录被一再刷新。自 1975 年起,英、美、日等国先后迈出了实用光纤通信的步伐。1988 年,第一条跨大西洋的光纤电缆安装成功。现代的互联网、有线电视、电话通信等更是处处离不开光纤。可以毫不夸张地说,光纤已成为信息时代的大动脉。与传统的无线电通信相比,光纤所能传输的信息量要大得多,在同等条件下,光纤的信息传输容量是金属线路的成千上万倍;制作光纤的原料是沙石中含有的石英,相比以铜等金属制成的金属线路,有较大的成本优势。此外,光纤还具有重量轻、保真度高、抗干扰能力强、工作性能可靠等诸多优点。据估计,人们迄今铺设的光纤网络已达 10 亿千米,足可在地球与月亮之间绕一千多个来回。今天,正是光纤这种低损耗性玻璃纤维构成的信息社会环路系统,推动着诸如互联网等全球宽带通信的发展。

光纤从最初的理论概念到真正可实现光通信的产品前后经历了 100 多年的时间。当 100 多年前的科学家们发现并论述光的种种特性时,也许很难想到就是这些特性在近代使人类的沟通方式发生了革命性的改变,以至于深远地影响了整个人类社会的发展进程。

2. CCD 传感器　打开五彩世界的电子眼

伴随着数码相机、带有摄像头的手机等电子设备风靡全球,人类已经进入了全民数码影像的时代,每一个人都可以随时、随地、随意地用影像记录每一瞬间。带领我们进入如此五彩斑斓世界的,就是美国科学家韦拉德·博伊尔和乔治·史密斯发明的 CCD(电荷耦合器件)图像传感器。

百多年来,伴随着暗箱、镜头和感光材料制作不断取得突破,以及精密机械、化学技术的发展,照相机的功能越来越强大,使用越来越方便。但是,直到几十年前,人们依然只能将影像记录在胶片上。拍摄影像慢慢普及,但即时欣赏、分享、传递影像还非常困难。

CCD 是电荷耦合器件(Charge-Coupled Device)的英文缩写。这种器件原本是作为一种电子内存而研发的。1969 年秋天,美国贝尔实验室的韦拉德·博伊尔和乔治·史密斯从事的就是这种研发工作。但 CCD 的真实用途几乎立刻就转变为了感光器件。

CCD 图像传感器的发明,实际上是应用爱因斯坦有关光电效应理论的结果,即光照射到某些物质上,能够引起物质的电性质发生变化。这种现象曾被电磁波的发现者,德国物理学家海因里希·鲁道夫·赫兹(Heinrich Rudolf Hertz)观察到(因此它有时被称为赫兹效应),后经实验物理学家菲利普·勒纳德(Philipp Lenard)所研究,并由爱因斯坦利用当时还很新颖的量子理论作出理论解释(勒纳德与爱因斯坦因此分别于 1905 年和 1921 年获得诺贝尔物理学奖)。按照光电效应,适当频率的光照射到某些物质上时,会从物质中打出电子,其数目与光强成正比。但是从理论到实践,道路却并不平坦。科学家遇到的最大挑战,在于如何在很短的时间内,将每一个点上因为光照而产生改变的大量电信号采集并且辨别出来。

利用光电效应,博伊尔和史密斯将感光材料制成一个由很多小单元组成的阵列,当光照射到阵列上时,会在每个小单元上打出一些电子。这些电子的数目分布很好地记录了入射光的强度分布。为了保存这些电子,博伊尔和史密斯让每个感光单元都配有一个微小的电容。在感光过程结束后,这些小电容里的电子通过巧妙设计的电路逐排传递出去,并转变成为数字信号。这就是 CCD 的工作原理,而由那些数字信号组成的就是所谓的数码影像。由于 CCD 所用的将电子逐排传递出去的方式很像早年消防队员人工传递水桶的情形,因此这种器件也被称为"组桶式"器件 (bucket brigade device),如图 5 所示。

图 5 CCD **"组桶式"传输电子的比喻图**

萌生 CCD 设想后的第二年,博伊尔和史密斯就将它用到了摄像机上。1972 年,一家美国公司率先制造出了具有 10000(100×100)个感光单元的 CCD 传感器。1974 年,第一张 CCD 天文相片问世。1975 年,CCD 摄像机达到了可用于电视转播的水准。1979 年,CCD 被首次安装到了天文望远镜上……CCD 的发展走上了快车道。近年来,在 CCD 的冲击及其他因素的影响下,世界最大的胶卷生产商柯达公司(Eastman Kodak Company)陆续停止了普通胶片及胶片相机的生产,从某种意义上讲,这意味着一个时代-光学摄影时代的终结。当然,它同时也是一个新时代-数码影像时代日益成熟的标志。如今,CCD 图像传感器除了大规模应用于数码相机外,还广泛应用于摄像机、扫描仪,以及工业领域等。此外,在医学中为诊断疾病或进行显微手术等而对人体内部进行的拍摄中,也大量应用了 CCD 图像传感器及相关设备。

那么,年轻的 CCD 与历史悠久的普通胶片相比究竟有什么优点呢?主要的优点有两个:一是敏感度高,CCD 能对 90%左右的入射光子产生反应,也就是说,100 个入射光子约有 90 个能在 CCD 的感光材料上产生电子,从而得到记录。而普通胶片及肉眼只能记录其中 1~2 个(高质量的胶片也只能记录 10 个左右)。另一个是适用范围广,CCD 可用于从红外到 X 射线的各种波段。而普通胶片的适用范围却很狭窄,早期的普通胶片甚至无法有效涵盖可见光区内的红光,从而使得象褐矮星、红移值较高的类星体之类偏于长波的天体的发现大大延后。此外,普通胶片需要冲印,这对日常使用来说虽然只是小麻烦,但对行星探测器来说可就要了命了,因为行星探测器大都是一去不复返的,不可能将胶片带回地球冲印。而 CCD 的数码信息却可通过电波传回地球。我们今天看到的那些美轮美奂的行星图片,或哈勃太空望远镜(Hubble space telescope)拍摄的遥远星云都是因为有了 CCD 这只电子眼才成为可能。对于观测天文学来说,CCD是一项能媲美望远镜与光谱仪的伟大发明。

“CCD是数码相机的电子眼,它革新了摄影术,现在光可以被电子化地记录下来,取代了胶片。这一数字形式极大地方便了对图像的处理和发送。”诺贝尔奖评选委员会称赞说,“无论是我们大海中深邃之地,还是宇宙中的遥远之处,它都能给我们带来水晶般清晰的影像。”

光纤通信与CCD都是技术成就,但它们对于科学研究同样是必不可少的,今天的科学家们每天都在通过光纤大动脉交流研究信息,翱翔在外层空间的太空望远镜(见图6)每天都在用CCD电子眼窥视着这个让人着迷的宇宙。从这个意义上讲,获得今年诺贝尔物理学奖的虽是技术领域的工作,却对科学发展有着深远的促进。

图6 哈勃望远镜拍摄的蟹状星云

F篇　狭义相对论

第23章　狭义相对论基础
Chapter 23　Basic theory of special relativity

23.1　伽利略变换　经典物理的内部矛盾
The Galilean transformation, The internal contradiction of classical physics

23.1.1　狭义相对论发展历史

在相对论诞生之前，物理学界认为空间充满一种物质以太，所有物体相对以太运动。早在1895年，庞加莱就对以太漂移研究表示不满，他认为，不论用什么物理实验都不能诠释地球的绝对运动。

1898年，庞加莱指出：光在一切方向具有不变的速度。关于同时性问题，庞加莱提出，当两个事件的次序交换时，这两个事件就可以定义为同时的。

1902年，庞加莱在《科学与假设》中，提出了几条原则：①没有绝对空间，我们设想的只是相对运动；②没有绝对时间，说两段时间相等，是毫无意义的；③人们不仅没有两段时间相等的直觉，甚至没有发生于两个不同地点的两个不同事件的同时性的直觉。

在爱因斯坦（见图23-1）之前，庞加莱、洛伦兹等人的研究工作，已经使相对论的产生具备了必要理论和实验基础。

图23-1　阿尔伯特·爱因斯坦
（1879—1955）

早在中学时代，爱因斯坦就从伯恩斯坦《自然科学通俗读本》中了解了自然科学的主要成果和方法。他在16岁时，就无意中想到：如果以光速c追随光线运动，那么就应该看到在空间震荡而停止不前的电磁场。但从麦克斯韦方程，不应该有这样的结果，由此会领会到光速不变性。他善于从人们认为极其平凡、极其普通的概念中发现矛盾，同时具有科学创新的伟大魄力，对事物追根究底的探索态度，使他对自然界有一种“惊奇感”，永不满足于人类知识的现状，敢于突破旧的思维束缚。

23.1.2　力学相对性原理　伽利略变换

对相互作匀速直线运动的参照系内物体的运动，意大利科学家伽利略在1638年出版的《关于力学和局部运动量两门新科学的谈话和数学证明》（简称《两门新科学》）中作了精彩描述:只要船的运动是均匀的,也不忽左忽右的摆动,人们所观察到的现象将同船静止时完全一样。人们跳向船尾不会比跳向船头来得远;从托着的水瓶中滴下的水滴会滴进正下方的罐里;蝴蝶和苍蝇随便四处飞行,绝不会向船尾集中;香烟冒出的烟也像云一样向上升起,而不向任何一边飘动。这些现象表明:在船里作的任何实验和观察都不可能判断船究竟是在运动还是停止不前。

伽利略在此提出了一个原理:在任何惯性系中,力学规律都是等价的或相对的,力学规律在形式上相同。这被称为力学的相对性原理。

Galileo proposed a principle: in any inertial system, mechanical rules are equivalent or relative, laws of mechanics are the same in form. This is known as the principle of relativity in mechanics.

该原理告诉我们不可能通过力学实验来判断一个参考系是静止还是在作匀速直线运动。

关于力学相对性原理,在成书于汉代的中国古籍《尚书纬·考灵曜》中也有描述:"地恒动而人不知,譬如人在大舟中,闭牖而坐,舟行而人不觉也。"

在经典物理时期,绝对时间和绝对空间观念占主要地位,以牛顿观点为代表,牛顿曾经讲过:绝对空间就本性而言与任何外界事物无关,而永远是相同的和不动的,绝对的真正的和数学的时间自己流逝着,并由于它的本性均匀地与任何外界对象无关地流逝着。这种观念认为时间、空间量相互独立且与物质运动无关。

下面讨论与绝对时空观相联系的伽利略变换。

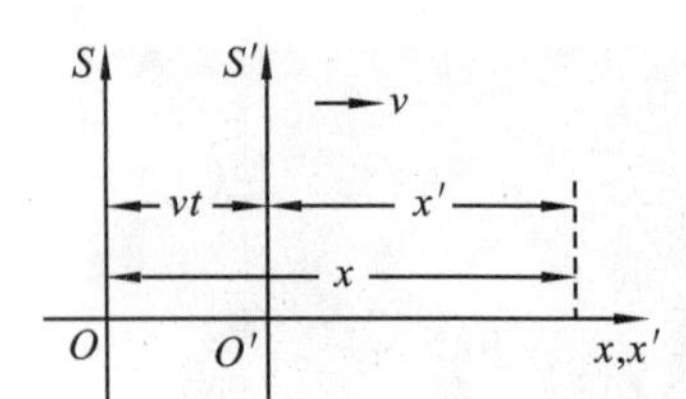

图 23-2　两个参考系

设有两个参考系,S'相对 S 沿 x 轴正方向运动,速度为 v,质点在 S'中的位置为 x',如图 23-2 所示。

则由伽利略变换

$$t' = t \tag{23-1}$$

$$x' = x - vt \tag{23-2}$$

式(23-1)表示:两个参考系中时刻相同,在式(23-2)两边对时间求导数:

$$\frac{dx'}{dt'} = \frac{dx}{dt} - v \tag{23-3}$$

即

$$u_{x'} = u_x - v \tag{23-4}$$

式(23-4)两边再对时间求导数:

$$a_{x'} = a_x \tag{23-5}$$

式(23-4)是速度叠加原理。式(23-5)表明在两个不同惯性系中测量,物体加速度相同。

23.1.3　经典物理内部的矛盾

经典力学有速度叠加原理式(23-4),意味着对光速也存在着速度叠加。也就是如果光速相对于地面速度为 c,则在以 v 相对于地面运动的参考系中,观察该光速为 $c+v$ 或 $c-v$。

对于经典电磁学有波动方程:

$$\nabla^2 \boldsymbol{E} - \mu_0 \varepsilon_0 \frac{\partial^2 \boldsymbol{E}}{\partial^2 t^2} = 0 \tag{23-6}$$

其中,$\varepsilon_0 \mu_0 = \frac{1}{c^2}$,$\varepsilon_0$ 和 μ_0 是与参考系无关的常量,无论对于什么惯性系,式(23-6)均成立,光速均为 c。在经典物理内部,光速绝对性与速度叠加原理之间存在着尖锐矛盾。

为了解决前述矛盾，显然有两个方案：

方案 1：承认速度叠加原理，认为光速是相对某种介质“以太”的；

方案 2：认为光速是绝对，且与惯性参考系无关，而速度叠加公式需要修改。

下面先讨论方案 1 的可行性。

如果光速是光在某种介质“以太”中的传播速度，类比于机械波速度公式：$v=\sqrt{\frac{Y}{\rho}}$，要求“以太”杨氏模量很大，且密度很低，由于遥远的光均能传播到地球，要求“以太”充满宇宙，透明，而且“以太”不能影响行星的运动。这些性质已经很奇怪了。为了测量地球与“以太”之间相对运动对光的干涉造成的影响，下面介绍迈克尔逊-莫雷实验。

23.1.4　迈克尔逊-莫雷实验

迈克尔逊-莫雷实验装置原理图如图 23-3 所示。

设干涉仪两臂 PM_1 与 PM_2 长度均为 l，由 S 发出的光在半反膜 P 处分成两束，光束 1 经 M_1 镜反射后回到 P 处，经 P 反射到达观察屏；光束 2 经 M_2 反射也到达观察屏。如果以太存在并处于静止，某时刻地面相对于以太运动方向沿 PM_1 臂，其速度为 v，由伽利略变换，由 P 到 M_1 光相对于装置的速度为 $c-v$，由 M_1 到 P，光相对于装置的速度为 $c+v$，因此光束 1 由 P 出发到达 M_1 又返回 P 需要的时间：

$$t_1=\frac{l}{c-v}+\frac{l}{c+v}=\frac{2lc}{c^2-v^2} \tag{23-7}$$

光束 2 相对于以太的速度为 $\boldsymbol{c}$，相对于地面的速度为 $\boldsymbol{c}-\boldsymbol{v}$，在地面上观察，光束 2 的速度与地面相对于以太的速度 $\boldsymbol{v}$ 垂直。如图 23-4 所示。

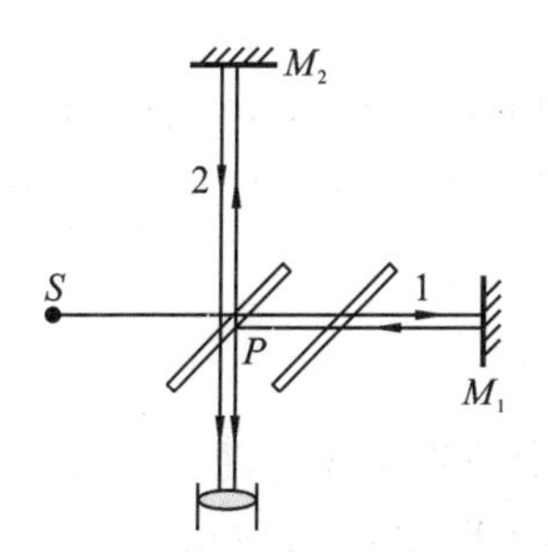

图 23-3　迈克尔逊-莫雷装置原理图

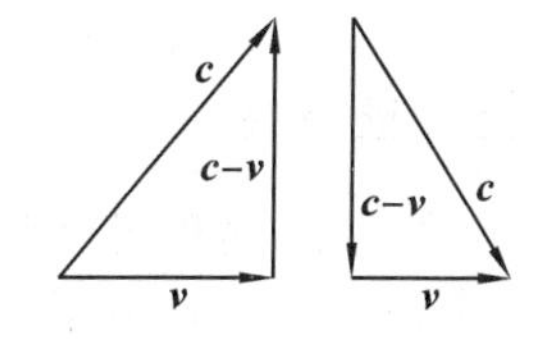

图 23-4　光束 2 的速度

光束 2 从 P 出发到达 M_2 又返回 P 的时间：

$$t_2=\frac{2l}{\sqrt{c^2-v^2}} \tag{23-8}$$

两光束的传播时间差：

$$\Delta t=t_2-t_1=\frac{2l}{\sqrt{c^2-v^2}}-\frac{2lc}{c^2-v^2} \tag{23-9}$$

两光束相遇时光程差：

$$\delta=c\Delta t \tag{23-10}$$

如果在水平面上旋转实验装置 90°，则光路 1 转到原光路 2 的位置，光路 2 转到原光路 1 的延长线的位置，效果上相当于原光路 1、2 位置对调，这时

$$\Delta t' = t_2' - t_1' = t_1 - t_2 = \frac{2lc}{c^2 - v^2} - \frac{2l}{\sqrt{c^2 - v^2}} = -\Delta t$$

新的位相差 $\delta' = c\Delta t' = -c\Delta t$

由于旋转所引起的位相差改变为

$$\Delta\delta = \delta' - \delta = -2c\Delta t \tag{23-11}$$

引起的条纹移动为

$$\Delta N = \frac{\Delta\delta}{\lambda} = \frac{-2c\Delta t}{\lambda} = \frac{-2c}{\lambda}\left(\frac{2l}{\sqrt{c^2 - v^2}} - \frac{2lc}{c^2 - v^2}\right)$$

实验中，$l=11\ \text{m}$，$\lambda=5.9\times10^{-7}\ \text{m}$，$v$是地球公转速率，$v=3.0\times10^4\ \text{m}\cdot\text{s}^{-1}$，代入式(23-11)，得 $\Delta N=0.37$。

迈克尔逊和莫雷把实验装置放在石台上，石台悬浮在水银上，可以方便移动，经过反复实验没有观察到干涉条纹的丝毫移动。

实验结果表明：设想的以太是不存在的，前述方案 1 是不成立的，只能是方案 2 的结果。

23.2 狭义相对论基本假设

Two basic assumptions of the special theory of relativity

在经过对经典物理内在矛盾进行深入研究后，爱因斯坦提出了以下两条基本假设。

1. 光速不变原理

对任何惯性系，光在真空中总是以相同的速率 c 传播，与传播方向、光源及观察者运动状态无关。

The constancy of the speed of light: The speed of light in vacuum has the same value, in all inertial frames, regardless of the velocity of the observer or the velocity of the source emitting the light.

2. 相对性原理

对任何惯性系，物理规律形式相同，或者说，对所有物理规律来说，所有惯性系是等价的。

The principle of relativity: The laws of physics must be the same in all inertial reference frames.

光速不变原理除了电磁场理论支持外，得到了在之前所有光速测量实验的支持。

相对性原理是对力学的相对性原理的推广，把惯性系对力学规律的等价性推广到了所有的物理规律。

例 23.1 用光速不变原理，说明下列实验中测量到的光速。

(1) 某人甲站立在地面上，向站立于地面上的乙打出手电筒光，问乙测得的光速？

(2) 某人甲站立在高速运行汽车上，向站立于地面上的乙打出手电筒光，问乙测得的光速？

(3) 某人甲站立于地面上，向站于高速运动汽车上某乙打出手电筒光，问乙测得的光速？

(4) 某人甲站立于高速运动汽车上，向站立于同一汽车的某乙打出手电筒光，问乙测得的光速？

解 由光速不变原理，在上述 4 种情况下乙测量光速均为 c。

23.3　洛伦兹变换　洛伦兹速度变换
Lorenz transform, Lorenz velocity transformation

23.3.1　洛伦兹变换

事件：指发生的一件事情，有确定的空间位置 $\boldsymbol{r}$ 和时刻 t。

洛伦兹变换：参考系 S' 相对参考系 S 以速度 v 沿 x 轴运动，现有一事件发生，在 S 中表示为 $A(\boldsymbol{r},t)$，在 S' 中表示为 $A(\boldsymbol{r}',t')$，洛伦兹变换就是建立这两个表示之间的联系 $(\boldsymbol{r},t)\Leftrightarrow(\boldsymbol{r}',t')$。

设 S' 相对 S 以速度 v 沿 x 轴运动，当 S' 的坐标原点 O' 与 S 的坐标原点 O 重合瞬间，S' 与 S 开始计时，且在这一瞬间，在它们共同原点向四周发出一个闪光，由光速不变原理，在 S 和 S' 参考系中，分别观察到的光波阵面方程式为

S 中
$$x^2+y^2+z^2=(ct)^2 \tag{23-12}$$
S' 中
$$x'^2+y'^2+z'^2=(ct')^2 \tag{23-13}$$
如图 23-5 所示。

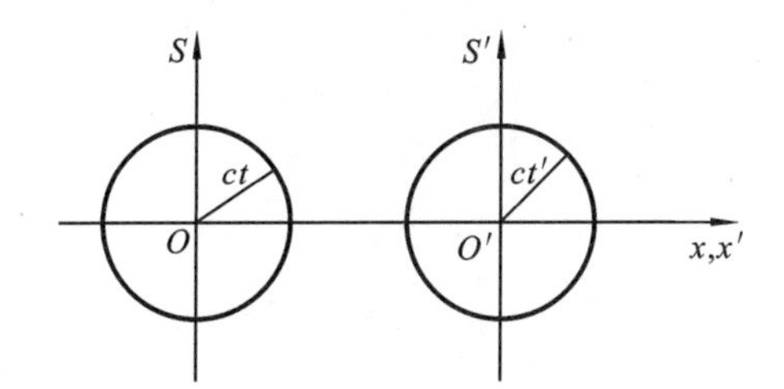

图 23-5　洛伦兹变换

设 S' 和 S 时空变换关系（洛伦兹变换）为

$$x'=a_{11}x+a_{12}t \tag{23-14}$$
$$t'=a_{21}x+a_{22}t \tag{23-15}$$
$$y'=y \tag{23-16}$$
$$z'=z \tag{23-17}$$

式(23-16)和式(23-17)成立的原因：相对运动方向仅仅在 x、x' 方向，在 y 和 z 方向是相对静止的。按洛伦兹变换的含义，把式(23-14)～式(23-17)代入式(23-13)中，化简，就应该得到式(23-12)，于是：

$$(a_{11}x+a_{12}t)^2+y^2+z^2=c^2(a_{21}x+a_{22}t)^2$$
$$a_{11}^2x^2+2a_{11}a_{12}xt+a_{12}^2t^2+y^2+z^2=c^2(a_{21}^2x^2+2a_{21}a_{22}xt+a_{22}^2t^2)$$

合并同类项得：

$$(a_{11}^2-c^2a_{21}^2)x^2+2(a_{11}a_{12}-c^2a_{21}a_{22})xt+y^2+z^2=(c^2a_{22}^2-a_{12}^2)t^2$$

把上式与式(23-12)对比，得：

$$a_{11}^2-c^2a_{21}^2=1 \tag{23-18}$$
$$a_{11}a_{12}-c^2a_{21}a_{22}=0 \tag{23-19}$$
$$c^2a_{22}^2-a_{12}^2=c^2 \tag{23-20}$$

考虑O'运动,由式(23-14)得

$$0 = a_{11}x + a_{12}t$$

即
$$\frac{x}{t} = -\frac{a_{12}}{a_{11}} = v \tag{23-21}$$

联立式(23-18)～式(23-21),解得a_{11}、a_{12}、a_{21}、a_{22},得S到S'的洛伦兹变换:

$$x' = \frac{x - vt}{\sqrt{1-\left(\frac{v}{c}\right)^2}} \tag{23-22}$$

$$t' = \frac{t - \frac{xv}{c^2}}{\sqrt{1-\left(\frac{v}{c}\right)^2}} \tag{23-23}$$

$$y' = y \tag{23-24}$$

$$z' = z \tag{23-25}$$

同理,可得S'到S的洛伦兹变换:

$$x = \frac{x' + vt'}{\sqrt{1-\left(\frac{v}{c}\right)^2}} \tag{23-26}$$

$$t = \frac{t' + \frac{x'v}{c^2}}{\sqrt{1-\left(\frac{v}{c}\right)^2}} \tag{23-27}$$

$$y = y' \tag{23-28}$$

$$z = z' \tag{23-29}$$

例 23.2 北京和上海相距1000 km,在某一时刻从两地同时开出一列火车,现有一飞船沿从北京到上海方向高空掠过,速率为v=9 km/s。求宇航员测得的两列火车开出的时间间隔,哪一列先开出?

解 取地面为S系,坐标原点在北京,x轴从北京指向上海,S'系为飞船。

北京开出火车事件为A,上海开出火车事件为B,在S系中:

$$x_A = 0,\quad t_A = 0$$

$$x_B = 1\times 10^6,\quad t_B = 0$$

由洛伦兹变换式(23-23),在S'中观测到

$$t'_A = \frac{t_A - \frac{x_A v}{c^2}}{\sqrt{1-\left(\frac{v}{c}\right)^2}} = \frac{0}{\sqrt{1-\left(\frac{v}{c}\right)^2}} = 0\ \text{s}$$

$$t'_B = \frac{t_B - \frac{x_B v}{c^2}}{\sqrt{1-\left(\frac{v}{c}\right)^2}} = \frac{0 - \frac{1\times 10^6\times 9\times 10^3}{(3\times 10^8)^2}}{\sqrt{1-\left(\frac{9\times 10^3}{3\times 10^8}\right)^2}} = -1\times 10^{-7}\ \text{s}$$

在S坐标系中,两列火车同时出发;在S'系中,上海的火车先出发,且比北京火车提前1×10^{-7} s。

例 23.3 一静止长度为L_0(后面会讨论)的飞船,以速度v沿x轴方向相对地面飞行,今

从飞船前端向尾端发射一闪光，问闪光到达飞船尾端，在飞船中观察用时多少，在地面观察用时为多少？如图 23-6 所示。

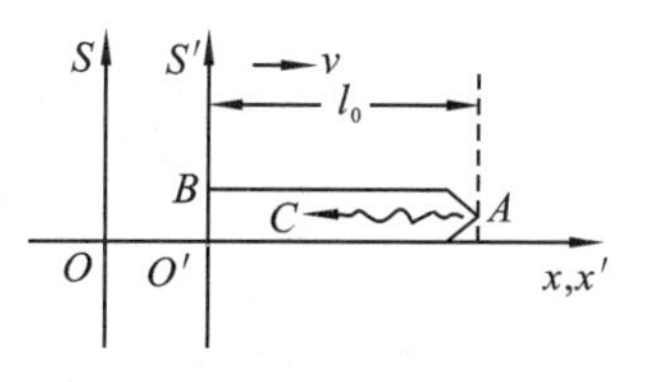

图 23-6　例 23.3 图

解　(1) 建立坐标系，以地面为 S，飞船为 S'。

(2) 把闪光发出的事件设为 A，闪光到达事件设为 B，在 S' 中确定 A、B 坐标(经典物理)

$$x'_A = l_0,\quad t'_A = 0$$

$$x'_B = 0,\quad t'_B = \frac{l_0}{c}$$

(3) 用洛伦兹变换式(23-26)和式(23-27)，把 S' 中对事件描述转换到 S 中去

$$t_A = \frac{t'_A + \dfrac{x'_A v}{c^2}}{\sqrt{1-\left(\dfrac{v}{c}\right)^2}} = \frac{0 + \dfrac{l_0 v}{c^2}}{\sqrt{1-\left(\dfrac{v}{c}\right)^2}}$$

$$t_B = \frac{t'_B + \dfrac{x'_B v}{c^2}}{\sqrt{1-\left(\dfrac{v}{c}\right)^2}} = \frac{\dfrac{l_0}{c} + 0}{\sqrt{1-\left(\dfrac{v}{c}\right)^2}}$$

在 S' 中，时间间隔为

$$\Delta t' = t'_B - t'_A = \frac{l_0}{c}$$

在 S 中，时间间隔为

$$\Delta t = t_B - t_A = \sqrt{\frac{c-v}{c+v}} \cdot \frac{l_0}{c}$$

23.3.2　洛伦兹速度变换

对式(23-22)两边求微分，除以式(23-23)的两边微分，得

$$\frac{\mathrm{d}x'}{\mathrm{d}t'} = \frac{\mathrm{d}x - v\mathrm{d}t}{\mathrm{d}t - \dfrac{v\mathrm{d}x}{c^2}} = \frac{\dfrac{\mathrm{d}x}{\mathrm{d}t} - v}{1 - \dfrac{v}{c^2}\dfrac{\mathrm{d}x}{\mathrm{d}t}} \tag{23-30}$$

其中，$u'_x = \dfrac{\mathrm{d}x'}{\mathrm{d}t'}$，$u_x = \dfrac{\mathrm{d}x}{\mathrm{d}t}$，代入式(23-30)，得

$$u'_x = \frac{u_x - v}{1 - \dfrac{u_x v}{c^2}} \tag{23-31}$$

同理

$$u'_y = \frac{u_y}{1 - \dfrac{u_x v}{c^2}}\sqrt{1-\left(\frac{v}{c}\right)^2} \tag{23-32}$$

$$u'_z = \frac{u_z}{1 - \dfrac{u_x v}{c^2}}\sqrt{1-\left(\frac{v}{c}\right)^2} \tag{23-33}$$

对比相对论中速度变换公式(23-31)与经典物理中速度叠加公式(23-4)，当 $v \ll c$ 时，式(23-31)

变为式(23-4)。

例 23.4 S'系沿 x 方向以速度 $v=0.75c$ 相对 S 运动。

(1) 一质点以 $0.75c$ 速度沿 x 轴相对 S'系运动;

(2) 一光波沿 x 轴相对 S'系运动。

求这两种情况下,S 系中观察到的速度。

解 (1) 由

$$u_x=\frac{u'_x+v}{1+\frac{u'_x v}{c^2}}$$

$$u_x=\frac{0.75c+0.75c}{1+\frac{(0.75c)^2}{c^2}}=0.96c$$

(2)

$$u_x=\frac{c+0.75c}{1+\frac{0.75\times c^2}{c^2}}=c$$

第二种情况验证了光速不变原理。

23.4 狭义相对论的时空观
Space and time concept of special relativity

23.4.1 同时的相对性

设有 A、B 两事件,在 S 坐标系中是同时发生的,其中时空坐标分别为 $A(x_A,t_A)$,$B(x_B,t_B)$,$t_A=t_B=t$。

在 S'参考系中,A、B 两事件发生的时刻:

$$t'_A=\frac{t_A-\frac{x_A v}{c^2}}{\sqrt{1-\left(\frac{v}{c}\right)^2}} \tag{23-34}$$

$$t'_B=\frac{t_B-\frac{x_B v}{c^2}}{\sqrt{1-\left(\frac{v}{c}\right)^2}} \tag{23-35}$$

由于 $x_A\neq x_B$,由式(23-34)和式(23-35)可知:$t'_A\neq t'_B$,说明在 S 系中同时不同地两事件,在 S'系中是不同时的,这反映了在相对论中同时的相对性。

一般而言,用洛伦兹变换关系式(23-22)和式(23-23),可以得出如表 23-1 所示结果。

表 23-1 S、S'中同时性关系

S 系 中	S' 系 中
同时、同地	同时、同地
同时、不同地	不同时、不同地
不同时、同地	

续表

S 系 中	S′ 系 中
不同时、不同地	一般为不同时、不同地，碰巧会有同时、不同地，或者不同时、同地

23.4.2 时间延缓效应

固有时间：如果一事件与观察者（参考系）相对静止，观察者所观察到的事件持续时间称为固有时间，也叫原时。

运动时间：一与事件相对运动的观察者（参考系）所观察到的事件持续时间，称为运动时间。

设有一事件在 S 中发生于 x 处，发生时刻为 t_1；结束于 x 处，结束时刻为 t_2。

$\Delta t_0 = t_2 - t_1$ 是原时。

由洛伦兹变换式(23-23)：

$$t_1' = \frac{t_1 - \frac{xv}{c^2}}{\sqrt{1-\left(\frac{v}{c}\right)^2}} \tag{23-36}$$

$$t_2' = \frac{t_2 - \frac{xv}{c^2}}{\sqrt{1-\left(\frac{v}{c}\right)^2}} \tag{23-37}$$

于是

$$\Delta t = t_2' - t_1' = \frac{t_2 - t_1}{\sqrt{1-\left(\frac{v}{c}\right)^2}} = \frac{\Delta t_0}{\sqrt{1-\left(\frac{v}{c}\right)^2}} \tag{23-38}$$

显然 $\Delta t > \Delta t_0$，说明原时最短。

需要注意的是：时间膨胀效应是相互的。S'系所测量时间 Δt 比 S 系中原时 Δt_0 长，反之亦然。

时间膨胀效应在高能粒子的实验中得到广泛证实。

例 23.5　π 介子可以衰变为 μ 介子和中微子。在实验室中对于相对静止 π 介子，测得平均寿命 $\tau_0 = 2.6\times10^{-8}$ s，如果加速器中射出的 π 介子速度为 $0.8c$，求：

(1) 实验室测得该 π 介子的平均寿命；

(2) π 介子在衰变之前，在实验室中走过的平均距离。

解　(1) 由时间膨胀公式(23-38)，实验室中测得 π 介子平均寿命为：

$$\tau = \frac{\tau_0}{\sqrt{1-\left(\frac{v}{c}\right)^2}} = \frac{2.6\times10^{-8}}{\sqrt{1-0.8^2}} = 4.33\times10^{-8}\ \text{s}$$

(2) π 介子在实验室中走过平均距离：

$$l = \tau v = 4.33\times10^{-8}\times0.8\times3\times10^{8} = 10.4\ \text{m}$$

23.4.3 长度收缩效应

设在 S'系中沿 x'轴方向放一杆 AB，它与 S'系一起以速度 v 相对于 S 系沿 x 轴正方向运

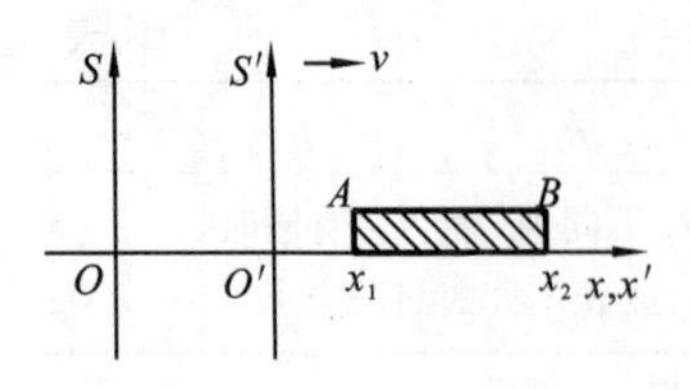

图 23-7 长度收缩效应

动。如图 23-7 所示。

杆相对于 S' 中测得两端 A、B 坐标分别为 x'_1、x'_2，于是 $l_0 = x'_2 - x'_1$，是原长。

在 S 中同时($t_1 = t_2 = t$)测得 A、B 的坐标为 x_1、x_2。

由洛伦兹变换式(23-22)：

$$x'_1 = \frac{x_1 - vt}{\sqrt{1 - \left(\frac{v}{c}\right)^2}} \tag{23-39}$$

$$x'_2 = \frac{x_2 - vt}{\sqrt{1 - \left(\frac{v}{c}\right)^2}} \tag{23-40}$$

上述两式相减，得

$$l_0 = x'_2 - x'_1 = \frac{x_2 - x_1}{\sqrt{1 - \left(\frac{v}{c}\right)^2}}$$

$$l = x_2 - x_1 = \sqrt{1 - \left(\frac{v}{c}\right)^2} \cdot l_0 \tag{23-41}$$

说明在相对物体运动参考系中，测得物体长度 l 比原长 l_0 要小。

例 23.6 地面上有一跑道长为 100 m，运动员从起点到终点所用时间为 10 s，现有一飞船以 $v = 0.8c$ 速度沿跑道方向在上方飞过，从飞船上观察：

(1) 跑道长为多少？

(2) 运动员从起点到终点所用时间和跑过距离。

解 (1)由长度收缩公式(23-41)，在飞船上观察跑道的长度：

$$l = \sqrt{1 - \left(\frac{v}{c}\right)^2} \cdot l_0 = \sqrt{1 - 0.8^2} \times 100 = 60 \text{ m}$$

(2) 对式(23-23)两端求微分：

$$\Delta t' = \frac{\Delta t - \frac{\Delta x \cdot v}{c^2}}{\sqrt{1 - \left(\frac{v}{c}\right)^2}} = \frac{10 - \frac{100 \times 0.8c}{c^2}}{\sqrt{1 - 0.8^2}} = 16.7 \text{ s}$$

对式(23-22)两边求微分：

$$\Delta x' = \frac{\Delta x - v\Delta t}{\sqrt{1 - \left(\frac{v}{c}\right)^2}} = \frac{100 - 0.8c \times 10}{0.6} = -4 \times 10^9 \text{ m}$$

本节中所讲的同时相对性、时间延续、长度收缩都是相对论效应，它表明：时间、空间等在经典物理中认为是绝对的量在相对论中看来，都与被测量的物体与参考系的相对运动有关，不是绝对的。

For purposes of this section, relativity of synchroneity, time, length contraction are relativistic effects, it shows that: time, space, in the classical physics that are the absolute amount of opinion, in the theory of relativity, are relative with the motion of object been measured about and reference frame, not absolute.

23.5　狭义相对论力学简介
Dynamics of special relativity

23.5.1　质量和动量

在狭义相对论中，一个以速度 v 相对一惯性系运动的物体其质量

$$m = \frac{m_0}{\sqrt{1-\left(\frac{v}{c}\right)^2}} \tag{23-42}$$

其中：m_0是物体相对于参考系静止时的质量，称为静止质量。m 与 v 的关系如图 23-8 所示。

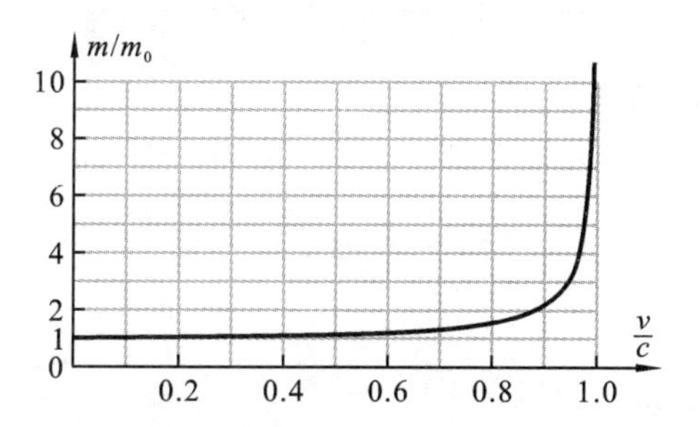

图 23-8　质量与速度的关系

当 $v=0$ 时，物体质量是静止质量；当 v 趋于光速 c 时，物体质量 m 趋近于∞。由于物体质量 m 不能为虚数，要求 $v<c$，即物体速度不能超过光速。

在相对论中，物体的动量，还是质量乘速度：

$$\boldsymbol{p} = m\boldsymbol{v} = \frac{m_0\boldsymbol{v}}{\sqrt{1-\left(\frac{v}{c}\right)^2}} \tag{23-43}$$

可以证明：对洛伦兹变换保持形式不变的动力学方程：

$$\boldsymbol{F} = \frac{\mathrm{d}\boldsymbol{p}}{\mathrm{d}t} = \frac{\mathrm{d}}{\mathrm{d}t}\left(\frac{m_0\boldsymbol{v}}{\sqrt{1-\left(\frac{v}{c}\right)^2}}\right) \tag{23-44}$$

式(23-42)的证明：S'系相对 S 系以速度 u 沿 x 轴正向运动，在 S'系中有两个质量相同的物体，以 u 和 $-u$ 发生碰撞，碰撞之后，在 S 和 S'系中表示如图 23-9 所示。

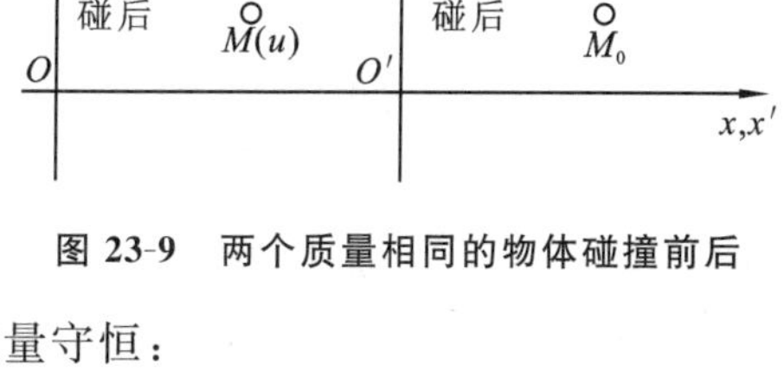

图 23-9　两个质量相同的物体碰撞前后

在 S 系中，由动量和质量守恒：

$$mv = Mu \tag{23-45}$$

$$m + m_0 = M \tag{23-46}$$

由式(23-45)和式(23-46)得到：

$$\frac{m}{m_0}=\frac{u}{v-u} \tag{23-47}$$

由洛伦兹速度变换式(23-31)：

$$v=\frac{2u}{1+\left(\frac{u}{c}\right)^2} \tag{23-48}$$

由式(23-48)变形得

$$u^2-\frac{2c^2}{v}u+c^2=0$$

解得

$$u=\frac{\frac{2c^2}{v}\pm\sqrt{\frac{4c^4}{v^2}-4c^2}}{2}=\frac{c^2}{v}-\frac{c^2}{v}\sqrt{1-\frac{v^2}{c^2}} \tag{23-49}$$

由于 $u<c$，式(23-49)取负号。

把式(23-49)代入式(23-47)并化简：

$$m=\frac{m_0}{\sqrt{1-\left(\frac{v}{c}\right)^2}} \tag{23-50}$$

23.5.2 相对论动能

在相对论中，仍然认为合外力对物体做的功等于物体动能的增量。

$$E_k=\int \boldsymbol{F}\cdot \mathrm{d}\boldsymbol{r}=\int_0^v \mathrm{d}(m\boldsymbol{v})\cdot \boldsymbol{v} \tag{23-51}$$

其中：

$$\mathrm{d}(m\boldsymbol{v})\cdot\boldsymbol{v}=\boldsymbol{v}^2\mathrm{d}m+m\vec{v}\cdot\mathrm{d}\vec{v}$$

又因质速关系式(23-42)：

$$m^2v^2=m^2c^2-m_0^2c^2$$

对上式两边取微分后得

$$v^2\mathrm{d}m+mv\mathrm{d}v=c^2\mathrm{d}m \tag{23-52}$$

把上式代入式(23-51)，得

$$E_k=\int_{m_0}^{m}c^2\mathrm{d}m=mc^2-m_0c^2 \tag{23-53}$$

式(23-53)是物体动能表达式。

23.5.3 相对论的质能关系

由式(23-53)，定义相对论能量：

$$E=mc^2 \tag{23-54}$$

静止能量：

$$E_0=m_0c^2 \tag{23-55}$$

质能关系应该理解为：一定质量 m 就与一定能量 $E=mc^2$ 相联系；一定的能量 E，也有一定的质量 $m=\frac{E}{c^2}$。

质能关系为人类利用核能奠定了理论基础。

例 23.7　太阳中时时在进行热核反应为

$$^{2}_{1}\text{H}(\text{氘})+^{3}_{1}\text{H}(\text{氚})\rightarrow ^{4}_{2}\text{He}+^{1}_{0}n+Q$$

计算该反应中所释放的热量 Q，并估算一个 1000 万人口城市生活用电一年需耗核燃料的质量。

解　反应前粒子质量之和为

$$m_{10}=m_0(^{2}_{1}\text{H})+m_0(^{3}_{1}\text{H})=3.3437\times10^{-27}+5.0049\times10^{-27}=8.3486\times10^{-27}\ \text{kg}$$

反应后粒子质量之和为：

$$m_{20}=m_0(^{4}_{2}\text{He})+m_0(^{1}_{0}n)=6.6425\times10^{-27}+1.6750\times10^{-27}=8.3175\times10^{-27}\ \text{kg}$$

能够释放的热量：

$$Q=(m_{10}-m_{20})c^2=(8.3486-8.3175)\times10^{-27}\times(3\times10^8)^2=2.8\times10^{-12}\ \text{J}$$

假设每人每天生活用电 3 度，1000 万人城市每年耗用核燃料为

$$\frac{3\times3.6\times10^6\times1\times10^7\times365}{2.8\times10^{-12}}\times8.3486\times10^{-27}=117.5\ \text{kg}$$

相比燃烧需要的煤，这是一个很小的数量。

23.5.4　相对论能量和动量关系

由相对论质速关系

$$m^2\left(1-\frac{v^2}{c^2}\right)=m_0^2$$

两边同时乘上 c^4，并整理得

$$m^2c^4=m^2v^2c^2+m_0^2c^4$$

由于 $p=mv$，上式可以写成：

$$E^2=(m_0c^2)^2+p^2c^2 \tag{23-56}$$

这就是相对论中能量与动量的关系，可以形象地用一个直角三角形表示，如图 23-10 所示。

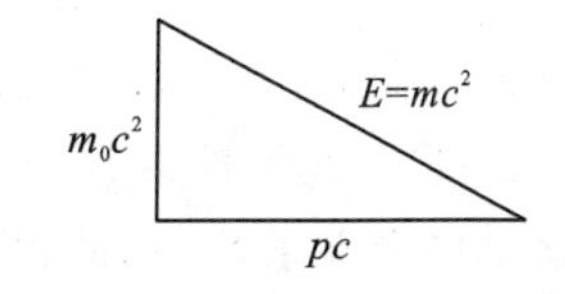

图 23-10　能量与动量的关系

【思考题与习题】

1. 思考题

23-1　在伽利略变换下，与惯性系选择有关的量和无关的量各是哪些？

23-2　如何理解时间膨胀和长度收缩？

23-3　S' 以 v 相对 S 沿 x 轴正向运动，在 S 系中，一质点作斜抛运动，在 S' 系中观察，该质点轨迹是什么？

23-4　两双胞胎兄弟甲和乙，甲停留在地球上，乙乘飞船去星际旅行后又返回地球，根据时间膨胀效应，乙应该比甲显得年轻，这就是双生子佯谬，请予以讨论。

2. 选择题

23-5　在一惯性系中，观察到二事件在同一地点而不同时发生，则在其他惯性系中观察者二事件，其结果为(　　)。

(A) 一定在同一地点发生

(B) 可能在同一地点发生

(C) 不可能在同一地点但可能同时发生

(D) 不在同一地点也不可能同时发生

23-6　根据狭义相对论,有下列几种说法:

(1) 所有惯性系对物理基本规律是等价的;

(2) 在真空中,光速与光的频率、光源运动状态无关;

(3) 光在任何方向速度相同。

则(　　)。

(A) (1)、(2)正确　　(B) (1)、(3)正确

(B) (2)、(3)正确　　(D) 三种说法全部正确

3. 填空题

23-7　一均匀细棒固有长度 l_0,静止质量为 m_0,当棒沿长度方向以速度 v 相对观察者运动时,他测得棒线密度________,当棒沿着与棒垂直方向运动时,他测得棒线密度________。

23-8　将一静止质量 m_0 的粒子由静止加速到 $0.6c$,外力做功________。

23.3 习题

23-9　S'相对 S 以速率 $v=0.6c$ 运动,在 S 中观测,一事件发生在 $t=2\times10^{-4}$ s,$x=5\times10^3$ m 处,试求该事件在 S'中时空坐标。

23-10　S'系相对 S 系速率为 $0.8c$,在 S'系中观测,一事件发生在 $t'_1=0$,$x'_1=0$ 处,另一事件发生在 $t'_2=5\times10^{-7}$ s,$x'_2=-120$ m 处,求在 S 系中测得两事件的时间和空间间隔。

23-11　在惯性系 S 中,两个事件发生在同一时刻,沿 x 轴相距 1 km,若在以速度 v 沿 x 轴运动的惯性系 S'中,测得此两事件沿 x'轴相距 2 km,试问在 S'系中,测得两事件时间差是多少?

23-12　一静止长度为 l_0 的火箭,以速率 v 相对地面飞行,现自其尾部发射一个光信号,在地面系中观察时,求光信号自尾部到达前端所经历的位移、时间、速度。

23-13　一静止长度为 l_0 的火箭,以速率 v 相对地面飞行,现自火箭尾抛出一小球,相对火箭速率为 u,问在地面观察小球到达前端的位移、时间、速度。

23-14　A、B、C 三艘飞船在一直线上按顺序飞行,B 船相对地面速率为 $0.8c$,由 B 船观察,A、C 两船都以 $0.8c$ 速率远离 B 而去。问:

(1) 在地面上观测到 A、C 的速率;

(2) A 船观测的 B、C 的速率。

23-15　S_1 系相对于 S 系的速率为 u_1,S_2 系相对于 S 系速率为 u_2,求 S_2 系的相对于 S_1 系的速率。

23.4 习题

23-16　一米尺静止在 S'系中,与 $O'x'$轴成 30°角,如果在 S 系中测得该尺与 Ox 轴成 45°角,则 S'相对 S 的速率是多少? 在 S 系中测得该尺长多少?

23-17　S'系相对于 S 系以速度 v 沿 x 轴运动,在 S'系中有一位于 $O'x'y'$面内的正方形,边长为 a,在 S 系中测量该正方形是什么形状? 面积是多少?

23-18　静止的中子，平均寿命为 930 s，它能自发转变为电子、质子和中微子，一个中子应该以多大速率飞行，才能从太阳到达地球？太阳到地球平均距离为 1.1496×10^{11} m。

23-19　一乘客在相对于地球速率 $v=0.6c$ 飞船上，坐在一座位上向家人发短信，花时间 10 min；如果他沿飞船飞行方向边步行边发短信，用时 10 min，前进了 100 m，问地球上家人观测这两种情况，发短信持续的时间各为多少？

23.5 习题

23-20　在什么样的速度下，粒子动量等于非相对论动量两倍？又在什么速度下，粒子动能等于非相对论动能两倍？

23-21　要使电子速率从 1.2×10^8 m/s 增加到 2.4×10^8 m/s，必须给电子做多少功？

23-22　一个粒子静止质量为 m_0，当其动能为静止能量 2 倍，其速率为多少？

23-23　一静止物体体积为 V_0，质量为 m_0，当以速率 v 飞行时，计算其体积、质量、密度。

23-24　一个中性 π^0 介子在静止时衰变成两个 γ 光子，$\pi^0\rightarrow2\gamma$，已知 π^0 介子静止质量为 135.0 Mev/c^2，求每个光子的能量和动量。

物理学诺贝尔奖介绍 7

2010 年 石 墨 烯

一、石墨烯是什么?

1. 关于 2010 年诺贝尔物理学奖

安德烈·海姆(Andre Gein)和康斯坦丁·诺沃肖洛夫(Kostya Novoselov)(见图 1)在英国于 2004 年第一次用微机械剥离法(Micromechanical cleavage)获得石墨烯薄片层制备出了石墨烯。这种神奇材料的诞生使安德烈·海姆和康斯坦丁·诺沃肖洛夫获得 2010 年诺贝尔物理学奖。至此,三维的金刚石、二维的石墨、一维的碳纳米管和零维的富勒球(足球烯)就组成了完整的碳家族体系。

图 1 (左)安德烈·海姆和(右)康斯坦丁·诺沃肖洛夫

2. 石墨烯的结构

所谓石墨烯,它和石墨有着紧密的联系。我们常见的石墨是由一层层以蜂窝状有序排列的平面碳原子堆叠而形成的,石墨的层间作用力较弱,很容易互相剥离,形成薄薄的石墨片(见图 2)。当把石墨片剥成单层之后,这种只有一个碳原子厚度的单层就是石墨烯。此即微机械剥离法。

单层石墨烯就是指只有一个 C 原子层厚度的石墨,C—C 间依靠共价键相连接而形成蜂窝状结构。完美的石墨烯是理想的六边形晶格组成二维晶体结构,利用透射电镜(TEM),原子力显微镜(AFM)研究表明,这些悬浮的石墨烯片层并不是完全平整,他们表现出物质微观状态下固有的粗糙,表面会出现几度的起伏,可能正是这些三维的褶皱巧妙的促使二维晶体结构稳定存在。石墨烯厚度只有 0.335 nm,如果把 20 万片薄膜叠加到一起也只有一根头发丝

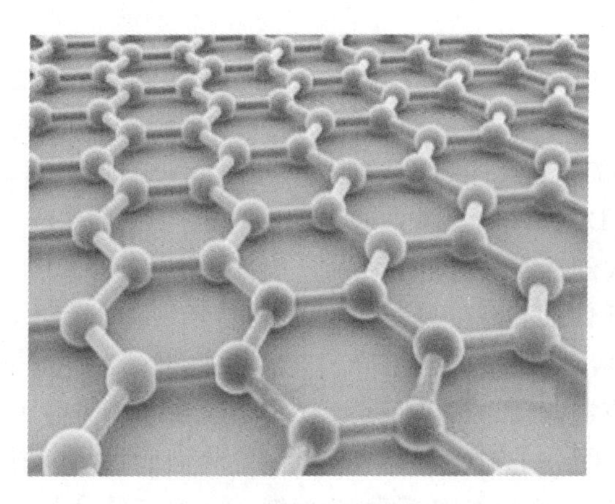

图 2　石墨烯的结构

那么厚。

3. 石墨烯的特点及相应的应用

它是已知材料中最薄的一种，并且比钻石还坚硬，强度比世界上最好的钢铁还要高上 100 倍。

目前，石墨烯是人类历史上已知的强度最高、尺寸最薄并且结构最稳定的材料，这使得它不仅可以用于制造出纸片般薄的超轻型飞行器和无比坚韧的防弹衣，如果用石墨烯制成包装袋，那么它将能承受大约两吨重的物品，甚至有人设想用石墨烯制造太空电梯缆线。研究人员称，制造出一根从地面连向太空卫星，长达 2.3 万英里，并且足够强韧稳定的缆线是实现太空电梯的关键环节，经过美国研究人员证实，石墨烯凭借其独特的结构和优异的性质完全适合用于制造这种太空电梯的缆线。

作为单质，它最大的特性是在室温下传递电子的速度比已知导体都快，电子的运动速度达到了光速的 1/300。这是石墨烯作为纳米电子器件最突出的优势，可使电子工程领域极具吸引力的室温弹道场效应管成为可能、有助于进一步减小器件开关时间（石墨烯减小到纳米尺度甚至单个苯环同样保持很好的稳定性和电学性能），使探索单电子器件成为可能，它甚至可能是下一代纳米电子器件的替代品，用它制成的器件体积更小，消耗的能量更低，电子传输速度更快。

石墨烯最明显的应用之一是成为硅的替代品。

由于散热原因，硅基的微计算机处理器在室温下每秒钟只能执行有限数量的操作，从而大大限制了其工作速度。然而在石墨烯中，电子的运动几乎不受任何阻力，因此产热量极小，而且石墨烯良好的导热性质也使得它可以快速散热，从而可以大幅度的提高工作速度。目前硅器件的运行速度已达到吉赫范围，而石墨烯器件制成的计算机运行速度可达到太赫兹，因此这种材料可用于高效的太赫兹的晶体管或纳米量级的微电路板的制造，用来生产未来的超级计算机。

作为半导体装置的材料它具有非同寻常的导电性能，适合于高频电路，代替硅生产超级计算机、制作新型超导材料。

石墨烯还可以用来制造超级电容器的导电板，由于石墨烯具有非常大的比表面积，而且不像多孔碳材料电极那样需要依赖孔的分布，这些结构和性质的优势都使得它成为了最有潜力的电极材料，据研究者介绍，用石墨烯做成的超级电容器会具有较一般材料大得多的能量存储密度。

同时,石墨烯以其独特的物理、化学和机械性能也为复合材料的开发提供了原动力。一些研究者正在试图将石墨烯作为塑料的填充物来研究一些合成材料,作为混凝土材料的填充物以加强韧度。石墨烯较高的导电性和透光性也可以被用于制造透明电极、液晶显示、触摸屏、有机光伏电池以及 OLED 等。

此外,石墨烯用来做传感器也是很重要的产业方向之一。不同于一般材料,石墨烯的整个体积都暴露在空气中,所有原子都在其表层上,这一特性使得它可以很有效地控制吸附分子,信号的灵敏度相比于一般的材料可以提高几个数量级以上。并且由于碳原子的键长是自然界最短的键长,结构非常稳定,因此,石墨烯可能成为化学和生物传感器中非常有前景的材料。

生物相容性(各种生物分子和金属蛋白在石墨烯表面能保持原有的结构完整性和生物活性)应用于生物物质的检测,比如谷胱甘肽、葡萄糖、Au、Pt 等,对 DNA 链中各类碱基和 DNA 的分离、检测。也应用于基于石墨烯电致化学发光的生物传感器。中国科研人员发现细菌的细胞在石墨烯上无法生长,而人类细胞却不会受损。利用这一点石墨烯可以用来做绷带,食品包装甚至抗菌 T 恤。

极好的透光性,透过率也高,用于基于石墨烯的太阳能电池(石墨烯作为其中的透明导电膜,因为其电导率和透光率高)和液晶显示屏,因为石墨烯是透明的,用它制造的电板比其他材料具有更优良的透光性。用石墨烯做的光电化学电池可以取代基于金属的有机发光二极管,因石墨烯还可以取代灯具的传统金属石墨电极,使之更易于回收。可以做起隐身作用的物体外壳。

此外,基于石墨烯的双电层电容器又称超级电容器,功率特性良好,被广泛应用于能量转化与存储领域。

二、哪些方法可以得到石墨烯

1. 机械方法包括微机械剥离法、取向附生法和外延生长法

(1) 微机械剥离法　就是前面说到的海姆和诺沃肖洛夫使用的方法。这种方法能得到高质量的石墨烯,但是其尺寸比较小且不能大规模生产,而且因为制备的石墨烯薄片的尺寸不容易控制,此法不能确保制造出尺寸精确的石墨烯样品。

(2) 取向附生法　取向附生法是利用生长基质原子结构"种"出石墨烯,首先让碳原子在 1150 ℃下渗入钌,然后冷却,当冷却到 850 ℃后,之前吸收的大量碳原子就会浮到钌表面,镜片形状的单层碳原子"孤岛"布满整个基质表面,最终它们可长成一层完整的石墨烯。第一层覆盖 80%后,第二层开始生长。底层的石墨烯会与钌产生强烈的交互作用,而第二层后就几乎与钌完全分离,只剩下弱电耦合,得到的石墨烯薄片的各项性能均很优异。此制备方法的缺点是:生产的石墨烯薄片往往厚度不均匀,且石墨烯和基质之间的黏合会影响碳层的特性。

(3) 外延生长法　通过加热单晶 SiC 来脱离出 Si 原子,然后在 0001 面(富硅表面)上制备出超薄的石墨膜。首先,对单晶 SiC 的表面进行氧化刻蚀或氢气刻蚀处理,然后在超高真空环境中加热到约 1000 ℃来除去氧化物,这样就可以得到较为平整的表面。接着将样品加热到 1250～1450 ℃,维持 1～20 min,SiC 表面就会形成一层石墨薄膜,温度须加热到 1475 ℃以上。这样生成的石墨烯片可以具有理想的电学特性,但所得到的石墨烯片层数不一,电化学性质很容易受到基底掺杂的影响。

2. 化学方法

化学还原法也称氧化还原法,还称为化学剥离法。该方法主要采用强酸,如浓硫酸和发烟硝酸等,将本体石墨进行氧化处理得到石墨的氧化物(Graphite Oxide),然后通过热力学膨胀或者强力超声进行剥离,得到单个石墨氧化物,最后利用化学(可使用联氨、水合肼)或其他还原法将氧化石墨烯(Graphene oxide,GO)还原为石墨烯。根据氧化剂的不同,常用的方法主要有 Brodie 法、Staudenmaier 法和 Hummers 法。化学剥离法是一种非常实际的方法,这种技术制备出的石墨烯薄片所需成本比较低而且可以大量的制备以满足石墨烯工业化应用的需求。不足之处为制备出的大多为单层、双层和多层石墨烯的混合物。

G 篇　量子物理基础

第24章　量子物理的实验基础

Chapter 24　Experimental basis of quantum physics

人们用经典物理解释黑体辐射、光电效应、氢原子光谱等实验规律时，遇到了不可克服的困难。经过不断的探索和研究，终于突破了经典物理的传统观念，建立起量子理论。量子理论和相对论是现代物理学的两大支柱。图24-1所示为1927年第五次索尔维会议，主题为"电子和光子"，世界上最重要的物理学家聚集在一起讨论新近表述的量子理论。

图24-1　1927年第五次索尔维会议

量子理论的诞生，对研究原子、电子、质子、光子等微观粒子的运动规律提供了正确的导向。从此使物理学发生了一次历史性的飞跃，促进了原子能、激光、超导、半导体等众多新技术的产生和发展。本章介绍黑体辐射、光电效应、氢原子光谱等实验规律以及为解释这些实验规律而提出的量子假设，即早期的量子论。量子概念是1900年普朗克首先提出的，距今已有一百多年的历史。其间，经过爱因斯坦、玻尔、德布罗意、玻恩、海森伯、薛定谔、狄拉克等许多物理大师的创新努力，到20世纪30年代就建立了一套完整的量子力学理论。这里先简单地介绍一下早期量子论的发展过程。

1900年，普朗克提出辐射量子假说，假定电磁场和物质交换能量是以间断的形式（能量子）实现的，能量子的大小同辐射频率成正比，比例常数称为普朗克常数，从而得出黑体辐射能量分布公式，成功地解释了黑体辐射现象。

1905年，爱因斯坦引进光子的概念，并给出了光子的能量、动量与辐射的频率和波长的关系,成功地解释了光电效应。其后,他又提出固体的振动能量也是量子化的,从而解释了低温下固体比热问题。

1913年,玻尔在卢瑟福有核原子模型的基础上建立起原子的量子理论。按照这个理论,原子中的电子只能在分立的轨道上运动,原子具有确定的能量,它所处的这种状态称为"定态",而且原子只有从一个定态到另一个定态,才能吸收或辐射能量。这个理论虽然有许多成功之处,但对于进一步解释实验现象还有许多困难。

在人们认识到光具有波动和微粒的二象性之后,为了解释一些经典理论无法解释的现象,法国物理学家德布罗意于1923年提出微观粒子具有波粒二象性的假说。德布罗意认为:正如光具有波粒二象性一样,实体的微粒(如电子、原子等)也具有这种性质,即既具有粒子性也具有波动性。这一假说不久就为实验所证实。

由于微观粒子具有波粒二象性,微观粒子所遵循的运动规律就不同于宏观物体的运动规律,描述微观粒子运动规律的量子力学也就不同于描述宏观物体运动规律的经典力学。当粒子的大小由微观过渡到宏观时,它所遵循的规律也由量子力学过渡到经典力学。

24.1 黑体辐射
Blackbody radiation

24.1.1 热辐射

组成物体的分子中都包含着带电粒子,当分子作热运动时物体将会向外辐射电磁波,这种取决于物体温度的电磁辐射,称为热辐射。实验表明,热辐射能谱是连续谱,发射的能量及其按波长的分布是随物体的温度而变化的。随着温度的升高,不仅辐射能在增大,而且辐射能的波长范围向短波区移动。

物体在辐射电磁波的同时,也吸收投射到物体表面的电磁波。理论和实验表明,物体的辐射本领越大,其吸收本领也越大,反之亦然。当辐射和吸收达到平衡时,物体的温度不再变化而处于热平衡状态,这时的热辐射称为平衡热辐射。

为描述物体热辐射能按波长的分布规律,引入单色辐射出射度(简称单色辐出度)这一物理量,其定义为:在单位时间内从物体表面单位面积上所辐射出的波长在 $\lambda \to \lambda + \mathrm{d}\lambda$ 范围内的辐射能 $\mathrm{d}M_\lambda$ 与波长间隔 $\mathrm{d}\lambda$ 的比值,用 $M_\lambda(T)$ 表示,即

$$M_\lambda(T) = \frac{\mathrm{d}M_\lambda}{\mathrm{d}\lambda} \tag{24-1}$$

而辐出度定义为:在单位时间内从物体表面单位面积上辐射的各种波长的能量,记为 $M(T)$,且有:

$$M(T) = \int_0^\infty M_\lambda(T)\mathrm{d}\lambda \tag{24-2}$$

24.1.2 黑体辐射的基本规律

投射到物体表面的电磁波,可能被物体吸收,也可能被物体反射和透射。能够全部吸收各种波长的辐射能而完全不发生反射和透射的物体称为绝对黑体,简称黑体。绝对黑体是一种理想模型,实验室中用不透明材料制成带有小孔的空腔物体可近似看作黑体,如图24-2所示。

温度为 T 的黑体，在单位时间、单位面积上单位波长间隔所辐射出的能量，即黑体的单色辐出度 $M_{B\lambda}(T)$ 定量说明了辐射强度的大小。图 24-3 所示为用实验方法测得的黑体单色辐出度 $M_{B\lambda}(T)$ 按波长和温度分布的曲线。

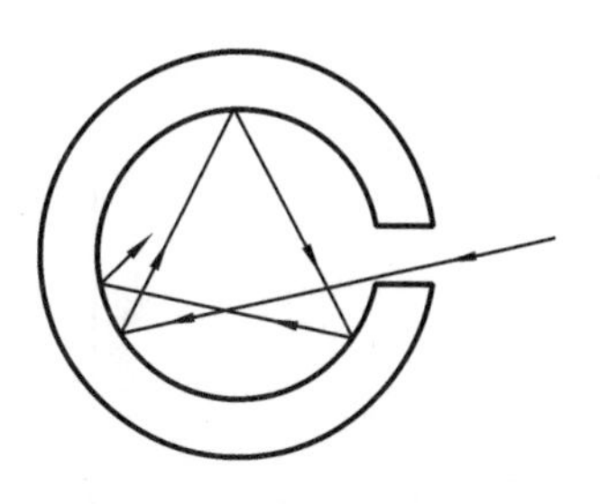

图 24-2　黑体辐射模型

关于黑体辐射，有两个基本定律：一个是斯特藩-玻耳兹曼定律 $M_B(T)=\sigma T^4$，即黑体的辐出度与其热力学温度的四次方成正比（$\sigma=5.6705\times10^{-8}\ \mathrm{W/(m^2\cdot K^4)}$ 称为斯特藩-玻耳兹曼常数）。1879 年，斯特藩从实验中发现此规律，五年后玻耳兹曼从理论上得到证实。

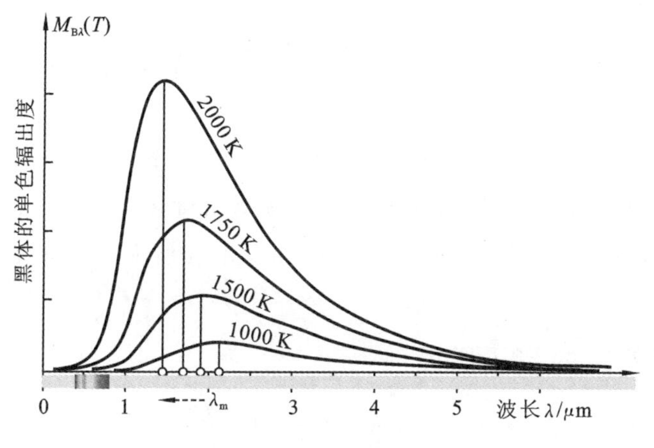

图 24-3　曲线图

另一个是维恩位移定律，如图 24-3 所示，曲线峰值对应的波长 λ_m 与温度 T 的关系：温度上升，波长 λ_m 下降，1893 年，维恩得到它们之间关系为 $\lambda_m T=b$（$b=2.8978\times10^{-3}\ \mathrm{m\cdot K}$ 为与温度无关的常数），即黑体单色辐出度的最大值对应的波长 λ_m 与其绝对温度 T 成反比。这两个定律在现代科学技术中有广泛的应用。通常用于测量高温物体（如冶炼炉、钢水、太阳或其他发光体等）温度的光测高温法就是在这两个定律的基础上建立起来的，同时，这两个定律也是遥感技术和红外跟踪技术的理论依据。

24.1.3　经典物理的困难

从理论上导出绝对黑体单色辐出度与波长和温度的函数关系，即 $M_{B\lambda}(T)=f(\lambda,T)$，是 19 世纪末期理论物理学面临的重大课题。

维恩（W. Wien，1864—1928）假定带电谐振子的能量按频率的分布类似于麦克斯韦速率分布律，然后用经典统计物理学方法导出了黑体辐射的下述公式

$$M_{B\lambda}(T)=\frac{c_1}{\lambda^5}e^{-c_2/\lambda T} \tag{24-3}$$

其中：$c_1=3.70\times10^{-16}\ \mathrm{J\cdot m^2/s}$ 和 $c_2=1.43\times10^{-2}\ \mathrm{m\cdot K}$ 是两个由实验确定的参数。式(24-3)称为维恩公式。维恩公式只是在短波波段与实验曲线相符，而在长波波段明显偏离实验曲线，如图 24-4 所示。

瑞利（J. W. S. Rayleigh，1842—1919）和金斯（J. H. Jeans，1877—1946）根据经典统计物理学中能量均分定理及经典电磁理论导出了另一个力图反映绝对黑体单色辐出度与波长和温度

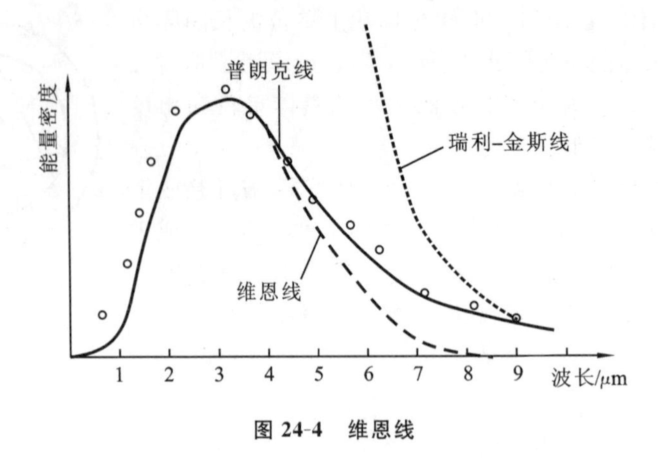

图 24-4　维恩线

关系的函数

$$M_{B\lambda}(T)=\frac{2\pi ckT}{\lambda^4} \tag{24-4}$$

式中:c 是真空中的光速;k 是玻耳兹曼常数。上式称为瑞利-金斯公式。该公式在长波波段与实验相符,但在短波波段与实验曲线有明显差异,如图 24-4 所示。这在物理学史上曾称为“紫外灾难”。

24.1.4　普朗克的量子假设

德国物理学家普朗克(Max Karl Ernst Ludwig Planck, 1858—1947),量子物理学的开创者和奠基人,1918 年诺贝尔物理学奖的获得者。普朗克的伟大成就,就是创立了量子理论,这是物理学史上的一次巨大变革,从此结束了经典物理学一统天下的局面。

1900 年普朗克在综合了维恩公式和瑞利-金斯公式各自的成功之处以后,得到黑体的单色辐出度为

$$M_{B\lambda}(T)=\frac{2\pi hc^2}{\lambda^5}\left(\frac{1}{e^{hc/\lambda kT}-1}\right) \tag{24-5}$$

这就是普朗克公式,式中,h 为普朗克常数,1986 年的推荐值为 $h=6.6260755\times10^{-34}$ J·s。普朗克公式与实验结果的惊人符合预示了其中包含着深刻的物理思想。普朗克指出,如果作下述假定,就可以从理论上导出他的黑体辐射公式:物体若发射或吸收频率为 ν 的电磁辐射,只能以 $\varepsilon=h\nu$ 为单位进行,这个最小能量单位就是能量子,物体所发射或吸收的电磁辐射能量总是这个能量子的整数倍(any energy-radiating atomic system can theoretically be divided into a number of discrete “energy elements” ε such that each of these energy elements is proportional to the frequency ν with which each of them individually radiate energy),即

$$E=n\varepsilon=nh\nu\quad(n=1,2,3,\cdots) \tag{24-6}$$

普朗克的能量子思想是与经典物理学理论不相容的,也正是这一新思想,使物理学发生了划时代的变化,宣告了量子物理的诞生。普朗克也因此荣获 1918 年的诺贝尔物理学奖。

例 24.1　设有一音叉尖端的质量为 0.050 kg,将其频率调到 $\nu=480$ Hz,振幅 $A=1.0$ mm。求:(1)尖端振动的量子数;(2)当量子数由 n 增加到 $n+1$ 时,振幅的变化是多少。

解　(1) 由机械振动的音叉尖端的振动能量为

$$E=\frac{1}{2}m\omega^2A^2=\frac{1}{2}m(2\pi\nu)^2A^2 \tag{①}$$

把已知数值代入，得

$$E=\frac{1}{2}\times 0.050\times(2\pi\times 480)^2\times(1.0\times 10^{-3})^2=0.227\ \text{J}$$

由 $E=nh\nu$ 可得，音叉尖端的能量为 E 时的量子数为

$$n=\frac{E}{h\nu}=\frac{0.227}{6.63\times 10^{-34}\times 480}=7.13\times 10^{29}$$

可见音叉这个宏观物体振动的量子数是非常之大的，而基元能量 $h\nu$ 又是如此之小，即

$$h\nu=6.63\times 10^{-34}\times 480\ \text{J}=3.18\times 10^{-31}\ \text{J} \quad ②$$

(2) 由式①，有

$$A^2=\frac{2E}{4\pi^2 m\nu^2}=\frac{E}{2\pi^2 m\nu^2}$$

又由 $E=nh\nu$，上式可变为

$$A^2=\frac{nh}{2\pi^2 m\nu}$$

对上式取微分，有

$$2A\mathrm{d}A=\frac{h}{2\pi^2 m\nu}\mathrm{d}n$$

上式两边同除以 A^2，则得 $\Delta A=\frac{1}{n}\frac{A}{2}$，把已知数据及 $\Delta n=1$，代入式中，有

$$\Delta A=\frac{1}{7.13\times 10^{29}}\frac{1.0\times 10^{-3}}{2}=7.01\times 10^{-34}\ \text{m}$$

可见音叉尖端振幅的变化是很小的，观察不到，这也表明，在宏观范围内，能量量子化的效应是不明显的，即宏观物体的能量可视为是连续的。

上述理论公式与实验曲线符合得很好。普朗克假设不仅圆满地解释了绝对黑体的辐射问题，还解释了固体的比热问题等。它成为现代物理理论的重要组成部分。

24.2　光电效应
Photoelectric effect

普朗克的量子假设提出后的最初几年中，并未受到人们的重视，甚至普朗克本人也总是试图回到经典物理的轨道上去。最早认识普朗克假设重要意义的是爱因斯坦，他在 1905 年发展了普朗克的思想，提出了光子假设，成功地解释了光电效应的实验规律。

24.2.1　光电效应的实验规律

金属在光的照射下，有电子从表面逸出，这种现象称为光电效应。光电效应中逸出金属表面的电子称为光电子。光电子在电场的作用下所形成的电流称为光电流。研究光电效应的实验装置如图 24-5 所示。在一个抽空的玻璃泡内装有金属电极 K(阴极)和 A(阳极)，当用适当频率的光从石英窗口射入照在阴极 K 上时，便有光电子自其表面逸出，经电场加速后为阳极 A 所吸收，形成光电流。改变电位差 U_{AK}，测得光电流 i，可得光电效应的伏安特性曲线，如图24-6所示。

实验研究表明，光电效应有如下规律。

(1) 阴极 K 在单位时间内所发射的光电子数与照射光的强度成正比。

从图 24-6 可以看出，光电流 i 开始时随 U_{AK} 增大而增大，而后就趋于一个饱和值，它与单

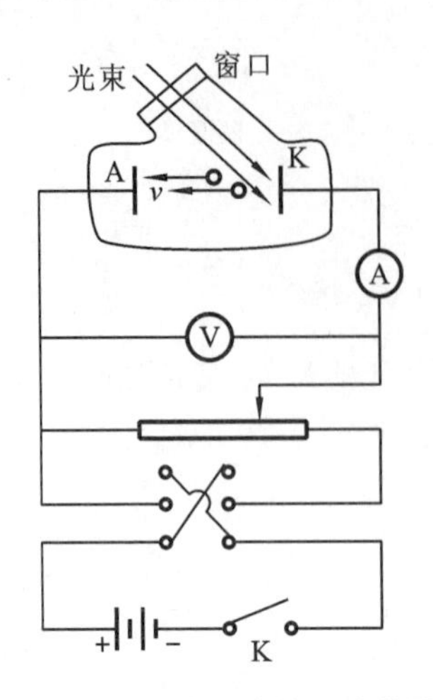

图 24-5　光电效应的实验装置

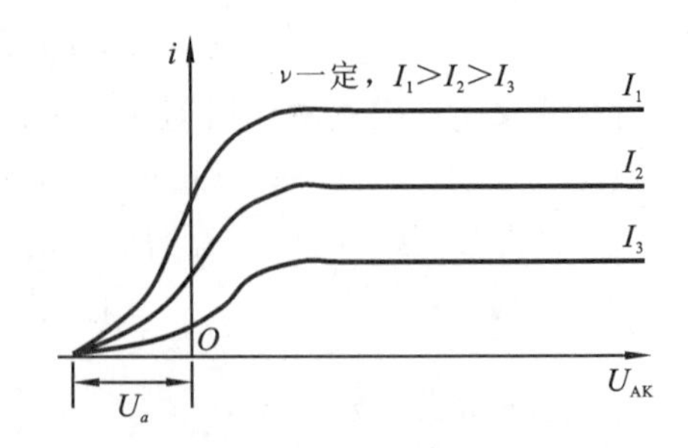

图 24-6　光电效应的 U-i 曲线

位时间内从阴极 K 发射的光子数成正比。所以单位时间内从阴极 K 发射的光电子数与照射光强成正比。

(2) 存在截止频率。

实验表明,对一定的金属阴极,当照射光频率小于某个最小值 ν_0 时,不管光强多大,都没有光电子逸出,这个最小频率 ν_0 称为该种金属的光电效应截止频率,也称为红限,对应的波长 λ_0 称为截止波长。每一种金属都有自己的红限。

(3) 光电子的初动能与照射光的强度无关,而与其频率呈线性关系。

在保持光照射不变的情况下,改变电位差 U_{AK},发现当 $U_{AK}=0$ 时,仍有光电流。这显然是因为光电子逸出时就具有一定的初动能。改变电位差极性,使 $U_{AK}<0$,当反向电位差增大到一定值时,光电流才降为零,如图 24-6 所示。此时反向电位差的绝对值称为遏止电压,用 U_a 表示。不难看出,遏止电压与光电子的初动能间有如下关系

$$\frac{1}{2}mv_0^2 = eU_a \tag{24-7}$$

式中:m 和 e 分别是电子的静质量和电量;v_0 是光电子逸出金属表面的最大速率。

实验还表明,遏止电压 U_a 与光强 I 无关,而与照射光的频率 ν 呈线性关系,即

$$U_a = K\nu - v_0 \tag{24-8}$$

式中:K 和 v_0 都是正值,其中 K 为普适恒量,对一切金属材料都是相同的,而 $v_0=K\nu_0$ 对同一种金属为一恒量,但对于不同的金属具有不同的数值。将式(24-8)代入式(24-7)得

$$\frac{1}{2}mv_0^2 = eK\nu - ev_0 = eK(\nu - \nu_0) \tag{24-9}$$

上式表明,光电子的初动能与入射光的频率呈线性关系,与入射光强无关。

(4) 光电子是即时发射的,滞后时间不超过 10^{-9} s。

实验表明,只要入射光的频率大于该金属的红限,当光照射这种金属表面时,几乎立即产生光电子,而无论光强多大。

24.2.2　爱因斯坦光子假设和光电效应方程

对于上述实验事实,经典物理学理论无法解释。

按照光的波动理论,光波的能量由光强决定,在光照射下,束缚在金属内的“自由电子”将

从入射光波中吸收能量而逸出表面，因而逸出光电子的初动能应由光强决定，但光电效应中光电子的初动能与光强无关；另外，如果光波供给金属中“自由电子”逸出表面所需的足够能量，光电效应对各种频率的光都能发生，不应该存在红限，而且，光电子从光波中吸收能量应有一个积累过程，光强越弱，发射光子所需要的时间就越长，这都与光电效应的实验事实相矛盾。由此可见，光的波动理论无法解释光电效应的实验规律。

为了克服光的波动理论所遇到的困难，从理论上解释光电效应，爱因斯坦发展了普朗克能量子的假设，于 1905 年提出了如下的光子假设：一束光就是一束以光速运动的粒子流，这些粒子称为光量子（简称光子）；频率为 ν 的光子所具有的能量为 $h\nu$，它不能再分割，而只能整个地被吸收或产生出来。

按照光子理论，当频率为 ν 的光照射金属表面时，金属中的电子将吸收光子，获得能量，此能量的一部分用于电子逸出金属表面所需要的功（此功称为逸出功 A），另一部分则转变为逸出电子的初动能。据能量守恒定律有

$$h\nu = \frac{1}{2}mv_0^2 + A \tag{24-10}$$

这就是爱因斯坦的光电效应方程。

比较

$$\frac{1}{2}mv_0^2 = eK\nu - ev_0 = eK(\nu - \nu_0)$$

$$h = eK, \quad A = ev_0 = eK\nu_0 \tag{24-11}$$

由实验可测量 K 和 v_0，算出普朗克常数 h 和逸出功 A，进而还可求出金属的红限 ν_0。

按照光子理论，照射光的光强就是单位时间到达被照物单位垂直表面积的能量，它是由单位时间到达单位垂直面积的光子数 N 决定的。因此光强越大，光子数越多，逸出的光电子数就越多，所以饱和光电流与光强成正比；由于每一个电子从光波中得到的能量只与单个光子的能量 $h\nu$ 有关，所以光电子的初动能与入射光的频率呈线性关系，与光强无关。当光子的能量 $h\nu$ 小于逸出功 A，即入射光的频率 ν 小于红限 ν_0 时，电子就不能从金属表面逸出；另外，光子与电子作用时，光子一次性将能量全部传给电子，因而不需要时间积累，即光电效应是瞬时的。这样光子理论便成功地解释了光电效应的实验规律，爱因斯坦也因此获得 1921 年的诺贝尔物理学奖。

例 24.2　用波长为 400 nm 的紫光去照射某种金属，观察到光电效应，同时测得遏止电压为 1.24 V，试求该金属的红限和逸出功。

解　由光电效应方程得逸出功为

$$A = h\nu - \frac{1}{2}mv_0^2 = h\,\frac{c}{\lambda} - eU_0 = 2.99 \times 10^{-19}\ \text{J} = 1.87\ \text{eV}$$

根据红限与逸出功的关系，得红限为

$$\nu_0 = \frac{A}{h} = \frac{2.99 \times 10^{-19}}{6.626 \times 10^{-34}} = 4.51 \times 10^{14}\ \text{Hz}$$

24.2.3　光的波粒二象性

一个理论若被实验证实，它必定具有一定的正确性。光子论被黑体辐射、光电效应以及其他实验所证实，说明它具有一定的正确性。而早已被大量实验证实了的光的波动论以及其他经典物理理论的正确性，也是无可非议的。因此，在对光的本性的解释上，不应该在光子论和波动论之间进行取舍，而应该把它们同样地看作是光的本性的不同侧面的描述。这就是说，光

具有波和粒子这两方面的特性,这称为光的波粒二象性。

既是粒子,也是波,这在人们的经典观念中是很难接受的。实际上,光已不是经典意义下的波,也不是经典意义下的粒子,而是波和粒子的统一。光是由具有一定能量、动量和质量的粒子组成的,在它们运动的过程中,在空间某处发现它们的概率却遵从波动的规律。描述光的粒子特征的能量与描述其波动特征的频率之间的关系为

$$E = h\nu \tag{24-12}$$

由狭义相对论能量-动量关系并考虑光子的静质量为零得光子动量与波长的关系为

$$\lambda = \frac{c}{\nu} = \frac{c}{E/h} = \frac{c}{pc/h} = \frac{h}{p} \Rightarrow p = \frac{h}{\lambda} \tag{24-13}$$

它们通过普朗克常数紧密联系起来。通过质能关系还可得光子的质量为

$$m = \frac{E}{c^2} = \frac{h\nu}{c^2} = \frac{p}{c} \tag{24-14}$$

密立根 1916 年的实验,证实了光子论的正确性,并求得 $h=6.57\times10^{-34}$ J·s。光的波动性和粒子性是通过普朗克常数联系在一起的。20 世纪 70 年代的单光子干涉实验,证明光本质上服从量子力学的规律,比波粒二象性更进一步阐明了光的本性。

24.3 康普顿效应
Compton effect

康普顿效应,是指当 X 射线的光子跟物质相互作用,因失去能量而导致波长变长的现象。该效应是光显示出其粒子性的又一著名实验。康普顿散射可以在任何物质中发生。当光子从光子源发出,射入散射物质(一般指金属)时,主要是与电子发生作用。如果光子的能量相当低(与电子束缚能同数量级),则主要产生光电效应,原子吸收光子而产生电离。如果光子的能量相当大(远超过电子的束缚能)时,则我们可以认为光子对自由电子发生散射,而产生康普顿效应。如果光子能量极其大(大于 1.022×10^6 eV)则足以轰击原子核而生成正负电子对。

24.3.1 康普顿效应

1923 年,美国华盛顿大学的康普顿(A. H. Compton)做了一个实验,他使一束波长为 λ 的 X 射线射到石墨靶上,如图 24-7 所示。X 射线是一种电磁辐射,频率高因而波长短。康普顿测量了被石墨靶散射到不同方向的 X 射线的波长和强度,在散射的 X 射线中不仅存在与 λ 射线波长相同的射线,同时还存在波长大于 λ 射线波长的射线成分,此现象称为康普顿效应。

Compton scattering is an inelastic scattering of a photon by a quasi-free charged particle, usually an electron. It results in a decrease in energy (increase in wavelength) of the photon (which may be an X-ray or gamma ray photon), called the Compton effect.

如图 24-8 所示,康普顿效应的实验规律表现为以下四点。

(1) 散射光除原波长 λ_0 外,还出现了波长大于 λ_0 的新的散射波长 λ。

(2) 波长差 $\Delta\lambda=\lambda-\lambda_0$ 随散射角 φ 的增大而增大。

(3) 新波长的谱线强度随散射角 φ 的增加而增加,但原波长的谱线强度降低。

(4) 对不同的散射物质,只要在同一个散射角下,波长的改变量 $\lambda-\lambda_0$ 都相同,与散射物质无关。

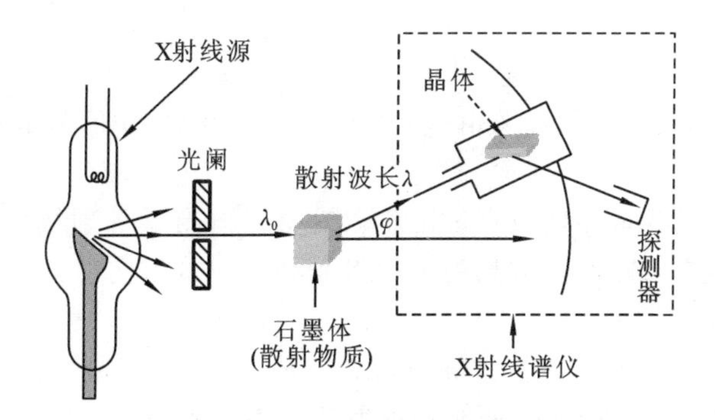

图 24-7　康普顿散射的实验装置

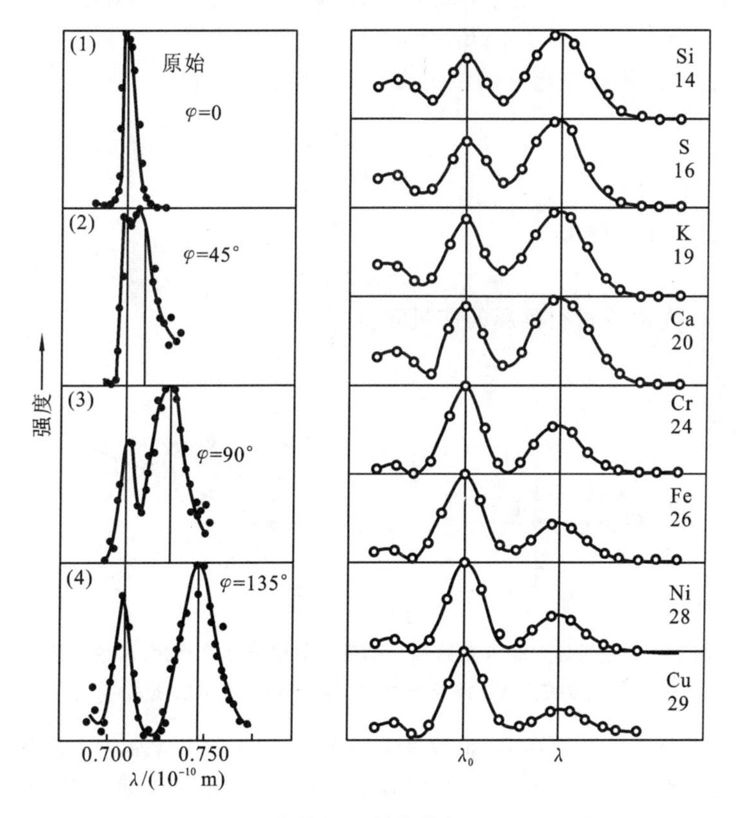

图 24-8　康普顿 X 射线散射实验结果

24.3.2　光子理论的解释

经典电磁理论的困难：如果入射 X 射线是某种波长的电磁波，散射光的波长是不会改变的——不能解释散射中的新波长成分。

1. 定性解释

康普顿认为：X 射线的散射应是光子与原子内电子的碰撞。在引入光子概念之后，康普顿散射可以得到如下解释：电子与光子发生弹性碰撞，电子获得光子的一部分能量而反弹，失去部分能量的光子则从另一方向飞出，整个过程中总动量守恒，如果光子的剩余能量足够多的话，还会发生第二次甚至第三次弹性碰撞。

2. 定量分析

康普顿本人引用光电效应和狭义相对论来解释这一现象,并依据余弦定理推导得出康普顿频移公式。

为了定量地说明,首先应用能量守恒定律。图 24-9 画出了 X 射线和靶中一个原来静止的电子发生的一次“碰撞”。碰撞后,波长为 λ'的 X 射线沿 φ 的方向射去而电子沿角 θ 的方向飞开,如图所示。能量守恒给出

$$h\nu = h\nu' + E_k \tag{24-15}$$

式中,$h\nu$ 是 λ 射 X 射线光子的能量,$h\nu'$是被散射的 X 射线光子的能量,E_k 是反冲电子的功能。因为电子反冲的速率可能和光的速率相近,必须用第 23 章提到的相对论公式:

$$E_k = m_e c^2 (r-1)$$

来计算电子的动能。这里 m 是电子的质量而 r 是洛伦兹因子:

$$r = \frac{1}{\sqrt{1-\frac{v^2}{c^2}}}$$

将上式的 E_k 代入(24-15)可得:

$$h\nu = h\nu' + m_e c^2 (r-1) \tag{24-16}$$

用 C/λ 代替 ν,C/λ' 代替 ν' 可得到新的能量守恒方程:

$$\frac{h}{\lambda} = \frac{h}{\lambda'} + m_e c(r-1) \tag{24-17}$$

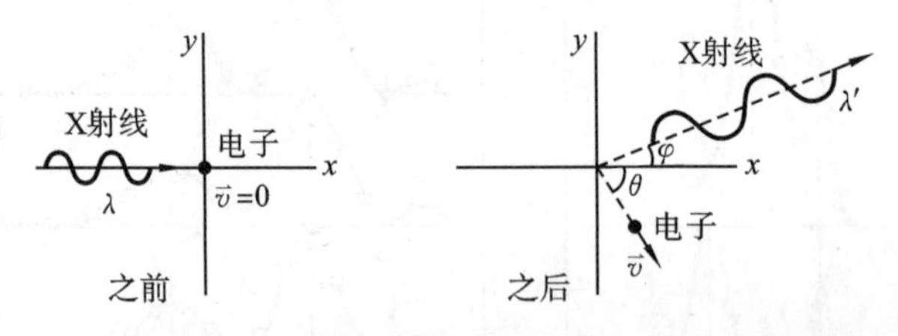

图 24-9 波长为 λ 的 X 射线和一个静止的电子相互作用,X 射线沿角 φ 方向被散射,波长增大为 λ' 电子沿 θ 方向以速率 ν 飞开

其次,应用动量守恒定律来分析图 24-9 所示的 X 射线与电子碰撞。λ 射光子动量的大小为 h/λ,被散射光子的动量为 h/λ' 。考虑相对论效应后,沿力和 y 轴分别列出动量守恒公式,即:

$$\frac{h}{\lambda} = \frac{h}{\lambda'}\cos\varphi + rm_e v\cos\theta (x\text{ 轴}) \tag{24-18}$$

$$O = \frac{h}{\lambda'}\sin\varphi - rm_e v\sin\theta (y\text{ 轴}) \tag{24-19}$$

为了求出被散射 X 射线的康普顿移位 $\Delta\lambda$,在式(24-17)、式(24-18)、式(24-19)内出现的五个碰撞变量 ($\lambda,\lambda',v,\varphi$ 和 θ) 中,我们选择仅涉及反冲电子的 ν 和 θ。经过一定的代数运算可得作为散射角 φ 的函数的康普顿移位公式如下:

$$\Delta\lambda = \frac{h}{m_e c}(1-\cos\varphi) \tag{24-20}$$

式(24-20)和康普顿的实验结果完全相符。

可见 $\Delta\lambda$ 与散射物质无关。这里 $\lambda_e = \frac{h}{m_e c} = 0.002\ 43\ \text{nm}$ 称为康普顿波长,为普适常量。

从式(24-20)可以看到,只有当入射波长 λ_0 与 λ_e 可比拟时,康普顿效应才显著,因此要用 X 射线才能观察到康普顿散射,用可见光观察不到康普顿散射。

例 24.3　波长为 $\lambda_0=0.020$ nm 的 X 射线与自由电子发生碰撞,若从与入射角成 90°角的方向观察散射线。求:(1)散射线的波长;(2)反冲电子的动能;(3)反冲电子的动量。

解　(1) 根据康普顿频移公式,散射后 X 射线波长的改变为

$$\Delta\lambda = \frac{h}{m_0 c}(1-\cos\theta) = \frac{6.63\times10^{-34}}{9.1\times10^{-31}\times3\times10^{8}}(1-\cos90^\circ) = 0.0024\ \text{nm}$$

$$\lambda = \lambda_0 + \Delta\lambda = 0.0224\ \text{nm}$$

(2) 根据能量守恒,反冲后电子获得的能量:

$$E_k = h\nu_0 - h\nu = \frac{hc}{\lambda_0} - \frac{hc}{\lambda} = \frac{hc\Delta\lambda}{\lambda\lambda_0} = \frac{6.63\times10^{-34}\times3\times10^{8}\times0.024}{0.2\times10^{-10}\times0.224}\ \text{J}$$

$$= 1.06\times10^{-15}\ \text{J} = 6625\ \text{eV}$$

(3) 根据动量守恒,反冲电子动量大小为

$$p = \sqrt{\left(\frac{h}{\lambda_0}\right)^2 + \left(\frac{h}{\lambda}\right)^2}$$

$$= 6.63\times10^{-34}\sqrt{\frac{1}{(0.2\times10^{-10})^2} + \frac{1}{(0.224\times10^{-10})^2}}\ \text{kg}\cdot\text{m/s}$$

$$= 4.4\times10^{-23}\ \text{kg}\cdot\text{m/s}$$

$$\tan\varphi = \frac{h/\lambda}{h/\lambda_0} = \frac{\lambda_0}{\lambda}$$

反冲电子与 X 射线入射方向的夹角为

$$\varphi = \arctan\frac{0.20}{0.22} = 42.3^\circ$$

24.4　氢原子光谱
Hydrogen atom spectrum

经典物理学不仅在说明电磁辐射与物质相互作用方面遇到了如前所述的困难,而且在说明原子光谱的线状结构及原子本身的稳定性方面也遇到了不可克服的困难。丹麦物理学家玻尔发展了普朗克的量子假设和爱因斯坦的光子假设,创立了关于氢原子结构的半经典量子理论,相当成功地说明了氢原子光谱的实验规律。

24.4.1　氢原子光谱的实验规律

实验发现,各种元素的原子光谱都由分立的谱线所组成,并且谱线的分布具有确定的规律。氢原子是最简单的原子,其光谱也是最简单的。对氢原子光谱的研究是进一步学习原子、分子光谱的基础,而后者在研究原子、分子结构及物质分析等方面有重要的意义。

在可见光范围内容易观察到氢原子光谱的四条谱线,这四条谱线分别用 H_α、H_β、H_γ 和 H_δ 表示,如图24-10所示。1885 年巴耳末(J. J. Balmer,1825—1898)发现可以用简单的整数关系表示这四条谱线的波长

$$\lambda = B\frac{n^2}{n^2-2^2},\quad n=3,4,5,6 \tag{24-21}$$

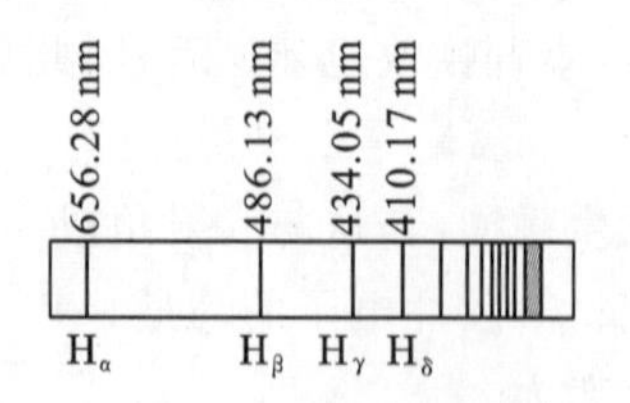

图 24-10　可见光范围内的氢原子光谱

式中：B 是常数，其值等于 364.57 nm。后来实验上还观察到相当于 n 为其他正整数的谱线，这些谱线连同上面的四条谱线，统称为氢原子的巴耳末系。

光谱学上经常用波数表示光谱线，它被定义为波长的倒数，即

$$\tilde{\nu} = \frac{1}{\lambda} \tag{24-22}$$

引入波数后，式(24-21)可改写为

$$\tilde{\nu} = R\left(\frac{1}{2^2} - \frac{1}{n^2}\right), \quad n = 3,4,5,\cdots \tag{24-23}$$

式中：$R=2^2/B=1.096776\times10^7\ \mathrm{m}^{-1}$，称为里德伯(J. R. Rydberg，1854—1919)常数。

在氢原子光谱中，除了可见光范围的巴耳末系以外，在紫外区、红外区和远红外区分别有赖曼(T. Lyman)系、帕邢(F. Paschen)系、布拉开(F. S. Brackett)系和普丰德(A. H. Pfund)系。这些线系中谱线的波数也都可以用与式(24-23)相似的形式表示。将其综合起来可表示为

$$\tilde{\nu}_{kn} = T(k) - T(n) = R\left(\frac{1}{k^2} - \frac{1}{n^2}\right) \tag{24-24}$$

式中：k 和 n 取一系列有顺序的正整数，k 取 1、2、3、4、5 分别对应于赖曼系、巴耳末系、帕邢系、布拉开系和普丰德系；一旦 k 值取定后，n 将从 $k+1$ 开始取 $k+1$，$k+2$，$k+3$ 等分别代表同一线系中的不同谱线。$T(n)=R/n^2$ 称为氢的光谱项。式(24-24)称为里德伯-里兹并合原理。实验表明，并合原理不仅适用于氢原子光谱，也适用于其他元素的原子光谱，只是光谱项的表示式要复杂一些。

并合原理所表示的原子光谱的规律性，是原子结构性质的反映，但经典物理学理论无法予以解释。

按照原子的有核模型，根据经典电磁理论，绕核运动的电子将辐射与其运动频率相同的电磁波，因而原子系统的能量将逐渐减少。随着能量的减少，电子运动轨道半径将不断减小；与此同时，电子运动的频率(辐射频率)将连续增大。因此原子光谱应是连续的带状光谱，并且最终电子将落到原子核上，因此不可能存在稳定的原子。这些结论显然与实验事实相矛盾，从而表明依据经典理论无法说明原子光谱规律等。

24.4.2　玻尔的量子论

玻尔(N. H. D. Bohr，1885—1962)把卢瑟福关于原子的有核模型、普朗克量子假设、里德伯-里兹并合原理等结合起来，于 1913 年创立了氢原子结构的半经典量子理论，使人们对于原子结构的认识向前推进了一大步。玻尔理论的基本假设如下。

(1) 原子只能处在一系列具有不连续能量的稳定状态，简称定态，相应于定态，核外电子在一系列不连续的稳定圆轨道上运动，但并不辐射电磁波。

(2) 作定态轨道运动的电子的角动量 L 的数值只能是$\hbar(h/2\pi)$的整数倍，即

$$L = rmv = n\hbar \quad (n = 1,2,3,\cdots) \tag{24-25}$$

这称为角动量量子化条件，n 称为主量子数，m 是电子的质量。

(3) 当原子从一个能量为 E_k 的定态跃迁到另一个能量为 E_n 的定态时，会发射或吸收一个

频率为 ν_{kn} 的光子

$$\nu_{kn}=\frac{E_k-E_n}{h} \tag{24-26}$$

上式称为辐射频率公式，$\nu_{kn}>0$ 表示向外辐射光子，$\nu_{kn}<0$ 表示吸收光子。

玻尔还认为，电子在半径为 r 的定态圆轨道上以速率 v 绕核作圆周运动时，向心力就是库仑力，因而有

$$m\frac{v^2}{r}=\frac{1}{4\pi\varepsilon_0}\cdot\frac{e^2}{r^2} \tag{24-27}$$

由式(24-25)和式(24-27)消去 v，即可得原子处于第 n 个定态时电子轨道半径为

$$r_n=n^2\left(\frac{\varepsilon_0 h^2}{\pi m e^2}\right)=n^2 r_1 \quad (n=1,2,3,\cdots) \tag{24-28}$$

对应于 $n=1$ 的轨道半径 r_1 是氢原子的最小轨道半径，称为玻尔半径，常用 a_0 表示，其值为

$$a_0=r_1=\frac{\varepsilon_0 h^2}{\pi m e^2}=5.291\ 772\ 49\times10^{-11}\ \mathrm{m} \tag{24-29}$$

这个数值与用其他方法得到的数值相符合。氢原子的能量应等于电子的动能与势能之和，即

$$E=\frac{1}{2}mv^2-\frac{1}{4\pi\varepsilon_0}\cdot\frac{e^2}{r}=-\frac{1}{8\pi\varepsilon_0}\cdot\frac{e^2}{r}$$

处在量子数为 n 的定态时，能量为

$$E_n=-\frac{1}{8\pi\varepsilon_0}\cdot\frac{e^2}{r_n}=-\frac{1}{n^2}\left(\frac{me^4}{8\varepsilon_0^2 h^2}\right) \quad (n=1,2,3,\cdots) \tag{24-30}$$

由此可见，由于电子轨道角动量不能连续变化，氢原子的能量也只能取一系列不连续的值，这称为能量量子化，这种量子化的能量值称为原子的能级。式(24-30)是氢原子能级公式。通常氢原子处于能量最低的状态，这个状态称为基态，对应于主量子数 $n=1$，$E_1=-13.6$ eV。$n>1$的各个稳定状态的能量均大于基态的能量，称为激发态或受激态。处于激发态的原子会自动地跃迁到能量较低的激发态或基态，同时释放出一个能量等于两个状态能量差的光子，这就是原子发光的原理。随着量子数 n 的增大，能量 E_n 也增大，能量间隔减小。当 $n\to\infty$ 时，$r_n\to\infty$，$E_n\to0$，能级趋于连续，原子趋于电离。$E>0$ 时，原子处于电离状态，能量可连续变化。图 24-11 和图 24-12 分别是氢原子的能级图和氢原子处于各定态的电子轨道图。

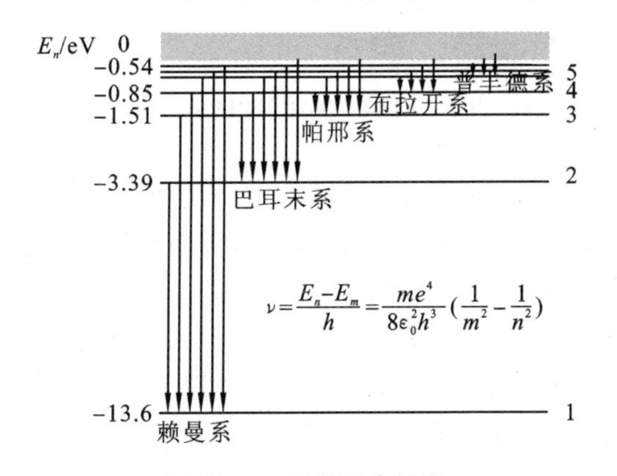

图 24-11　氢原子能级图

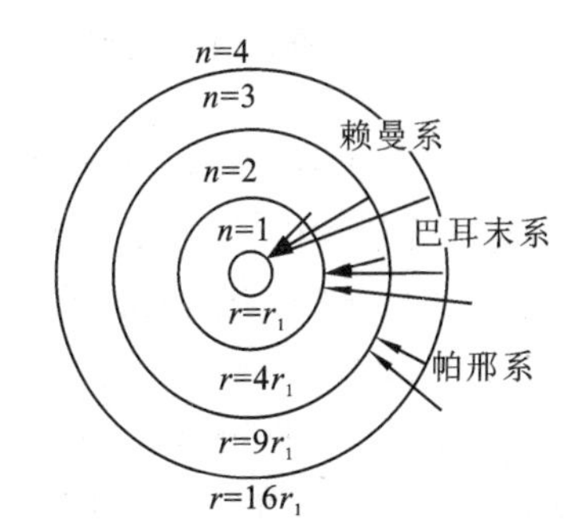

图 24-12　氢原子定态的轨道

使原子或分子电离所需要的能量称为电离能。根据玻尔理论算出的氢原子基态能量值与

实验测得的氢原子基态电离能值 13.6 eV 相符。

下面用玻尔理论来研究氢原子光谱的规律。按照玻尔假设,当原子从较高能态 E_n 向较低能态 $E_k(n>k)$ 跃迁时,发射一个光子,其频率和波数为

$$\nu_{nk} = \frac{E_n - E_k}{h} \tag{24-31}$$

$$\tilde{\nu}_{nk} = \frac{1}{\lambda_{nk}} = \frac{\nu_{nk}}{c} = \frac{1}{hc}(E_n - E_k) \tag{24-32}$$

将能量表示式(24-30)代入即可得氢原子光谱的波数公式

$$\tilde{\nu}_{nk} = \frac{me^4}{8\varepsilon_0^2 h^3 c}\left(\frac{1}{k^2} - \frac{1}{n^2}\right) \quad (n > k) \tag{24-33}$$

显然式(24-33)与氢原子光谱的经验公式(24-24)是一致的,同时可得里德伯常数的理论值为

$$R_{H理论} = \frac{me^4}{8\varepsilon_0^2 h^3 c} = 1.0973731 \times 10^7\ \mathrm{m}^{-1} \tag{24-34}$$

这也与实验值符合得很好。这表示玻尔理论在解释氢原子光谱的规律性方面是十分成功的,同时也说明这个理论在一定程度上反映了原子内部的运动规律。

24.4.3 玻尔理论的缺陷和意义

玻尔的半经典量子理论在说明光谱线规律方面取得了前所未有的成功。但是它也有很大的局限性,如只能计算氢原子和类氢离子的光谱线,对其他稍微复杂的原子就无能为力了;另外,它完全没有涉及谱线强度、宽度及偏振性等。从理论体系上讲,这个理论的根本问题在于它以经典理论为基础,但又生硬地加上与经典理论不相容的若干重要假设,如定态不辐射和量子化条件等,因此它远不是一个完善的理论。但是玻尔的理论第一次使光谱实验得到了理论上的说明,第一次指出经典理论不能完全适用于原子内部运动过程,揭示出微观体系特有的量子化规律。因此它是原子物理发展史上一个重要的里程碑,对于以后建立量子力学理论起到了巨大的推动作用。另外,玻尔理论在一些基本概念上,如“定态”“能级”“能级跃迁决定辐射频率”等在量子力学中仍是非常重要的基本概念,虽然另有一些概念,如轨道等已被证实对微观粒子不再适用。

24.5 微观粒子的波粒二象性
Wave-particle duality of microscopic particles

德布罗意之前,人们对自然界的认识,只局限于两种基本的物质类型:实物和场。前者由原子、电子等粒子构成,光则属于后者。但是,许多实验结果之间出现了难以解释的矛盾。物理学家们相信,这些表面上的矛盾,势必有其深刻的根源。

1923—1924 年,德布罗意仔细地分析了光的微粒说和波动说的历史,深入地研究了光子假设。他认为,19 世纪以来,在光的研究中人们只重视了光的波动性,而忽视了它的粒子性。但在实物粒子的研究中却又发生了相反的情况,只重视实物粒子的粒子性,而忽略了它的波动性。在这种思想的支配下,德布罗意大胆地提出了物质的波粒二象性假设。他认为,质量为 m,速度为 v 的自由粒子,一方面可用能量 E 和动量 p 来描述它的粒子性;另一方面还可用频率 ν 和波长 λ 来描述它的波动性。它们之间的关系与光的波粒二象性所描述的关系一样,即

$$\nu = E/h, \quad \lambda = h/p \tag{24-35}$$

式(24-35)称为德布罗意公式。这种和实物粒子相联系的波称为德布罗意波或称为物质波。德布罗意因这一开创性工作而获得了 1929 年的诺贝尔物理学奖。

由于自由粒子的能量和动量均为常量，所以与自由粒子相联系的波的频率和波长均不变，这说明与自由粒子相联系的德布罗意波可用平面波描述。

对于静质量为 m_0，速度为 v 的实物粒子，其德布罗意波长为

$$\lambda = \frac{h}{p} = \frac{h}{m_0 v}\sqrt{1 - v^2/c^2} \tag{24-36}$$

德布罗意关于物质波的假设，1927 年首先由戴维孙(C. J. Davisson，1881—1958)和革末(L. H. Germer，1896—1971)通过电子衍射实验所证实。戴维孙和革末作电子束在晶体表面散射实验时，观察到了和 X 射线在晶体表面衍射相似的电子衍射现象，从而证实了电子具有波动性。当时的实验中，采用 50 kV 的电压加速电子，波长约为 0.005 nm。由于波长非常短，实验难度很高，因此这一实验是极其卓越的。

后来证实了不仅电子具有波动性，其他微观粒子，如原子、质子和中子等也都具有波动性。微观粒子的波动性在现代科学技术上已得到广泛的应用，利用电子的波动性，已制造出了高分辨率的电子显微镜；利用中子的波动性，制成了中子摄谱仪。

既然微观粒子具有波动性，原子中绕核运动的电子无疑也具有波动性。不过处于原子定态中的电子的波动形式，与戴维孙和革末实验中由小孔衍射的电子束的波动形式是不同的，后者可认为是行波，而前者则应看为驻波。处于定态中的电子形成驻波的情形，与端点固定的振动弦线形成驻波的情形是相似的。原子中的电子驻波可如图 24-13 形象地表示。由图可见，当电子波在离开原子核为 r 的圆周上形成驻波时，圆周长必定等于电子波长的整数倍，即

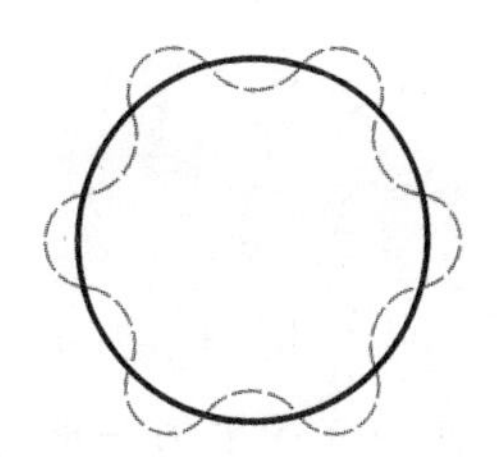

图 24-13　原子中的电子驻波

$$2\pi r = n\lambda \quad (n = 1,2,3,\cdots) \tag{24-37}$$

利用德布罗意关系便可得电子的轨道角动量应满足下面的关系

$$L = rp = n\frac{\lambda}{2\pi}\frac{h}{\lambda} = n\hbar \quad (n = 1,2,3,\cdots) \tag{24-38}$$

这正是玻尔作为假设引入的量子化条件，在这里，考虑了微观粒子的波动性就自然得出了量子化条件。

例 24.4　计算经过电位差 $U=150$ V 和 $U=10^4$ V 加速的电子的德布罗意波长(在 $U<10^4$ V 时，可不考虑相对论效应)。

解　忽略相对论效应，经过电位差 U 加速后，电子的动能和速率分别为

$$\frac{1}{2}m_0 v^2 = eU, \quad v = \sqrt{\frac{2eU}{m_0}}$$

式中：m_0 为电子的静止质量。利用德布罗意关系可得德布罗意波长

$$\lambda = \frac{h}{m_0 v} = \frac{h}{\sqrt{2m_0 e}} \cdot \frac{1}{\sqrt{U}} = 12.25 \times 10^{-10}\,\frac{1}{\sqrt{U}}\ \mathrm{m} = 1.225\,\frac{1}{\sqrt{U}}\ \mathrm{nm}$$

式中：U 的单位是 V。$U_1=150$ V→$\lambda_1=0.1$ nm，$U_2=10^4$ V→$\lambda_2=0.0123$ nm。

由此可见，在这样的电压下，电子的德布罗意波长与 X 射线的波长相近。由德布罗意关系同样可计算质量 $m=0.01$ kg，速度 $v=300$ m/s 的子弹的德布罗意波长 $\lambda=2.21\times10^{-34}$ m。

可见,由于 h 是一个非常小的量,宏观粒子的德布罗意波长是如此小,以致在任何实验中都不可能观察到它的波动性,而仅表现出它的粒子性。

【思考题与习题】

1. 思考题

24-1 量子物理中有哪些重要实验?它们分别说明了什么问题?

24-2 物质波是什么?和机械波与电磁波有什么不同?

24-3 若入射光的频率均大于一给定金属的红限,则当入射光频率不变而强度增大一倍时,该金属的饱和光电流怎么变化?

24-4 光电效应和康普顿效应都有光子和电子的相互作用,它们有什么不同?

2. 选择题

24-5 静止质量不为零的微观粒子作高速运动,这时粒子物质波的波长 λ 与速度 v 有如下关系(　　)。

(A) $\lambda \propto v$　　(B) $\lambda \propto 1/v$

(C) $\lambda \propto \sqrt{\frac{1}{v^2}-\frac{1}{c^2}}$　　(D) $\lambda \propto \sqrt{c^2-v^2}$

24-6 用频率为 ν_1 的单色光照射某一种金属时,测得光电子的最大动能为 E_{K1};用频率为 ν_2 的单色光照射另一种金属时,测得光电子的最大动能为 E_{K2}。如果 $E_{K1}>E_{K2}$,那么(　　)。

(A) ν_1 一定大于 ν_2　　(B) ν_1 一定小于 ν_2

(C) ν_1 一定等于 ν_2　　(D) ν_1 可能大于也可能小于 ν_2

24-7 如果两种不同质量的粒子,其德布罗意波长相同,则这两种粒子的(　　)。

(A) 动量大小相同　　(B) 能量相同

(C) 速率相同　　(D) 能量和动量大小均相同

3. 填空题

24-8 以波长为 $\lambda=207$ nm 的紫外光照射金属钯表面产生光电效应,已知钯的红限频率 $\nu_0=1.21\times10^{15}$ Hz,则其遏止电压 $|U_a|=$________ V(普朗克常量 $h=6.63\times10^{-34}$ J·s,基本电荷 $e=1.60\times10^{-19}$ C)。

24-9 光子波长为________,则其能量为________,则其动量的大小为________。

24-10 静止质量为 m_e 的电子,经电势差为 U_{12} 的静电场加速后,若不考虑相对论效应,电子的德布罗意波长=________。

24.1 习题

24-11 天狼星的温度大约是 11 000 ℃。试由维恩位移定律计算其辐射峰值的波长。

24-12 太阳可看做是半径为 7.0×10^8 m 的球形黑体,试计算太阳的温度。设太阳射到地球表面上的辐射能量为 1.4×10^3 W·m^{-2},地球与太阳间的距离为 1.5×10^{11} m。

24.2 习题

24-13　光电管的阴极用逸出功为 $A=2.2\ \mathrm{eV}$ 的金属制成，今用一单色光照射此光电管，阴极发射出光电子，测得遏止电势差为 $U_a=5.0\ \mathrm{V}$，试求：

(1) 光电管阴极金属的光电效应红限波长；

(2) 入射光波长(普朗克常量 $h=6.63\times10^{-34}\ \mathrm{J\cdot s}$，基本电荷 $e=1.6\times10^{-19}\ \mathrm{C}$)。

24-14　钨的逸出功是 4.52 eV，钡的逸出功是 2.50 eV，分别计算钨和钡的遏止频率。哪一种金属可以用做可见光范围内的光电管阴极材料？

24-15　波长为 λ 的单色光照射某金属 M 表面发生光电效应，发射的光电子(电荷绝对值为 e，质量为 m)经狭缝 S 后垂直进入磁感应强度为 $\boldsymbol{B}$ 的均匀磁场(如图 24-14 所示)，今已测出电子在该磁场中作圆运动的最大半径为 R。求：

(1) 金属材料的逸出功 A；

(2) 遏止电势差 U_a。

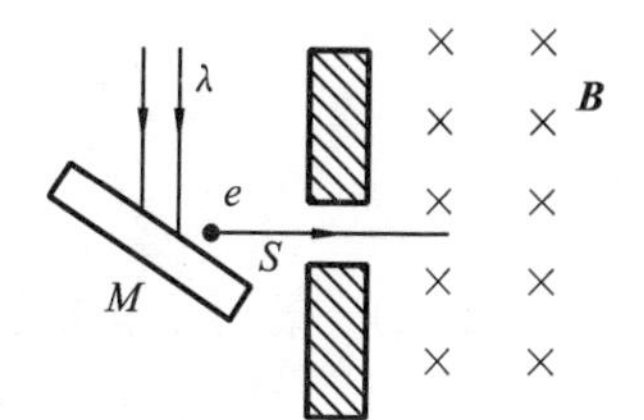

图 24-14　题 24-15 图

24-16　铝的逸出功为 4.2 eV。今用波长为 200 nm 的紫外光照射到铝表面上，发射的光电子的最大初动能为多少？遏制电势差为多大？铝的红限波长是多大？

24-17　当波长为 300 nm ($1\ \mathrm{nm}=10^{-9}\ \mathrm{m}$)的光照射在某金属表面时，光电子的动能范围为 $0\sim4.0\times10^{-19}\ \mathrm{J}$。求此时遏止电压 U_a 和该金属的红限频率 ν_0(普朗克常量 $h=6.63\times10^{-34}\ \mathrm{J\cdot s}$，基本电荷 $e=1.60\times10^{-19}\ \mathrm{C}$)。

24.3 习题

24-18　在康普顿效应中，入射光子的波长为 $3.0\times10^{-3}\ \mathrm{nm}$，反冲电子的速度为光速的 60%，求散射光子的波长及散射角。

24-19　用波长 $\lambda_0=1\times10^{-10}\ \mathrm{m}$ 的光子做康普顿实验。

(1) 散射角 $\varphi=90^\circ$ 的康普顿散射波长是多少？

(2) 反冲电子获得的动能有多大(普朗克常量 $h=6.63\times10^{-34}\ \mathrm{J\cdot s}$，电子静止质量 $m_e=9.11\times10^{-31}\ \mathrm{kg}$)。

24.4 习题

24-20　计算氢原子光谱中赖曼系的最短和最长波长，并指出是否为可见光。

24-21　氢原子光谱的巴耳末线系中，有一光谱线的波长为 $\lambda=434\ \mathrm{nm}$，试求：

(1) 与这一谱线相应的光子能量为多少电子伏特；

(2) 该谱线是氢原子由能级 E_n 跃迁到能级 E_k 产生的，n 和 k 各为多少？

(3) 最高能级为 E_5 的大量氢原子，最多可以发射几个谱线系？共几条谱线？请在氢原子能级图见图 24-15 中表示出来，并说明波长最短的是哪一条谱线。

24.5 习题

24-22　求动能为 1.0 eV 的电子的德布罗意波的波长。

24-23　低速运动的质子和 α 粒子，若它们的德布罗意波长相同，求它们的动量之比 $p_p:p_\alpha$ 和动能之比 $E_p:E_\alpha$(它们的质量比 $m_p:m_\alpha=1/4$)。

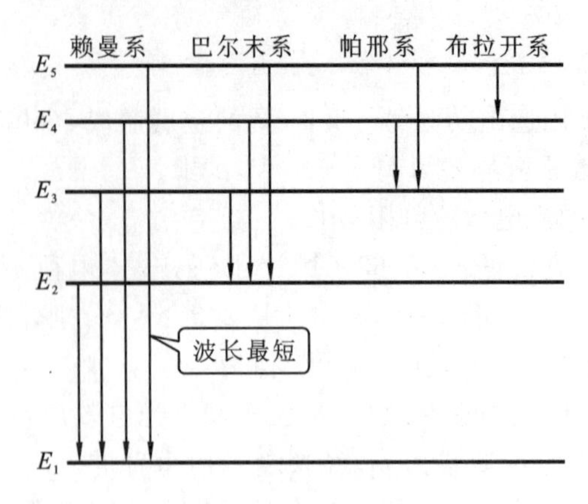

图 24-15 题 24-21 图

24-24 若电子和光子的波长均为 0.20 nm,则它们的动量和动能各为多少?

第 25 章　量子力学基础

Chapter 25　Basis of quantum mechanics

25.1　概率波函数

The probability wave function

在德布罗意提出微观粒子的波粒二象性后，1925 年奥地利物理学家薛定谔提出用波函数描述微观粒子的运动状态。考虑在一维传播的机械波，波长为 λ，频率为 γ，波动方程为

$$y(x,t)=A\cos\left(2\pi\gamma t-\frac{2\pi}{\lambda}x+\varphi\right) \tag{25-1}$$

设初始位相 $\varphi=0$，考虑余弦函数为偶函数，则

$$y(x,t)=A\cos\left(\frac{2\pi}{\lambda}x-2\pi\gamma t\right) \tag{25-2}$$

由德布罗意关系：　　$\lambda=\dfrac{h}{p},\quad E=h\gamma$

式(25-2)变为

$$y(x,t)=A\cos\left(\frac{2\pi}{h}px-\frac{2\pi}{h}Et\right) \tag{25-3}$$

$\hbar=\dfrac{h}{2\pi}$并写成复指数形式：

$$\psi(x,t)=Ae^{i(px-Et)/\hbar} \tag{25-4}$$

把一维推广到三维情况：

$$\psi(\boldsymbol{r},t)=A(\boldsymbol{p})e^{i(\boldsymbol{p}\cdot\boldsymbol{r}-Et)/\hbar} \tag{25-5}$$

式(25-5)是表描述三维空间的自由粒子的平面波函数，$A(\boldsymbol{p})$是该自由粒子具有动量 $\boldsymbol{p}$ 时的振幅，如果是任意波动函数，考虑到傅里叶积分，可以写为

$$\psi(\boldsymbol{r},t)=\int\varphi(\boldsymbol{p})e^{i(\boldsymbol{p}\cdot\boldsymbol{r}-Et)/\hbar}\mathrm{d}^3\boldsymbol{p} \tag{25-6}$$

式(25-6)是 $\psi(\boldsymbol{r},t)$的一般波函数。

1926 年，德国物理学家波恩提出，描述物质波的波函数 $\psi(\boldsymbol{r},t)$是概率波：经过归一化的 $\psi(\boldsymbol{r},t)$的绝对值的平方 $|\psi(\boldsymbol{r},t)|^2$ 代表在时刻 t 空间位置 $\boldsymbol{r}$ 处粒子出现的几率密度。在 t 时刻，空间位置 $\boldsymbol{r}$ 处 $\mathrm{d}x\mathrm{d}y\mathrm{d}z$ 体积之中，粒子出现的几率为

$$|\psi(\boldsymbol{r},t)|^2\mathrm{d}x\mathrm{d}y\mathrm{d}z \tag{25-7}$$

由于粒子在所有空间中出现的几率为 1，因此：

$$\iiint|\psi(\boldsymbol{r},t)|^2\mathrm{d}x\mathrm{d}y\mathrm{d}z=1 \tag{25-8}$$

上式是波函数的归一化性质。

图 25-1 所示为 1989 年发表的电子双缝干涉实验,当电子发射密度很小时,在记录底片上只有稀疏的感光点,如图 25-1(a)所示;当时间延长后,记录底片上感光点开始增加,但没有双缝干涉条纹,如图 25-1(b)所示,说明电子在感光板上是作为一个完整粒子被记录的,体现了电子的粒子性。当实验时间继续延长时,密集感光点逐渐形成双缝干涉条纹,体现了电子的波动性,如图 25-1(c)、(d)所示。

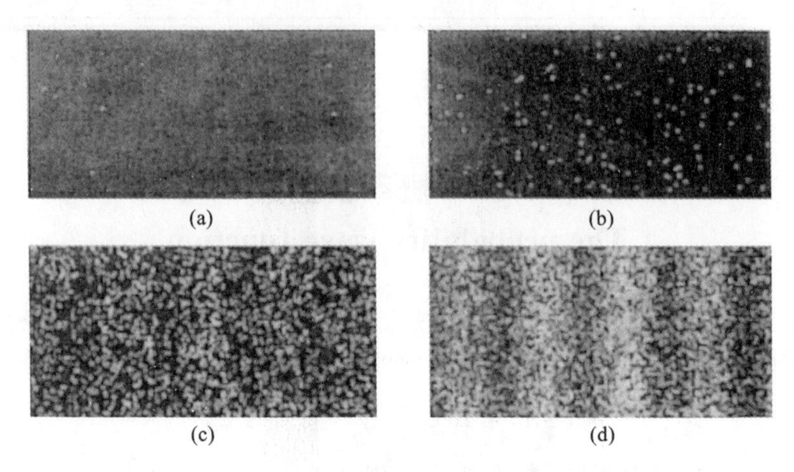

图 25-1　电子双缝干涉实验

例 25.1　设一维函数为 $\psi(x)=Ae^{-\frac{x^2}{a^2}}$,求粒子波函数归一化系数 A。

解　由波函数归一化性质,有

$$\int_{-\infty}^{+\infty}|\psi(x)|^2\mathrm{d}x=1$$

得

$$\int_{-\infty}^{+\infty}A^2e^{-\frac{2x^2}{a^2}}\mathrm{d}x=1$$

所以

$$A^2\cdot\sqrt{\frac{\pi}{2}}\cdot a=1$$

$$A=\left(\frac{2}{\pi}\right)^{\frac{1}{4}}\cdot\frac{1}{a^{1/2}}=\left(\frac{2}{\pi a^2}\right)^{\frac{1}{4}}$$

25.2　不确定关系
Uncertainty relation

经典粒子具有确定的位置、动量以及轨迹,而电子、光子等微观粒子具有波粒二象性,用概率波函数来描述它们的行为。

Classical particles have a definite position, momentum and trajectory, but electronics, photon and so on have wave-particle duality, their behavior is described with the probability wave function.

1927 年,海森堡分析了一些理想实验提出:粒子在同一方向上的坐标和动量不能同时取确定值,如果用 Δx 表示粒子在 x 轴上位置不确定度,用 Δp_x 代表粒子在 x 轴方向动量不确定度,不确定关系为

$$\Delta x\cdot\Delta p_x\geqslant\frac{\hbar}{2}\tag{25-9}$$

同样，在 y,z 方向也有类似公式：

$$\Delta y\cdot\Delta p_y\geqslant\frac{\hbar}{2},\quad \Delta z\cdot\Delta p_z\geqslant\frac{\hbar}{2}\tag{25-10}$$

与上述两式有相同形式，如果用 Δt 代表测量能量所用时间范围，ΔE 代表测量能量值的不确定值，它们也有

$$\Delta E\cdot\Delta t\geqslant\frac{\hbar}{2}\tag{25-11}$$

对式(25-9)的理解，可以用粒子平面波来说明。在自由空间中，一个粒子动量为 $p_x=p$ 是确定的，其动量的不确定度 $\Delta p_x=0$，而由德布罗意关系，该粒子具有波长 $\lambda=\frac{h}{p}$。而具有波长 λ 的平面波在一维方向无限延长，该粒子位置 $\Delta x=\infty$，满足式(25-9)的不确定关系。式(25-9)可以在数学上严格证明，请读者参考量子力学教材，下面用电子单缝衍射实验作简单导出。

如图25-2所示，一束动量为 p 的电子通过宽度为 a 的狭缝发生衍射，观察屏上是电子的衍射强度，正比于电子出现的概率，θ 是中央明条纹的半角宽度。

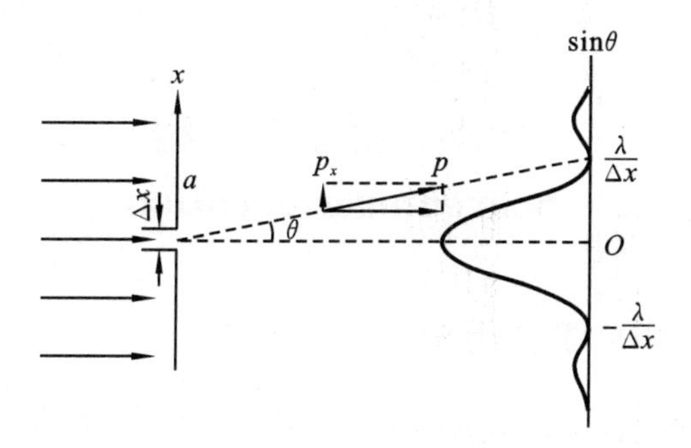

图 25-2　电子的单缝衍射

沿狭缝方向取 x 轴，由于狭缝宽度为 a，电子在 x 轴方向位置不确定度 $\Delta x=a$，把电子衍射的第1级暗纹看作电子最大偏移处，则有

$$p_x=p\sin\theta$$

p_x 是电子在 x 轴上动量最大分量，因此，电子通过狭缝时，在 x 方向动量不确定度：

$$\Delta p_x=p\sin\theta\tag{25-12}$$

由单缝衍射第1级暗纹公式

$$a\sin\theta=\lambda$$

$$\Delta x\sin\theta=\lambda\tag{25-13}$$

由式(25-12)和式(25-13)，消去 $\sin\theta$：

$$\Delta x\cdot\Delta p_x=p\lambda=p\cdot\frac{h}{p}=h$$

由此定性证明了不确定关系式(25-9)。

在实际计算中，不确定关系可以写为

$$\Delta x\cdot\Delta p_x\geqslant\frac{\hbar}{2},\quad \Delta x\cdot\Delta p_x\geqslant\hbar$$

$$\Delta x\cdot\Delta p_x\geqslant\frac{h}{2},\quad \Delta x\cdot\Delta p_x\geqslant h$$

例 25.2　设子弹质量为0.01 kg，枪口直径为 $d=0.5$ cm，分析波粒二象性对射击瞄准的

影响。

解　取子弹在与射击垂直方向上的位置不确定度 $\Delta x = 0.5\ \text{cm}$，按不确定关系，横向速度不确定度

$$\Delta v_x \geqslant \frac{\hbar}{2m\Delta x} = \frac{1.05\times 10^{-34}}{2\times 10^{-2}\times 0.5\times 10^{-2}} = 1.1\times 10^{-30}\ \text{m}\cdot\text{s}^{-1}$$

由于子弹从枪口射出的速度为 $1000\ \text{m}\cdot\text{s}^{-1}$左右，这个横向速度误差对子弹射击不产生影响。

例 25.3　J/Ψ 粒子的静止能量为 3100 Mev，寿命为 5.2×10^{-21} s，它的能量不确定度是多大？占静止能量的比例是多少？

解　由式(25-11)有

$$\Delta E \geqslant \frac{\hbar}{2\Delta t} = \frac{1.05\times 10^{-34}}{2\times 5.2\times 10^{-21}\times 1.6\times 10^{-19}} = 0.063\ \text{Mev}$$

占静止能比例：

$$\frac{\Delta E}{E} = \frac{0.063}{3100} = 2.0\times 10^{-5}$$

25.3　薛定谔方程
Schrödinger equation

25.3.1　波动力学的建立历史

在海森堡、波恩、约当等人创立量子力学的矩阵力学的同时，薛定谔通过另外一条途径创立了波动力学。薛定谔(Erwin Schrödinger，1887—1961)于 1887 年出生于奥地利首都维也纳，1906—1910 年，在维也纳大学物理系学习，在此期间，他曾深入研究过连续介质物理中的本征问题。这对他以后创立波动力学有很大影响。

在对德布罗意提出的物质波进行了透彻理解后，薛定谔认为物质波提供微观粒子描述的框架，但不是普遍的说明。

1925 年，在德拜主持一个物理学定期讨论会上，薛定谔被指定报告德布罗意的工作，在报告之后，德拜指出，讨论波动而没有波动方程，太幼稚了。经过几个星期的研究，薛定谔找到了描述氢原子的不含时波动方程。

1926 年，薛定谔从经典力学和几何光学的类比，物理光学到几何光学过渡的角度，阐述了他建立经典力学思想，并建立了含时薛定谔方程。

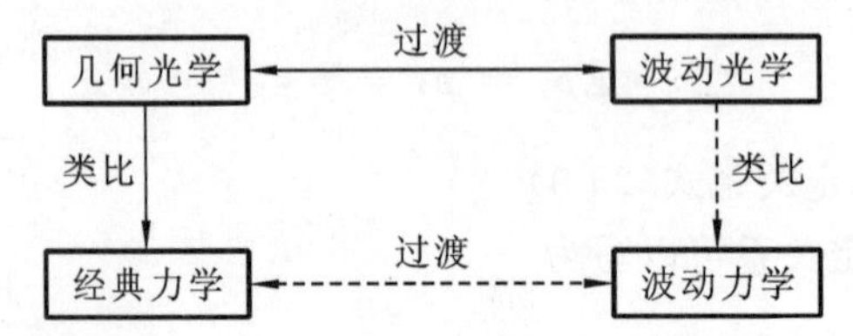

在同一时间内，同时存在量子力学的矩阵力学和波动力学，薛定谔对此进行了深入研究，证明了这两种力学形式本质上是等价的，可以从一种理论变换到另一种理论。

由于波动力学所用的数学工具是偏微分方程，比矩阵形式便于表达和掌握，薛定谔所创立的波动力学被认为是量子力学的一般通用形式。

25.3.2 薛定谔方程(Schrödinger equation)

对一维波平面波函数式(25-4)两边作运算 $i\hbar\frac{\partial}{\partial t}$：

$$i\hbar\frac{\partial}{\partial t}\psi = E\psi \tag{25-14}$$

再对式(25-4)两边作运算 $-\frac{\hbar^2}{2m}\frac{\partial^2}{\partial x^2}$：

$$-\frac{\hbar}{2m}\frac{\partial^2}{\partial x^2}\psi = \frac{p^2}{2m}\psi \tag{25-15}$$

比较式(25-14)和式(25-15)，在自由粒子运动情况下，动能 $E=\frac{p^2}{2m}$，于是：

$$i\hbar\frac{\partial}{\partial t}\psi(x,t) = -\frac{\hbar^2}{2m}\frac{\partial^2}{\partial x^2}\psi(x,t) \tag{25-16}$$

上式中如果考虑三维情况，$\frac{\partial^2}{\partial x^2}$由$\nabla^2$代替：

$$i\hbar\frac{\partial}{\partial t}4(\vec{\boldsymbol{r}},t) = -\frac{\hbar^2}{2m}\nabla^2\psi(\boldsymbol{r},t) \tag{25-17}$$

如果考虑一般情况下，粒子势能函数为 $V=V(\boldsymbol{r})$，得到薛定谔方程：

$$i\hbar\frac{\partial}{\partial t}4(\vec{\boldsymbol{r}},t) = \left[-\frac{\hbar^2}{2m}\nabla^2+V(\boldsymbol{r})\right]\psi(\boldsymbol{r},t) \tag{25-18}$$

上面对式(25-18)的“推导”，是为了便于理解，并不是严格的逻辑过程，薛定谔方程在量子力学中地位类似于牛顿定律在力学中的地位，它的正确性由物理实验检验。

在势能函数 $V(\boldsymbol{r})$不是时间函数条件下，对式(25-18)中波函数 $\psi(\boldsymbol{r},t)$用分离变量法求解。令 $\psi(\boldsymbol{r},t)=\psi(\boldsymbol{r})f(t)$代入式(25-18)，并把位置和时间变量分开：

$$\frac{1}{f}i\hbar\frac{\partial f}{\partial t} = \frac{1}{\psi}\left(-\frac{\hbar^2}{2m}\nabla^2+V\right)\psi \tag{25-19}$$

上式两边变量不同，能够相等，必定等于共同常数 E：

$$i\hbar\frac{\mathrm{d}f}{\mathrm{d}t} = Ef \tag{25-20}$$

$$\left(-\frac{\hbar^2}{2m}\nabla^2+V\right)\psi = E\psi \tag{25-21}$$

式(25-21)称为定态薛定谔方程。

把薛定谔方程应用于氢原子中的电子，结果与实验完全符合，后来经过波恩、海森堡、狄拉克等诸多人的努力，几年的时间就建立了一套完整的与经典物理完全不同的量子力学理论。

25.4 无限深势阱问题
Infinite deep potential well

有一种势阱模型：

$$V(x)=\begin{cases}0,0\leqslant x\leqslant a\\ \infty,x<0,x>a\end{cases} \tag{25-22}$$

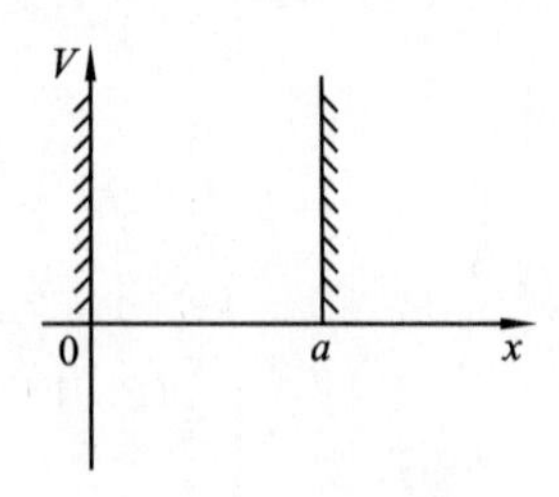

图 25-3 势阱模型

如图 25-3 所示。

粒子被局限在 0 到 a 之间运动,像处于一个无限深阱中一样,这种模型称为无限深势阱。

金属中电子被限制于金属内而不容易逸出,原子核中被束缚的质子和中子,均可看做处于无限深势阱中。

由定态薛定谔方程式(25-21),有

$$\left(-\frac{\hbar^2}{2m}\nabla^2+V\right)\psi = E\psi,\quad 0\leqslant x\leqslant a \tag{25-23}$$

$$\psi(x)=0, x<0 \text{ 和 } x>a$$

由式(25-23)得

$$\frac{\mathrm{d}^2}{\mathrm{d}x^2}\psi+\frac{2mE}{\hbar^2}\psi = 0 \tag{25-24}$$

令 $k^2=\frac{2mE}{\hbar^2}$则:

$$\frac{\mathrm{d}^2\psi}{\mathrm{d}x^2}+k^2\psi = 0 \tag{25-25}$$

方程式(25-25)是一维谐振子方程,其解为

$$\psi(x)= A\cos(kx+\varphi),\quad 0\leqslant x\leqslant a \tag{25-26}$$

由于波函数在 $x=0$ 和 $x=a$ 处连续,所以

$$A\cos\varphi = 0 \tag{25-27}$$

$$A\cos(ka+\varphi)= 0 \tag{25-28}$$

由式(25-27)得到 $\varphi=\frac{\pi}{2}$,由式(25-28)得到 $ka+\varphi=(2n+1)\frac{\pi}{2}$。

于是

$$k_n=\frac{n\pi}{a}$$

式(25-26)变为

$$\psi(x) = A\sin\left(\frac{n\pi}{a}x\right),\quad 0\leqslant x\leqslant a$$

由波函数归一化条件,有

$$\int_0^a A^2\sin^2\left(\frac{n\pi}{a}x\right)\mathrm{d}x = 1$$

得:

$$A=\sqrt{\frac{2}{a}}$$

于是波函数为

$$\psi_n(x)=\sqrt{\frac{2}{a}}\sin\left(\frac{n\pi}{a}x\right),\quad n = 1,2,3,\cdots \tag{25-29}$$

粒子能量

$$E_n=\frac{\hbar^2k^2}{2m}=\frac{\hbar^2(n\pi)^2}{2ma^2},\quad n = 1,2,3,\cdots \tag{25-30}$$

量子力学的结果,与经典物理不同之处在于以下两点。

(1) 量子力学给出的波函数为式(25-29)，从而粒子在任意位置 x 处概率为 $|\psi_n(x)|^2=\frac{2}{a}\sin^2\left(\frac{n\pi}{a}x\right)$，概率与位置有关，而经典物理认为粒子在 0～a 处处概率相同。

(2) 量子力学给出最小能量(基态能) $E_1=\frac{\hbar^2\pi^2}{2ma}$，而在经典物理中粒子最低能量为零。

例 25.4　在核内的质子和中子可以看作是处于无限深势阱中而不能逸出，按一维无限深势阱计算，质子从第 1 激发态($n=2$)到基态($n=1$)转变时，放出的能量是多少？核的线度为 1.0×10^{-14} m。

解　由式(25-30)质子基态能量：

$$E_1=\frac{\hbar^2\pi^2}{2ma^2}=\frac{(1.05\times10^{-34})^2\times\pi^2}{2\times1.67\times10^{-27}\times(1.0\times10^{-14})^2}=3.3\times10^{-13}\text{ J}$$

第 1 激发态能量：

$$E_2=4E_1=13.2\times10^{-13}\text{ J}$$

从第 1 激发态转变到基态所放出的能量为

$$E_2-E_1=9.9\times10^{-13}\text{J}=6.2\text{ Mev}$$

25.5 势垒穿透
Barrier penetration

把如图 25-4 所示具有有限高度 V_0 的分布称为一维方势垒。

$$V(x)=V_0,\quad x<0,x>a$$
$$V(x)=0,\quad 0\leqslant x\leqslant a \tag{25-31}$$

把定态薛定谔方程式(25-21)用在 $x<0,0\leqslant x\leqslant a,x>a$ 三个区域。

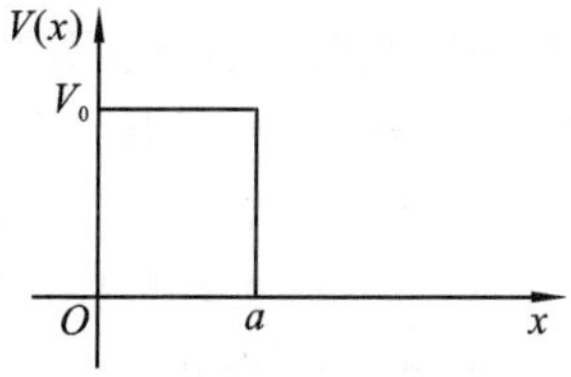

图 25-4　一维方势垒

$$\psi''_1+\frac{2mE}{\hbar}\psi_1=0,x<0$$
$$\psi''_2-\frac{2mE}{\hbar^2}(V_0-E)\psi_2=0,0\leqslant x\leqslant a$$
$$\psi''_3+\frac{2mE}{\hbar^2}\psi_3=0,x>a \tag{25-32}$$

为简便计算，设 $k^2=\frac{2mE}{\hbar^2},\lambda^2=\frac{2m}{\hbar^2}(V_0-E)$，式(25-32)中三个式子，写为如下三个表达式：

$$\psi''_1+k^2\psi_1=0 \tag{25-33}$$
$$\psi''_2-\lambda^2\psi_2=0 \tag{25-34}$$
$$\psi''_3+k^2\psi_3=0 \tag{25-35}$$

在 $x<0$ 区间，有入射波也有反射波；在 $0\leqslant x\leqslant a$ 区间有势垒的多次反射；在 $x>0$ 区间只有透射波。

$$\psi_1=e^{ikx}+Re^{-ikx}$$
$$\psi_2=Ae^{\lambda x}+Be^{-\lambda x}$$
$$\psi_3=Se^{ikx} \tag{25-36}$$

在 $x=0$ 处，$\psi_1(0)=\psi_2(0)$，$\left.\frac{d\psi_1}{dx}\right|_{x=0}=\left.\frac{d\psi_2}{dx}\right|_{x=0}$

在 $x=a$ 处,$\psi_2(a)=\psi_3(a)$,$\left.\frac{\mathrm{d}\psi_2}{\mathrm{d}x}\right|_{x=a}=\left.\frac{\mathrm{d}\psi_3}{\mathrm{d}x}\right|_{x=a}$

定义反射系数为$|R|^2$,透射系数为$|S|^2$得到:

$$|R|^2=\frac{(k^2+\lambda^2)\sinh^2(\lambda a)}{(k^2+\lambda^2)\sinh^2(\lambda a)+4k^2\lambda^2} \tag{25-37}$$

$$|S|^2=\frac{4k^2\lambda^2}{(k^2+\lambda^2)\sinh^2(\lambda a)+4k^2\lambda^2} \tag{25-38}$$

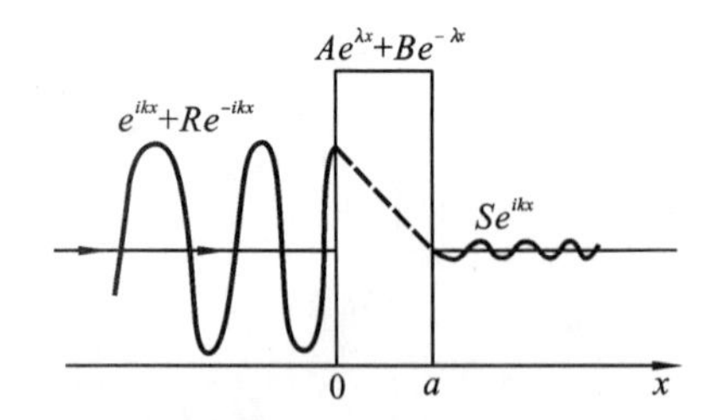

图 25-5　穿过势垒的粒子的几率分布

显然:$|R|^2+|S|^2=1$,说明一部分粒子被势垒反射,一部分从势垒透射,粒子几率分布如图 25-5 所示。

在量子力学中,粒子动能 $E<V_0$,粒子也可能从势垒中穿过,这在经典物理中是不可思议的。因为这意味着粒子在势垒中,动能为负值。

势垒中穿透现象的一个应用是扫描隧道显微镜(scanning tunneling microscopy,STM),STM 在表面物理、材料科学、化学、生物学等领域的科学研究中都有重要作用,发明 STM 的宾宁(G. Binning)和罗雷尔(H. Rohrer)以及在 1932 年发明电子显微镜的鲁斯卡(E. Ruska)共同获得了 1986 年诺贝尔物理奖。

【思考题与习题】

1. 思考题

25-1　如图 25-6 所示是进行双缝衍射实验的原理图,电子从左入射,S 是狭缝,S_1、S_2 分别是有一定宽度,且有快门的两条狭缝,讨论如下情况下的观察屏上的图像:

(1) S_1、S_2 中只开一条狭缝,另一条关闭;

(2) S_1、S_2 的快门,一条打开,一条关闭,轮流开关;

(3) S_1、S_2 的快门同时打开,同时关闭,周期进行;

(4) S_1、S_2 全开。

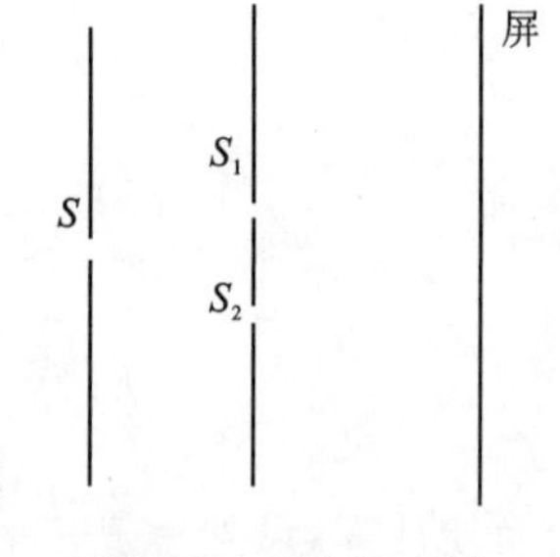

图 25-6　题 25-1 图

25-2　波函数的意义是什么?它要满足哪些条件?

25-3　薛定谔方程是严格推导出来的吗?

25-4　本章讨论的无限深势阱,能量都是确定的,这些激发态寿命有多长?粒子能从高能级跳向低能级吗?

25-5　设粒子运动的波函数图分别如图 25-7(A)、(B)、(C)、(D)所示,那么其中确定粒子动量的精确度最高的波函数是哪个图?(　　)

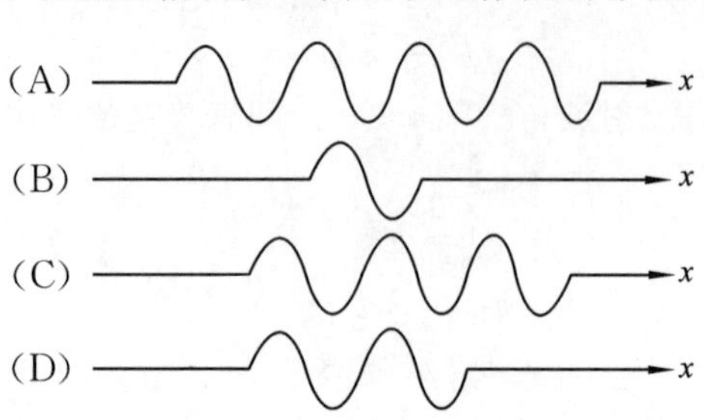

(A)

(B)

(C)

(D)

图 25-7　题 25-5 图

25-6　试求原子中电子速度的不确定量________ m/s，取原子的线度约 10^{-10} m（不确定关系 $\Delta p_x \Delta x \geqslant \frac{\hbar}{2}$，普朗克常量 $h=6.63\times10^{-34}$ J·s，电子静止质量 $m=9.11\times10^{-31}$ kg）。

25.1 习题

25-7　已知一维运动的粒子的波函数为

$$\psi(x)=\begin{cases}Axe^{-\lambda x}, x\geqslant 0\\ 0, x<0\end{cases}$$

其中 $\lambda>0$。求：

(1) 归化因子 A；

(2) 粒子出现的几率密度；

(3) 粒子在何处出现几率最大？

（提示：$\int_0^{\infty} x^2 e^{-ax}\,dx = \frac{2}{a^3}$）

25-8　一粒子在一维空间运动，其波函数 $\psi(x)=Ae^{-\frac{x^2}{2a^2}}$，求：

(1) 归一化系数 A；

(2) 几率密度函数。（提示：$\int_{-\infty}^{\infty} e^{ax^2}\,dx = \sqrt{\frac{\pi}{\alpha}}$）

25.2 习题

25-9　一电子被束缚在一维运动，其动量不确定度 $\Delta p_x=1\times10^{-25}$ kg·m·s^{-1}，能将这个电子约束在内的容器最小尺寸是多少？

25-10　电子位置的不确定量为 5.0×10^{-2} nm 时，其速率的不确定量为多少？

25-11　(1) 如果一个电子处于某能态的时间为 1×10^{-8} s，这个能态的最小不确定度是多少？

(2) 设电子从该能态到基态，辐射能量为 3.4 eV 的光子，求这个光子波长，以及这个波长的最小不确定量。

25-12　氦氖激光器的激光波长为 $\lambda=632.8$ nm，谱线宽度 $\Delta\lambda=1\times10^{-9}$ m，试求该光子沿运动方向的位置不确定度。

25-13　一质量为 m 的粒子，在边长为 a 立方盒中运动，用不确定关系计算能量最小值。

25-14　一粒子在一维无限深势阱中运动，并处于基态，求在距离一侧壁 $\frac{1}{4}$ 宽度内发现粒子的概率。

25-15*　如图 25-8 所示，粒子处在一斜底，无限深势阱中，试画出处于 $n=5$ 激发态时几率密度曲线。

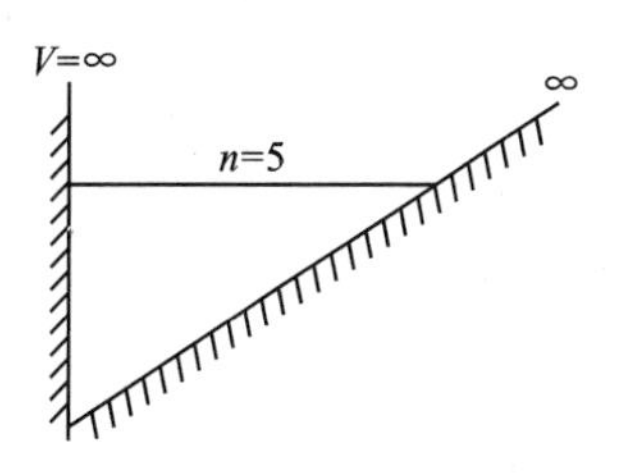

图 25-8　题 25-15 图

第26章 原子结构的量子理论

Chapter 26 Quantum theory of atomic structure

泡利（Wolfgang E. Pauli，1900—1958）

沃尔夫冈·泡利(Wolfgang E. Pauli,1900—1958),奥地利理论物理学家,是量子力学研究先驱者之一。1945年,他因发现泡利不相容原理而获得诺贝尔物理学奖,这一原理涉及自旋的理论,这是理解物质结构的基础。

微观粒子运动规律的基本理论,是研究原子、分子、凝聚态物质以至原子核和粒子的结构、性质的基础理论。微观粒子表现出一系列区别于宏观微粒的性质,根本之点在于微观粒子具有波粒二象性,从而它所遵从的运动规律也与宏观粒子根本不同。在量子力学建立之前,玻尔曾根据普朗克、爱因斯坦等人提出的量子概念发展了前期量子论(见玻尔氢原子理论),能够部分地说明原子的若干性质,然而这理论应用解决的问题有限以及理论中存在不和谐因素,都不能令人满意。1925年海森伯、玻恩和约旦等人着眼于对前期量子论的批判,沿着对应原理的思路,发展了矩阵力学,1926年薛定谔则根据德布罗意的波粒二象性假说建立了波动力学,不久薛定谔等人证明矩阵力学和波动力学在数学上是完全等价的,于是两种理论融合为量子力学,以后得到狄拉克等人进一步发展,使得量子力学成为理论上严谨、方法上齐备的崭新理论。

氢原子是最简单的原子,只有一个电子绕质子运动用量子力学处理氢原子得到的结果精确度最高,处理多电子原子问题困难则大得多,但氢原子理论中的一些结果对认识多电子原子的运动很有帮助。下面介绍氢原子的量子力学理论的概要,再略述多电子原子的壳层结构。

26.1 氢原子的量子理论

Quantum theory of the hydrogen atom

26.1.1 氢原子的薛定谔方程

氢原子是只有一个电子在原子核库仑场中运动的最简单的原子,下面我们简要说明处理氢原子问题的思路和主要结果。

在氢原子中,电子处于核的库仑场中,其势能为

$$V(\boldsymbol{r})=-\frac{e^2}{4\pi\varepsilon_0 r}\tag{26-1}$$

它与时间无关,属定态问题,将势能函数代入定态薛定谔方程式并采用球坐标系得

$$\frac{1}{r^2}\frac{\partial}{\partial r}\left(r^2\frac{\partial\psi}{\partial r}\right)+\frac{1}{r^2\sin\theta}\cdot\frac{\partial}{\partial\theta}\left(\sin\theta\frac{\partial\psi}{\partial\theta}\right)+\frac{1}{r^2\sin^2\theta}\cdot\frac{\partial^2\psi}{\partial\varphi^2}+\frac{2m_e}{\hbar^2}\left(E+\frac{e^2}{4\pi\varepsilon_0 r}\right)\psi=0\tag{26-2}$$

这个偏微分方程需采用分离变量法求解。令

$$\psi(r,\theta,\varphi)=R(r)\Theta(\theta)\Phi(\varphi) \tag{26-3}$$

将式(26-3)代入式(26-2)经整理得如下三个常微分方程

$$\frac{d^2\Phi}{d\varphi^2}+m^2\Phi=0\xrightarrow{\text{解}}\Phi(\varphi)=Ae^{-im\varphi} \tag{26-4}$$

式中:A 是常数,可通过波函数的归一化来确定。根据波函数的单值性(即周期性边界条件)要求 m 只能取整数 $0,\pm1,\pm2,\cdots$称 m 为氢原子的磁量子数。

$$\frac{1}{\sin\theta}\cdot\frac{d}{d\theta}\left(\sin\theta\frac{d\Theta}{d\theta}\right)+\left[\lambda-\frac{m^2}{\sin^2\theta}\right]\Theta=0 \tag{26-5}$$

$$\frac{1}{r^2}\frac{d}{dr}\left(r^2\frac{dR}{dr}\right)+\frac{2m_e}{\hbar^2}\left[E+\frac{e^2}{4\pi\varepsilon_0 r}-\frac{\hbar^2}{2m_e}\frac{\lambda}{r^2}\right]R=0 \tag{26-6}$$

式中:λ 是分离变量常数。

极角波函数 $\Theta(\theta)$的具体形式应由方程式(26-5)求出。

26.1.2　量子化条件和量子数

为确保其有限性,要求方程式(26-6)中的常数 λ 必须满足

$$\lambda=l(l+1)(l=0,1,2,\cdots) \tag{26-7}$$

并且$|m|\leqslant l$,即

$$m=0,\pm1,\pm2,\cdots,\pm l \tag{26-8}$$

在这些条件限制下,方程式(26-5)的解 $\Theta(\theta)$是一个被称为蒂合勒让德函数的特殊函数,表示为 $\Theta(\theta)=P_l^{|m|}(\cos\theta)$。

径向函数应由方程式(26-6)求出。在方程式(26-6)中代入 $\lambda=l(l+1)$,然后经化简、整理并进行求解。另外,根据波函数的有限性和物理上所允许的束缚态要求(因为电子是被束缚在原子核提供的有心力场中),必有

$$\sqrt{\frac{m_e}{2|E|}}\frac{e^2}{4\pi\varepsilon_0\hbar}=n\quad(n=1,2,3,\cdots) \tag{26-9}$$

$$\Rightarrow E_n=-\frac{m_e e^4}{2\hbar^2(4\pi\varepsilon_0)^2n^2}=-\frac{m_e e^4}{8\varepsilon_0^2h^2}\frac{1}{n^2}=-\frac{1}{n^2}13.6\text{eV} \tag{26-10}$$

这就是氢原子的能级公式,与前面玻尔氢原子理论中的能级公式完全一致。在玻尔理论中,此结果是由人为的引入了量子化条件所得,但在量子力学中,则是在求解薛定谔方程的过程中为使波函数满足物理条件而自然得到的。

在满足上述条件下,解得径向波函数为

$$R_{nl}(r)=N_{nl}e^{-r/na}\left(\frac{2r}{na}\right)^lF\left(l+1-n,2l+2,\frac{2r}{na}\right)\quad n=1,2,3,\cdots,l=0,1,2,\cdots,(n-1) \tag{26-11}$$

其中:N_{nl}是归一化常数;$F\left(l+1-n,2l+2,\dfrac{2r}{na}\right)$是一个特殊函数,称为 $l+1-n$ 阶合流超几何多项式,a 的值为

$$a=\frac{4\pi\varepsilon_0\hbar^2}{m_e e^2} \tag{26-12}$$

a 就是玻尔半径 a_0。

则前三个径向波函数分别为

$$R_{10}(r)=2\left(\frac{1}{a}\right)^{3/2}e^{-r/a}$$

$$R_{21}(r)=\frac{1}{\sqrt{3}}\left(\frac{1}{2a}\right)^{3/2}\left(\frac{r}{a}\right)e^{-r/2a}$$

$$R_{20}(r)=\left(\frac{1}{2a}\right)^{3/2}\left(2-\frac{r}{a}\right)e^{-r/2a}$$

如果将 $\Theta(\theta)$ 和 $\Phi(\varphi)$ 合在一起,并正交归一化,用 $Y(\theta,\varphi)$ 表示,其具体形式为

$$Y_{lm}(\theta,\varphi)=\Theta(\theta)\Phi(\varphi)=(-1)^m\sqrt{\frac{(2l+1)}{4\pi}\cdot\frac{(l-1)!}{(l+1)!}}P_l^{|m|}(\cos\theta)e^{im\varphi} \tag{26-13}$$

这个函数称为球谐函数。进而氢原子的波函数可表为

$$\psi(r,\theta,\varphi)=R_{nl}(r)Y_{lm}(\theta,\varphi) \tag{26-14}$$

这个函数就完全确定了氢原子的量子态。可以看出,一组(n, l, m)值就对应于一个确定的量子态,这一组数就是确定氢原子状态的一组量子数。电子在原子核周围的几率密度分布可通过

$$P(\boldsymbol{r},t)=|\psi(r,\theta,\varphi)|^2$$

求得。结果表明,几率密度极大值出现的地方与玻尔轨道间存在着对应关系(可以用电子云即轨道图来表示),即在相当于玻尔圆轨道的地方,电子出现的几率最大。正是在这样一种意义上,有时仍然保留"轨道"这一名词。图 26-1 所示为处于几种不同原子态时,氢原子的电子云示意图。

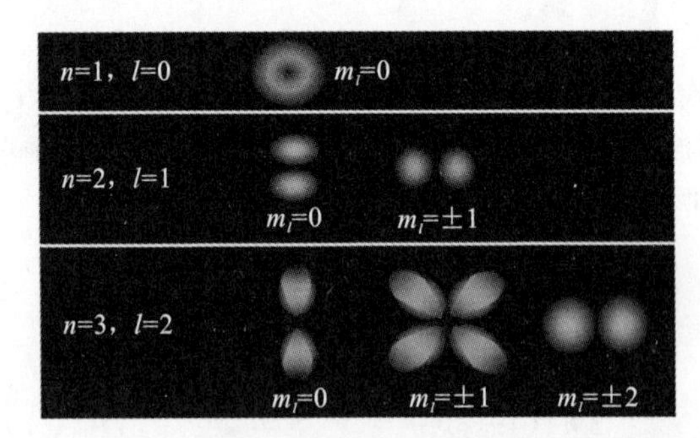

图 26-1 处于几种不同原子态时,氢原子的电子云示意图

除了有式(26-10)所表示的能量的本征值外,还可以求出角动量平方和角动量 z 分量的可能值(本征值):

$$\hat{L}^2Y_{lm}(\theta,\varphi)=l(l+1)\hbar^2Y_{lm}(\theta,\varphi) \tag{26-15}$$

$$\hat{L}_zY_{lm}(\theta,\varphi)=m\hbar Y_{lm}(\theta,\varphi) \tag{26-16}$$

可见,在氢原子中,电子的能量、角动量平方和角动量 z 分量都是量子化的,其可能值(本征值)分别为

$$E_n=-\frac{m_ee^4}{2\hbar^2(4\pi\varepsilon_0)^2n^2},n=1,2,3,\cdots \tag{26-17}$$

$$L=\sqrt{l(l+1)}\hbar \tag{26-18}$$

$$L_z=m\hbar \tag{26-19}$$

根据确定氢原子状态的这一组量子数(n, l, m)与以上各本征值的关系,称 n 为主量子数,l 为

角量子数或轨道量子数，m 为磁量子数。当 n 取定时，l 可取如下数值

$$l=0,1,2,\cdots,(n-1) \tag{26-20}$$

共有 n 个可能的取值。当 l 取定时，m 可取如下数值

$$m=0,\pm 1,\pm 2,\cdots,\pm l \tag{26-21}$$

共有 $2l+1$ 个可能的取值。这表明，在角动量确定时，角动量 z 分量可取 $2l+1$ 个值。这一结论称为角动量的空间量子化。$l=2$ 时，角动量的可能取向如图 26-2 所示。

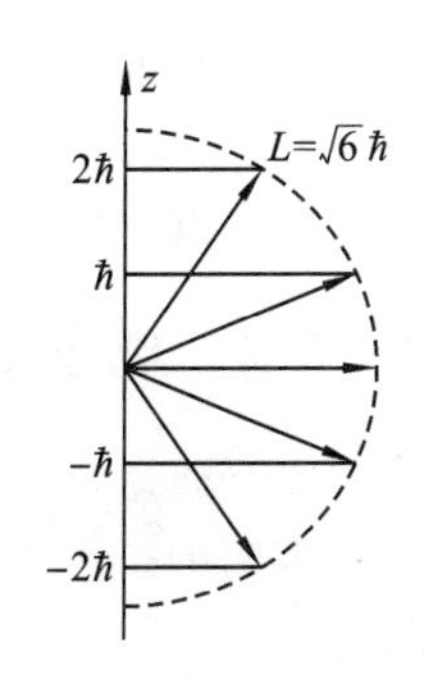

图 26-2　角动量的可能取向

这一切量子化的结果，都是依据波函数要满足的标准条件和一定的物理条件而自然得到的。它们可以说明氢原子光谱等许多现象。

26.2　电子的自旋
Spin of electron

玻尔(Bohr)的旧量子论提出后，人们对光谱规律的认识更加深入。理论反过来又促进了光谱实验工作的展开，特别是光谱精细结构和反常 Zeeman 效应方面。为了解释光谱分析中碰到的矛盾，1925 年，乌伦贝克(G. E. Uhlenbeck)和高德斯密特(S. A. Goudsmit)提出了电子自旋的假设。他们根据的主要实验事实是：

(a) 碱金属原子光谱的双线结构。例如钠原子光谱中的一条很亮的黄线($\lambda\approx 589.3$ nm)，如用分辨率高的光谱仪观测，就会发现它由很靠近的两条谱线组成，D_1($\lambda=589.6$ nm)，D_2($\lambda=589.0$ nm)。

(b) 反常 Zeeman 效应，即在弱磁场中原子光谱线的复杂分裂现象(分裂成偶数条)。

电子自旋的假设，在后来的斯特恩-盖拉赫实验中得到了直接证实。

26.2.1　斯特恩-盖拉赫实验

早在量子力学建立之前，索末菲就提出了角动量的空间量子化。为了从实验上进行验证，1921 年斯特恩(O. Stern，1888—1969)和盖拉赫(W. Gerlach，1889—1979)采用了如图 26-3 所示的装置，让处于基态的银原子束(由加热银原子源获得)通过空间在 z 方向存在梯度的不均匀磁场，射在照相底板上。实验发现，一束射线被分裂为两束，在照相底板上留下了两条对称分布的原子沉积。

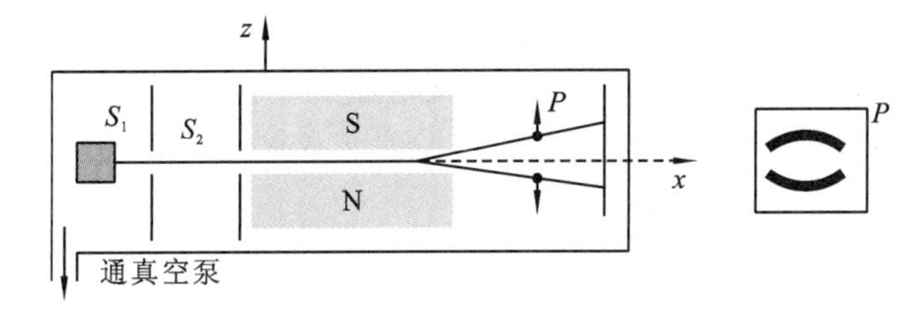

图 26-3　斯特恩-盖拉赫实验用图

这一现象证实了原子具有磁矩，且磁矩在外磁场中只有两种可能取向，即空间取向是量子化的。因为具有磁矩的原子在图示的不均匀磁场中除受到磁力矩的作用发生旋进外，还受到

与前进方向垂直的磁力作用，这将使原子束偏转。磁矩在外磁场方向投影为正的原子移向磁场较强的方向，反之则移向磁场较弱的方向。因为如果原子虽有磁矩但其取向并非量子化的，则底片上原子沉积应是连续的，而不是分立的。

26.2.2 电子自旋

上述原子磁矩显然不是电子轨道运动的磁矩，因为当角量子数为 1 时，轨道角动量和磁矩在外磁场方向的投影 L_z 和 $\mu_z=-(e/2m)L_z$ 有 $2l+1$ 个不同值，底片上的原子沉积应为 $2l+1$ 条，即为奇数条，而不可能只有两条。

为了说明上述实验结果，1925 年，乌伦贝克(G. Uhlenbeck，1900—1974)和高德斯密特(S. Goudsmit，1902—1979)提出了电子具有自旋运动的假设，并且根据实验结果指出，电子自旋角动量和自旋磁矩在外磁场中只有两种可能取向。上述实验中银原子处于基态，且 $l=0$，即处于轨道角动量和磁矩皆为零的状态，因而只有自旋角动量和自旋磁矩。

完全类似于电子轨道运动情况，假设电子自旋角动量的大小 S 和它在外磁场方向的投影可以用自旋量子数 s 和自旋磁量子数 m_s 表示为

$$S=\sqrt{s(s+1)}\,\hbar,S_z=m_s\hbar \tag{26-22}$$

且当 s 一定时，可取$(2s+1)$个值。又由上述实验知，m_s 只有两个值，即 $2s+1=2$，由此得

$$s=1/2,\quad m_s=\pm 1/2 \tag{26-23}$$

引入电子自旋概念后，就可以解释斯特恩和盖拉赫实验及碱金属原子光谱的双线结构(如钠黄光的 589.0 nm 和 589.6 nm)等现象。

值得指出的是，自旋是微观粒子的一种内禀属性，它并不与粒子的自转相对应。理论和实验研究表明，一切微观粒子都具有各自特有的自旋。

26.3 原子的电子壳层结构
Electron shell structure in atom

26.3.1 四个量子数

通过求解薛定谔方程和斯特恩-盖拉赫实验可知，氢原子核外电子的运动状态由四个量子数(n,l,m,m_s)决定。对于其他原子，由于核外有 $z(z>1)$个电子，它们之间的相互作用也会对电子的运动状态发生影响，因此，薛定谔方程要比氢原子情形复杂得多，但通过近似计算可知，其核外电子的运动状态仍由上述四个量子数决定，现归纳如下。

(1) 主量子数 $n(n=1,2,\cdots)$，它基本上决定了原子中电子的能量。

(2) 角量子数 $l[l=0,1,2,\cdots,(n-1)]$，它决定原子中电子角动量的大小。另外，由于轨道磁矩与自旋磁矩的相互作用及相对论效应等，角量子数对能量也有一定的影响。角量子数也称副量子数。

(3) 磁量子数 $m(m=0,\pm1,\pm2,\cdots,\pm l)$，它决定了电子轨道角动量 L 在外磁场中的取向。

(4) 自旋磁量子数 $m_s(m_s=\pm 1/2)$，它决定了电子自旋角动量 S 在外磁场中的取向。

26.3.2 原子的电子壳层结构

为对多电子原子核外电子的运动状态、分布规律等的了解，并用以解释元素周期表中各元

素的排列、分类的规律性。1916 年，柯塞尔提出多电子原子中核外电子按壳层分布的形象化模型。他认为主量子数 n 相同的电子，组成一个壳层，n 越大的壳层，离原子核的距离越远，各壳层分别用大写字母 K，L，M，N，O，P，…表示。在一个壳层内，又按副量子数 l 分为若干个支壳层，显然主量子数为 n 的壳层中包含 l 个支壳层，$l=0,1,2,3,4,5,\cdots,n-1$ 的各支壳层分别用小写字母 s，p，d，f，g，h，…表示。一般说来，主量子数 n 越大的壳层，其能级越高，同一壳层中，副量子数 l 越大的支壳层能级越高。由量子数 n、l 确定的支壳层通常这样表示：把 n 的数值写在前面，并排写出代表 l 值的字母，如 1s，2s，2p，3s，3p，3d，…

同一支壳层上的电子称为同科电子。同科电子的四个量子数中有两个相同，据泡利不相容原理，m 和 m_s 中至少有一个是不相同的。

核外电子在这些壳层和支壳层上的分布情况由下面两条原理决定。

1. 泡利不相容原理

1925 年泡利根据对光谱实验结果的分析总结出如下的规律：在一个原子中不能有两个或两个以上的电子处在完全相同的量子态。即一个原子中任何两个电子都不可能具有一组完全相同的量子数(n,l,m,m_s)，这称为泡利不相容原理。

The Pauli exclusion principle is the quantum mechanical principle that says that two identical fermions (particles with half-integer spin) cannot occupy the same quantum state simultaneously. In the case of electrons, it can be stated as follows: it is impossible for two electrons of a poly-electron atom to have the same values of the four quantum numbers (n, ℓ, m and m_s). For two electrons residing in the same orbital, n, ℓ, and m are the same, so m_s must be different and the electrons have opposite spins. This principle was formulated by Austrian physicist Wolfgang Pauli in 1925.

如基态氦原子，它的两个核外电子都处于 1s 态，其(n,l,m)都是$(1,0,0)$，则 m_s 必定不同，即一个为$+1/2$，另一个为$-1/2$。根据泡利不相容原理不难算出各壳层上最多可容纳的电子数为

$$N_n = \sum_{l=0}^{n-1} 2(2l+1) = 2n^2 \tag{26-24}$$

各支壳层上最多可容纳的电子数为

$$N_l = 2(2l+1) \tag{26-25}$$

在各壳层上，最多可容纳 2，8，18，32，…个电子。而在 s，p，d，f，…各支壳层上，最多可容纳 2，6，10，14，…个电子。如图 26-4 所示。

n \ l		0 s	1 p	2 d	3 f	4 g	5 h	6 i	N_n
1	K	2							2
2	L	2	6						8
3	M	2	6	10					18
4	N	2	6	10	14				32
5	O	2	6	10	14	18			50
6	P	2	6	10	14	18	22		72
7	Q	2	6	10	14	18	22	26	98

角量子数为l的支壳层中最多能容纳电子数为$2(2l+1)$
主量子数为n的壳层中最多能容纳电子数为$N_n=2n^2$

图 26-4　各壳层最多可容纳的电子数

实验证明,自旋量子数为 1/2 的奇数倍的粒子(称为费米子)均受泡利不相容原理的限制;自旋量子数为 0 或 1 的正整数倍的粒子(称为玻色子)则不受此限制。

2. 能量最小原理

原子处于正常状态时,每个电子都趋向占据可能的最低能级,使原子系统的总能量尽可能的低。这一规律称为能量最小原理。因此,能级越低也就是离核越近的壳层首先被电子填充,其余电子依次向未被占据的最低能级填充,直至所有的 N 个核外电子分别填入可能占据的最低能级为止。由于能量还和副量子数 l 有关,所以在有些情况下,n 较小的壳层尚未填满时,下一个壳层上就开始有电子填入了。关于 n 和 l 都不同的状态的能级的高低问题,要在考虑电子轨道、自旋耦合作用后,通过求解薛定谔方程便可确定。对此,我国科学家徐光宪教授总结出这样的规律:对于原子的外层电子,能级高低可以用 $n+0.7l$ 值的大小来比较,其值越大,能级越高。此规律称为徐光宪定则。例如,3d 态能级比 4s 态能级高,因此钾的第十九个电子不是填入 3d 态,而是填入 4s 态,等等。

按量子力学求得的各元素原子中电子排列的顺序,已在各元素的物理、化学性质的周期性中得到完全证实。

【思考题与习题】

1. 思考题

26-1　主量子数、角量子数、磁量子数分别决定什么物理量,它们取值必须满足什么条件?

26-2　在氢原子中,电子的能量、角动量和角动量 z 分量是连续的还是量子化的,写出它们的本征值。

26-3　描述原子电子壳层结构时,我们会看 1s,2s,2p,3s,3p,3d 等这样的表示,前面的数字和字母分别代表什么?

26-4　通过这一章的学习,微观粒子和我们所熟知的宏观物体的运动有什么不同,它们对应的同一物理量最根本的区别是什么?

2. 选择题

26-5　由氢原子理论,当氢原子处于 $n=3$ 的激发态时,可发射(　　)。

(A) 一种波长的光　　(B) 两种波长的光

(C) 三种波长的光　　(D) 各种波长的光

26-6　按照量子力学理论,氢原子中的电子绕核运动时,电子的动量矩 L 的可能值为(　　)。

(A) $l\dfrac{h}{2\pi}$　$l=0,1,2,3,\cdots,(n-1)$　　(B) $\sqrt{l(l+1)}\dfrac{h}{2\pi}$　$l=0,1,2,3,\cdots,(n-1)$

(C) $2\pi nh, n=1,2,3,\cdots$　　(D) $n\dfrac{h}{2\pi}, n=1,2,3,\cdots$

26-7　电子自旋的自旋磁量子数可能的取值有(　　)。

(A) 1 个　　(B) 2 个　　(C) 4 个　　(D) 无数个

26-8　1921 年斯特恩和革拉赫在实验中发现:一束处于 s 态的原子射线在非均匀磁场中

分裂为两束。该现象最后被解释为(　　)。

(A) 电子绕核运动空间量子化　　(B) 电子自旋

(C) 电子衍射　　(D) 能量量子化

26-9　电子自旋磁量子数 m_s 的可能取值(　　)。

(A) $\pm\frac{1}{2}$　　(B) $0,\pm1,\pm2,\pm3,\cdots$

(C) ±1　　(D) 不确定

26-10　氢原子中处于3d量子态的电子，描述其量子态的四个量子数 (n,l,m_l,m_s) 可能取的值为(　　)。

(A) $(3,0,1,-\frac{1}{2})$　　(B) $(1,1,1,-\frac{1}{2})$

(C) $(2,1,2,\frac{1}{2})$　　(D) $(3,2,0,\frac{1}{2})$

3. 填空题

26-11　设大量氢原子处于 $n=4$ 的激发态，它们跃迁时发射出一簇光谱线。这簇光谱线最多可能有________条。

26-12　被激发到 $n=3$ 的状态的氢原子气体发出的辐射中，有________条可见光谱。

26-13　氢原子由定态 l 跃迁到定态 k 可发射一个光子。已知定态 l 的电离能为0.85 eV，又知从基态使氢原子激发到定态 k 所需能量为10.2 eV，则在上述跃迁中氢原子所发射的光子的能量为________ eV。

26-14　根据量子力学理论，氢原子中电子的动量矩为 $L=\sqrt{l(l+1)}\hbar$，当主量子数 $n=3$ 时，电矩的可能取值为________。

26-15　原子中电子的主量子数 $n=2$，它可能具有的状态数最多为________个。

26-16　在下列一组量子数的空格上，填上适当的数值，以便使它们可以描述原子中电子的状态：$n=2$，$l=$________，$m_l=-1$，$m_s=-\frac{1}{2}$。

26-17　主量子数 $n=4$ 的量子态中，角量子数 l 的可能取值为________。

26.1 习题

26-18　氢原子从某初始状态跃迁到激发能(从基态到激发态所需的能量)为 $\Delta E=10.19$ eV 的状态时，发射出光子的波长是 $\lambda=486$ nm。求该初始状态的能量和主量子数。

26.3 习题

26-19　在描述原子内电子状态的量子数 n,l,m_l 中：(1)当 $n=5$ 时，l 的可能值是多少？(2)当 $l=5$ 时，m_l 的可能值为多少？(3)当 $l=4$ 时，n 的最小可能值是多少？(4)当 $n=3$ 时，电子可能状态数为多少？

26-20　氢原子中的电子处于 $n=4$、$l=3$ 的状态。问：(1)该电子角动量 L 的值为多少？(2)这角动量 L 在 z 轴的分量有哪些可能的值？(3)角动量 L 与 z 轴的夹角的可能值为多少？

第 27 章　分子与固体

Chapter 27　Molecules and solids

27.1　化　学　键

Chemical bond

使原子和原子，或分子和分子结合起来的作用力，称为化学键。化学键的强弱是以结合能的大小来衡量的。强的化学键有离子键、共价键和金属键，能量为几电子伏特，负责把原子和原子结合成分子或晶体；弱的化学键有范德瓦耳斯键和氢键，数量级为 $10^{-1}\sim10^{-2}$ eV，负责把分子和分子结合成晶体。下面主要介绍三种强化学键：离子键、共价键和金属键。

27.1.1　离子键

在几种强化学键中只有离子键最好理解，因为不太需要量子力学。由正电性元素（原子外壳的价电子少，有失去价电子趋势的元素，如碱金属）和负电性元素（原子外壳的价电子多，有获得电子而使外层电子饱和趋势的元素，如卤素）组成晶体时，正电性元素失去电子成为正离子，负电性元素获得电子而成为负离子。正、负离子之间的静电力使它们结合在一起，形成晶体。这种将正、负离子结合起来的静电力，叫作离子键（ionic bond），在离子键作用下组成的晶体，叫作离子晶体。

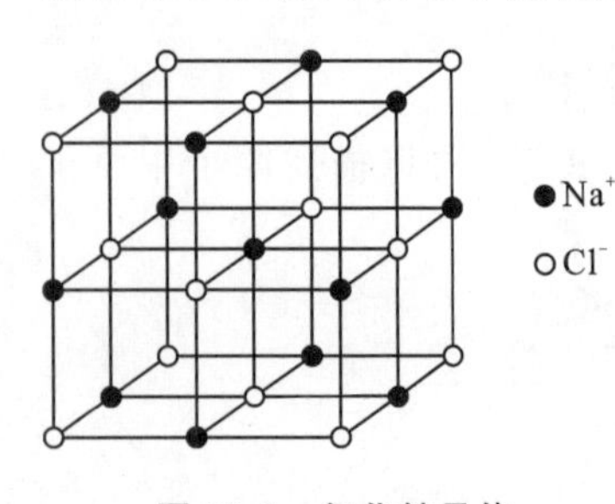

图 27-1　氯化钠晶体

最典型的离子晶体是 NaCl 晶体，如图 27-1 所示。它由钠离子 Na^+ 和氯离子 Cl^- 相间排列组成，由于电子要服从泡利不相容原理，因此，Na^+ 和 Cl^- 又不能靠得过近，否则，它们之间便出现一种强大的“不相容斥力”，所以 Na^+ 和 Cl^- 恰好维系在一定的距离上，键长 2.82 Å，结合能 3.3 eV。

27.1.2　共价键

通过原子之间共有价电子而形成的化学键称为共价键（covalent bond）。H_2 分子、CCl_4 分子等的形成就是一种共价键作用的结果。与离子键不同，共价键的形成完全是一种量子效应。

1927 年海特勒（W. Heitler）和伦敦（F. London）首次用量子力学解释了氢分子存在的原因。按照量子效应，在一定的量子态（成键态）中这种“共有”的价电子有较大的概率处在两原子核连线的中垂面附近，在那里形成密度较大的电子云。电子云是带负电的，将两边带正电的氢原子核紧密地结合在一起，这便形成了氢分子 H_2。可见，电子共有化是形成共价键的关键，虽然共价键的本质仍是静电力，但没有量子力学是解释不清楚的。

除了正、负电性很强的原子靠离子键结合外，原子结合成分子最普遍的形式是通过共价键。氢分子中键长 0.74 Å，结合能 4.49 eV。其他分子中共价键参数的数量级相同。原子还可以通过共价键结合成晶体，这种晶体叫作原子晶体。典型的原子晶体有金刚石(C)、金刚砂(SiC)等，由于共价键很强，它们的硬度都很大。

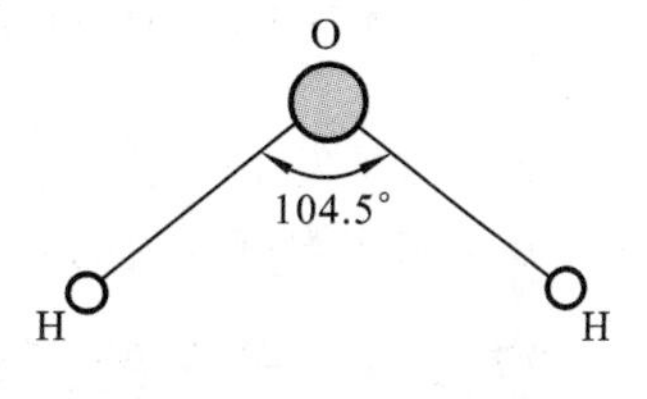

图 27-2　水分子的键角

共价键有两个特点：①饱和性，即形成的键数有一最大值，例如，氢是一个，氧是两个，碳是四个等；②方向性，各键之间有确定的相对方位，如在水分子中氢和氧两个共价键之间的夹角是 104.5°，如图 27-2 所示。

27.1.3　金属键

金属中原子的结合通过金属键(metallic bond)。孤立的金属原子通常有几个束缚较松散的外层电子，其余的电子形成束缚较紧的原子实。当这样的原子凑在一起时，外层电子被“共有化”，可在整个晶体内自由运动。这些自由电子把原子实维系在一起，形成有序的晶体。例如，金属钠的结合能 1.11 eV，比典型的共价键弱得多。钠是很软的，在金属中并不典型，金属铜的结合能 3.5 eV，这就和共价键差不多了。

由于金属键没有饱和性和方向性，金属原子总是以尽可能紧密地方式堆积在一起，从而金属的密度一般是较大的。原子最紧密的堆积方式有两种：面心立方密堆和六角密堆，其次是体心立方密堆，如图 27-3 所示，大多数金属的晶格属于这几种类型。图 27-3 中为了说明晶体的结构，我们用小圆点代表原子中心的位置，细杆代表化学键，撑起一个晶格骨架。在晶体中与每个原子相邻的原子数，叫作配位数(coordination number)。在面心立方密堆和六角密堆晶体中的配位数均为 12，体心立方密堆晶体中配位数为 8。

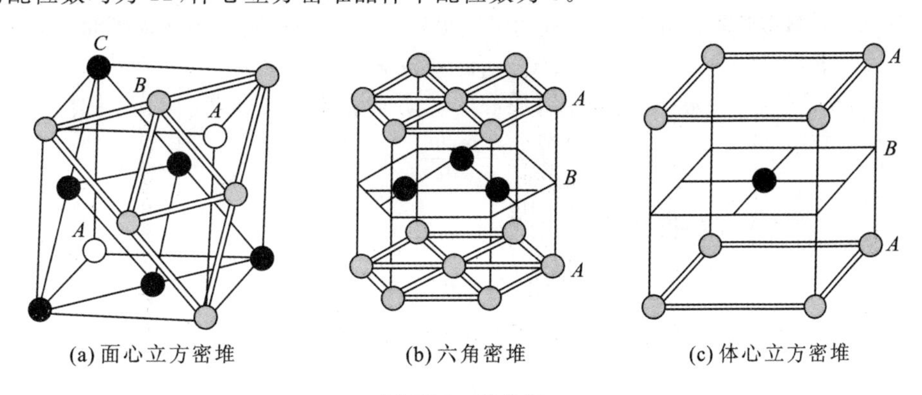

图 27-3　密堆积

食盐的颗粒硬而且脆，铜块则富延展性。物质的这些不同性质都与它们的微观结构有关。由于离子晶体内相邻离子都是带异号电的，一旦受到打击，晶体发生局部滑移，于是在滑移面两侧同号离子排到一起去了，静电引力变为斥力，促使晶体碎裂。而对于金属晶体来说，其结构好像自由电子作为黏合剂把原子实堆砌起来，即使当晶体受到冲压而使原子实发生局部滑移时，自由电子仍可把新的原子实黏合在一起。这便是金属材料良好延展性的由来。

27.2 分子的振动与转动
Vibrational motion & rotational motion of molecules

分子除了发生电子跃迁,产生光谱外,还存在转动和振动两种运动形式。它们对分子的能量及分子结构均有一定的影响。

27.2.1 分子的振动

分子的势能曲线与谐振子的势能曲线在 r_0(原子间距,亦即化学键键长)附近非常相似。因此,可以近似地用线性谐振子的能量来表示分子振动的能量,即

$$E_n = \left(n + \frac{1}{2}\right)\hbar\omega \quad (n = 0,\ 1,\ 2,\ \cdots) \tag{27-1}$$

式中:n 为振子的量子数,也就是说,分子振动的能量是量子化的。因而常将振动能量称为振动能级。$n=0$ 所对应的能量最低,称为零点能,其值为$\frac{1}{2}\hbar\omega$。

27.2.2 分子的转动

组成分子的原子围绕分子质量中心的转动称为分子的转动,其转动能量同样是量子化的。下面利用双原子分子模型来推导分子的转动能级公式。

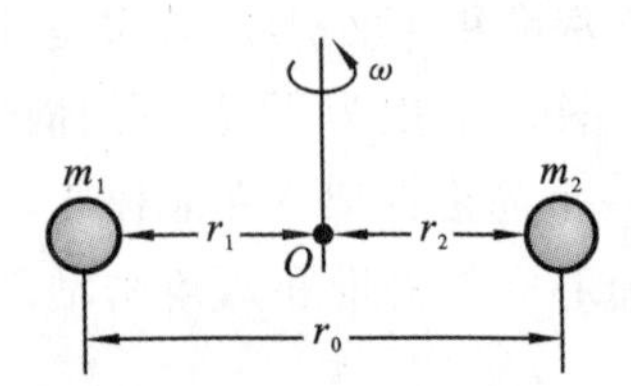

图 27-4 分子的转动惯量

如图 27-4 所示,设 m_1、m_2 为组成分子的两个原子,其间距为 r_0;两原子到分子质心 O 的距离分别为 r_1、r_2,绕质心的转动角速度为 ω。通过解定态薛定谔方程可以求得分子转动的角动量本征值为

$$L^2 = l(l+1)\hbar^2 \tag*{①}$$

由转动惯量的定义可以写出分子对质心的转动惯量

$$I = m_1 r_1^2 + m_2 r_2^2$$

注意到 $r_0 = r_1 + r_2$,$m_1 r_1 = m_2 r_2$ 则分子对质心的转动惯量又可以写成

$$I = \frac{m_1 m_2}{m_1 + m_2} r_0^2$$

令 $m=\frac{m_1 m_2}{m_1 + m_2}$,称为分子的折合质量。于是上式可简化为

$$I = m r_0^2 \tag*{②}$$

将①、②式代入转动能量公式 $E=\frac{L^2}{2I}$,可得到分子的转动能级

$$E_l = \frac{l(l+1)\hbar^2}{2mr_0^2} \tag{27-2}$$

27.3 金属电子理论
Free-electron theory of metals

27.3.1 金属中自由电子的能量分布

我们知道,气体分子服从玻耳兹曼分布,每一能级上可有多个粒子。但是,自由电子不遵

守玻耳兹曼分布，其行为要受泡利不相容原理的制约，每一能级最多只能分布两个自旋方向相反的电子。这样，N 个自由电子便会从基态（能量最低的态）E_1 一直填充到能量最高状态（即费米态），它所对应的能级称为费米能级，用 E_F 表示。

与费米能级对应的温度称为费米温度。由热力学关系可以得到费米温度 $T_F=\frac{E_F}{k}$，通常写成

$$kT_F = E_F \tag{27-3}$$

式中：k 为玻尔兹曼常量。

利用统计的方法可以导出，自由电子按能量的分布关系为

$$f(E) = \frac{1}{e^{\frac{E-E_F}{kT}}+1} \tag{27-4}$$

式中：$f(E)$ 称为费米统计分布函数，简称费米函数。在 $T=0$ 时，自由电子只能填充到小于 E_F 的能级上，因此有

$$f(E) = \begin{cases} 1 & E < E_F \\ 0 & E > E_F \end{cases}$$

27.3.2　金属导电的量子解释

金属导电的特点是电阻率 ρ 很小，且随温度 T 而变化。利用经典电子导电理论和量子理论都能对此作出解释，但实验证明，只有量子解释才是正确的。

按照电磁理论可以导出，金属的电阻率

$$\rho = \frac{2m}{ne^2}\frac{1}{\tau} \quad ①$$

式中：m 为电子质量；

n 为电子数密度；

e 为元电荷；

τ 为电子与金属正离子组成的晶格相邻两次碰撞的平均时间，即平均碰撞周期（或称弛豫时间）。

按照经典理论，平均碰撞频率 $\bar{\nu}=\frac{1}{\tau}=\frac{\bar{v}}{\bar{\lambda}}$，而 $\bar{\lambda}=\frac{1}{\sqrt{2}n\pi r^2}$，$\bar{v}\propto\sqrt{T}$，由此可以得到，电阻率 $\rho\propto\sqrt{T}$（T 为热力学温度）。

但是，实验指出，$\rho\propto T$。这说明，经典理论不能很好地解释金属的导电问题。

从量子理论的观点来看，自由电子的平均自由程随温度而改变，而其平均速度则是与温度无关的。

设正离子由于热振动而离开平衡位置的距离（位移）为 r，则其振动势能

$$E_P = \frac{1}{2}kr^2 = \frac{1}{2}m\omega^2r^2 \quad ②$$

其大小相当于 kT 量级的能量，即

$$\frac{1}{2}m\omega^2r^2 \sim kT \quad ③$$

式中：m 为离子质量；

ω 为离子的振动角频率。

自由电子与离子的碰撞实为离子对电子的散射,r 就是其散射截面的半径。于是 πr^2 便可理解为散射截面积,因而便有

$$\bar{\lambda} \propto \frac{1}{\pi d^2} = \frac{1}{\pi r^2} \qquad ④$$

比较③、④式可得

$$\bar{\lambda} \propto \frac{1}{T} \qquad ⑤$$

按照碰撞理论

$$\tau = \frac{\bar{\lambda}}{\bar{v}} \qquad ⑥$$

式中:$\bar{v}$ 为电子热运动的平均速率。

考虑到泡利原理限制,实际上参与导电的只是费米能级附近的电子,费米能级的能量主要为它们所提供,因此 $\bar{v}$ 应由下式决定:

$$\frac{1}{2}m\,(\bar{v})^2 = E_{\mathrm{F}} = \frac{1}{2}m\,(u_{\mathrm{F}})^2$$

即 $\bar{v}=u_{\mathrm{F}}$(u_{F} 为费米能级附近的电子速率),则

$$\tau = \frac{\bar{\lambda}}{u_{\mathrm{F}}} = \frac{\bar{\lambda}}{\sqrt{2E_{\mathrm{F}}/m}}$$

式中:m 为电子质量;

E_{F} 为费米能量。

两者均与温度无关,故有

$$\tau = \frac{\bar{\lambda}}{u_{\mathrm{F}}} \propto \frac{1}{T} \qquad ⑦$$

比较⑦、①式得

$$\rho \propto T$$

它与实验结果完全相符,可见金属导电的量子理论解释是正确的。

27.4 固体的能带理论
Band theory of solids

X 射线结构分析表明,晶体中的粒子(原子、分子或离子)在空间呈完全有规则的周期排列,形成空间点阵。这种周期性的结构,使晶体中的电子能态呈现出特殊的能带结构。研究发现,固体的能带结构不仅能阐述固体材料的许多重要性质,如热电效应、光电效应、电磁性质和光学性质等,而且还为设计和寻找新材料、新元件提供了理论依据。这里将主要介绍固体能带的一些基础知识。

27.4.1 电子的共有化

我们知道,在金属原子中,除价电子外,其余电子和原子核的结合较为紧密,将其视为原子实,也可将其视为带正电的粒子。对于孤立原子,若零势能点选在无限远处,则价电子就受到一个与原子实的距离成反比且为负值的势场作用,如图 27-5(a)所示。当原子结合成晶体时,价电子便受到所有原子实的合势场作用,这个势场的势呈现如图 27-5(b)实线所示的周期性,

因而称为周期势，其周期长短取决于原子的间距。因为晶体一般是三维的，所以相应的周期势也具有三维周期性(图中只画出了一维的情况)，其作用相当于空间排列的势垒群。在它的作用下，原属各自原子的核外电子，由于隧道效应可以穿越势垒，由一个原子转移到另一个原子，在整个晶体中运动，这时的电子属各原子所共有，称为“电子共有化”。对于原子的内层电子，如处于 E_1 能态上的电子，由于能量较低，势垒较宽，由隧道效应可知，其穿透系数较小，即穿越势垒的概率较小，所以共有化程度不显著。原子外层的电子，能量较大，相应地势垒宽度较窄，所以穿越势垒的概率较大，共有化程度较显著。总之，晶体中的电子都有不同程度的共有化，产生这种现象的实质是电子波动性在晶体中的反映。

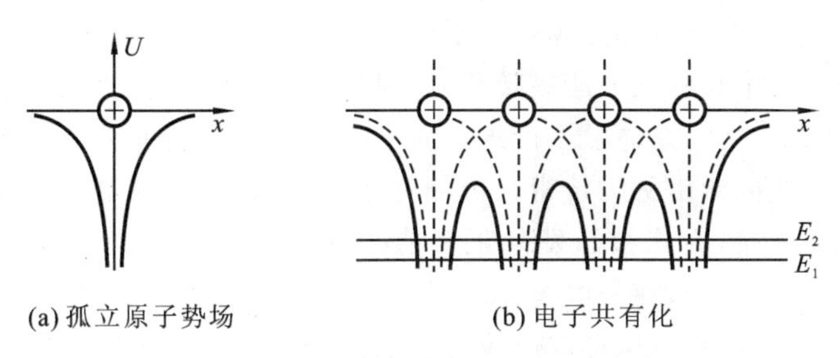

图 27-5　势场对价电子的作用

27.4.2　能带的形成

根据原子电子的壳层结构，原子核外电子分壳层分布，自核由里向外的壳层依次为 1s，2s，2p，3s，…不同壳层对应原子的不同能级。在晶体中，由于电子的共有化，使原来自由状态下的原子能级发生分裂。理论和实验都证明，当 N 个相同原子组成晶体时，随着原子间距的减小，原子外层价电子开始相互分裂，每一能级将会分裂为 N 个相距很近的不同能级。当 N 很大时，分裂后的相邻能级间隔很小(小于 10^{-23} eV)，呈准连续的带状分布，称为能带。原子外层电子间因相互作用较强，所以能级分裂的宽度较大，能带较宽。内层电子则因原子间相互作用较弱，所以能级分裂的宽度较小，能带较窄。若两能带之间有一能量区域是电子不能具有的，则此区域称为禁带。若两能带相互交叠，则禁带消失。由于晶体的能带是由原子能级分裂得到的，所以仍用电子能级符号 s，p，d，…标记能带，其结构大致如图 27-6 所示。

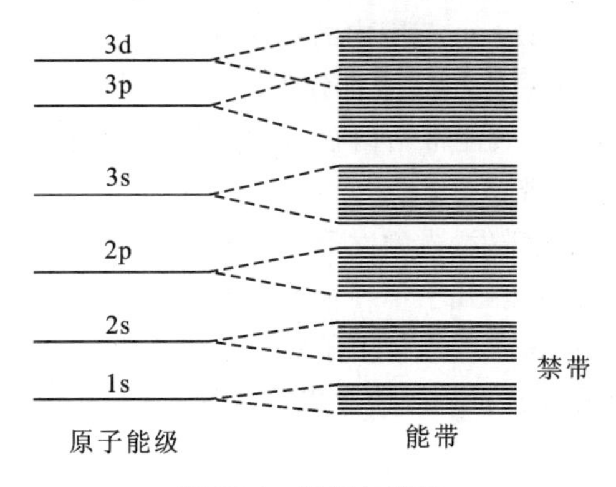

图 27-6　能级与能带

我们知道，孤立原子的 ns 能级上最多可容纳两个自旋方向相反的电子，称为 ns 电子，因此，N 个相同的孤立原子的 ns 能级上最多可容纳的总电子数为 $2N$ 个 ns 电子。当原子结合成晶体后,若能级不分裂,$2N$ 个 ns 态电子将挤在同一个能级上,显然,这时违背泡利不相容原理的。因此,要形成稳定的晶体,原 ns 能级必须分裂成 N 个不同的能级,方能容纳 $2N$ 个电子。同理,原子的 np 能级最多可容纳 6 个电子,形成晶体后,此能级必须分裂成 N 个不同能级,才能容纳 $6N$ 个电子。因此,N 个原子形成晶体后,一个能级必须分裂成 N 个相距很近的不同能级,形成能带。每个能带所能容纳的最多电子数为该能带相对应的原子能级所能容纳的最多电子数的 N 倍。对于角量子数 l 一定的能带,最多可容纳的电子数为 $2(2l+1)N$ 个。

能带形成后,电子怎样填入能带内的各能级呢?它们的填充方式与原子的情形相似,仍然服从能量最低原理和泡利不相容原理。如果原来的原子能级被电子填满,则对应的能带上各能级都被电子填满,这样的能带称为满带。不论有无外电场作用,当满带中任一电子由它原来占有的能级向这一能带中其他任一能级转移时,因受泡利不相容原理的限制,必有沿相反方向转移的电子与之相抵消,这时总体上不产生定向电流,所以满带中的电子不参与导电过程。由价电子能级分裂而形成的能带称为价带。价带可能被填满,成为满带,也可能未被填满,与各原子激发能级相应的能带,在未被激发的正常情况下没有电子填入,称为空带。由于某种原因,电子受到激发而进入空带,在外电场作用下,这些电子在空带中向较高的空能级转移时,没有反向的电子转移与之抵消,可以形成电流,因此表现出导电性,所以这样的空带又称为导带。有的能带(一般为价带)只有部分能级被电子占据,在正常情况下,总是优先填充下面能量较低的能级,上面的能级空着,这样的能带称为不满带,在外电场作用下,这种能带中的电子向高一些的能级转移时,也没有反向的电子转移与之抵消,也可形成电流,表现出导电性,因此未被电子填满的不满带也称为导带。

27.5　绝缘体　导体　半导体
Insulators, conductors and semiconductors

电阻率是固体的一个很重要的电学参数,电阻率的高低表征固体导电性能的好坏。按导电性能的不同,固体可分为绝缘体、导体、半导体。固体的这一分类可以用能带理论予以说明。

27.5.1　绝缘体

通常将电阻率在$10^{8}\sim10^{22}$ Ω·m 范围内的物体称为绝缘体。常见的绝缘体有固态、液态和气态。而固态绝缘体中有非晶体和晶体之分,大多数离子晶体(如 NaCl、KCl 等)和分子晶体(如 Cl_2、CO_2等)都是绝缘体。其能带结构有两个特征:①只有满带和空带;②满带和它上面的空带之间隔着一个较宽的禁带(3~6 eV)。由于满带中的电子不参与导电,在一般外电场的作用下,或者当晶体受到诸如热激发、光激发等作用时,只会有极少量的电子从满带跃迁到空带上去,所以此类晶体导电性极差,几乎不导电。显然,绝缘体的禁带越宽,绝缘性能就越好。但是,如果外电场很强,致使满带中的大量电子跃过禁带而到达空带,这时绝缘体就变成了导体,这种现象叫“击穿”。绝缘体常被用来防止电流外泄,以提高输电效率,保护相关人员和设备的安全。

27.5.2　导体

导电性能好,电阻率小的物体称为导体。金属导体的电阻率为$10^{-8}\sim10^{-6}$ Ω·m,且一般随温度降低而减小。常见的导体除金属外有电解质水溶液、熔融电解质以及电离气体等。其能带结构一般较为复杂，但大致上可划分为两类情况：一类以一价碱金属为代表，如钠晶体，其原子的电子组态是 $1s^2 2s^2 2p^6 3s$。在钠晶体中，1s、2s、2p 能级均被电子填满，但 3s 能级却未被填满，形成部分空带。这样在外电场的作用下，电子便容易被激发到空能级上，形成电流，所以碱金属晶体都是导体。另一类以二价碱土金属为代表，如镁(Mg)晶体，其原子的电子组态为 $1s^2 2s^2 2p^6 3s^2$。虽然 1s、2s、2p 及 3s 上的能带全是满带，但由于 3s 带与较高的空带交叠，这样，在外电场作用下一部分电子将会进入空带能级，形成电流。因此，镁也是导体。显然，若晶体的价带与空带重叠的部分越多，则其导电性能就越好。这样的导体称为良导体，否则就叫不良导体。铜属于良导体，镁则属于不良导体。良导体常被用来作为输送电力(流)的导线，已被广泛地应用与工农业生产和人们的日常生活中。

27.5.3　半导体

导电性介于导体与绝缘体之间的一大类物质称为半导体，其导电性能与半导体的掺杂和温度密切相关。通常根据含杂质的多少，将半导体分为两大类，一类是本征半导体，另一类是杂质半导体。

1. 本征半导体

没有杂质和缺陷的理想半导体称为本征半导体。

同绝缘体的能带结构很相似，只是被填满的价带(满带)与它相邻的空带(激发能带)之间的禁带宽度与绝缘体比起来要小得多，为 0.1～1.5 eV。例如，在室温下，硅(Si)的禁带宽度为 1.12 eV，锗(Ge)的为 0.67 eV。对于这样小的禁带宽度，用不大的能量就可把满带中的电子激发到空带上去，如热、光或电激发等。这些进入空带的电子，在外电场作用下，就可向空带中较高能级跃迁而形成电流，即半导体具有电子导电性。此外，由于部分电子跃迁到空带而在原被填满的价带(满带)顶部附近留下若干空着的能级，通常称为空穴。在外电场作用下，原填满的价带中的电子就会受到电场的作用而填补这些空穴，而在较低能级上又留下新的空穴，空穴的不断转移，看起来就好像是带正电的粒子在外电场作用下沿着与电子相反方向转移，空穴的转移对导电同样有贡献，半导体中原填满的价带中存在空穴而产生的导电性称为空穴导电性。对于本征半导体，它的导电机理属于电子和空穴的混合导电，电子和空穴总是成对出现，称为电子一空穴对，这种导电性称为本征导电性。在本征半导体中，参与导电的正、负载流子的数目是相等的，总电流是两种载流子产生的电流之和。

常温下，本征半导体的导电性很差，但随温度升高而迅速提高。

2. 杂质半导体

在纯净的半导体晶体中掺入微量其他元素的原子，将会显著地改变半导体的导电性能。例如，在半导体锗(Ge)中掺入百分之一的砷(As)后，其电导率将提高数万倍。所掺入的原子，对半导体基体而言称为杂质，掺有杂质的半导体，称为杂质半导体。

掺入半导体中的杂质元素的原子与组成半导体的原子不同，因而杂质原子的能级与晶体中其他原子的能级也不相同。由于能量的差异，杂质原子的能级不在半导体的能带之中，而是处于禁带之中，正因为杂质能级处于半导体的禁带中，杂质能级对半导体的导电性能产生很重要的作用。不同的半导体，掺入不同的杂质，杂质能级在禁带中的位置不同，而使杂质半导体的导电机制也不同。按照导电机制，杂质半导体可分为两类：一类以电子导电为主，称为 N 型(电子型)半导体；另一类以空穴导电为主，称为 P 型(空穴型)半导体。

1) N 型半导体

在通常所用的本征半导体四价元素 Si(或 Ge)的晶体中,用扩散等方法掺入少量的五价元素,如砷(As)或磷(P)等杂质,就形成 N 型半导体。

在四价元素半导体中掺入五价杂质元素后,五价原子在晶体中替代四价元素硅原子的位置,构成与硅相同的四电子结构,而多出的一个价电子在杂质离子的电场范围内运动。理论证明,这个多余的价电子的能级在禁带中,而且靠近空带下边缘附近的能级上,此能级称为杂质能级。该能级与空带间的禁带宽度很窄,如 P、As 约为 0.04 eV,故在热激发下,就有大量电子由杂质能级跃迁到空带上。这种能向半导体提供电子,同时使自身成为正离子的杂质,称为施主杂质,它在禁带中提供带有电子的能级称为施主能级。在外电场作用下,电子依次跃迁到更高能级,显示出导电性。这种半导体中虽然杂质原子的数目不多,但在常温下空带中的自由电子浓度却比同温度下纯净半导体空带中的电子浓度大很多倍,极大地提高了半导体的导电性。由于这类半导体的导电机制主要取决于从施主能级激发到空带中去的电子,所以这类半导体称为电子型半导体,或 N 型半导体,其能带结构如图 27-7 所示。

2) P 型半导体

如果在四价元素半导体中掺入少量的三价元素,如硼(B)或镓(Ga),这些三价杂质原子在晶体中替代四价元素的位置,构成与四价元素相同的四电子结构时,缺少一个电子,这相当于由于这些杂质原子的存在而出现空穴。对应于这样的空穴,杂质能级也在禁带中,这些空着的杂质能级靠近半导体价带的上边缘。价带和杂质能级间的能量差很少,一般在 0.01 eV 以下,所以常温下就可使价带中的电子跃迁到杂质能级上,相应地在价带中形成一定数量的空穴。这种能够接受电子而自身成为负离子的杂质叫受主杂质。在禁带中相应的能级叫受主能级。在这种情况下,价带中的空穴浓度比纯净半导体价带中的空穴浓度增加很多倍,这也极大地增加了它的导电性。这类杂质半导体的导电机制主要取决于价带中空穴的运动,所以称为空穴型半导体,或 P 型半导体,其能带结构如图 27-8 所示。

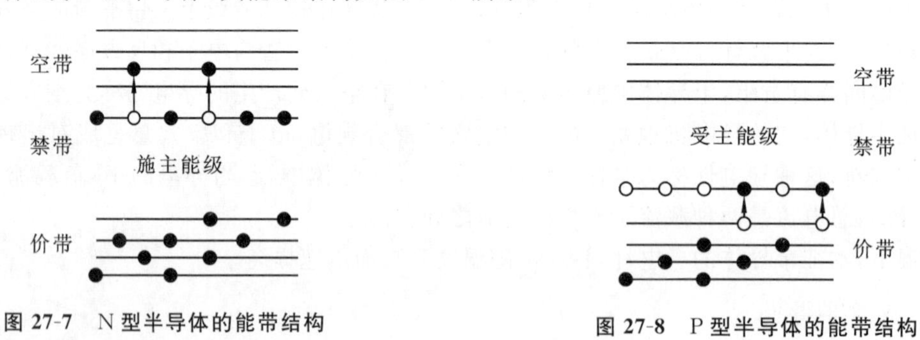

图 27-7 N 型半导体的能带结构

图 27-8 P 型半导体的能带结构

27.5.4 半导体的特性及其应用

由于半导体具有特殊的能带结构,因而具有许多独特的性质,它们在科研生产及日常生活中均有广泛的应用。下面仅择其要,予以介绍。

1. *热敏效应及其应用*

随着温度的升高,半导体中的载流子(电子或空穴)数目将会由于热激发而显著增加,因而使得半导体的电阻显著下降,这种现象在杂质半导体中特别明显。我们将电阻随温度的升高而显著变化的现象称为半导体的热敏效应。根据这一特性制作的半导体器件称为热敏电阻。

由于热敏电阻体积小,灵敏度高,且使用寿命长,并能进行远距离操作,因而被广泛地用于遥感探测及自动控制技术中。

2. 光敏效应及其应用

某些半导体(例如硒)在可见光的照射下,其载流子密度会显著增加,从而导致其电阻值急剧下降,这种现象称为半导体的光敏效应。由于半导体中载流子数目的增加是因光激发而引起的,而载流子对光的吸收具有选择性,因此,光敏效应也有选择性。这与没有选择性的热敏效应是不相同的。利用光敏特性制作的电阻称为光敏电阻,它同样具有体积小、反应快、灵敏度高等优点,因而也被广泛地应用于自动控制及遥感测量技术中。

3. 温差电效应及其应用

将两种不同的金属组成一个闭合回路,并将回路的两接触点分别置于不同温度的热源中时,回路中会有电动势发生,这种现象称为温差电效应,这样的回路装置称为温差电偶,亦称热电偶。不过,用金属热电偶获得的温差电动势数值很小,每单位温度差仅能产生几个微伏。因此,如何提高热电偶的温差电转换效率便成了科学家们感兴趣的课题。

前文已经指出,半导体中的载流子对温度的响应特别灵敏,其密度随温度的升高而迅速增加,因此,若将 N 型半导体和 P 型半导体组成如图 27-9 所示的回路,则容易理解,由于温度差的存在,N 型半导体中必然会存在电子密度差:热端(温度为 T_2)密度大,冷端(温度为 T_1)密度小。于是,电子便会从密度大且运动速度也大的热端奔向密度及运动速度都小的冷端,使得热端带正电,冷端带负电,因而产生电动势 ε_N。根据类似的分析不难明白,温度差的存在也会在 P 型半导体中产生电动势 ε_P。于是,整个回路的电动势

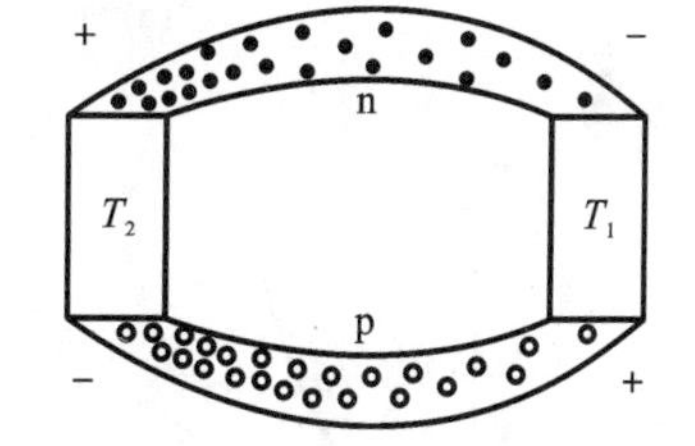

图 27-9　P-N 型半导体组成的回路

$$\varepsilon = \varepsilon_N + \varepsilon_P + \Delta V$$

式中,ΔV 是由于 N 型半导体和 P 型半导体接触而产生的电势差。实验指出,在温度差相同的条件下,利用半导体热电偶产生的电动势要比金属热电偶产生的电动势高几十倍:半导体热电偶每单位温度差可产生数百微伏的电动势。

半导体热电偶既可用来获得电能,也可用于温度测量,还可用来制冷。这时,只要在热电偶上接与电动势反向的电源即可。根据半导体温差电效应制造的电冰箱,不需要复杂的机械设备,且有利于环境保护。

4. PN 结及其应用

如图 27-10(a) 所示,将 P 型半导体和 N 型半导体接触,则 P 型半导体的空穴将会穿过接触面向 N 型半导体扩散;同时,N 型半导体的电子也会向 P 型半导体扩散,在 P 型区产生一带负电的薄层,在 N 型区产生一带正电的薄层,因而产生静电场,其方向由 N 型半导体指向 P 型半导体。我们将 P 型和 N 型半导体相互接触而形成的电偶层结构称为 PN 结,其厚度约为 10^{-7}m。这一电偶层的存在阻止了空穴及电子的进一步扩散,使 PN 结内的载流子运动达到宏观平衡。

容易理解,在 PN 结中,N 区一侧的电势高于 P 区一侧的电势,进而在 PN 结上形成势垒,使半导体的能带结构发生变化:N 区电势将升高 U_0(U_0 为 PN 结的电势差),区内电子将因而获得 $-eU_0$ 的附加势能,如图 27-10(b) 所示。

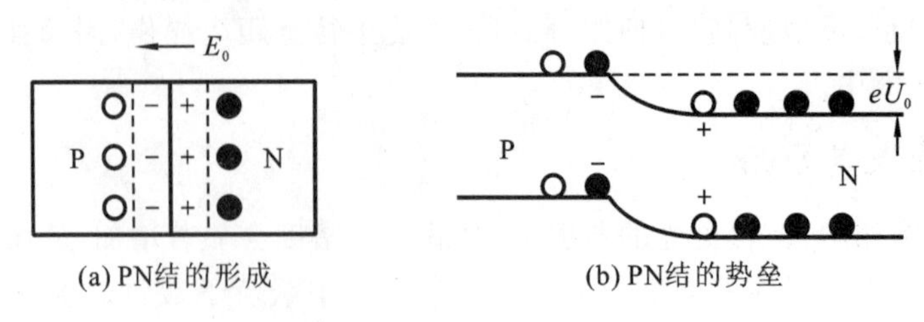

图 27-10　PN 结

如果在 PN 结的 P 区接上电源正极，在 N 区接上电源负极，如图 27-11(a)所示，则外加电场方向与 PN 结中的场强方向相反，因而会削弱 PN 结内的场强，使 PN 结的势垒高度下降，N 区电子可以容易地进入 P 区，P 区空穴也可以容易地进入 N 区，破坏 PN 结中的原有平衡状态，形成沿外场方向的宏观电流，这种电流称为正向电流，相应地宏观电压称为正向电压。正向电流的大小随着正向电压的增加而增加。

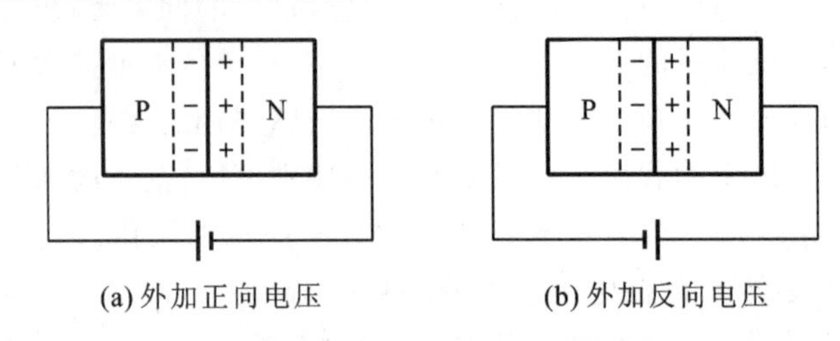

图 27-11　PN 结的外加电压

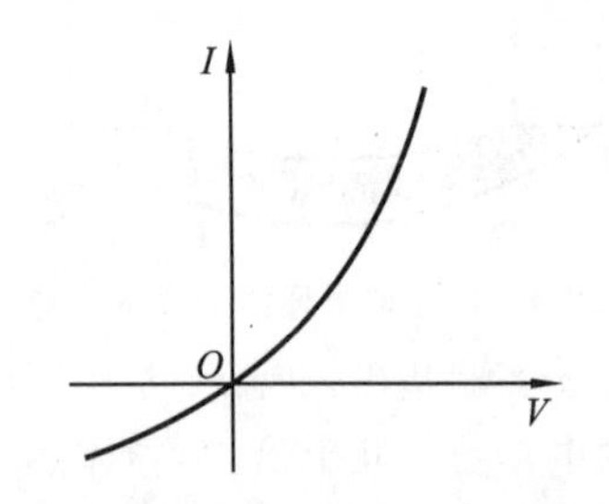

图 27-12　PN 结的伏安特性曲线

若将 N 区接于外加电源的正极，P 区接于外加电源的负极，如图 27-11(b)所示，则外加电场与 PN 结中的原有电场同向，使 PN 结的势垒升高，N 区电子更难进入 P 区，P 区空穴也更难进入 N 区。但是，外加电场的存在可以使已进入 PN 结中的 P 区侧的少数载流子电子返回 N 区，使进入 N 区侧的少数载流子空穴返回 P 区，而形成反向电流，相应地外加电压称为反向电压，由于这是少数载流子形成的电流，因此，其值甚小，且当少数载流子全部参加导电时即达饱和，不再随外加电压的增加而变化。PN 结的伏安特性如图 27-12 所示。

从上面的分析可知，若在 PN 结的两端加上正向电压，则电流容易通过；若在 PN 结的两端加上反向电压，则电流不易通过。PN 结的这种作用称为整流作用。利用 PN 结的这一特性可以制作半导体二极管，它已广泛地应用于各种整流电路中。

半导体三极管从某种意义上讲是两个 PN 结的巧妙组合 NPN。因此，利用 PN 结的理论容易理解它们的放大作用，故不再介绍。目前，半导体三极管已被广泛地应用于各种放大电路中，它与二极管等电路元件构成的大规模集成电路 CPU 是计算机的核心部件。

近年来发现，半导体材料不仅具有热敏、光敏、电敏等特性，而且对声、磁、湿度的反应也很敏感，因而具有不可估量的应用前景。

半导体隧道二极管是根据半导体电子的隧道效应而制成的一种半导体二极管，其实质是一种重掺杂的窄 PN 结二极管，是日本人江崎玲於奈于 1960 年前后提出并制作成功的，故又叫江崎二极管，其伏安特性曲线上存在一段电流随电压增大而减小的所谓负电阻效应区域。江崎玲於奈由于这一发现而与约瑟夫森等人分享了 1973 年的诺贝尔物理学奖。

后来，随着半导体人工微结构制备技术的不断进步，人们进一步提出了利用隧道效应制作半导体隧道三极管的设想。这种三极管具有两段负电阻效应区域，因而可存在三种稳定状态。我们知道，目前的集成电路的最小单元是双稳态电路，分别对应于 0 和 1 两种状态。若以三稳态器件为最小单元制作集成电路，必将会使计算机的逻辑设计发生重大变革，因而具有极大的应用前景。

【思考题与习题】

27-1　何谓化学键？它有几种主要类型？它们是如何形成的？

27-2　试从泡利不相容原理定性地说明在原子结合成晶体时，自由原子的能级会发生分裂，形成能带。

27-3　从固体的能带结构出发，如何判断它是导体、绝缘体还是半导体？

27-4　本征半导体、N 型半导体和 P 型半导体中的载流子各是什么？它们的能带结构有何区别？导电机制有何不同？

27-5　半导体有哪些主要特性及应用？

27-6　若将氧分子看作理想气体，计算角量子数 $l=1$ 时氧分子对质心的转动能量（氧分子的有效直径为 3.8×10^{-10} m）。

27-7　设金属中自由电子的费米温度 $T_F=800$ K，求相应的费米能。

物理学诺贝尔奖介绍 8

2012 年　操纵单个量子粒子

2012 年 10 月 9 日下午 5 点 45 分，2012 年诺贝尔物理学奖揭晓，法国科学家塞尔日·阿罗什(Serge Haroche)与美国科学家大卫·维因兰德(David Wineland)获奖。获奖理由是"发现测量和操控单个量子系统的突破性实验方法"。二人将平均分享 800 万瑞典克朗奖金。

Serge Haroche

David Wineland

塞尔日·阿罗什(Serge Haroche)，法国公民。1944 年出生于摩洛哥卡萨布兰卡。1971 年从巴黎第六大学获得博士学位。现为法兰西学院和巴黎高等师范学院教授。

大卫·维因兰德(David J. Wineland)，美国公民。1944 年出生于美国威斯康星州密尔沃基。1970 年从哈佛大学获得博士学位。现供职于美国国家标准与技术研究院和科罗拉多大学波尔得分校。

他们的发明开辟了量子物理学的新时代；他们成功地观测到非常脆弱的量子态，在不破坏单个粒子的前提下直接观察它们的特性；他们的工作为制造新型超高速基于量子物理的计算机迈出了第一步。也可以用来制造极精准时钟，用于未来的时间标准，比现有的铯原子钟精确百倍。

在不破坏单个量子粒子的前提下实现对其直接观测，两位获奖者以这样的方式为量子物理学实验新纪元开辟了一扇大门。对于单个光子或物质粒子来说，经典物理学定律已不再适用，量子物理学开始"接手"。但从环境中分离出单个粒子并非易事，而且一旦粒子融入外在世界，其神秘的量子性质便会消失。因此，许多通过量子物理学推测出来的现象看似荒诞，也不能被直接观测到，研究人员也只能进行一些猜想实验，试图从原理上证明这些荒诞的现象。

两位获奖者均致力于量子光学领域物质粒子及光子基本相互作用力的研究工作。这个领域从 20 世纪 80 年代中期开始有飞跃性的发展。他们的工作有很多相同之处。大卫·维因兰德将带电原子或离子置于势阱中，控制并测量它们的光子。塞尔日·阿罗什则相反，控制并测量势阱中的离子，通过势阱向离子注入光子。

控制独立量子系统示意图如图 1 所示。

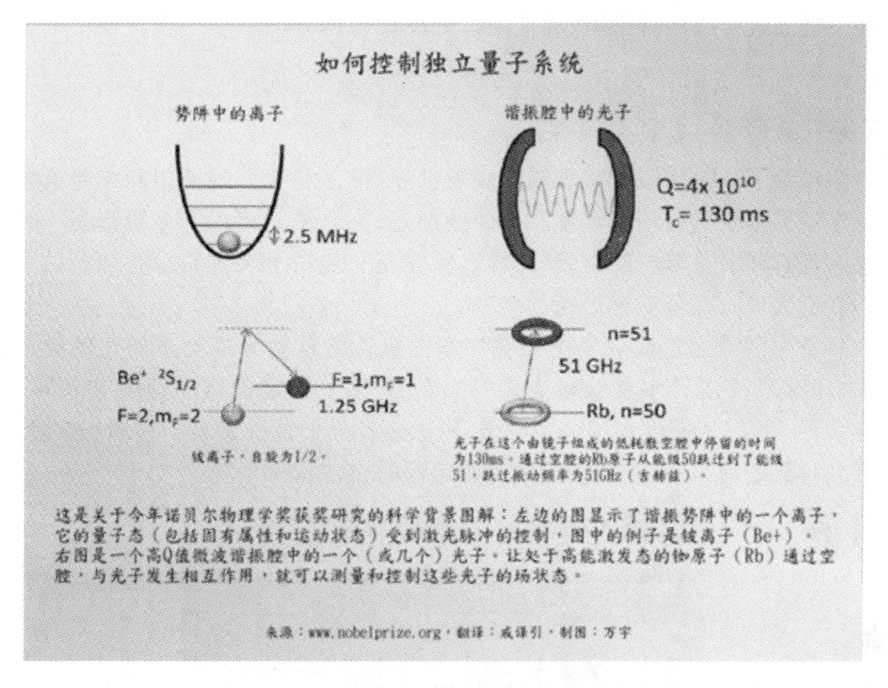

图 1 控制独立量子系统示意图

1. 在势阱中控制单个离子

在科罗拉多州博尔德市，大卫·维因兰德维因兰德的实验室内，带电原子或离子被置于电场内的势阱中。该实验在真空和低温条件下进行，使粒子远离热和辐射干扰。

维因兰德实验的一个秘诀是使用激光脉冲。他用激光压制离子在势阱中的热运动，使离子停留在最低能量状态，从而观测势阱中离子的量子现象。一个细致调节好的激光束可以使离子进入叠加态，该形态使一个离子同时存在于两种不同状态。例如，一个离子可以同时处于两种能量值。它开始处于较低能量的状态，激光的作用仅仅是向高能量状态轻轻推它，能够使它停留在两种状态的叠加中，进入任何一种状态有相等的可能性。这样可以研究离子的量子叠加状态。

2. 在势阱中控制单个光子

塞尔日·阿罗什和他的研究小组采取不同的方法揭示神秘的量子世界。在巴黎的实验室里，微波光子在相距 3 厘米的镜片之间反弹。镜片用超导材料制作，被冷却到刚刚超过绝对零度。这是世界最闪耀的超导镜片，单个的光子在它们之间的空腔反弹超过十分之一秒的时间，直到它丢失或被吸收。这意味着光子能够穿越 40000 千米的长度，相当于环绕地球一周。

量子操纵可以通过势阱中的光子演示。阿罗什运用特殊调制的原子，叫作 Rydberg 原子(纪念瑞典物理学家 Johannes Rydberg)，完成控制和测量空腔内微波光子的任务。一个 Rydberg 原子大致有典型原子 1000 倍的半径，在一个合理选择的速度下送入空腔，它和光子的相互作用在一个理想的控制下发生。

Rydberg 原子穿越空腔并离开，留下光子，但之间的相互作用使原子的量子相位发生改变,就像一阵波。当 Rydberg 原子离开空腔时,相位改变能测量得到,从而暗示空腔中光子的存在或逃逸。

利用相似的方法,阿罗什和他的团队可以数空腔内的光子。光子不容易数,任何和外界接触就会破坏。借助这个方法,阿罗什和他的团队设计后期方案一步一步实现单个量子状态的测量。

3. 量子力学悖论

量子力学描绘了一个肉眼无法观测的微观世界,很多与我们的期望和在经典物理中的经验相反。量子世界本身具有不确定性。例如叠加态,一个量子可以有多重形态。我们通常不会认为一块大理石同时是"这样"也是"那样",除非是一块量子大理石。叠加态的大理石只能确切地告诉我们大理石是每一种形态的概率。

我们在日常生活中为什么观察不到叠加态随机性的这些方面?正如其他量子理论的先驱,奥地利物理学家及诺贝尔奖获得者(1933 年)欧文·薛定谔试图理解和阐释这些现象。1952 年,他写下:"我们从来没有用一个电子、原子或者分子做过实验。在思想实验中,我们的假设总是导致可笑的后果……"图 2 所示为薛定谔的猫。

图 2　薛定谔的猫

为了说明将我们的宏观世界间思想实验移动到微观量子世界可能产生的荒谬的结果,薛定谔描述了一个关于猫的思想实验:薛定谔的猫被放在一个与周围环境完全隔离的箱子内。这个箱子内有一瓶致命的氰化物,还有一些处于发射状态的放射性原子衰变。放射性衰变遵循量子力学定律,因而它处于发射和未发射的叠加状态。因此,猫处于活着和死了的叠加状态。现在,如果你窥视箱子内部,你等于杀死了猫,因为量子叠加态对环境作用非常敏感,观察猫的瞬间,猫的"世界线"会"塌缩"到出现死或者活两种结果中的一种。在薛定谔看来,这个思想实验导致了一个荒谬的结论。它在说明他应该向出现的量子道歉。

2012 年的两位物理学奖获得者能够映射到当外界环境参与时量子猫的状态。他们设计了创新实验，详细说明观测这一行为实际上如何导致量子状态的崩溃并失去其叠加特性的。阿罗什和维因兰德并没有用猫，而是将势阱中的离子放入薛定谔假设的叠加态中。这些量子物体尽管宏观上没有猫那样的形状，但相对于量子尺度仍然足够大。

在阿罗什的空腔中，不同相位的微波光子被同时放置在像猫一样的叠加态中，像同时有很多顺时针或逆时针旋转的秒表。空腔用 Rydberg 原子探测。结果出现了另一个难以理解的称为纠缠态的量子效应。纠缠也被薛定谔描述过，可以发生在两个或多个量子之间，他们彼此没有直接接触，却可以读取或影响对方的属性。微波场中量子的纠缠态和 Rydberg 原子的运动让阿罗什映射生活和死亡的猫一样的状态，进而一步一步，经历了从量子叠加态到被完全定义的经典物理态的过渡。

4. 新的计算机革命的边缘

很多科学家预想的可能实现的运用是量子计算机。现今的计算机，最小的携带信息单位是一个位，置 1 或清 0。而量子计算机里，最小单位是一个量子位。维因兰德的团队是世界首次演示一个量子代替两个量子位。如果几个量子位的实验能够完成，更多量子位的组合也能够成功。然而有许多问题，比如相对立的两个问题：量子需要绝对隔离外界环境，以保持量子特性；而它们又需要和外界交换它们的运算结果。本世纪量子计算机有可能完成。如果这样，如同上个世纪计算机信息时代，量子计算机将带来计算机领域一场全新的革命。

戴维·维因兰德和他的团队运用势阱中的离子制作了一个时钟，比铯原子钟精确 100 倍，它运用可见光制作，故称之为光钟。一个光钟仅包含一两个势阱中的离子。如果包含两个，一个用来做钟，另一个用来在不破坏它状态的情况下进行读取，或者错过一个刻度。光钟的精确度高于 10 的 17 次方，这说明如果从大约 140 亿年前的大爆炸开始计时，光钟到现今的偏差仅为 5 秒。

利用如此精确的时钟，可以观察到一些极其微妙美丽的自然现象，例如时间流逝，重力的微小变化，时空的交织。根据爱因斯坦相对论，时间可以被运动和重力影响。速度越高，重力越强，时间流逝越慢。通常我们不能察觉到这种现象。运用 GPS 导航时，我们依赖卫星上由于几百公里外的上空重力变弱的影响而需要定期校准的时间信号。运用光钟，我们可以测量速度变化小于 10 米每秒，或者高度差为 30 厘米处重力改变所引起的时间流逝变化。

阿罗什和维因兰德的得奖连同 1997 年朱棣文等人和 2001 年沃夫冈·克特勒(Wolfgang Ketterle)等人得奖，标志着原子分子和光物理(AMO)的最大特色——量子操控。它没有粒子物理那样直面物质世界最基本构成的伟大理想，也没有凝聚态物理那样用超导体和纳米等技术改变世界的雄心勃勃，但是它可以利用人类已经充分了解的原子和光子来制造理想干净的量子系统，不但是量子信息和量子模拟的最佳选择，同时也提供了精密测量各种物理量的最佳环境。美国物理学会主席罗伯特·拜尔(Robert Byer)评价说："阿罗什和维因兰德都通过优美的实验手段使这个世纪成为量子世纪。"可能在本世纪中，人类将对量子力学的本质有更深的理解，量子计算机也将成为现实，并且像电子计算机一样给人类的生活带来巨大的转变。而这两块诺贝尔物理学奖奖牌，就像是纪念人类探索量子世界的里程碑。

H 篇　物理前沿讲座

第 28 章　激光及其应用
Chapter 28　Laser and its application

28.1　激光的历史
The history of the laser

1917 年，爱因斯坦第一次提出了受激辐射的概念，暗示了如果能使组成物质的原子(或分子)数目按能级的热平衡(玻尔兹曼)分布出现反转，就有可能利用受激发射实现光放大。1953 年，美国物理学家 Charles Townes 用微波实现了激光器的前身：微波受激发射放大(英文首字母缩写 maser)。1957 年，Gordon Gould 创造了"laser"这个单词，从理论上指出可以用光激发原子。1958 年，美国科学家肖洛(Schawlow)和汤斯(Townes)发现了一种神奇的现象：当他们将氖光灯泡所发射的光照在一种稀土晶体上时，晶体的分子会发出鲜艳的、始终会聚在一起的强光。根据这一现象，他们提出了"激光原理"，即物质在受到与其分子固有振荡频率相同的能量激发时，都会产生这种不发散的强光——激光。他们为此发表了重要论文，并获得 1964 年的诺贝尔物理学奖。

1960 年 5 月 15 日，美国加利福尼亚州休斯实验室的科学家梅曼宣布获得了波长为 0.6943 μm的激光，这是人类有史以来获得的第一束激光，梅曼因而也成为世界上第一个将激光引入实用领域的科学家。同年 7 月 7 日，休斯公司在纽约召开新闻发布会，正式公布了这项发明，此时距离爱因斯坦提出激光理论已经 43 年。梅曼的方案是，利用一个高强闪光灯管，来激发红宝石。由于红宝石其实在物理上只是一种掺有铬原子的刚玉，所以当红宝石受到激发时，就会发出一种红光。在一块表面镀上反光镜的红宝石的表面钻一个孔，使红光可以从这个孔溢出，从而产生一条相当集中的纤细红色光柱，当它射向某一点时，可使其达到比太阳表面还高的温度。

1961 年 A. 贾文等人制成了世界上第一台氦氖激光器。1961 年，中国第一台红宝石激光器诞生于王大珩领导的长春光机所。1961 年，激光首次在外科手术中用于杀灭视网膜肿瘤。1962 年，苏联科学家尼古拉－巴索夫发明半导体二极管激光器。1970 年，康宁公司率先研制出了世界上第一根衰减低于 20 dB/km 的石英玻璃光纤。90 年代初，俄罗斯研制成功了大功率半导体激光器。1991 年，第一次用激光治疗近视，海湾战争中第一次用激光制导炸弹。2000 年，SPI 公司成立，并于 2003 年推出了首台商用光纤激光器。2009 年 4 月，美国的直线加速器相干光源 LCLS(linear coherent light source)在美国斯坦福线性加速器中心(SLAC)诞生。这个巨型激光器长 130 米，由 2 英里长的直线加速器的最后一公里将电子能量从4.3 GeV加速到 136 GeV，每次启动装置需花 2 小时。该装置建成耗时 3 年，而从计划提出到完成开工准备历时几乎 10 年。LCLS 是世界上第一个发射硬 X 射线的自由电子激光器，输出波长在 0.15 ～1.5 nm之间可调谐，输出脉冲宽度可达 80fs，每个脉冲包含 10 万亿个 X 射线光子。

28.2　激光产生的基本原理

The basic principle of laser

28.2.1　光的受激辐射基本概念

波尔在解释氢原子光谱实验规律时，将经典的理论与普朗克的能量量子化概念结合在一起。认为原子中的电子可以在一些特定的轨道上运动，处于定态，并具有一定的能量。这样一来，每种原子就有一系列的与不同定态对应的能级，各能级间的能量不连续。当原子从某一能级吸收了能量或释放了能量，变成另一能级时，我们就称它产生了跃迁。凡是吸收能量后从低能级到高能级的跃迁称为吸收跃迁，释放能量后从高能级到低能级的跃迁称为辐射跃迁。跃迁时所吸收或释放的能量必须等于发生跃迁的两个能级之间的能级差。如果吸收或辐射的能量都是光能的话，此关系可表示为

$$E_2 - E_1 = h\nu \tag{28-1}$$

E_2 与 E_1 分别是两个能级的能量。$h\nu$ 是吸收或释放的光子的能量。爱因斯坦从辐射与原子相互作用的量子理论观点出发，认为光与物质相互作用是按照三个过程进行的，即原子的自发辐射跃迁、受激吸收跃迁和受激辐射跃迁。

1. 自发辐射(spontaneous emission)

处于高能级 E_2 的原子自发的向较低能级 E_1 跃迁，并发射一个能量为 $h\nu=E_2-E_1$ 的光子，这种过程称为自发辐射跃迁，如图 28-1 所示。

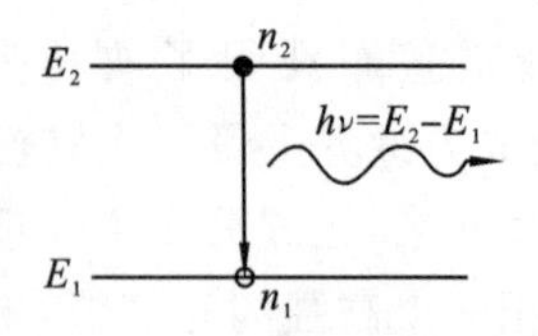

图 28-1　自发辐射跃迁

自发辐射特点：各个原子所发的光向空间各个方向传播，是非相干光。

自发辐射跃迁几率定义为单位时间内 n_2 个高能级原子中发生自发跃迁的原子数与 n_2 的比值，其物理意义是每一个处于高能级的原子发生自发跃迁的几率

$$A_{21} = \left(\frac{\mathrm{d}n_{21}}{\mathrm{d}t}\right)_{\mathrm{sp}} \frac{1}{n_2} \tag{28-2}$$

下标 sp 表示是自发辐射跃迁。假设系统中高能级原子数为 n_2，低能级原子数为 n_1，则单位时间内从高能级向低能级发生跃迁的原子数 $\mathrm{d}n_{21}$ 为：

$$\mathrm{d}n_{21} = A_{21} n_2 \mathrm{d}t$$

自发辐射跃迁的过程是一种只与原子本身的性质有关，而与辐射场 ρ_ν 无关的过程，A_{21} 又被称为自发辐射爱因斯坦系数。

2. 受激吸收(stimulated absorption)

如果黑体的原子和外加电磁场之间的相互作用只有自发辐射这一种，是无法维持腔内的稳定电磁场的，因此爱因斯坦预言，黑体原子必然存在着一种受外加电磁场激发而从低能级向高能级跃迁的过程。

处于低能级 E_1 的一个原子，在频率为 ν 的辐射场作用(激励)下，受激地向 E_2 能级跃迁并吸收一个能量为 $h\nu$ 的光子，这一过程称为受激吸收(见图 28-2)，用受激吸收跃迁几率 W_{12} 描述：

$$W_{12}=\left(\frac{\mathrm{d}n_{12}}{\mathrm{d}t}\right)_{\mathrm{st}}\frac{1}{n_1} \tag{28-3}$$

受激跃迁与自发跃迁不同，其跃迁几率不仅与原子性质有关，而且与外加电磁场 ρ_ν 成正比，因此唯象的将其表示为：

$$W_{12}=B_{12}\rho_\nu \tag{28-4}$$

式中，B_{12} 称为受激吸收跃迁爱因斯坦系数，它只与原子性质相关。

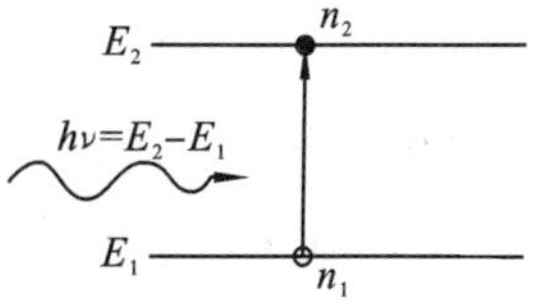

图 28-2　受激吸收

3. 受激辐射(stimulated emission)

与受激吸收跃迁类似，黑体的原子同外加电磁场之间还存在另一种受激相互作用，一个处于高能级 E_2 的原子在频率为 ν 的电磁场作用下，受激地跃迁到 E_1 能级，并放出一个能量为 $h\nu$ 的光子，该过程被称为受激辐射跃迁，如图 28-3 所示。

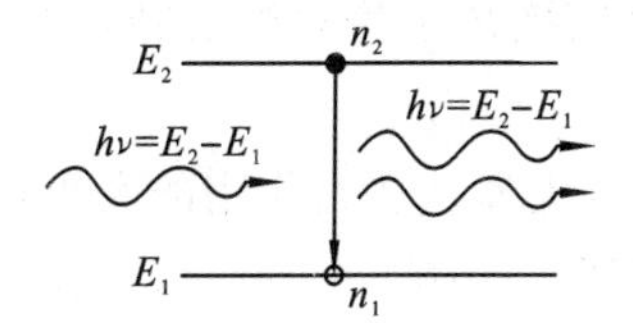

图 28-3　受激辐射跃迁

可以用受激辐射跃迁几率 W_{21} 来描述受激辐射过程中高能级原子数变化的规律：

$$W_{21}=\left(\frac{\mathrm{d}n_{21}}{\mathrm{d}t}\right)_{\mathrm{st}}\frac{1}{n_2} \tag{28-5}$$

受激辐射跃迁几率同样与外加电磁场和原子特性相关：

$$W_{21}=B_{21}\rho_\nu \tag{28-6}$$

可以证明跃迁几率之间存在关系

$$B_{12}f_1=B_{21}f_2 \tag{28-7}$$

$$\frac{A_{21}}{B_{21}}=\frac{8\pi h\nu^3}{c^3}=n_\nu h\nu \tag{28-8}$$

其中：f_1、f_2 为统计权重。

式(28-7)和式(28-8)就是爱因斯坦系数的基本关系。

特别需要指出，当统计权重 $f_1=f_2$ 时有

$$B_{12}=B_{21} \tag{28-9}$$

或

$$W_{12}=W_{21} \tag{28-10}$$

28.2.2　光的受激辐射放大

要使受激辐射起主要作用而产生激光，一般来说至少需要以下条件。

1. 集居数反转分布

现在考虑一个两能级系统，高能级 E_2 和低能级 E_1，两个原子分别处在高能级和低能级，若一个能量等于这两个能级的能量差的光子趋近于这两个原子，即光子的频率与原子系统的两个能级共振，那么是吸收还是受激辐射出现的可能性大呢？爱因斯坦证明，在正常情况下，两种过程发生的可能性是相等的。如果在高能级中的原子数较多，则受激辐射占优势；若在低能级中的原子数较多，则吸收将多于受激辐射。

在物质处于热平衡状态时，各能级上的集居数服从玻尔兹曼统计分布：

$$\frac{n_2}{n_1}=\frac{f_2}{f_1}\mathrm{e}^{-\frac{E_2-E_1}{kT}} \tag{28-11}$$

令 $f_2=f_1$，可得

$$\frac{n_2}{n_1}=\mathrm{e}^{-\frac{E_2-E_1}{kT}}$$

式中,因 $E_2>E_1$,所以 $n_2<n_1$,即在热平衡状态下,高能级上的集居数总是小于低能级的集居数。由此可知,光通过这种介质时,光的吸收总是大于光的受激辐射。因此,热平衡状态下,物质只能吸收光子。

在激光器工作物质内部,由于外界能源的激励(光泵浦或电泵浦等形式),破坏了热平衡,有可能使得处于高能级上 E_2 的集居数 n_2 大大增加,达到 $n_2>n_1$,这种情况称为集居数反转分布,也称为粒子数反转分布。也就是说,只有处于非热平衡状态,才有可能产生集居数反转分布。

2. 光放大物质

在外来能量激发下,激光工作物质中高能级 E_2 和低能级 E_1 之间实现了集居数反转,这样的工作物质为激活物质(或激光介质,或增益介质)。

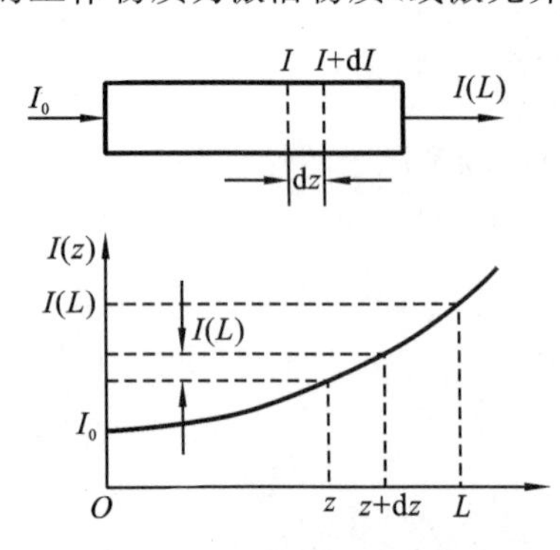

图 28-4　增益介质的光放大

一段激活介质就是一个光放大器。放大作用的大小通常用增益(或放大)系数 g 来描述。如图 28-4 所示,设在光传播方向上 z 处的光强为 $I(z)$(光强 I 正比于光的单色能量密度),则增益系数定义为

$$g(z)=\frac{\mathrm{d}I(z)}{\mathrm{d}z}/I(z) \tag{28-12}$$

可以看出,g 表示通过单位长度激活物质后光强增长的百分数。其单位是 cm^{-1}。

为简单起见,我们假定增益系数 $g(z)$ 不随光强 $I(z)$ 变化,实际上只有当光强很小时,这一假定才能够近似成立,此时 $g(z)$ 为一常数,记为 g^0,称为小信号增益系数。于是,式(28-12)是一个线性微分方程,积分后可得

$$I(z)=I_0\mathrm{e}^{g^0 z} \tag{28-13}$$

式中,I_0 为 $z=0$ 处的初始光强。这就是如图 28-4 所示的线性增益或者小信号增益情况。当频率为 $\nu=\frac{E_2-E_1}{h}$ 的光在激光器工作物质内部传播时,其强度 $I(z)$ 将随着距离 z 的增加而指数增加。此时工作物质起放大器作用。

实际光在增益介质放大器内传播放大时,还会有各种各样的损耗,可以引入损耗系数 α 来描述。α 定义为光通过单位距离后光强衰减的百分数,即

$$\alpha=-\frac{\mathrm{d}I(z)}{\mathrm{d}z}/I(z) \tag{28-14}$$

同时考虑介质的增益和衰减,则有

$$\mathrm{d}I(z)=[g(I)-\alpha]I(z)\mathrm{d}z \tag{28-15}$$

要利用增益介质实现对入射光的放大,应满足什么条件呢?

首先思考一个问题,入射光能够被无限放大吗?

假设一个微弱光 I_0 入射到一段增益介质中,其初始增益系数为 g^0,$g^0>\alpha$,此时光强随着传输距离增加而不断增强:

$$I(z)=I_0\mathrm{e}^{(g^0-\alpha)z} \tag{28-16}$$

考虑到增益饱和效应，$g(I)=\dfrac{g^0}{1+\dfrac{I}{I_s}}$ 随着光强的不断增加，增益介质中的高能级粒子不断的由于受激辐射而跃迁到低能级，增益介质的增益系数不断减小，直到减小到 $g(I)=\alpha$ 时（如图 28-5 所示），光强将不再随传输距离的变化而变化，达到一个稳定极限值 I_m。

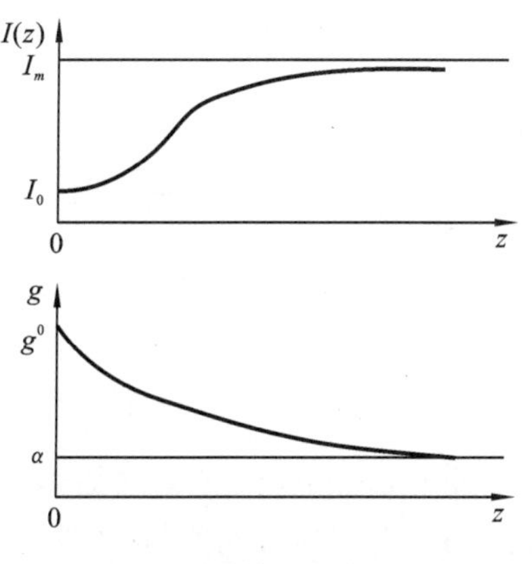

图 28-5　增益饱和与自激振荡

$$I_m=(g^0-\alpha)\frac{I_s}{\alpha} \tag{28-17}$$

I_s 为饱和光强，可见，I_m 只与放大器本身的参数有关，而与初始光强 I_0 无关。从上面的讨论可以知道，只要增益介质足够长，无论多微弱的入射光，都可以被放大为确定大小光强。这实际上就是自激振荡的概念。当激光放大器的长度足够长时，它就可能成为一个自激振荡器。

当然，实际上我们并不需要真正把激活物质的长度无限增加，而只要将一定长度的光放大器放置在光谐振腔中，这样，轴向光波模就能在反射镜间往返传播，等效于增加放大器长度。由于腔内总是存在频率在 ν 附近的微弱的自发辐射光（相当于上述讨论中的初始光强 I_0），它经过多次受激辐射放大就有可能在轴向光波模上产生光的自激振荡，这样的自激振荡器即激光器。

从上面的讨论可知，一个激光器应包括光放大器和光谐振腔两部分。其中，光谐振腔的作用参考上面的叙述可以归纳为两点。

(1) 提供正反馈。

(2) 控制激光模式。保证激光器单模（或少数轴向模）振荡，从而提高激光器的相干性。

必须指出，在激光器中谐振腔虽然很重要，但并不是不可缺少的。对于某些增益系数很高的激活物质，不需要很长的放大器就可以达到式(28-17)所示的稳定饱和态，因而往往不用谐振腔（代价是相干性也许会有所损失）。还有的谐振腔和工作物质合二为一，如半导体激光器，往往利用其自身晶体的解理面作为谐振腔。

28.2.3　激光振荡条件

一个激光器中任意小的初始光强 I_0 都能形成确定大小的腔内光强的条件，即产生自激振荡的条件，可从式(28-17)求得：

$$I_m=(g^0-\alpha)\frac{I_s}{\alpha}\geqslant 0$$

即

$$g^0\geqslant\alpha \tag{28-18}$$

这就是激光振荡的条件。式中 g^0 为小信号增益系数；α 为包括放大器和谐振腔损耗在内的平均损耗系数。

当 $g^0=\alpha$ 时，为阈值振荡情况，这时腔内光强维持在初始光强 I_0 的极其微弱的水平上。当 $g^0\geqslant\alpha$ 时，腔内光强 I_m 就增加，并且 I_m 正比于 $(g^0-\alpha)$。可见增益和损耗这对矛盾就成为激光器是否振荡的决定因素，研究激光工作原理时往往从工作物质的增益特性和光腔的损耗特性入手。

如果设工作物质长度为 l,光腔长度为 L,令 $\alpha L=\delta$ 为光腔的单程损耗因子,振荡条件也可以写为:

$$g^0 l \geqslant \delta \tag{28-19}$$

式中,$g^0 l$ 为单程小信号增益因子。

28.3 各种激光器
All kinds of laser

自从世界上第一台红宝石激光器诞生以来,激光器的种类就越来越多。按工作介质分,激光器可分为气体激光器、固体激光器、半导体激光器和染料激光器 4 大类。近来还发展了自由电子激光器,其工作介质是在周期性磁场中运动的高速电子束,激光波长可覆盖从微波到 X 射线的广阔波段。按工作方式分,有连续式、脉冲式、调 Q 和超短脉冲式等几类。现以工作介质分类,简要介绍各种激光器。

28.3.1 固体激光器

固体激光器一般使用晶体或玻璃作基质,在其中掺入不同离子作激活粒子。固体激光器的结构大体一致,如图 28-6 所示。

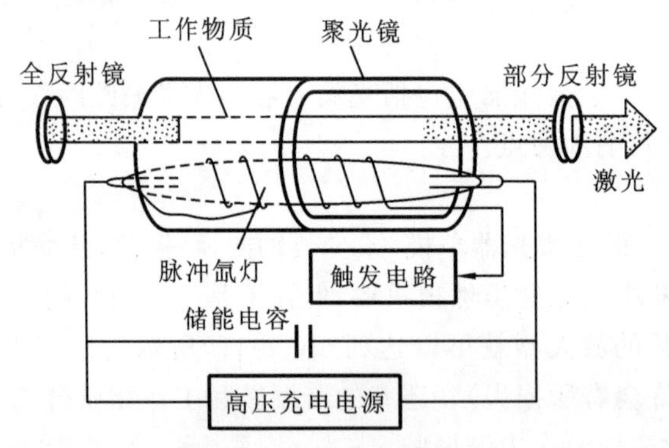

图 28-6 固体激光器的结构

晶体棒或玻璃棒的直径由 1 厘米到几厘米不等,长度由十几厘米到几十厘米不等。棒的两端面磨得很光滑,平行度很高,镀上反射膜以后就可以当成反射镜组成光学谐振腔。固体激光工作物质是绝缘晶体,一般都采用光泵浦激励。目前的泵浦光源多为工作于弧光放电状态的惰性气体放电灯,如氙灯等。常用的泵浦灯在空间的辐射都是全方位的,因而固体工作物质一般都加工成圆柱棒形状,所以为了将泵浦灯发出的光能完全聚到工作物质上,必须采用聚光腔。固体激光器的泵浦系统还要冷却和滤光。常用的冷却方式有液体冷却、气体冷却和传导冷却等,其中以液冷最为普遍。泵浦灯和工作物质之间插入滤光器件滤去泵浦光中的紫外光谱。固体激光器的优点是输出功率大,体积小,坚固,贮存能量的能力较强,适合实现 Q 开关、锁模等技术。

目前已实现激光振荡的不同基质——掺杂体系的工作物质有 200 多种,但是,性能好,使用广泛的主要有下面三种。

1. 红宝石激光器

红宝石是在三氧化二铝(Al_2O_3)中掺入少量的氧化铬(Cr_2O_3)生长成的晶体。红宝石激光器用红宝石晶体棒作基质，掺入的少量铬离子(Cr^{3+})镶嵌在三氧化二铝的晶格中，铬离子的能级系统属于三级能级系统，图 28-7 是它的简化能级图。由于模式竞争，通常在红宝石激光器中只有 694.3 nm 的 R_1线才能形成激光输出。另外，由于铬离子的三能级系统要想实现粒子数反转对抽运速率的要求较高，故红宝石激光器不易实现连续激光输出，通常都是脉冲式工作。

2. 掺钕钇铝石榴石激光器(Nd^{3+}:YAG)

掺钕钇铝石榴石激光器(Nd^{3+}:YAG)是用钕钇铝石榴石晶体作基质，用钕离子(Nd^{3+})作为激活粒子的。钕钇铝石榴石晶体是将一定比例的 Al_2O_3、Y_2O_3，和 Nd_2O_3 在单晶炉中进行熔化结晶而成的，呈淡紫色。钕离子的能级系统属于四能级，如图 28-8 所示，基态能级是$^4I_{9/2}$，钕离子吸收了光泵的能量从基态跃迁到很宽的吸收带中，然后以非辐射跃迁的方式落到 $^4F_{3/2}$能级上，此能级寿命较长，很容易实现它与$^4I_{11/2}$能级之间的粒子数反转。钕离子受激辐射后从$^4I_{11/2}$能级再通过非辐射跃迁的方式回到基态。受激辐射光波长通常为 1.064 μm。

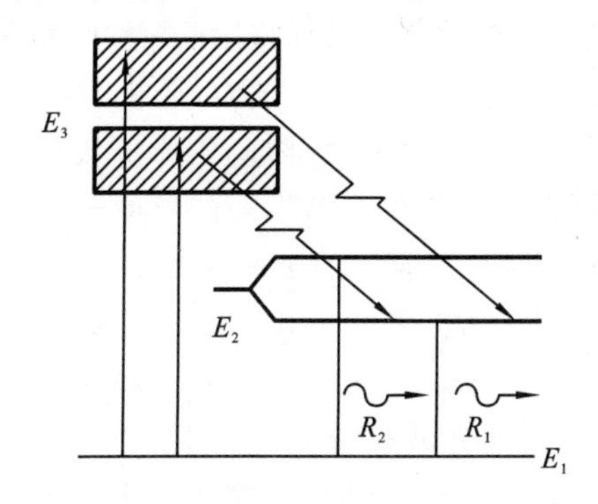

图 28-7　红宝石激光器 Cr^{3+} 简化能级图

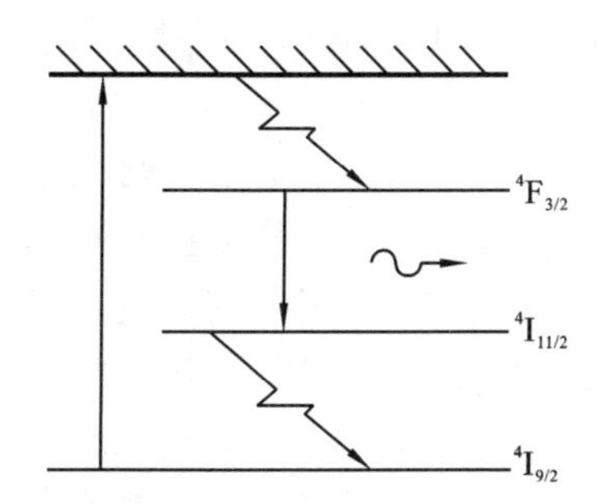

图 28-8　掺钕激光器 Nd^{3+} 简化能级图

3. 钕玻璃激光器

钕玻璃激光器也是用钕离子(Nd^{3+})作为激活粒子的。钕玻璃是在硅酸盐或磷酸盐玻璃中掺入适量的 Nd_2O_3 制成的。钕玻璃中 Nd^{3+} 的能级结构与 Nd^{3+}:YAG 基本相同。只是能级对应的能量和宽度略有差异，泵浦吸收带稍宽，荧光寿命较长(0.6～0.9 ms)，荧光线宽较宽(250 cm^{-1})，量子效率较低(0.3～0.7)，受激辐射截面约为 Nd^{3+}:YAG 的 1/30。钕玻璃作为激光工作物质，具有尺寸大，均匀性好、易加工、价格低等优点，由于荧光寿命较长，易于积累高能级粒子，可以做成大能量大功率激光器，高达上万焦耳。但是玻璃的导热率低，热稳定性差，在大能量工作的情况下，要进行水冷却，通常不适合于连续和高重复率运转。另外，钕玻璃激光器输出的激光单色性很差，包含的模式多，所以它常常被用于锁模激光器，以获得较高的峰值功率输出。

28.3.2　气体和液体激光器

气体激光器使用气体或蒸气作为激光工作物质，它是目前应用最为广泛的一类激光器之一。激活粒子可以是原子、分子或离子，如氦氖激光器是原子气体激光器，二氧化碳激光器是分子气体激光器，氩离子激光器是离子气体激光器。通常，气体激光器靠气体放电来进行泵浦，可以是直流放电，也可以是交流放电。气体激光器的最大优点是单色性、方向性都比其他激光器更好。输出激光的频率很稳定。由于大多数气体激光器的激光下能级为非基态，对泵浦功率的要求不高,因此很容易获得稳定连续的激光输出。它广泛应用于测量、通讯、全息术、机械加工等方面。这里以最典型的氦氖激光器、二氧化碳激光器及氩离子激光器为例来分析它们的工作原理。

1. 氦氖激光器

氦氖激光器是世界上最早出现的气体激光器,也是目前使用最广泛的激光器之一。图28-9是外腔式氦氖激光器的结构示意图。在放电毛细管内充有氦气与氖气的混合气体,两种气体的压强比约为7∶1,总压强在100～400 Pa。放电管内径为几毫米,长度为十几厘米到几十厘米不等。在放电管的两端贴有布儒斯特窗,窗口平面的法线与放电管轴线间的夹角恰好等于晶体的布儒斯特角,约56°。布儒斯特窗的作用是使激光器输出的激光为线偏振光,沿设计方向振动的偏振光通过布儒斯特窗时不会反射,因此有利于减少损耗,提高输出功率。外腔式结构的激光器允许自行调整,并可在腔内插入其他光学元件,有一定的灵活性。氦氖激光器的激活粒子为氖原子,但在氖原子的激发过程中,氦原子有非常重要的作用。参考图28-10所示氦原子与氖原子的能级简图来说明氖原子放电泵浦形成粒子数反转的过程。热平衡条件下,氖原子与氦原子基本上都处在各自的基态上,当气体放电管有电流通过时,阴极发射的电子高速向阳极运动,电子在运动过程中与大量的基态氦原子发生非弹性碰撞,氦原子从基态跃迁到2^1S_0和2^3S_1态上。这两个能级都是亚稳态,它可以积累大量处在激发态的氦原子。这些氦原子又与基态的氖原子发生非弹性碰撞,将氖原子激发到与氦原子的2^1S_0和2^3S_1十分接近的$3S_2$和$2S_2$能级上。这个过程为原子能量的共振转移。图中氖原子的$2P_4$与$3P_4$能级的寿命很短,基本上无粒子。$2P_4$能级的能量低于$2S_2$、$3P_4$能级低于$3S_2$,因此在$3S_2\to 3P_4$、$3S_2\to 2P_4$、$2S_2\to 2P_4$三对能级之间都可以形成粒子数反转,所形成的激光波长分别为3.39 μm、0.6328 μm、1.15 μm。氖原子的1S态是激光下能级与基态之间的一个中间能级,发光氖原子受激辐射后经此能级回到基态。由上述分析知,氖原子的能级系统也是四能级系统。

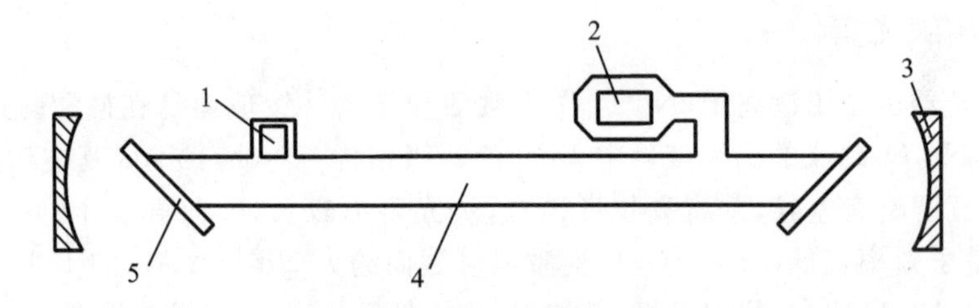

图28-9　氦氖激光器结构

1—阳极;2—阴极;3—反射膜;4—放电管;5—布儒斯特窗

2. 二氧化碳激光器

闭管内腔式二氧化碳激光器的结构如图28-11所示。放电管由玻璃或石英材料制成,直径从1厘米到几厘米,管长从1米到几米不等。放电管内充有氮气(N_2)、氦气(He)和二氧化碳(CO_2)混合气体,三者的比例为3∶16∶1。作为激活粒子的CO_2分子由三个原子组成,每个原子在其平衡位置附近振动。按照分子振动理论,CO_2分子有三种不同的振动方式,每种振动方式存在一组对应的能级,每组振动能级中的各能级间几乎是等距的。第一组中各能级命名为100,200,300,…;第二组中各能级命名为010,020,030,…;第三组中各能级命名为001,002,003,…;基态为000。CO_2分子的能级简图如图28-12所示。当放电管中有电流通过时,

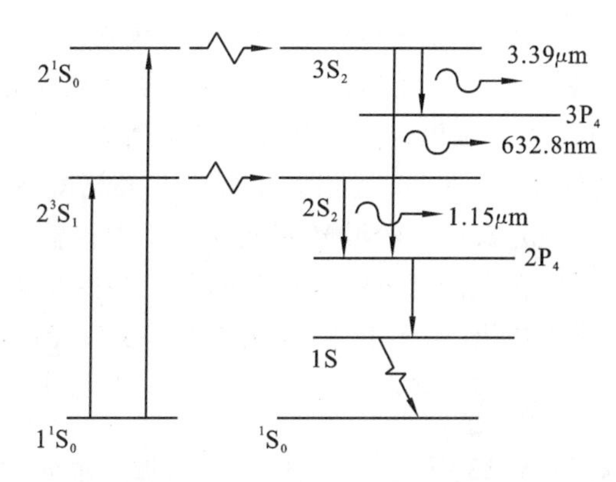

图 28-10　氦氖激光器能级图

首先将 N_2 分子激发起来，在 N_2 分子与 CO_2 分子碰撞过程中，N_2 分子将能量转移给 CO_2 分子，使它从基态跃迁到 001 能级。此时 001 与 100、020 之间将产生粒子数反转，001→100 的受激辐射可产生 10.6 μm 的红外激光，这是二氧化碳激光器最重要的谱线。010 能级为激光下能级与基态之间的中间能级。CO_2 分子的能级系统是四能级系统，其能级模型与 Ne 原子能级模型完全一样，CO_2 激光器的泵浦过程是靠激发态的 N_2 分子将能量转移给 CO_2 分子的，泵浦效率很高。充入氦气有两个作用：首先它可以减少处在激光下能级 100 以上的 CO_2 分子数，这样有利于提高反转粒子数。其次它对 CO_2 气体具有冷却作用。由于二氧化碳激光器所产生的激光属远红外波段，红外光热效应明显，因此它工作时会产生大量的热量。为了保证激光器正常工作，须及时将这些热量散发掉，一般用外加水冷套管的方式进行冷却。

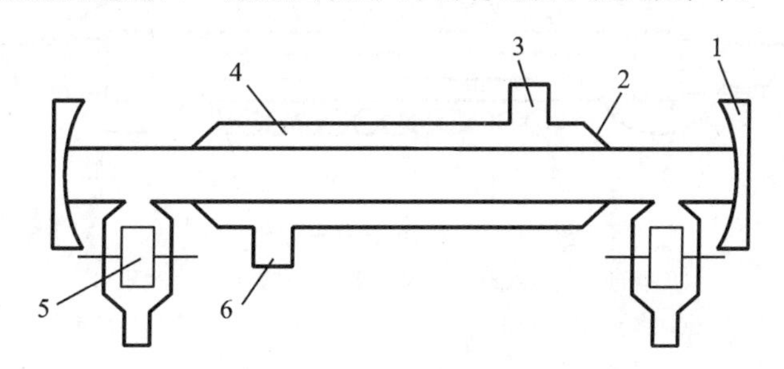

图 28-11　二氧化碳激光器结构

1—反射镜；2—水冷套管；3—出水口；4—电极；5—放电管；6—进水口

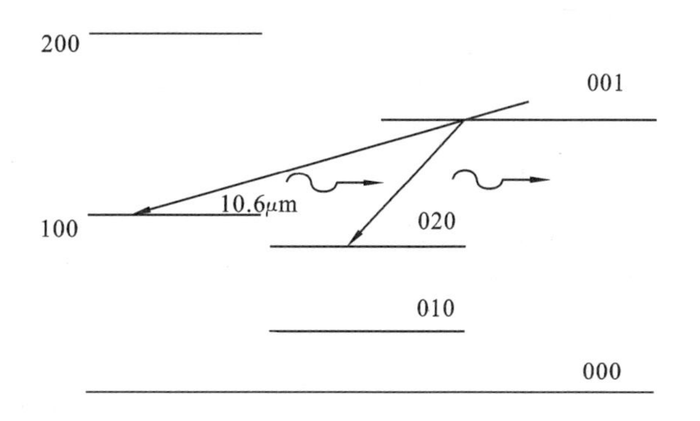

图 28-12　分子能级图

二氧化碳激光器是一种比较重要的气体激光器，它具有以下几个突出优点：功率大，能量转换效率高。一般的二氧化碳激光器可以做到几十瓦的连续输出功率，近年来发展的大功率的气动二氧化碳激光器则达到了几十万瓦的输出功率。二氧化碳激光器有丰富的谱线，在 10 μm 附近有几十条谱线，高气压的二氧化碳激光器甚至可做到从 9 μm 到 10 μm 的连续可调谐输出。由于二氧化碳激光器中的 10.6 μm 光谱线正好处在大气窗口中，也就是大气对此波长的透明度较高，因此二氧化碳激光器输出的激光束能在大气中传输较远的距离。由于二氧化碳激光器的上述优点，决定了它在国民经济和国防上都有着许多重要的应用，如各种机械加工(包括打孔、切割、焊接等)、激光通讯、激光雷达、激光武器以及激光治疗等。

3. 氩离子激光器

氩离子激光器的结构如图 28-13 所示。在放电管外附加一轴向磁场，以增加激光的功率，同时由于放电时输入电功率很大，为防止放电管因热破裂，须要有水冷装置。放电管内径一般为 3～5 mm，长为几十厘米。由于在放电中氩离子有一端积累的趋势，所以在两个电极之间加上一个气旁路管，用来调节放电管中的气压，使之保持均匀。氩离子(Ar^+)的能级图见图 28-14。当大放电电流通过放电管时，一部分氩离子受到电子的撞击，就会受到激发，从基态跃迁到激发态 4P，4P 能级有若干个相距很近的能级组成，在 4P 能级下边还有由一组能级组成的 4S 能级。由于它的寿命短，所以很容易在 4P 各能级与 4S 各能级之间形成离子数反转。输出激光的波长可有十余种，其中最强的为 0.488 μm(蓝色)和 0.5145 μm(绿色)。

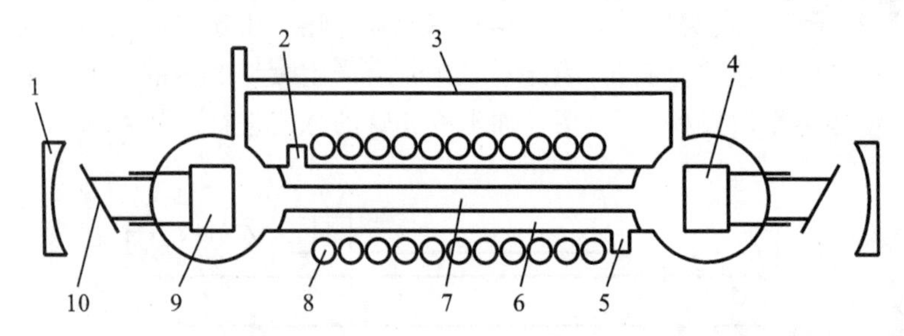

图 28-13　氩离子激光器结构

1—反射镜；2—出水口；3—气旁路管；4—阴极；5—进水口；
6—水冷套管；7—放电管；8—线圈；9—阳极；10—布儒斯特窗

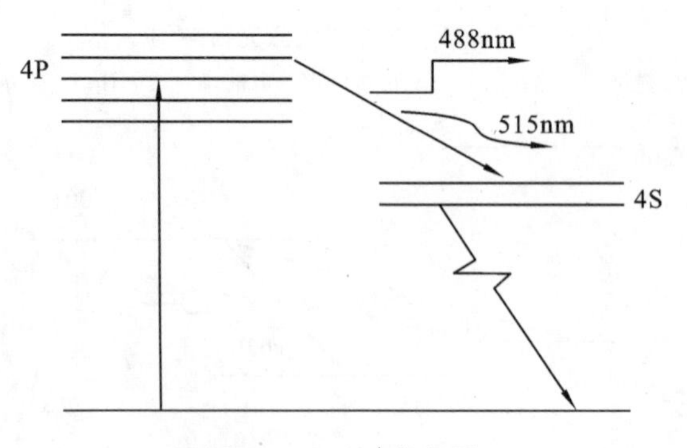

图 28-14　Ar^+ 能级图

4. 液体激光器

液体激光器使用溶液作为激光工作物质，其中比较常用的是染料激光器。适合用作激光工作物质的染料是包含共轭双键的有机化合物，它的能级结构是一种准连续态能级结构(如图

28-15 所示)。这是由于染料分子与溶剂分子频繁碰撞和静电扰动引起的加宽，使得它的振动、转动能级几乎相连，因此每个电子态实际上对应一个准连续能带。

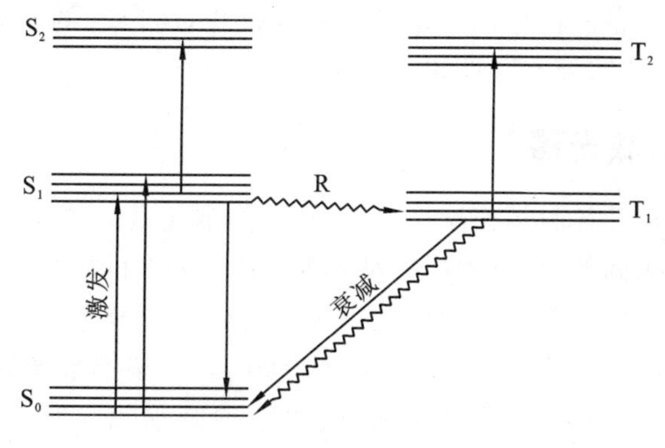

图 28-15　染料分子能级图

染料分子吸收了泵浦光能量由基态 S_0 跃迁到 S_1 的某一振转能级后，在和溶剂分子频繁的碰撞中迅速地将能量传递给溶剂分子并跃迁至 S_1 的最低振转能级。染料分子由此能级跃迁至 S_0 的各振转能级时产生荧光。跃迁至 S_0 的较高振转能级的染料分子迅速通过无辐射跃迁过程返回 S_0 的最低能级。在 S_1 的最低振转能级和 S_0 的较高振转能级间极易形成集居数反转分布状态，由于 S_0 和 S_1 都是准连续带，吸收谱和荧光发射谱都是连续的，所以染料激光器有很宽的调谐范围。

处于 S_1 态的染料分子还可以通过碰撞向 T_1 态跃迁，这一过程称作系际交叉。T_1 态的寿命较长，分子较易在 T_1 态聚集，而 $T_1 \rightarrow T_2$ 跃迁的吸收波长又恰好与 $S_1 \rightarrow S_0$ 跃迁荧光波长重叠，这意味着 T_1 态积聚的染料分子可吸收受激辐射光子而向 T_2 态跃迁，因此不利于激光运转。只有在 $S_1 \rightarrow S_0$ 受激辐射跃迁产生的增益大于 $T_1 \rightarrow T_2$ 态跃迁造成的吸收损耗时才能形成激光振荡。

染料激光器通常采用光泵浦，能够用于泵浦染料激光器的激光种类很多，主要有氮分子激光器(0.337 μm)，红宝石激光器(0.6943 μm)，钕玻璃激光器(1.06 μm)，铜蒸气激光器(0.5106 μm、0.5782 μm)，准分子激光器(主要在紫外区)以及这些激光的二次、三次谐波等。它的基本结构除有染料池、谐振腔、泵浦光源以外，还有染料溶液的循环及过滤系统，图 28-16 是目前经常采用的三镜腔式染料激光器结构示意图。工作方式可以有连续的或脉冲的。其最大特点是通过改变溶液的组成，染料的种类、浓度和温度，染料池的长度，可以使输出激光的波

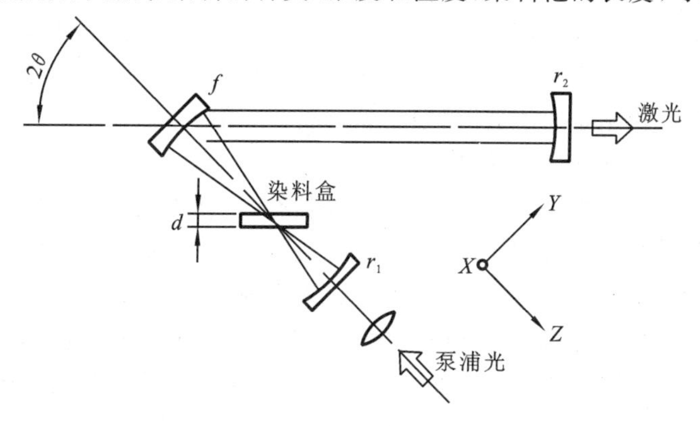

图 28-16　三镜腔式染料激光器结构示意图

长从 0.34～1.2 μm 的范围内连续可调。由于染料激光器具有较宽的频带，所以可以从锁模染料激光器得到很窄的脉冲，脉宽甚至可以压缩到仅 6 fs。此外，染料激光器的增益、效率都比较高，价格低廉，容易制备。由于激光溶液能循环操作，所以它的光学均匀性好，有利于冷却。缺点是发散角大，某些溶液有毒性和腐蚀性。

28.3.3　半导体激光器

半导体激光器使用半导体材料作激光工作物质，如单元素的碲，双元素的砷化镓、硫化锌等，三元素的铟化砷、铅锡碲等，各种不同材料的半导体激光器的输出光波长不一样，砷化镓激光器在室温下输出光波长为 0.9 μm。图 28-17 所示为砷化镓激光器的示意图，其主要部分是一个 P-N 结，形状为长方形，长约 250 μm，宽大约 100 μm。整个激光器的体积就只有针孔大小。它的两个端面磨光，并互相平行，构成谐振腔的两个反射镜。当 P-N 结两端不加电压时，N 区中的多数载流子——空穴互相扩散，形成一个内建电场，使 P-N 结相当于一个阻挡层。当在 P-N 结上加正向电压，即 N 极接负极、P 极接正极，阻挡层被削弱，注入 N 区的大量电子流向 P 区，并在结区内与空穴复合，放出光子而形成激光。这一过程也可描述为，由于 P-N 结未加电压时，N 区电子的能级比 P 区空穴的能级低，加上正向电压后，使 N 区电子的能级高于 P 区空穴的能级，大量电子处在高能级上，实现了粒子数反转。电子流向 P 区与空穴复合的过程就是电子由高能级向低能级跃迁的过程。

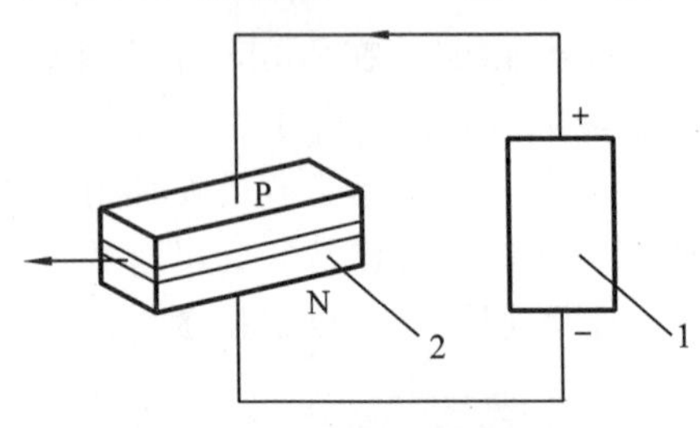

图 28-17　半导体激光器结构

1—电源；2—P-N 结

半导体激光器的优点是体积小，重量轻，造价低，寿命长(数万小时以上)，采用简单的电泵浦方式，容易与其他元件集成，这些特点使它在光通信、光存储中得到了广泛应用。它的缺点是功率小，发散角大，单色性差，输出特性受温度的影响比较明显。

28.3.4　自由电子激光器

自由电子激光器 FEL(free electron laser)是一种以相对论电子束(电子运动速度很高，不能忽略相对论效应的电子束)为工作物质，通过与泵浦场(周期磁场或电磁场)的相互作用而产生相干电磁波的激光器。与传统的激光器相比，自由电子激光器将高能电子束的能量转变为激光，没有分子、原子等特定能级的限制，因此频谱范围广，波长可连续调谐；输出激光能量不受工作物质热破坏阈值的限制，可获得高功率输出；直接将自由电子动能转换为电磁辐射，没有中间环节，转换效率理论可达 50%以上；工作物质为自由电子，没有衰变问题，工作寿命长。

自由电子激光器是由电子加速器、摆动器和谐振腔三部分构成，如图 28-18 所示，从加速器引出的高能电子束相当于激光工作物质，因而电子束质量的好坏直接影响着整个激光器性能。相对论电子束从激光谐振腔的一端注入，经过摆动器时，受到空间周期性变化的横向静磁场作用。磁场由一组“摆动器”或“波荡器”的磁铁产生。磁铁以交替极性方式布置，磁场为螺旋式或平面式。在该磁场作用下，电子束在磁摆动器中一边前进，一边有横向摆动。例如，周期性磁场在水平面内，电子则周期性上下摆动。电子的横向及运动方向的改变，表明电子有加速度。根据电磁辐射理论，电子有加速就必然会辐射电磁波。这种带电粒子沿弯曲轨道运动而辐射电磁波，称为同步辐射。同步辐射有一个比较宽的频率辐射范围，但缺乏单色性和相干性。

在磁场的作用下，电子受到一个作用力而偏离直线轨道，并产生周期性聚合和发散作用。

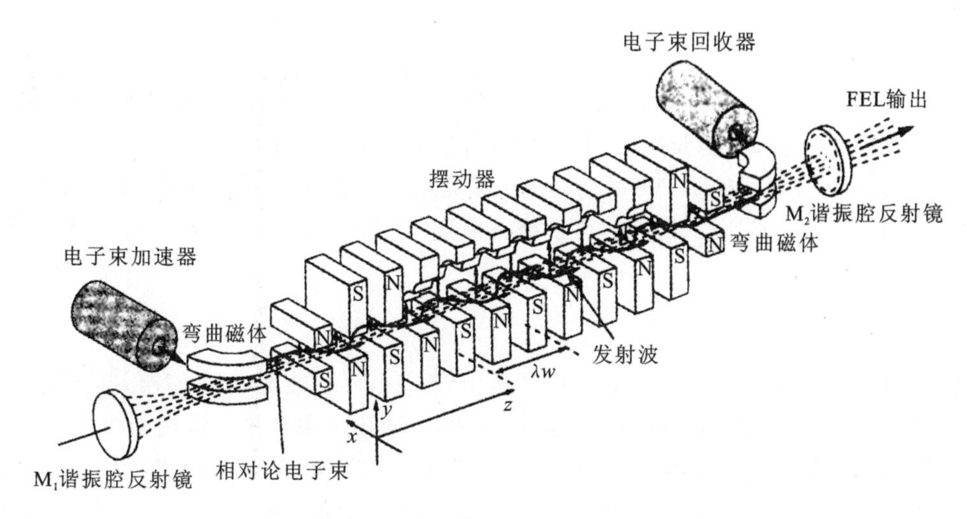

图 28-18　自由电子激光器基本结构

这相当于一个电偶极子，在满足共振关系的情况下电子的横向振荡与散射光场相互耦合，产生作用在电子上的纵向周期力——有质动力。在有质动力的作用下，电子束的纵向密度分布受到调制。于是，电子束被捕获和轴向群聚。这种群聚后的电子束与腔内光场（辐射场）进一步相互作用，会产生受激散射光，使光场能量增加，得到具有相干性的激光。这是通过自发辐射光子和电子相互作用的反馈机制，把自发辐射转换为窄带相干辐射，而且此辐射电磁波在电子运动的方向上强度最大。因此，摆动器促成自由电子激光器中电子和光子间的相互作用。在电子通过摆动器后，利用弯曲磁铁把电子和光分离。

凡是能使自由电子产生自发辐射的各种机理几乎都可以产生受激辐射，如受激康普顿散射、受激韧致散射、受激切伦柯夫散射、受激拉曼散射及受激电磁冲击散射等。因此，相对应康普顿激光器、磁韧致激光器、切伦柯夫激光器和拉曼激光器等。工作在可见光或红外波段康普顿型自由电子激光器（高电子能量、低电子密度）把激光器波段推向短波甚至到 X 射线。工作在毫米和亚毫米波段的拉曼型自由电子激光器（低电子能量、高电子密度）填补了可见红外光到微波之间的波段。

自由电子激光器主要用于可见光到紫外光的短波区和微波到红外光的长波区，但是，随着近年来超导加速器、新型光阴极注入器等相关技术的成功研制和能量回收装置与自由电子激光器的有效结合，自由电子激光的研究突破了功率和效率低的限制，进入了新一轮的高速发展。尤其体现在短波长（紫外 X 射线）、高功率（最高平均功率达 10 kW 以上）、小型化等方面，并推动了它在物性研究、半导体加工、光诱导化学、医用、原子能和军事等领域的应用。

28.4　激光的特性及应用
The characteristics and application of the laser

28.4.1　激光的特性

这里所说的特性主要是物理特性，包含方向性、单色性、相干性、亮度等方面。激光的特性可总结为以下几点。

1. 方向性好

光束的方向性用发散角描述,发散角越小,则方向性越好。激光的方向性好体现在激光束的发散角很小,仅为毫弧度数量级。例如,红宝石激光束的发散角约 5 mrad,CO_2激光器产生的激光束发散角约 2 mrad,He-Ne 激光器产生激光束的发散角约 0.5 mrad。如采用透镜系统对激光光束准直,进一步压缩发射角,可使得一束激光反射出去后几千米外的扩散直径不过几厘米。

2. 单色性好

衡量光的单色性性能是看光谱辐射能量集中频谱区间(谱线宽度)的宽窄,频谱宽度越窄,单色性越好。太阳光辐射光谱范围从远红外至紫外,谈不上单色性。常用的单色光源,如氖灯、氪灯、氢灯等,其谱线宽度约 4.5×10^{-3} nm。其中氪灯的单色性最好,氪 86 所发射的红光(波长约 605.7 nm),其谱线宽度为 4.7×10^{-4} nm。激光的单色性远远优于以上这些单色光源,He-Ne 激光器发射的 632.8 nm 的红光,谱线宽度只有 2×10^{-9} nm,比氪 86 所发射的红光的单色性要高 5 个数量级。

3. 相干性好

相干性常用相干时间 $\Delta t=\lambda^2/c\Delta\lambda$ 或者相干长度 $l=\lambda^2/\Delta\lambda$ 来描述。这里的 λ 是光波波长,$\Delta\lambda$ 为谱线宽度,c 为光速。一束光的相干时间越长或相干长度越长,则它的相干性就越好。由于激光的单色性好,所以相干长度也很长。He-Ne 激光器相干长度可达 200 km,而普通光源中单色性最好的氪灯其相干长度也只有 78 cm。

4. 亮度高

光源的亮度是表征光源定向发光能力强弱的一个重要的参量。它定义为光源单位发光表面沿给定方向上单位立体角内发出的光功率的大小

$$B = \Delta E/\Delta s \times \Delta\Omega \times \Delta t$$

可以看出,在其他条件不变的情况下,光束的立体角 $\Delta\Omega$ 越小,亮度 B 就越高;发光时间 Δt 越短,亮度 B 也越高。由于激光能把能量在空间上和时间上高度地集中起来,所以亮度很高,是任何普通光源都无法比拟的。例如:太阳光源其亮度值大约为 $B=10$ W/(Sr · cm^2)[瓦/球面度平方厘米]数量级,而目前大功率激光器输出亮度值可高达 $B\approx10^{10}\sim10^{12}$ W/(Sr · cm^2)数量级。

28.4.2 激光的应用

由于激光具有以上特性,使其在各个领域得到广泛应用。下面仅取几个比较典型的应用做些介绍。

1. 激光在信息技术方面的应用

20 世纪 70 年代,人们发现用玻璃材料做成的光学纤维可以做光信号的传输线路。起先制出来的光纤对传输光信号造成的能量损失比较大,通信距离不长,后来经过努力,制造出了光能量损失极低的光纤,同时制造激光器的技术也有了进步,制造出性能好、使用寿命又长的激光器。于是以光波做传递信息的载体,以光纤做信息传递线路的通信技术终于成功了。一

根比头发丝还细的光纤，可以同时传输几万路电话或者几千路电视。用 20 根光纤组成如铅笔般粗细的光缆，每天可以通过它传递 7 万多人次的电话，相比之下，由 1800 根铜线组成的通信电缆，每天只能传送约 900 人次的电话。还有，光纤通信还有保密性好，抗干扰能力强，通信质量高等特点。

由于激光的特点而带来的优越性，使激光在光盘存储技术、光通信技术、光计算技术和激光图像处理技术方面获得了广泛应用，满足了信息社会人们对信息的存储、传递与处理能力越来越高的要求。

2. 激光在测量方面的应用

现代精确长度计量工作都是利用光波的干涉现象来进行的，计量的精度主要取决于光的单色性好坏。用干涉仪精密测长度的最理想光源就是激光，其测量精度比用普通光源有很大提高。因此，激光在测长、测速、测位移、测角度、检查平面平行度等方面有广泛的应用。

由于激光的方向性很好，能量集中，可用于激光测距、激光雷达等。激光测距仪的基本原理与无线电雷达是相同的，将激光对准目标发出后，测量被反射激光的返回时间，就可计算出待测距离。激光测距的精度极高，在有合作目标配合的情况下，测量月球与地球之间的距离，误差不到 0.1 m。激光测距在大地测量、云层高度测量、飞机或导弹高度测量等方面均有重要应用。

人们在激光测距仪的基础上，进一步制成了激光雷达，它广泛应用于导航、气象、天文、宇宙飞行等领域。

3. 激光在加工方面的应用

激光钻孔，其原理是利用激光束聚焦使金属表面焦点温度迅速上升，温升可达每秒 100 万度。当热量尚未发散之前，光束就烧熔金属，直至汽化，留下一个个小孔。激光钻孔不受加工材料的硬度和脆性的限制，而且钻孔速度异常快，快到可以在几千分之一秒，乃至几百万分之一秒内钻出小孔。

若激光脉冲频率较高，而且工件在移动，就可在工件上连续打孔，实现对工件的切割。利用激光在工件上产生的局部高温，则可对工件进行淬火、焊接等加工。激光的功率密度远比普通焊接的乙炔火焰、氩弧焊高，不仅可以焊接一般的金属材料，还可以焊接又硬又脆的陶瓷。

激光淬火，是用激光扫描刀具或零件中需要淬火的部分，使被扫描区域的温度升高，而未被扫描到的部位仍维持常温。由于金属散热快，激光束刚扫过，这部分的温度就急骤下降。降温越快，硬度也就越高。如果再对扫描过的部位喷射速冷剂，就能获得远比普通淬火要理想得多的硬度。

这些加工技术已广泛应用于汽车、电子元件、集成电路、精密仪器等方面的制造中。

4. 激光在医学方面的应用

在 1902 年，一位科学家采用红光治疗天花病患者，发现能够减轻患者发热和化脓等症状，在比较短的时间内恢复了健康，而且还不留下疤痕。这位科学家因为这项研究取得的成就还获得了诺贝尔奖。后来，科学家们的研究又发现，医疗效果和光的偏振性、相干性等有关系。激光有非常好的相干性，偏振特性也能够很好地控制。所以，用激光来治病，将会获得更好的效果。

治癌就是其中的一个例子。用激光治疗癌症的做法大体上有两种，一种是用“激光刀”切除癌肿瘤，另一种是用所谓激光动力学方法。能量比较高的激光束照射到组织上，会使组织温度升高而发生汽化。因此可以直接用激光加热汽化掉位于人体外表的癌肿瘤。对于体积比较大的肿瘤，或者是长在人体内部的大肿瘤，则先用激光束的能量加热烧结在它周围的血管，使癌组织与周围组织"断绝流通"关系，减少癌细胞扩散转移的机会，然后用激光切除癌组织。激光动力学治疗是采用激光和药物共同配合的医疗方法。使用的药物要有这种性质：它对癌组织有比较大的亲和力，而对正常组织的亲和力很小。或者说，这种药物在癌组织上停留的时间比较长，而在正常组织上几乎是不停留。一种称为"血卟啉衍生物"的药物就有这种特性，据介绍，利用"血卟啉衍生物"激光治疗膀胱癌、食道癌、直肠癌、结肠癌和支气管癌等，成功率达70%～80%。

另外，激光还广泛应用于治疗近视、美容等医学领域。

5. 激光在军事方面的应用

激光在军事上有着广泛的应用，而且正在发展中，未来战争中激光技术将显示出其优越性，下面简要介绍几项激光在军事方面的应用技术。

1）激光制导

激光制导是继雷达、红外、电视制导之后发展起来的一项新制导技术。已投入使用的有激光制导炸弹、空-地导弹、空-地反坦克导弹、炮弹、火箭弹、防低空导弹等。激光制导的主要优点是精度高、抗干扰能力强、结构简单、成本低。据报道，美军在侵越战争中，未使用激光制导炸弹之前，采用"地毯式"轰炸战术攻击地面目标，平均命中率不到0.5%；使用激光制导炸弹之后，攻击地面目标平均命中率达到61%。

2）激光武器

激光武器是利用激光的能量直接摧毁目标或使其丧失战斗能力的武器。激光束对目标有多种杀伤破坏效应。

(1) 烧蚀效应。激光照射靶材，部分能量被靶吸收，转化为热能，使靶材表面汽化，蒸气高速向外膨胀，可以同时将一部分液滴甚至固态颗粒带出，从而使靶材表面形成凹坑或穿孔。

(2) 激波效应。当靶材蒸汽向外喷射时，在极短的时间内给靶材以反冲作用，相当于一个脉冲荷载作用到靶材表面，于是在固态材料中形成激波。激波传到靶材表面产生反射后，可以将靶材拉断而引发层裂破坏，裂片飞出时有一定的动能，具有一定的杀伤破坏力。

(3) 辐射效应。靶材表面因汽化形成等离子体云，能够辐射紫外线、X射线，使附近的电子元件失灵。

激光武器的优点是不需要计算弹道，不需要提前量，不受电磁干扰，不产生后坐力。激光武器分为低能激光武器和高能激光武器。低能激光武器是指功率较小的激光轻武器，如激光枪、激光致盲武器等。美军已装备激光致盲武器。高能激光武器是指功率较大的重武器，如激光炮，一般可用于摧毁导弹、人造卫星、飞机、坦克等。高能激光武器是美国等国家一直研制的空间战略武器之一。

激光的应用范围极广，除了上述应用之外，还有在全息技术、光化学、核物理等许多方面的应用。

第 29 章　纳米技术

Chapter 29　Nano science and technology

碳纳米管结构如图 29-1 所示。

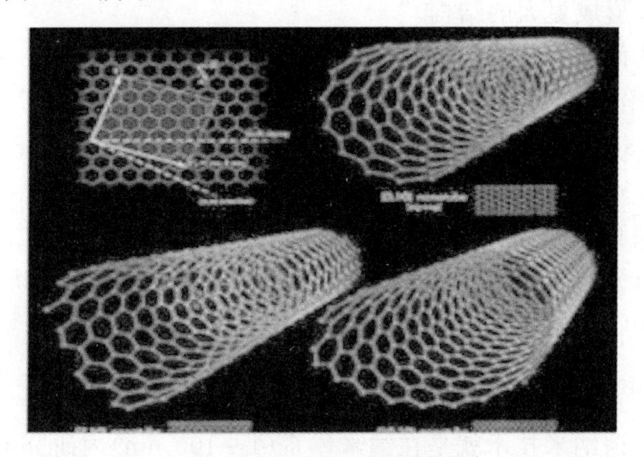

图 29-1　碳纳米管结构

29.1　纳米技术的含义

The meaning of nanotechnology

要系统地了解纳米技术的内涵，必须将其分为四个基本的层次。

1. 纳米(nanometer)

纳米是一种长度单位，一纳米等于十亿分之一米，它是微观尺度的核心。普通人的一根头发丝的直径约为五十微米，那么一纳米就相当于头发丝直径的五万分之一。保持物质元素性质不变的最小单元是原子，一纳米相当于十个氢原子并排起来的长度，或相当于一般细菌长度的千分之一。

2. 纳米体系(nanosystem)

在宏观领域和单个原子、分子的微观领域之间的神秘结合部——介观领域(前者是无数原子的集体行为形成了物质的整体性质，后者是量子力学占支配地位)，这个领域包括了从微米、亚微米、纳米到团簇尺寸(从几个到几百个原子以上尺寸)的范围。以量子相干输运现象为主的介观物理状态在该领域应运而生，成为当今凝集态物理学研究的热点。从广义上来说，凡是出现量子相干输运的体系都称为介观体系，包括团簇(1 nm)、纳米体系(1～100 nm)和亚微米体系(0.1～1 mm)。由于目前通常把亚微米级(0.1～1 mm)体系有关现象的研究，特别是电输运现象的研究称为介观领域，这样纳米体系和团簇就从这种“狭义”的介观范围内独立出来，专门称为纳米体系。纳米体系与物质的基本结构单元相连接，确定了最小的天然结构，从而成为微型化过程的最终极限:不可能造出比它更小的结构了。

3. 纳米材料(nanometer material)

我国著名的旅美纳米科学家王中林教授认为:“纳米材料为颗粒或尺寸至少在一维尺度上小于 100 nm,并且必须具有截然不同于块状材料的电学、磁学、光学、热学、化学或力学性能的一类材料体系。它包含所有的材料种类,例如金属、陶瓷、半导体等。”

美国国家科学基金会主管纳米计划事务的官员 Mihail C. Roco 认为纳米材料和系统必须具备几个关键特征:“第一,它们必须至少有一个维具有 1~100 nm 的尺度;第二,它们的设计过程必须体现微观调控的能力,即能够从根本上左右分子尺度的结构的物理和化学性质;第三,它们能够组合起来形成更大的结构。”

总结起来就是:任何至少含有一维小于 100 nm 或由小于 100 nm 的基本单元(building blocks)组成的材料称作纳米材料。

Any containning at least one dimension less than 100 nm or a basic unit less than 100 nm (Building Blocks) are called nano materials.

近年来,纳米材料的基本单元的尺寸有大幅降低的趋势,例如在 Coch 在 2002 年主编的《纳米材料》中,基本单元的典型尺寸小于 50 nm,而 Gleiter 在 2000 年认为纳米材料基本单元的典型尺寸应在 1~10 nm 之间。

4. 纳米技术(nanotechnology)

综合以上概念,所谓纳米技术就是在纳米体系(1~100 nm)内研究电子、原子和分子的运动规律,以便组建纳米材料并利用其实现特有功能和智能作用的先进技术。这是一种从原子着手由小到大的材料合成和控制途径。

The above concept, the so-called nanotechnology is in the nanometer regime (1 ~ 100 nm) motion study of electronics, atomic and molecular, in order to form nano materials and to make use of advanced technology of special and intelligent function. This is a kind of material synthesis and controlling pathway from the atomic to ascending.

但是,2000 年,美国国会研究局发布的一份报告指出:虽然纳米技术有极其巨大的发展潜力,但部分科学家认为,这个领域的定义过于模糊,而且关于纳米技术的许多宣传可能是言过其实的炒作,并不符合当今科学预测的实际。

29.2 纳米技术发展的原因

Reasons for the development of nanotechnology

纳米技术现今已经成为科学技术中最受追捧的热门学科之一。在美国,对它的研究仅次于生物医学研究与防务研究之后,其发展势头汹涌,可能有如下几个主要原因。

第一,微电子技术的发展已到了纳米的尺寸。目前,电子器件的尺寸已到了 100 nm 的范围,预计到 2014 年,计算机芯片上的晶体管的最小线宽将降低到 20 nm,经典物理学的极限已经来临,量子器件的发展势在必行。可以说微电子和信息技术驱动了纳米技术。

第二,先进的显微技术和微观操纵技术使得人们可以将原子级的微观过程展现出来。近十年来,透射电子显微镜、扫描隧道显微镜和原子力显微镜、纳米镊子的急速发展给人们带来探索世界的“眼睛”和操纵原子的“工具”,利用这些眼睛人们可以观测以前看不见的纳米世界,操纵以前只可以想象而不能设计建造的原子分子结构。1989 年，IBM 公司的 Donald M. Eigler 首次用单个的氙原子写下了该公司名字中的 3 个字母。

第三，新的纳米结构的发现极大地激发了人们研究热情。例如 Kroto 与 Smalley 在 1985 年发现的布基球(获 1996 年 Nobel 化学奖)、饭岛澄男(Sumio Iijima)在 1991 年发现的碳纳米管以及半导体量子点和量子线、半导体氧化物带等纳米结构的发现，为人们展现了纳米世界的多变性、多样性。

第四，新的量子现象的发现为人们设计未来世界提供了新的手段、新的工具和迥然不同的工作原理，这给未来发展留下了广阔空间，如电导率的量子化、热导率的量子化等。

第五，超快计算机和先进软件的问世。可以用模拟来展现在超短时间、超小空间范围内的动态过程，这为人们设计新的纳米材料和器件节约了人力、物力、财力。

总之，在理论上，所有科学家不得不承认纳米结构会具有优异的电气、化学、机械与光学性能，故虽不是有绝对把握赌赢，但纳米技术值得一赌。这恐怕是纳米技术势头急剧增升的根本原因了。

29.3 纳米制造技术
Nano manufacturing technology

纳米科技研究最根本的目的是获得一些对人们生活、生产有用的纳米产品，而这些产品的获得又依赖于纳米制造技术能否制造出廉价、有用的纳米结构，正如 George M. whitesides 所言："纳米技术的发展将取决于纳米结构的获得情况。"由此可见，纳米制造技术是纳米科技得以持续发展的关键性一步。

传统的制造业尽管在近几百年，特别是在近十年里随着微电子制造业的崛起而获得长足发展，但按分子层次来看，今天的制造业仍然相当粗糙：铸造、磨削、甚至平板印刷术都是要搬动一大堆的原子，就像你戴着拳击手套用手堆积木一样，也许你可以将它们堆成一堆，但你不能完全按照你的心愿把它们拼装起来。然而纳米制造技术就不同了，它会让你完全脱掉这双拳击手套.以至能使我们非常容易地把自然界的那些基本的建筑模块——单个或数个原子拼合起来。用我们所想的任何排列形式都可以，而且成本便宜。这种制造具有分子精度的能力将引起制造业的革命，它可以使材料的性质和设备的功能有巨大的进步。下面就让我们透视一下纳米制造技术的一些基本进展。

29.3.1 纳米技术的制造对象

广义地说，只要尺寸至少在一维尺度上小于 100 nm 的结构都是纳米技术的制造对象。

具体言之，该结构应满足以下几点要求。

(1) 它是一种符合物理和化学定律的结构，这些定律是在原子水平级上的。

(2) 它是一种生产价格不超过所需原材料和能源成本的结构。

(3) 它能定位装配和自我复制。定位装配就是在适当地方放上适当的分子零件；自我复制能始终保持价格低廉。

纳米技术发展的不同时期，纳米制造对象的内涵也不同。例如，1990 年以前，主要集中在纳米颗粒(纳米晶、纳米相、纳米非晶等)以及由它们组成的薄膜与块体的制备；而 1990 年到 1994 年间主要是制备纳米复合材料，一般采用纳米微粒与微粒复合、纳米微粒与常规块体复合,以及发展复合纳米薄膜;1994 年以后,纳米制造的对象开始涉及纳米丝、纳米管、微孔和介孔材料;未来的方向则是制作仅由一个或数个原子构成的“纳米结构”,并以此来构筑具有三维纳米结构的系统。

29.3.2 纳米制造对象的特殊性能

由于纳米结构是由纳米粒子组成,而纳米粒子处在原子簇和客观物质交界的过渡区域,这种既非典型的微观系统亦非典型的客观系统的介观系统,使其具有传统固体所没有的许多特殊性质。

1. 表面效应

粒子直径减小到纳米级,不仅引起表面原子数的迅速增加,而且纳米粒子的表面积、表面能都会迅速增加。这主要是因为处于表面的原子数较多,表面原子的晶场环境和结合能与内部原子不同所引起的。表面原子,周围缺少相邻的原子,有许多悬空键,具有不饱和性质,易与其他原子相结合而稳定下来,故具有很大的化学活性。晶体微粒化伴有这种活性表面原子的增多,其表面能大大增加。

2. 量子尺度效应

量子尺度效应指纳米粒子尺寸下降到一定值时,费米能级附近的电子能级由于连续能级变为分立能级的现象。这一效应可使纳米粒子具有高的光学非线性、特异催化性和光催化性质等。

3. 体积效应

体积效应指纳米粒子的尺寸与传导电子的德布罗意波长相当或更小时,周期的边界条件将被破坏,磁性、内压、光吸收、热阻、化学活性、催化性及熔点等都较普通粒子发生了很大的变化。如光吸收显著增加并产生吸收峰的等离子共振频移,由磁有序态向磁无序态、超导相向正常相转变等。

4. 宏观量子隧道效应

微观粒子具有贯穿势垒的能力称为隧道效应。近年来,人们发现一些宏观量,例如微颗粒的磁化强度、量子相干器件中的磁通量以及电荷等亦具有隧道效应,它们可以穿越宏观系统的势垒而产生变化,故称为宏观的量子隧道效应(macroscopi quantum tunneling)。这一效应与量子尺寸效应一起,确定了微电子器件进一步微型化的极限,也限定了采用磁带磁盘进行信息存储的最短时间。

这四种效应是纳米结构不同于别的块状固体的基本特性,它使纳米结构呈现许多奇异的物理、化学性质,并出现一些“反常现象”,如金属是导体,但纳米金属微粒在低温由于量子尺寸效应会呈现电绝缘性。

29.3.3 纳米制造技术类型

1. 由上到下法及举例

由上到下法就是类似于雕刻的过程,在一个表面上刻出纳米结构或向该表面加入大团分子。在制作微芯片之类器件时,需要采用这种方法。为制造硅芯片,人们从硅晶体入手,利用所谓平板印刷术在硅芯片做出布线图案并用酸或等离子体除去不需要的部分。但没有一种从上到下的方法是理想的，该方法一个最大的缺点是它们都不可能方便、廉价而迅速地制作出任意材料的纳米结构。

电子束刻印术和X射线光刻术是在克服传统光刻术弊端的基础上发展起来的，但二者同样具有其缺点：电子束刻印术使用的电子束仪器非常昂贵，不适应大规模生产；而x射线光刻术主要存在的问题是常规透镜不能透过极端紫外辐射，也不能使x射线聚焦，而且高能辐射会迅速破坏掩膜和透镜中使用的许多材料。为了改进这种方法，美国学者Georg M. whitesides等人在2001年提出了一种软印刷术。其具体操作步骤如下。

(1) 制作一个弹性压模。用光刻法或电子束印刷术制作一块浅浮雕母板，然后将聚二甲基硅氧烷(PDMS)的一种液态前体倒在此母板上；液体固化成一块与原始图案一模一样的橡胶状固体(软物质)；把该橡胶状固体从母板上剥离下来即得PDMS压模。

(2) 制作纳米结构。

方法一：微接触印刷。

在PDMS压模上涂一种含有有机硫醇的溶液，然后将压模压在一块硅板上的金薄膜上；硫醇在金表面上形成一个复现出压模图案的自组装的单层.图案中的特征可小至50 nm。

方法二：毛细管微模制。

将PDMS压模置于一个硬表面上，然后让一种液态聚合物流进表面与压模之间的凹处，聚合物凝固后形成所需要的图案，其中的特征尺寸可以小于10 nm。

2. 由下到上法及举例

从下到上法是通过自组装过程装配出较大的结构。自组装过程的原理是让原子和分子在适当的条件下自发地形成有序排列。这种方法的突出优点是很容易制作出最小的纳米结构(其大小在2～10 nm之间)，而且花钱也不多。但缺点是这些结构通常呈悬浮液中或表面上的简单粒子的形态，而不是设计的互联图案。

两种最引人注目的从下到上法分别是制作纳米管和量子点的方法。纳米管就像是一层(或数层堆叠)石墨卷成的长形圆筒，尽管到目前为止还不清楚碳原子是如何凝聚成纳米管的，但看来它们可在末端添加原子而生长，就如同打毛衣的人在毛衣袖管上添针一样。而量子点是仅含有数百个原子的晶体。下面让我们了解一下两者的制作方法。

利用金属离子(如镉离子)和某种能够贡献硒离子的分子之间的化学反应，可生成硒化镉晶体。为了防止这些小晶体在生长到所需尺寸时黏结在一起，使生长中的微粒互相隔离开，这一反应须在起着表面活性剂作用的有机分子存在的条件下进行。有机分子在每个硒化镉粒子生长的过程中覆盖在其表面上，使它们不能聚成一团，并起到调节粒子生长速度的作用。

将不同比例的有机分子混合起来，还可以在一定程度上调节粒子的几何特性。为了合成大小均匀、成分一致的量子点。可以通过调节反应时间的长短来选择粒子的尺寸。粒子的大小还存在一个最佳尺寸，这一尺寸可以使有机分子实现最稳定的堆集，从而使晶体表面达到最大的稳定。量子点大量应用于有用的生物标志。

纳米管的制作方法一般有三种：三种方法都是让含碳物质(如石墨、甲烷)气化分解，使其产生自由的碳原子，利用纳米大小的熔融金属液滴(通常是铁)作为催化剂，让碳原子重新结合便形成纳米管。

29.4 纳米技术的应用
Application of nanotechnology

任何一项科技都不是一种孤立的科学技术，纳米科技不仅如此，而且较其他科技，它涉足的领域更为宽广。近几年来，电子学、生物学、材料学、生物医学、航天航空、通信、环保、能源、国防都有它的足迹，并且成果累累。纳米科技正日益成为分门别类的旧科技的汇合点和新科技的孵化器。

29.4.1 纳米技术在电子学和微电子学方面的应用

1. 纳米电子学所取得的相关成果

首先是各种单电子、原子、分子纳米器件的制造。早在25年以前，IBM公司Avi Aviram和西北大学Mark A. Ratner就在一篇论文中提出将分子应用于电子器件之中的设想。他们指出，将有机分子的原子结构编织起来，就可以造出晶体管之类的器件。在这之后，1997年，由阿拉巴马大学的罗伯特·米茨格(Robert Metzger)和耶鲁大学的周崇武(音译)领导的研究小组首次制造出由分子制成的器件——单向电流。同年，荷兰代尔夫特技术大学的Cees Dekker小组和美国加州大学伯克利分校的Paul L. Mc Euen小组用金属碳纳米管制出了高灵敏度的晶体管。2001年6月，Dekker小组利用原子力显微镜创造出了室温条件下工作的单电子晶体管及常规的场效应晶体管，这些东西正是如今大多数集成电路的构造单元。而Mc Euen小组用金属纳米管和半导体纳米管融合成了二极管。哈佛大学化学家Charles M. Lieber成功研制了纳米级机电继电器。

其次是将这些器件连接和集成起来，以形成纳米电路。2001年，美国《科学》杂志宣布了科研人员首次研制出了分子尺度的电路，并将其列为2001年度最为重大的科技进展。

这项工作是由五个实验室先后完成的，它们是哈佛大学的查尔斯·里勃(Charles Lieber)小组、汉斯小组、IBM的费东·阿沃里斯(Phaedon Avouris)小组、荷兰代尔夫特技术大学的希斯·德科(Cees Dekker)小组以及贝尔实验室朗讯科技的詹·亨德里克·逊(Jen Hendrik Schon)小组。这样分子电子学正在快速地从探索性研究阶段转化到实用技术开发阶段。

2. 未来发展趋势

硅芯片、电路板和烙铁这些东西都是现代电子器件的标志。但是未来电子器件看起来可能更像化学装置，有朝一日，可能在烧杯中制造电脑。

研究人员已经利用有机分子、碳纳米管和半导体纳米线制造出了纳米级电子器件——晶体管、二极管、继电器和逻辑门。眼下的任务是将这些细微的器件连接起来。

常规电路设计从设计图到掩模再到芯片。与此不同的是，纳米电路设计可能从芯片开始。然后逐渐将其刻蚀成有用的器件。

29.4.2 纳米技术在生物医学方面的应用

1. 纳米生物医学所取得的相关成果

1980年左右，美国密执安分子研究所的Donald A. Tomalia率先制成了第一种有机树形聚合物(dendrimer)。这类树形聚合物不易破碎,而且有着大量的内曲面面积,用它可以制作多种不同大小的空穴,用它们来装治疗用药可谓完美无缺。2000 年,James K. Gimzewski 和 IBM 公司以及巴塞尔大学的合作者一起证明了一排微米级的悬臂可用于探查样本是否存在某些遗传顺序。康奈尔大学 Harold G. Graighead 领导的研究小组已创造出多种方法,这些方法能够根据 DNA 片段穿越 100 纳米长的距离的速度或穿过反复局限在 75～100 nm 长度的微管道的速度,在水中分选出不同尺寸的 DNA 片段。这些纳米流体装置有可能加快为排序而分离 DNA 分子的速度并降低费用。

2. 纳米生物医学未来发展趋势

纳米生物医学未来发展趋势主要有以下这几个方向。①改善成像效果。经改进的或新型的对比介质能够发现处于较早阶段、仅仅只有几个细胞大小的癌症。②纳米粒子能将药物输送到专门选定的部位,包括标准药物不容易到达的部位,例如:专门针对癌症的金纳米外壳或许在被近红外光照射时能够加热到足够程度而摧毁癌症。③对植入物表面所作的纳米级改进,将改善植入物的耐用性和生物适合性。例如:纳米粒子被膜的人造髋关节周围骨组织的结合或许能比通常更紧,从而避免松膜。

29.4.3 纳米技术在新材料开发中的应用

1984 年,德国物理学家格莱特(H. Gleiter)领导的研究组首先成功地采用惰性气体凝聚原位加压法制得纯物质的块状纳米材料之后,美国成功制备了晶粒为 50 nm 的纳米铜的块体材料,硬度比粗晶铜提高 5 倍,这为解决具有高强度的金属间化合物的增塑问题带来希望。

1997 年,明尼苏达大学电子工程系纳米结构实验室采用纳米平板印刷术成功研制了纳米结构的磁盘,磁盘尺寸为 10 011 In×100 nm,它是由直径为 100 nm、长度为 40 nm 的钴棒按周期为 40 nm 排列成的量子棒阵列。由于纳米磁性单元是彼此分离的,因而人们把这种磁盘称为量子磁盘。它的存贮密度达到了 41 011 比特/英寸。

1988 年法国人首先发现了巨磁电阻效应,1997 年以巨磁电阻为原理的纳米结构器件已在美国问世,这在磁存储、磁记忆和计算机读写磁头方面应用广泛。

2000 年 9 月 27 日中科院化学所专家宣布成功研制了新型纳米材料——超双疏性界面材料。这种材料具有超疏水性及超疏油性,制成纺织品,不用洗涤,不染油污;用于玻璃表面防雾、防霜,可免去人工清洗。

29.4.4 纳米技术对未来战争的影响

纳米技术的到来将彻底改变未来军事和战争形态。

首先是未来作战样式将发生根本改变。迄今为止的现代战争,都是飞机、军舰、坦克、火炮等大型武器装备主宰战场。然而,进入纳米时代后,传统的作战样式将会发生根本的变革,未来战场极可能将由数不清的各种纳米微型兵器担当主角。

其次,未来战场将更加透明。从太空到空中、地面,面对层层严密高效的纳米级侦察监视网,使人难以察觉,防不胜防。这使得技术相对落后国家的军队将有密难保,战场对强敌将彻底透明,未曾与敌交手,胜败已成定局。

再次,战争突然性将急剧增大。纳米超微颗粒的几何尺寸远小于红外和雷达波波长,从而为兵器的隐身技术开辟了广阔前景。

最后,未来战争将不再昂贵。现代战争消耗巨大,短短 42 天的海湾战争耗资高达 600 多亿美元。然而纳米时代,由于纳米武器装备所用资源少,成本极其低廉,未来造价昂贵的大型武器将锐减,取而代之的是那些低消耗的纳米级武器。

纳米技术在各个领域应用的逐渐深入,将预示着一个纳米时代的到来,像今天的信息技术一样,纳米技术将在未来二三十年对人类生活、生产方式产生广泛而深刻的影响,并波及社会制度和人们的伦理观念。

纳米科技极有可能带来第四次技术革命。蒸汽机时代,实现了产业的机械化;电力时代,实现了产业的电气化;计算机时代,实现了产业的信息化和网络化;而即将到来的纳米科技时代将大幅度提高生产力和生产效率,世界经济将由此突破"增长的极限",并彻底改善现在逐渐恶化的环境,甚至带来社会领域的变革,如传统的法律、道德、教育观念及现有的生活方式都将受到大幅度冲击。

正如中国著名科学家钱学森预言的:"纳米和纳米以下的结构是下一阶段科技发展的一个重点,会是一次技术革命,从而将是 21 世纪又一次产业革命。"

As Chinese famous scientist Qian xue sheng predicted: "the structure of the nano is a focus on the next stage of development of science and technology, which in twenty-first Century will be not only a technology revolution, but also another industrial revolution."

第30章　非线性科学：混沌　分形　孤立子
Chapter 30　Nonlinear science：chaos，fractal，soliton

一个系统，如果其输出与输入不成比例，它就是非线性的。例如，一个介电晶体，当输出光强不与输入光强成正比时，就是非线性晶体；一个单摆，当它的偏转角度很大时，它的运动方程就是非线性的。非线性系统有一个特征：一个微小的扰动，初始条件的一个微小的变动，都会使系统的行为在以后发生很大的变化。非线性科学目前有几个主要的领域：混沌、分形、孤立子、模式形成、元胞自动机和复杂系统。下面简单介绍混沌、分形、孤立子。

30.1　混　　沌
Chaos

30.1.1　混沌的概念

混沌是自然界中存在的一大类现象，它比有序更为普遍。在现实世界中，绝大多数现象不是有序、稳定和平衡的，而是处于无序的变化中。

人们把在一些确定性非线性系统中，没有外加随机因素，而是由于其内部存在的非线性因素产生的随机现象，称为混沌。

People call random phenomenen which exist in some deterministic nonlinear systems, with no additional random factors, but because of its nonlinear factors within itself, as Chaos.

30.1.2　平方映射与倍周期分岔

1. 平方映射

生物学家 Verhulst 在研究生物的种群演化时，提出了一种模型，即 $x_{n+1}=\mu x_n(1-x_n)$，其中 x_n 和 x_{n+1} 分别表示种群的亲代和子代的数量占最大限额的比例，它们的取值在 0 到 1 之间。相应地，为了保证 x 的取值范围，μ 的取值范围为 0 到 4 之间，该映射称为 logistic 映射。

2. 平方映射下的不动点

下面用作图的办法来演示迭代过程。如图 30-1 所示，首先取 $x_n=x_0$，作竖直线与抛物线相交，得到 x_{n+1} 的值；再作水平线与直线相交，把 x_{n+1} 转变为下一次迭代的输入值，依次类推，不断操作下去，得到各次迭代的值：x_1，x_2，x_3，…，x_n。

计算和作图表明，平方映射的轨道上的点，并不是总可以无限制地延续下去的，在取某些初值的情况下，计算的结果是一个不变的值，也就是在经过多次迭代计算后，会得到 $x_{n+1}=x_n$，如图 30-2 和图 30-3 所示。

由 $x_n=\mu x_n(1-x_n)$，得到：

$$x=0,\quad \frac{\mu-1}{\mu}$$

这里 0 和$\frac{\mu-1}{\mu}$是不动点。

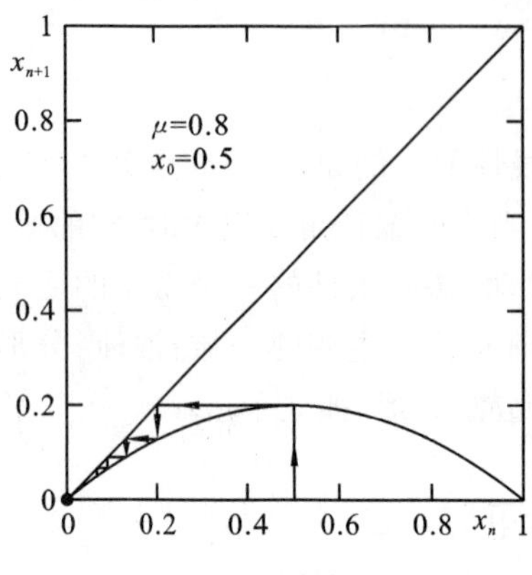

图 30-1　$\mu=0.8$ 时的不动点是 0

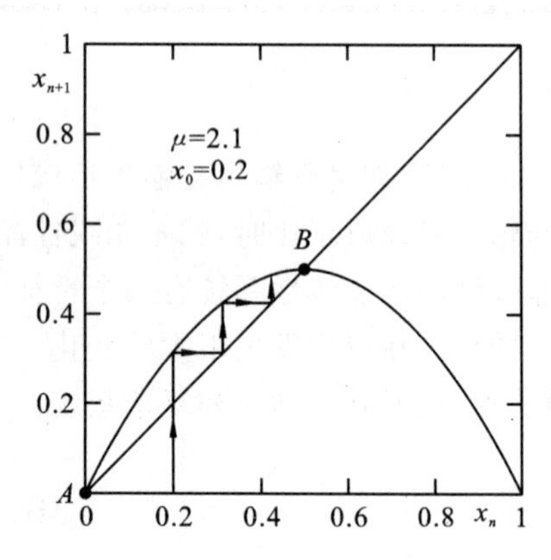

图 30-2　$\mu=2.1$ 时的不动点是 0.5238

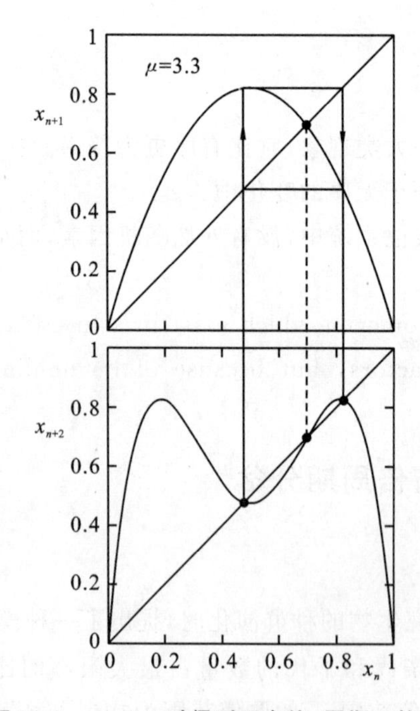

图 30-3　$\mu=3.3$ 时得到两个值，周期 2 轨道

30.1.3　由倍周期分岔走向混沌

前面对平方映射仅仅做了有限个迭代循环。有人用计算机编程，对连续变化的 μ 值进行了计算，发现：在 $0<\mu<1$，不动点是 0；在 $1<\mu<3$，不动点是一个值；在 $3<\mu<3.4495$，不动点在 2 个值之间变化；在 $3.4495<\mu<3.5441$，不动点在 4 个值之间做周期性变化；在 $3.5441<\mu<3.5644$，不动点是 8 个周期性的值；在 $3.5644<\mu<3.5688$，不动点是 16 个周期性的

值……当在 $\mu>3.5699$ 时,没有不动点出现,结果是任意的值,而且迭代的结果与初始值 x_0 的取值很有关系。

μ 值与平方映射的迭代值的关系如图 30-4 所示,具体的 μ 值与分叉点的关系如表 30-1 所示。

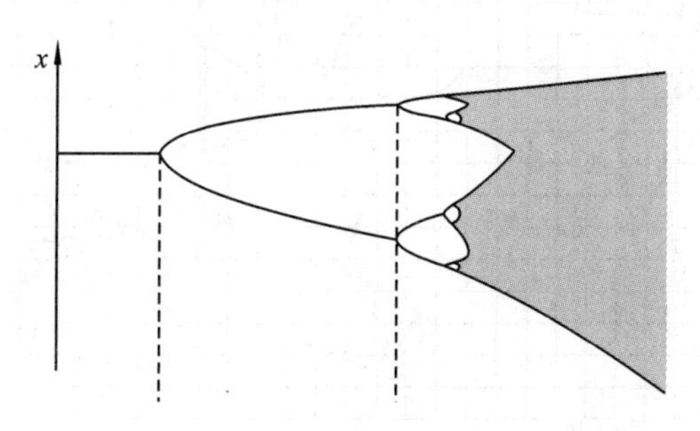

图 30-4　平方映射的不动点与参数 μ 的关系

表 30-1　平方映射的分岔值

μ	x_{n+1}	μ	x_{n+1}
<1	0	3.5441～3.5644	8 个周期性不动点
1～3	1 个不动点	3.5644～3.5688	16 个周期性不动点
3～3.4495	2 个周期性不动点	…	…
3.4495～3.5441	4 个周期性不动点	>3.5699	随机值,混沌

混沌作为一类非线性现象,其共同的特点是:方程内含有非线性项,方程的解在进行迭代或者随时间变化的过程中,经过不同的途径出现分岔现象,最后出现随机结果,也就是混沌。

30.2　分　　形
Fractal

欧几里得几何研究的是规则的图形,比如线段、正方形、立方体、球体。而在大自然中,各种几何图形非常复杂,那些具有正规图形的只是少数。分形理论的创始人曼德布罗特(B. B. Mandelprot)曾经指出:"浮云不是球形,山峰不是锥体,海岸线不是圆圈,树干不是光滑的,闪电永远不是沿着直线前进的。"皮兰(J. Perrin)在 1908 年用显微镜观察了布朗运动的轨迹,虽然实际的布朗运动的轨迹弯弯曲曲,他每隔 30 s 记录一次某个粒子的位置,并把相继得到的点用直线连接,得到如图 30-5 所示的图形。

他把记录时间缩短为 3 s,按前述方法记录,得到另外一幅粒子做布朗运动的图像。把这两幅图像进行比较,发现:虽然它们都很复杂,但是两幅图在结构方面具有一定程度的相似性。

不仅布朗运动如此,人们观察海岸线时,也发现无论是用厘米尺度测量,还是用卫星对海岸线进行千米量级的测量,得到的海岸线具有相似的结构。

总结大自然存在的这些具有相似结构的复杂的几何体,曼德布罗特给出了分形的定义:分形是局部与整体具有某些相似的几何对象。A fractal is a shape made of parts similar to the whole in some way。

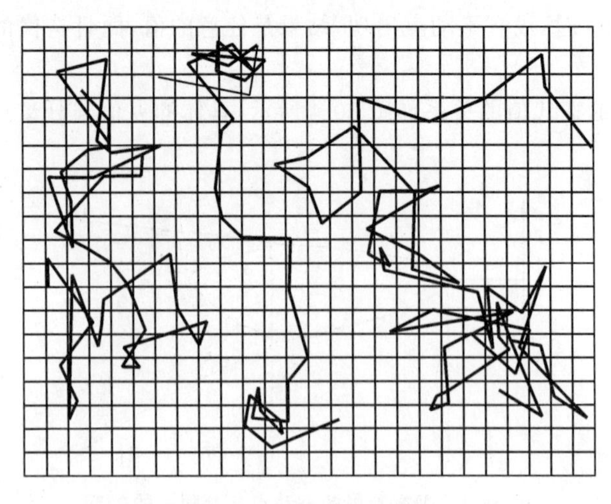

图 30-5　做布朗运动粒子的轨迹

30.2.1　豪斯道夫维数

下面通过研究平面图形来认识我们比较熟悉的空间维数。

作边长为 a 的正方形，面积为 a^2，如果把边长变为 $2a$，那么面积变为 $4a^2$。作边长为 a 的立方体，体积为 a^3，如果把边长增加为 $2a$，体积变为 $8a^3$。类似地，如果把集合图形的边长增加为原来的 L 倍，而面积(或体积)变为原来的 K 倍，那么有：

$$L^D = K$$

$$D = \frac{\ln K}{\ln L} \tag{30-1}$$

把这个式子中的 D 称为维数。

30.2.2　几种规则的分形及其维数

1. 康托点集

取一段长为 3 个单位的线段，去掉中间的一段，留下其余的 2 段，对剩余的 2 段也分为 3 等份，去掉中间一段，留下剩余的 2 段，以此类推，无限进行下去，就得到著名的康托点集，如图 30-6 所示。

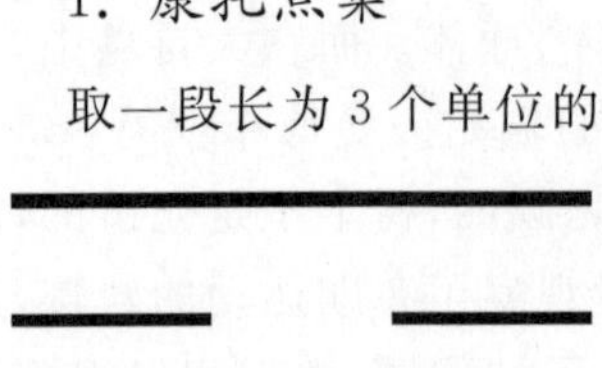

图 30-6　康托点集

计算康托点集的维数，可以换个观点看康托点集的形成过程：一段单位长度的线段，扩大为原来的 3 倍，去掉中间的一段，留下左、右剩余的 2 段，那么得到：

$$3^D = 2$$

$$D = \frac{\ln 2}{\ln 3} = 0.6309$$

所以，康托点集是小于 1 的小数维数。

2. 科赫曲线

取一段长为 3 个单位的直线段，保留两边的单位长线段不动，把中间的单位长线段去掉，用 2 条单位长线段代替，而且使新的两条线段与原来的线段成 60°，往下依次类推进行下去。

按照前述维数的定义,可以得到:

$$D=\frac{2\ln 2}{\ln 3}=1.261\ 86$$

科赫曲线见图30-7。

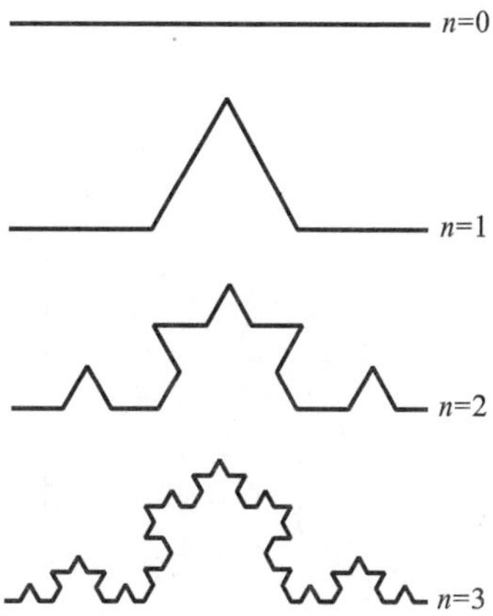

图30-7 科赫曲线

3. 谢宾斯基图形

谢宾斯基图形分为谢宾斯基垫片、谢宾斯基地毯、谢宾斯基海绵,下面依次介绍。

1) 谢宾斯基垫片

谢宾斯基垫片的构造方法是:画边长为2个单位长度的三角形,把该三角形分为三等份,去掉中间的小三角形;然后对小三角形进行前面的操作,无限继续下去。按照前面的公式,得到谢宾斯基垫片的维数:

$$D=\frac{\ln 3}{\ln 2}=1.584\ 96$$

谢宾斯基垫片如图30-8所示。

2) 谢宾斯基地毯

谢宾斯基地毯的构造是这样的:画一边长为3单位长度的正方形,把每边长分为3等份,得到9个大小相等的小三角形,去掉中间的小三角形,还余下8个小三角形;然后对余下的8个小三角形进行前述的操作,无限进行下去,得到谢宾斯基地毯维数是

$$D=\frac{\ln 8}{\ln 3}=1.892\ 79$$

谢宾斯基地毯如图30-9所示。

图30-8 谢宾斯基垫片

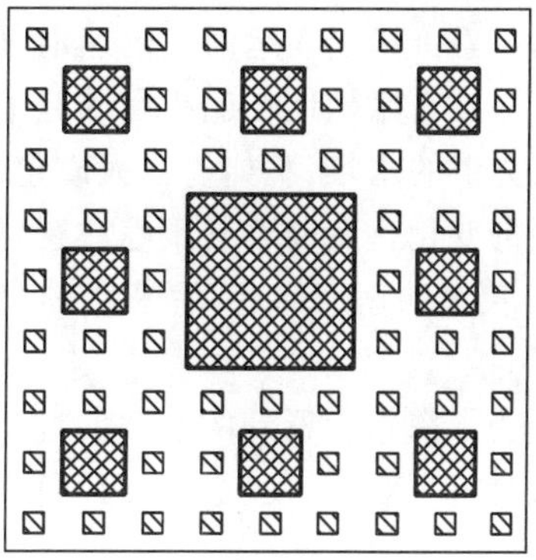

图30-9 谢宾斯基地毯

3) 谢宾斯基海绵

谢宾斯基海绵是谢宾斯基地毯结构在三维空间的推广。其构造方式如下:画一边长为3个单位长度的立方体,把每个边长分为3等份,得到27个体积为1的小立方体,去掉体心处的小立方体和6个面心处的立方体,还剩下20个小立方体;然后对余下的20个小立方体进行与前述相同的操作,无限进行下去,就得到谢宾斯基海绵,如图30-10所示。

谢宾斯基海绵的维数是

$$D=\frac{\ln 20}{\ln 3}=2.7268$$

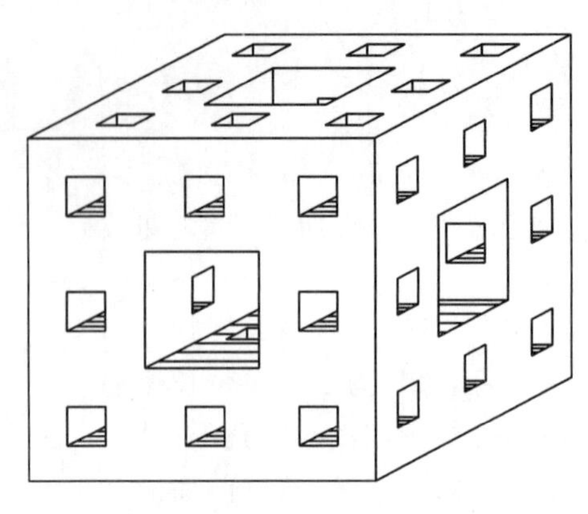

图 30-10 谢宾斯基海绵

从前面介绍的几个著名的分形图形来看,分形都具有如下特点:局部与整体在结构上相似,维数是小数。分形的这种特点,与我们见到的传统的正规的集合图形相差很大。

30.3 孤 立 子
Soliton

30.3.1 孤立子的发现

孤立子的发现很具有偶然性。在 1834 年的某一天,苏格兰的海军工程师罗素(J. Scott Russel)在从爱丁堡到格拉斯哥的运河上观察到了一种奇怪的水波。他描述道:"我看到两匹骏马拉着一条船在运河上迅速前进。当船突然停止时,随船一起运动的船头处的水堆并没有停下来。它激烈地在船头翻动起来,随即突然离开船头,并以巨大的速度前进,一个轮廓清晰而又光滑的水堆,犹如一个大鼓包,沿着运河一直向前进,在行进的过程中其形状与速度没有明显的变化。我骑着马跟踪注视,发现它保持着起始时 30 英尺长、1 英尺高的浪头,以每小时 8～9 英里的速度前进,后来它的高度逐渐减低,经过 1 英里的追踪后,在运河的拐弯处消失了。"

为了探索他看到的水波的性质,罗素建造了一个水槽,在一端用重锤落入水中,对激起的水波进行了观察,发现它与运河中出现的水波十分类似。

30.3.2 KdV 方程

人们后来发现,孤立波是一种很常见的非线性现象,通常称为相干结构。混沌反映了非线性中的无序状态,而孤立波则是非线性中的有序性质。混沌和孤立波这两种表面看起来相差很远的现象,其实是非线性的两个内在性质。

1895 年,两位荷兰科学家科特维格(D. J. Kortweg)和德弗雷斯(G. de. Vries)对孤立波进行了分析,他们认为是非线性效应与色散效应相互平衡的结果,建立了以他们名字命名的方程——KdV 方程,即

$$\frac{\partial u}{\partial t}+(\chi+u)\frac{\partial u}{\partial x}+\beta\frac{\partial^3 u}{\partial x^3}=0 \tag{30-2}$$

该方程是一个非线性微分方程,其解法很复杂,有兴趣深入研究的读者可以参考孤立子的专门著作。

方程式(30-2)的解是

$$u(\xi) = 3\alpha\mathrm{sech}^2\left[\sqrt{\frac{\alpha}{4\beta}}(\xi - \xi_0)\right] \tag{30-3}$$

其中,$\xi = x - vt$。

式(30-3)这个解如图 30-11 所示。

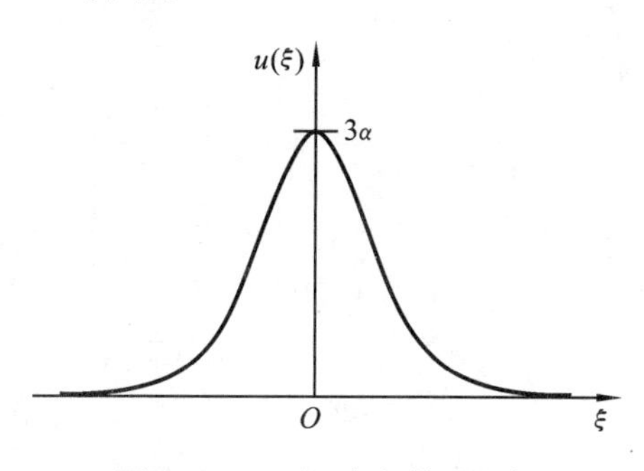

图 30-11　KdV 方程的孤子解

30.3.3　非线性薛定谔方程与光学孤立子

1. 非线性介质

由非线性薛定谔方程描述的光纤中的光学孤立子,是光波在传播中的色散效应与非线性效应平衡的结果。

在介质中电场不太强的条件下,介质的极化强度与电场强度之间是线性关系。但是,在强激光的条件下,极化强度和电位移都与场强成非线性关系。可以表达如下:

$$P = \chi^{(1)}E + \chi^{(2)}EE + \chi^{(3)}EEE + \cdots \tag{30-4}$$

$\chi^{(1)}$、$\chi^{(2)}$、$\chi^{(3)}$分别称为介质的 1 次、2 次、3 次极化率。光纤的 2 次极化率$\chi^{(2)} = 0$,由电位移与电场的关系 $D = \varepsilon_0\varepsilon_r E = P + \varepsilon_0 E = \varepsilon_0 E + \chi^{(1)}E + \chi^{(2)}EE + \chi^{(3)}EEE$ 得到

$$\varepsilon_r = 1 + \frac{\chi^{(1)}}{\varepsilon_0} + \frac{\chi^{(3)}}{\varepsilon_0}E^2 \tag{30-5}$$

$$n = \sqrt{\varepsilon_r} = 1 + \frac{\chi^{(1)}}{2\varepsilon_0} + \frac{\chi^{(3)}}{2\varepsilon_0}E^2 = n_1 + n_2 E^2 \tag{30-6}$$

在非线性介质中,折射率与光的强度有关。

在光通过距离 L 后,产生的相移:

$$\Delta\varphi(t) = \frac{2\pi}{\lambda}n_2 LI(t) \tag{30-7}$$

可见相移与光强有关,它导致光脉冲不同的部位有不同的相移,称为自相位调制(self-phase modulation,SPM)。由于相移与光强有关的原因,相应地就会产生频率的移动:

$$\Delta\omega = -\frac{\partial\Delta\varphi}{\partial t} = -\frac{2\pi}{\lambda}n_2 L\frac{\partial I}{\partial t} \tag{30-8}$$

在高斯型的光脉冲中,前沿的光脉冲与中部的光脉冲的频率改变不同,与光脉冲的后沿也不同。对于脉冲前沿,$\frac{\partial I}{\partial t} > 0$,$\Delta\omega < 0$;对于光脉冲后沿,$\frac{\partial I}{\partial t} < 0$,$\Delta\omega > 0$。这种频率随时间的变化

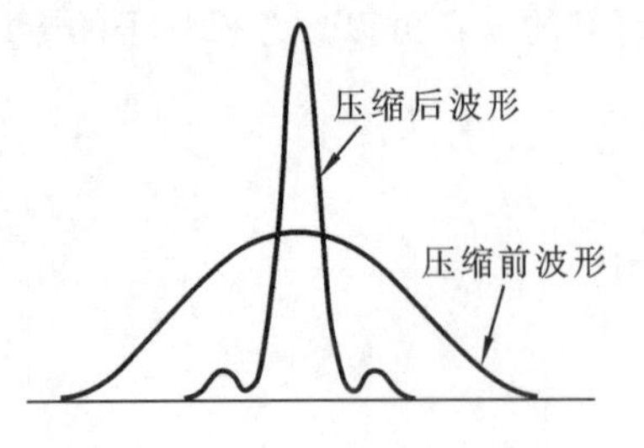

图 30-12　光脉冲的自相位调制压缩

的现象，叫啁啾。

对于负色散介质，就是$\frac{\partial V}{\partial \omega}>0$光脉冲前沿的$\Delta\omega<0$，速度变慢；而光脉冲后沿，$\Delta\omega>0$，速度变快。这样，高斯型脉冲被压缩，如图 30-12 所示。

2. 非线性薛定谔方程与光学孤立子

考虑到非线性介质的光脉冲的自相位调制压缩性质，人们提出了非线性薛定谔方程

$$i\frac{\partial \psi}{\partial t}+\beta\frac{\partial^2 \psi}{\partial x^2}-\alpha|\psi|^2\psi=0$$

得到它的孤子解：

$$\psi=u(\xi)\mathrm{e}^{i(kx-\omega t)} \tag{30-9}$$

$$u(\xi)=\pm\sqrt{\frac{2\gamma}{\alpha}}\mathrm{sech}\left(\sqrt{\frac{\gamma}{\beta}}\xi\right) \tag{30-10}$$

其中$\xi=x-vt$。

非线性薛定谔方程的孤子解如图 30-13 所示。

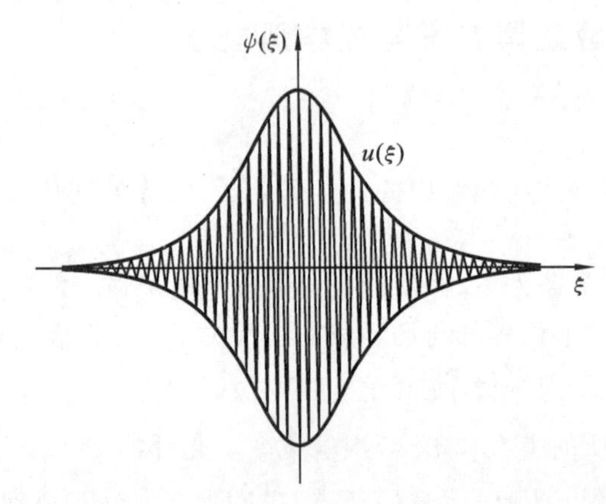

图 30-13　非线性薛定谔方程的孤子解

光学孤立子通信是一个很新的很有前途的领域，有兴趣的读者可以参看其他专业书籍。

参考答案

第15章

15-1　略　　15-2　略　　15-3　略　　15-4　略　　15-5　略　　15-6　略

15-7　略　　15-8　C　　15-9　A　　15-10　D　　15-11　D　　15-12　C

15-13　4;4　　15-14　氩;氦　　15-15　$2.69\times10^{25}\ m^{-3}$　　15-16　9.6天

15-17　(1)$8.203\times10^{-2}\ m^3$　(2)3.58×10^4 Pa

15-18　2.35×10^6 Pa

15-19　(1)483.4 $m\cdot s^{-1}$　(2)300 K

15-20　略

15-21　(1)$6.15\times10^{23}\ mol^{-1}$　(2)$1.3\times10^{-2}\ m\cdot s^{-1}$

15-22　(1)N　(2)$\frac{2N}{3v_0}$　(3)$\frac{N}{3}$　(4)$\frac{11}{9}v_0$

15-23　2000 $m\cdot s^{-1}$;613 $m\cdot s^{-1}$;564 $m\cdot s^{-1}$

15-24　略

15-25　7.7 K

15-26　(1) 0.028 $kg\cdot mol^{-1}$

(2) 493 $m\cdot s^{-1}$

(3) $\overline{\varepsilon_t}=5.65\times10^{-21}$ J;$\overline{\varepsilon_r}=3.77\times10^{-21}$ J

(4) $1.52\times10^2\ J\cdot m^{-3}$

(5) 1.70×10^3 J

15-27　(1) 200%

(2) 50%;22.5%

15-28　(1) 7.31×10^6 J

(2) 4.16×10^4 J;0.856 $m\cdot s^{-1}$

15-29　$\bar{\lambda}$增加,其值为9.46×10^{-5} m;

$\bar{f}$必减少,其值为$4.64\times10^6\ s^{-1}$

15-30　1.26×10^{-7} m;2.58×10^{-10} m

第16章

16-1　不矛盾　　16-2　车胎内气体温度升高　　16-3　保持不变　　16-4　略

16-5　B　　16-6　A　　16-7　A　　16-8　C　　16-9　$Q=0,W=0,\Delta U=0$

16-10　506.5 J,1207.3 J　　16-11　1.19　　16-12　不相等,不相等,相等

16-13　60 J;−70 J　　16-14　150 J　　16-15　262次　　16-16　623.6 J;207.9 J;0

16-17　249.3 J,623.3 J,872.6 J

16-18　$\frac{3}{2}(p_2V_2-p_1V_1)$；$\frac{1}{2}\times(p_2+p_1)\times(V_2-V_1)$；$2p_2V_2-\frac{1}{2}p_2V_1+\frac{1}{2}p_1V_2-2p_1V_1$

16-19　减少 4.19×10^5 J

16-20　-22.9 J

16-21　先等体加热，然后等压加热；3.48×10^4 J

16-22　放热；吸热　16-23　160 J　16-24　425 K　16-25　15.1%

16-26　93.3 K　16-27　$1-\left(\frac{V_a}{V_b}\right)^{1-\gamma}$　16-28　71.4 J

第 17 章

17-1　不能　17-2　不能

17-3　从理论上讲，提高热机效率可以采用：(1)提高高温热源温度；(2)降低低温热源温度；(3)两者并举。在实际中，除减少损耗提高热机效率外，常用提高高温热源温度，而低温热源一般采用大气。

17-4　甲对，乙不对　17-5　A　17-6　B　17-7　D　17-8　B

17-9　不能；$\eta>1-\frac{T_1}{T_2}$

17-10　能使系统进行逆向变化，从状态 B 回复到状态 A，而且系统回复到状态 A 时，外界也都回复原状；系统不能回复到状态 A，当系统回复到状态 A 时，外界并不能都回复原状

17-11　一个从概率较小的状态到概率较大的状态的转变过程；熵值增加

17-12　(1)错；(2)错；(3)对；(4)对

17-13　$\Delta S_{ADB}=\Delta S_{ACB}=vR\ln(V_B/V_A)+\frac{3}{2}vR\ln(T_B/V_A)$

17-14　2.35 J/K

第 18 章

18-1　略　18-2　略　18-3　略　18-4　B　18-5　D

18-6　$f=\frac{1}{2\pi}\sqrt{\frac{k_1+k_2}{m}}$　18-7　0.6 m，0 m　18-8　略　18-9　能，$T=2\pi\sqrt{\frac{I}{k}}$

18-10　能，$T=2\pi\sqrt{m\left(\frac{1}{k_1}+\frac{1}{k_2}\right)}$　18-11　$f=\frac{1}{2\pi}\sqrt{\frac{3k}{M}}$

18-12　(1)8/7 s，0.875 Hz　(2)3.3 m，-10.4 m/s　(3)18 m/s，-57 m/s^2

18-13　0.5　18-14　$0.866A$

18-15　$x=-0.22\cos(37.1t)$　SI 制

18-16　$x=0.2\cos(11.54t-\pi/3)$　SI 制

18-17　$x=4\cos(\frac{7}{12}\pi+4\pi/3)$

18-18　1/3

18-19　(1)2.21 Hz　(2)动能 321.75 J，势能 141.4 J　(3)0.968 m

18-20　π　18-21　$4\pi/3$　18-22　84.3°

18-23　(1)0.727 s　(2)$x=0.189e^{-0.108t}\sin(8.64t)$　SI 制

18-24　略

第 19 章

19-1 略　19-2 略　19-3 略　19-4 略

19-5 B　19-6 A　19-7 A　19-8 D

19-9 $a=-0.2\pi^2\cos\left(\pi t+\frac{3}{2}\pi\right)$

19-10 $y_1=A\cos\left[2\pi\left(\nu t-\frac{2\pi L_1}{\lambda}\right)+\varphi\right]$

19-11 向上

19-12 100 J

19-13 $y=A\cos\left[2\pi\left(\nu t+\frac{L}{\lambda}\right)+\varphi\right]$　$v=-2A\pi\nu\sin\left[2\pi\left(\nu t+\frac{L}{\lambda}\right)+\varphi\right]$

$a=-4A\pi^2\nu^2\cos\left[2\pi\left(\nu t+\frac{L}{\lambda}\right)+\varphi\right]$

19-14 $T=8.33\times10^{-3}$ s，$\lambda=0.25$ m

$y=4.0\times10^{-3}\cos(240\pi t-8\pi x)$ (m)

19-15 $y=0.04\cos\left[\frac{2\pi}{5}\left(t-\frac{x}{0.08}\right)-\frac{\pi}{2}\right]$ (m)；$y=0.04\cos\left[\frac{2\pi}{5}+\frac{\pi}{2}\right]$ (m)

19-16 $y=0.1\cos 4\pi(t-\frac{1}{20}x)$ (SI)；0.1 m；-1.26 m/s

19-17 $y=2\times10^{-2}\cos(\frac{1}{2}\pi(t-x/5)-\frac{1}{2}\pi)$ (SI)

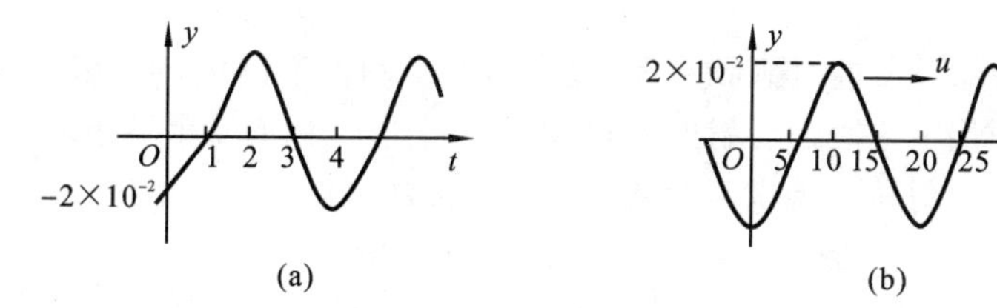

(a)

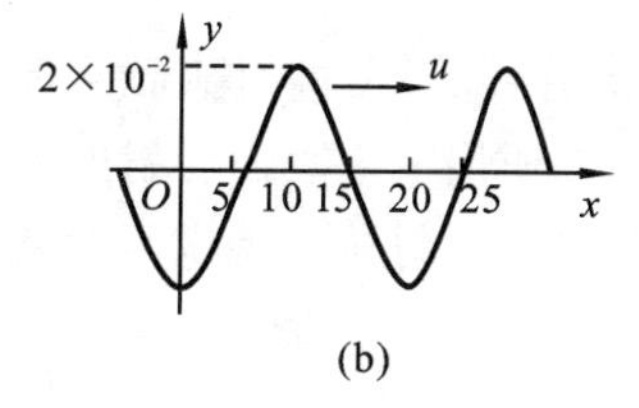

(b)

19-18 $y=3\times10^{-2}\cos 4\pi[t+(x/20)]$ (SI)　$y=3\times10^{-2}\cos\left[4\pi(t+\frac{x-5}{20})\right]$ (SI)

19-19 $u=10$ m/s, $T=16$ s; $y_0=A\cos(\pi t/8-\frac{1}{2}\pi)$ (SI); $y=A\cos\left[2\pi(\frac{t}{16}+\frac{x}{160})-\frac{1}{2}\pi\right]$ (SI)

19-20 $y(x,t)=0.03\cos\left[500\pi t+\frac{1}{2}\pi-\pi x\right]$ (SI)

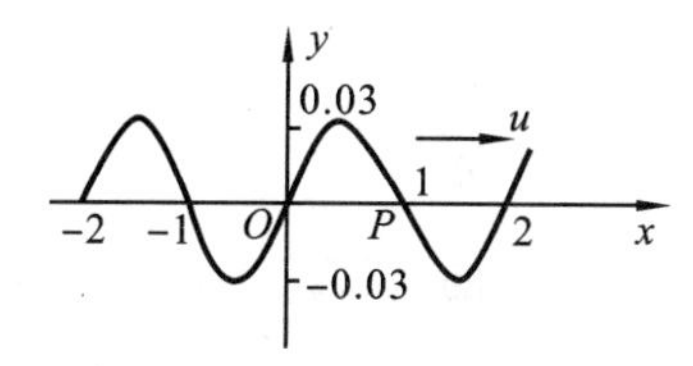

19-21 $\lambda=10$ cm

19-22 $x=5-2k$ $(-3\leqslant k\leqslant 2)$

19-23 $y_2=A\cos\left[2\pi\left(\frac{t}{T}-\frac{x}{\lambda}\right)+\pi\right]$

$y=2A\sin 2\pi\dfrac{x}{\lambda}\cos(2\pi\nu t+\dfrac{\pi}{2})$，驻波的振幅：$A_{合}=2A\left|\sin 2\pi\dfrac{x}{\lambda}\right|$

波腹的位置：$2\pi\dfrac{x}{\lambda}=(2k+1)\dfrac{\pi}{2}$，$x=(2k+1)\dfrac{\lambda}{4}$，$k=0,1,2,3,\cdots$

波节的位置：$2\pi\dfrac{x}{\lambda}=k\pi$，$x=\dfrac{k}{2}\lambda$，$k=0,1,2,3,\cdots$

(因为波只在 $x>0$ 的空间，k 取正整数)

19-24　$u=\lambda\nu=343.8\ \mathrm{m\cdot s^{-1}}$；0.625 m；$-46.2\ \mathrm{m\cdot s^{-1}}$

19-25　1.0×10^{-4} W

19-26　0.57 m

19-27　30.5 m/s

19-28　1022 Hz；1045 Hz

19-29　865.6 Hz；743.7 Hz

第 20 章

20-1　略　　20-2　略

20-3　参考解答：用两块玻璃片叠在一起形成空气尖劈观察干涉条纹，属于等厚干涉，即相等的厚度对应相同的光程差，有相同的干涉结果。如果发现条纹不是平行的直条纹，而是弯弯曲曲的线条，则说明两玻璃表面并不严格平行，或者说，两玻璃表面上的平整度不够。若肉眼可观察半个条纹间距的弯曲，则对应空气薄膜厚度的变化为$\dfrac{\lambda_0}{4}$(即可辨别出如此精度的表面不平整度)。

20-4　参考解答：隐形飞机的隐形原理有多种，在本题的范围里，可能是可以利用表面镀电介质层，利用电介质层上下表面反射的雷达波干涉相消了，因而反射波极弱。也可能是电介质层的吸收作用，吸收入射波的能量因而减小了反射波的强度。

20-5　B　　20-6　B　　20-7　A　　20-8　C　　20-9　0.75 mm

20-10　$(n_2-n_1)e$　　20-11　$\dfrac{\lambda}{4n}$　　20-12　$2(n-1)d$　　20-13　略

20-14　(1) 图中光线 SaF 与光线 SOF 的几何路程相同，介质相同，所以 SaF 与光线 SoF 光程差为 0；

(2) 若光线 SbF 路径中有长为 l，折射率为 n 的玻璃，那么光程差为几何路程差与介质折射率差的乘积，即 $l(n-1)$

20-15　(1) $\lambda=500$ nm

(2) $\Delta x=\dfrac{D\lambda}{d}=\dfrac{1\times6000\times10^{-10}}{2\times10^{-4}}=3$ mm

20-16　(1) 当上面的空气被抽去，它的光程减小，所以它将通过增加路程来弥补，所以条纹向下移动。

(2) $n=\dfrac{N\lambda}{l}+1$

20-17　略

20-18　(1) 根据题意由条纹间距公式 $\Delta x=\dfrac{D\lambda}{d}$ 可得

$$\Delta x_1=\frac{D\lambda_1}{d}=(\frac{1}{0.2\times10^{-3}}\times400\times10^{-9})\ \mathrm{m}=2\ \mathrm{mm}$$

$$\Delta x_2=\frac{D\lambda_2}{d}=(\frac{1}{0.2\times10^{-3}}\times600\times10^{-9})\ \mathrm{m}=3\ \mathrm{mm}$$

(2) 由明纹坐标公式 $x_2=k_2\dfrac{D\lambda_2}{d}$ 与暗纹坐标公式 $x_1=(2k_1+1)\dfrac{D\lambda_1}{2d}$ 可得

故知第一次重合在 $k_1=1, k_2=1$ 处,相应的位置坐标

$$x_1=[\pm(2\times1+1)\times\frac{1\times400\times10^{-9}}{0.2\times10^{-3}\times2}]\ \mathrm{m}=\pm3\ \mathrm{mm}$$

20-19　略

20-20　油膜的厚度为 $e=(k_1\lambda_1+2500)/(2n)=6731$ Å

20-21　$k=6, \lambda=6550$ Å;$k=7, \lambda=5540$ Å;

$k=8, \lambda=4800$ Å;$k=9, \lambda=4240$ Å

20-22　$e=\dfrac{\lambda}{4n}=\dfrac{560\times10^{-9}}{4\times2}=0.07\ \mu\mathrm{m}$

20-23　$k=4$,代入上式,可得:$R=6.79$ m

20-24　略　　20-25　略　　20-26　略

20-27　$d=\dfrac{N\lambda_0}{2(n-1)}=\dfrac{150\times500\times10^{-9}}{2\times(1.632-1)}=59.3\ \mu\mathrm{m}$

20-28　略

第 21 章

21-1　略　　21-2　略　　21-3　略　　21-4　略

21-5　D　　21-6　C　　21-7　C　　21-8　B

21-9　$0, \pm1, \pm3, \pm5, \cdots$

21-10　10λ　　21-11　600～800 nm　　21-12　6×10^{-6}　　21-13　428.6 nm

21-14　(1)5.0×10^{-3} m,5.0×10^{-3} rad　(2)3.76×10^{-3} rad

21-15　8.94×10^{3} m　　21-16　48.24 m　　21-17　0.134 m　　21-18　3 级

21-19　(1)3.36×10^{-4} cm　(2)420 nm

21-20　2.04 mm　　21-21　5×10^{-4} cm

21-22　(1)6 cm　(2)30 cm

21-23　(1)0.06 m　(2)5 个主极大:$0, \pm1, \pm2$

21-24　(1)2.4×10^{-4} cm,0.8×10^{-4} cm　(2)$0, \pm1, \pm2$ 级明纹

21-25　(1)2.4 cm　(2)$0, \pm1, \pm2, \pm3, \pm4$ 共 9 条

21-26　(1)第 3 级　(2)第 5 级　(3)第 2 级,第 1 级,0.207 m

21-27　0.13 nm 和 0.097 nm　　21-28　6.8°

第 22 章

22-1　可能(略)　　22-2　不对(略)　　22-3　n_2的折射率大

22-4　C　　22-5　B　　22-6　A　　22-7　B　　22-8　$\dfrac{2}{3}I$

22-9　60°，$\frac{9}{32}I_0$　　22-10　36.94°，垂直入射面

22-11　355.2 nm，396.4 nm

22-12　(1) $\alpha=45°$　(2)P_2转过的角度为22.5°

22-13　32°，1.60　　22-14　48.44°，41.56°　　22-15　48°10′

第23章

23-1　略　　23-2　略　　23-3　略

23-4　涉及乙的加速减速,已经不完全是狭义相对论问题,需广义相对论知识

23-5　D　　23-6　D　　23-7　$\dfrac{m_0}{l_0(1-\frac{v^2}{c^2})}$；$\dfrac{m_0}{l_0\left[1-\left(\frac{v}{c}\right)^2\right]}$　　23-8　$0.25m_0c^2$

23-9　$x'=-4\times10^4$ m;$t'=2.38\times10^{-4}$ s

23-10　$\Delta t=3\times10^{-7}$ s;$\Delta x=0$

23-11　$\Delta t'=5.77\times10^{-6}$ s

23-12

$$\Delta x=\sqrt{\frac{c+v}{c-v}}\cdot l_0$$

又 $\Delta t=\sqrt{\dfrac{c+v}{c-v}}\cdot\dfrac{l_0}{c}$

速度 $u=\dfrac{\Delta x}{\Delta t}=c$

23-13

$$\Delta x=\frac{(u+v)}{\sqrt{1-\left(\frac{v}{c}\right)^2}}\cdot\frac{l_0}{u}$$

$\Delta t=\dfrac{\left(1+\frac{uv}{c^2}\right)}{\sqrt{1-\left(\frac{v}{c}\right)^2}}\cdot\dfrac{l_0}{u}$，$s$ 中速度 $u_x=\dfrac{u+v}{1+\frac{uv}{c^2}}$

23-14　(1) 地面上观察 $v_A=0, v_C=0.98c$

(2) A船观察 $v_B=0.8c, v_C=0.98c$

23-15　$\dfrac{u_2-u_1}{1-\frac{u_1u_2}{c^2}}$

23-16　$\dfrac{\sqrt{6}}{3}c$;$\dfrac{\sqrt{2}}{2}m$

23-17　长方形;$\sqrt{1-\left(\frac{v}{c}\right)^2}a^2$

23-18　1.42×10^8 m·s^{-1}

23-19　(1) $\Delta t=12.5$ min

(2) $\Delta t=750+2.5\times10^{-7}$ s

比在座位上时间延长了 2.5×10^{-7} s

23-20 $v=\frac{\sqrt{3}}{2}c$； $v=0.618c$

23-21 4.72×10^{-14} J

23-22 $0.943c$

23-23 $V=\sqrt{1-\left(\frac{v}{c}\right)^2}\cdot V_0$ $m=\frac{m_0}{\sqrt{1-\left(\frac{v}{c}\right)^2}}$ $\rho=\frac{\rho_0}{1-\left(\frac{v}{c}\right)^2}$

23-24 (1) 67.5 Mev (2) $\frac{67.5\text{Mev}}{c}=3.6\times10^{-20}$ kg·m·s^{-1}

第24章

24-1 略 24-2 略 24-3 略 24-4 略

24-5 C 24-6 D 24-7 A 24-8 0.99

24-9 λ； hc/λ； h/λ 24-10 $\frac{h}{\sqrt{2em_eU_{12}}}$

24-11 $\lambda_m=\frac{b}{T}=2.57\times10^{-7}$ nm 24-12 5800 K 24-13 565 nm； 173 nm

24-14 1.09×10^{15} Hz；0.603×10^{15} Hz 24-15 $\frac{hc}{\lambda}-\frac{R^2e^2B^2}{2m}$； $\frac{R^2eB^2}{2m}$

24-16 $E_m=2.0$ eV；$U_a=2.0$ V；$\lambda_0=296$ nm

24-17 2.5 V；4.0×10^{14} Hz 24-18 4.35×10^{-3} m；63°36′

24-19 1.024×10^{-10} m；291 eV 24-20 $\lambda_{max}=121.5$ nm；$\lambda_{min}=91.2$ nm

对照可见光波长范围(400 ～760 nm)，可知赖曼系中所有的谱线均不是可见光，它们处在紫外线部分。

24-21 2.86 eV；$n=5$；

$k=1,2,3,4,\cdots$共10条谱线(如图所示)波长最短的一条谱线(赖曼系)：

$\lambda_{min}=94.96$ nm

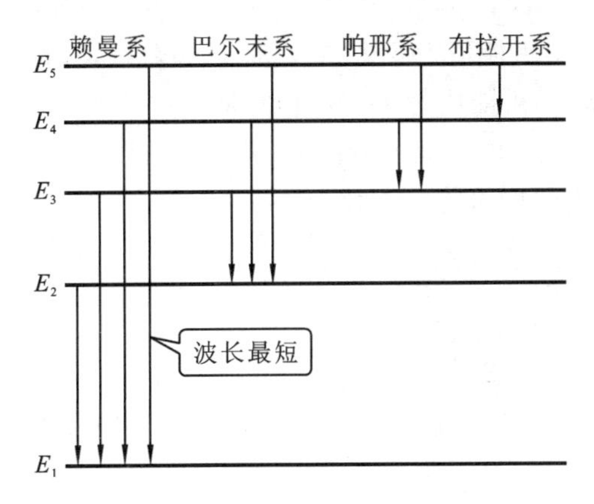

24-22 1.23 nm 24-23 4∶1

24-24 动量均为 3.22×10^{-24} kg·m·s^{-1}

光子的动能为 6.22 eV;电子的动能为 37.8 eV

第 25 章

25-1 略 25-2 略 25-3 略 25-4 略 25-5 A 25-6 5.8×10^{5}

25-7 (1) $A=2\lambda^{\frac{3}{2}}$ (2) $|\psi|^{2}=4\lambda^{3}x^{2}e^{-2\lambda x}$ (3) 在 $x=\dfrac{1}{\lambda}$处,几率最大

25-8 (1) $A=\left(\dfrac{1}{\sqrt{\pi}a}\right)^{\frac{1}{2}}$ (2) $|\psi|^{2}=\dfrac{1}{\sqrt{\pi}a}e^{-\frac{x^{2}}{a^{2}}}$

25-9 5.28×10^{-10} m

25-10 $1.46\times10^{7}\ \text{m}\cdot\text{s}^{-1}$

25-11 (1) 5.28×10^{-27} J (2) $\Delta\lambda=3.548\times10^{-15}$ m,$\lambda=3.65\times10^{-7}$ m

25-12 $\Delta x=\dfrac{\lambda^{2}}{\Delta\lambda}=4\times10^{-4}$ m

25-13 $E=\dfrac{p^{2}}{2m}[(\Delta p_{x})^{2}+(\Delta p_{y})^{2}+(\Delta p_{z})^{2}]=\dfrac{3h^{2}}{2ma^{2}}$

25-14 $\psi(x)=\sqrt{\dfrac{2}{a}}\sin\left(\dfrac{n\pi}{a}x\right),\quad n=1,2,\cdots$

基态 $n=1$

在 0 到$\dfrac{1}{4}a$ 宽度内发现粒子概率为 0.091

25-15 略

第 26 章

26-1 略 26-2 略 26-3 略 26-4 略

26-5 C 26-6 B 26-7 B 26-8 B 26-9 A

26-10 D 26-11 6 26-12 1 26-13 2.55

26-14 $0,\sqrt{2}\hbar,\sqrt{6}\hbar$ 26-15 8

26-16 1 26-17 $l=0,1,2,3$ 26-18 $E_{n}=-0.85$ eV,主量子数 $n=4$

26-19 (1) $n=5$ 时,l 的可能值为 5 个,它们是 $l=0,1,2,3,4$

(2) $l=5$ 时,m_{l}的可能值为 11 个,它们是 $m_{l}=0,\pm1,\pm2,\pm3,\pm4,\pm5$

(3) $l=4$ 时,因为 l 的最大可能值为$(n-1)$,所以 n 的最小可能值为 5

(4) $n=3$ 时,电子的可能状态数为 $2n^{2}=18$

26-20 $L=\sqrt{l(l+1)}\dfrac{h}{2\pi}=\sqrt{12}\dfrac{h}{2\pi}$

L_{z}的可能取值为 $0,\pm\dfrac{h}{2\pi},\pm\dfrac{2h}{2\pi},\pm\dfrac{3h}{2\pi}$

如下图所示,当 m_{l} 分别取 3、2、1、0、−1、−2、−3 时,相应夹角 θ 分别为 30°、55°、73°、107°、125°、150°

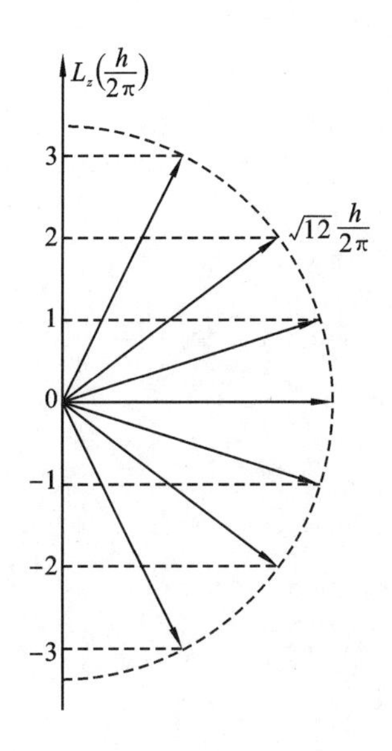

第27章

27-1 略　27-2 略　27-3 略　27-4 略　27-5 略

27-6 0.29×10^{-23} J　27-7 1.10×10^{-20} J